Die Grundlehren der mathematischen Wissenschaften

in Einzeldarstellungen
mit besonderer Berücksichtigung
der Anwendungsgebiete

Band 206

Michel André

Homologie des algèbres commutatives

Springer-Verlag
Berlin Heidelberg New York 1974

Michel André
École Polytechnique Fédérale de Lausanne

Geschäftsführende Herausgeber

B. Eckmann
Eidgenössische Technische Hochschule Zürich

J. K. Moser
Courant Institute of Mathematical Sciences, New York

B. L. van der Waerden
Mathematisches Institut der Universität Zürich

AMS Subject Classifications (1970):
Primary 18 H 20 Secondary 14 A 05

ISBN 978-3-642-51450-0 ISBN 978-3-642-51449-4 (eBook)
DOI 10.1007/978-3-642-51449-4

Softcover reprint of the hardcover 1st edition 1974

A Carquinette

Introduction

L'exemple des groupes discrets et l'exemple des algèbres de Lie le montrent, il est utile d'associer à une structure algébrique une bonne notion de modules d'homologie et une bonne notion de modules de cohomologie. Ce livre est consacré au cas des algèbres commutatives. A une A-algèbre B, on sait associer le module des différentielles et le module des dérivations. En dérivant ces deux foncteurs de manière convenable, c'est-à-dire de manière simpliciale, on obtient des modules d'homologie $H_n(A,B,W)$ et des modules de cohomologie $H^n(A,B,W)$ et cela pour tout B-module W. Il s'agit d'étudier systématiquement ces modules dont les premiers $(0 \leqslant n \leqslant 3)$ sont liés à des notions intéressantes. En degré 0, on retrouve différentielles et dérivations. Avec des modules nuls, respectivement en degré 1, en degré 2 et en degré 3, apparaissent les algèbres lisses, les anneaux réguliers et les intersections complètes. En outre la théorie permet d'aborder quelques problèmes non-noethériens.

En principe, un cours d'introduction à l'algèbre homologique et un cours d'introduction à l'algèbre commutative devraient permettre la lecture de ce texte, excepté l'appendice. Quelques théorèmes classiques sont redémontrés: celui de Cohen sur les anneaux complets, celui de Hilbert-Serre sur les anneaux de dimension homologique finie, celui de Kaplansky sur les modules projectifs des anneaux locaux. L'emploi de techniques fines d'algèbre homologique est évité; ainsi il n'est question d'aucune suite spectrale. Sauf indication contraire, toutes les algèbres de ce livre sont supposées *associatives*, *commutatives* et *unitaires*.

Ce livre doit beaucoup à certains travaux de Messieurs *A. Grothendieck*, *L. Illusie* et *D. Quillen*. Je les remercie de leur aide directe ou indirecte. Mes remerciements vont également au Professeur *B. Eckmann*, qui a accepté ce livre dans la collection qu'il dirige, à la Maison Springer, dont j'apprécie la qualité du travail et à l'Institut Battelle, qui m'a permis d'entreprendre cette recherche.

A une A-algèbre B, on peut associer de manière naturelle un complexe de B-modules libres, appelé le *complexe cotangent* de l'algèbre (égalité 3.4). Ce complexe $T_*(A,B)$ permet de définir les modules d'homologie de l'algèbre (définition 3.11)

$$H_n(A,B,W) = \mathscr{H}_n[T_*(A,B) \otimes_B W]$$

et les modules de cohomologie de l'algèbre (définition 3.12)

$$H^n(A,B,W) = \mathscr{H}^n[\operatorname{Hom}_B(T_*(A,B), W)].$$

En particulier l'homologie et la cohomologie d'une algèbre libre sont triviales (corollaire 3.36). Quant au module $H_0(A,B,B)$ il est toujours isomorphe au module des différentielles de Kaehler $\Omega_{B/A}$ (proposition 6.3). Lorsque l'anneau B est un quotient de l'anneau A, la situation est simple en degré 1 (proposition 6.1)

$$H_1(A,B,W) \cong \operatorname{Tor}_1^A(B,W)$$

et en degré 2 (théorème 15.8, propositions 15.9 et 15.12)

$$H_2(A,B,W) \cong \operatorname{Tor}_2^A(B,W)/\operatorname{Tor}_1^A(B,B) \cdot \operatorname{Tor}_1^A(B,W).$$

En ajoutant des variables indépendantes à l'anneau A, il est d'ailleurs possible de se ramener à ce cas particulier (corollaire 5.2).

Dans cette théorie, les modules d'homologie relative sont en fait des modules d'homologie absolue. De manière précise: à une A-algèbre B et à une B-algèbre C correspond une suite exacte, dite de Jacobi-Zariski (théorème 5.1)

$$\cdots \to H_n(A,B,W) \to H_n(A,C,W) \to H_n(B,C,W) \to H_{n-1}(A,B,W) \to \cdots.$$

De cette suite découlent des relations entre différentielles de Kaehler ($n=0$), algèbres lisses ($n=1$), anneaux réguliers ($n=2$) et intersections complètes ($n=3$). Une autre propriété fondamentale est la suivante (proposition 4.54): deux A-algèbres B et C qui sont Tor-indépendantes donnent lieu à un isomorphisme pour tout entier n et pour tout $B \otimes_A C$-module W

$$H_n(A,B,W) \cong H_n(C, B \otimes_A C, W).$$

Il est alors clair que les modules d'homologie se localisent de la manière la plus simple qui soit (corollaires 4.59 et 5.27)

$$H_n(R^{-1}A, S^{-1}B, T^{-1}W) \cong T^{-1}H_n(A,B,W).$$

Enfin les modules d'homologie commutent aux limites inductives (lemme 3.24, propositions 3.35 et 5.30). Le plupart de ces propriétés se retrouvent pour les modules de cohomologie, avec parfois une hypothèse noethérienne.

La théorie simpliciale permet de considérer avec une algèbre, non seulement des générateurs ($n=0$) et des relations ($n=1$) mais encore des relations d'ordre supérieur ($n \geqslant 2$). En linéarisant cette donnée à l'aide du foncteur Ω de Kaehler, on obtient un complexe de modules libres (définition 4.39) qui est homotope au complexe cotangent et qui permet de calculer les modules d'homologie ou de cohomologie de l'algèbre en question (théorème 4.43). En particulier, le complexe cotangent d'une algèbre de type fini sur un anneau noethérien est homotope à un complexe de modules libres de type fini (théorème 4.46, propositions 4.55 et 4.57). Par ailleurs, lorsque cela a un sens, il est possible de calculer les modules de cohomologie par approximation, si les anneaux A et B sont noethériens (théorème 10.14)

$$H^n(A,B,W) \cong \varinjlim H^n(A/I^k, B/J^k, W).$$

Le premier module de cohomologie $H^1(A,B,W)$ classifie les surjections de A-algèbres dont le noyau est un idéal de carré nul (proposition 16.12)

$$0 \to W \to X \to B \to 0.$$

Par conséquent, dans le cas noethérien toujours, les algèbres formellement lisses sont caractérisées par l'un ou l'autre des deux isomorphismes suivants

$$H^1(A,B,W) \cong 0 \cong \varinjlim H^1(A/I^k, B/J^k, W).$$

En degrés supérieurs, les modules de cohomologie sont alors aussi nuls (théorème 16.18, proposition 7.23).

Considérons maintenant le cas où A est un anneau local noethérien et où B est son corps résiduel. Alors l'anneau A est régulier si et seulement si le module $H_2(A,B,B)$ est nul (proposition 6.26). De même l'anneau A est une intersection complète si et seulement si le module $H_3(A,B,B)$ est nul (proposition 6.27, corollaire 10.20) ou encore si et seulement si le module $H_4(A,B,B)$ est nul (théorème 17.13). En outre, lorsque la caractéristique du corps résiduel est nulle, il existe une égalité de séries formelles (corollaire 19.41)

$$\sum \beta_n t^n = (1+t)^{\varepsilon_1}(1-t^2)^{-\varepsilon_2}(1+t^3)^{\varepsilon_3}(1-t^4)^{-\varepsilon_4}\cdots$$

où β_n est la dimension de l'espace vectoriel $\operatorname{Tor}_n^A(B,B)$ et où ε_n est la dimension de l'espace vectoriel $H_n(A,B,B)$. On a aussi un résultat complet dans le cas où la A-algèbre B est simplement une extension de corps. Si n est au moins égal à 2, l'espace vectoriel $H_n(A,B,B)$ est nul (proposition 7.4). L'espace vectoriel $H_1(A,B,B)$ est nul si et seulement si l'extension est séparable (proposition 7.15). Enfin la différence des dimensions des espaces vectoriels $H_0(A,B,B)$ et $H_1(A,B,B)$ est égale au degré de transcendance (proposition 7.6). Le critère de séparabilité de MacLane est obtenu sous la forme d'un isomorphisme (proposition 7.22). Cet isomorphisme se laisse généraliser (théorème 7.26) et démontre l'équivalence de la lissité formelle et de la régularité géométrique (corollaire 7.27).

A nouveau considérons le cas particulier important $B = A/I$, sans hypothèse noethérienne, mais avec le A/I-module I/I^2 supposé projectif. Voici un premier résultat (théorème 12.2). La A/I-algèbre graduée commutative $\sum I^m/I^{m+1}$ est une algèbre symétrique si et seulement si le module

$$\varinjlim H^2(A/I^k, A/I, W)$$

est nul pour tout B-module W. Voici un second résultat (théorème 14.22). La A/I-algèbre graduée anticommutative $\sum \mathrm{Tor}_m^A(B,B)$ est une algèbre extérieure si et seulement si le module $H_n(A,B,B)$ est nul pour tout entier $n \neq 1$ ou encore si et seulement si d'une part la A/I-algèbre graduée commutative $\sum I^m/I^{m+1}$ est une algèbre symétrique et d'autre part le A-module A/I satisfait à une condition qui fait penser au lemme d'Artin-Rees et qui est réalisée dans le cas noethérien. La démonstration de ce résultat utilise fortement un théorème de convergence de la théorie simpliciale (proposition 13.3).

L'appendice généralise la théorie développée jusqu'ici dans le cadre de l'algèbre commutative. On considère un espace topologique et un faisceau d'algèbres $\mathscr{B}$ défini sur un faisceau d'anneaux $\mathscr{A}$. Le complexe cotangent est alors un complexe de faisceaux de modules (définition 29). En homologie (définition 33), on obtient des faisceaux de modules $H_n(\mathscr{A},\mathscr{B},\mathscr{W})$ et en cohomologie (définition 36), on obtient simplement des modules $H^n(\mathscr{A},\mathscr{B},\mathscr{W})$. Les modules des faisceaux du complexe cotangent sont plats sans être projectifs en général, ce qui exige un peu de soin dans la définition des modules de cohomologie. On retrouve les propriétés du cas ponctuel, en particulier les suites exactes de Jacobi-Zariski (théorèmes 73 et 74). Quant aux changements de base, ils s'effectuent à l'aide des deux formules suivantes:

$$f^*(H_n(\mathscr{A},\mathscr{B},\mathscr{W})) \cong H_n(f^*(\mathscr{A}), f^*(\mathscr{B}), f^*(\mathscr{W}))$$

sans aucune hypothèse (corollaire 54) et

$$H^n(f^*(\mathscr{A}), f^*(\mathscr{B}), \mathscr{W}) \cong H^n(\mathscr{A},\mathscr{B}, f_*(\mathscr{W}))$$

avec le foncteur f_* supposé exact (proposition 56). Dans le cas particulier d'un morphisme affine de schémas affines, on a d'une part un faisceau d'algèbres $\mathscr{B}$ défini sur un faisceau d'anneaux $\mathscr{A}$ et d'autre part une algèbre B définie sur un anneau A; mais alors le faisceau $H_n(\mathscr{A},\mathscr{B},\mathscr{W})$ est quasi-cohérent et correspond au module $H_n(A,B,W)$, en outre les modules $H^n(\mathscr{A},\mathscr{B},\mathscr{W})$ et $H^n(A,B,W)$ sont isomorphes (propositions 93 et 96).

Le supplément généralise aux algèbres analytiques ce que l'on sait des algèbres affines au point de vue homologique. Le théorème de préparation de Weierstrass permet de démontrer que l'homologie d'une algèbre de séries formelles, ou de séries convergentes, ou même de séries strictement convergentes, est triviale (théorème 3 et exemples 5, 6, 7). Il n'en va pas de même de la cohomologie. Si A est un corps et si B s'obtient (algèbre analytique) en localisant une algèbre de type fini, définie sur un des anneaux mentionnés ci-dessus, alors les modules d'homologie $H_n(A,B,W)$ jouissent de propriétés remarquables de finitude pour n non nul (propositions 12 et 15). Il est alors possible de caractériser les anneaux réguliers (proposition 21) et les intersections complètes (proposition 25) parmi les algèbres analytiques, grâce aux modules des différentielles ordinaires $H_0(A,B,B)$. Enfin, de manière plus générale, il est possible de caractériser complètement les algèbres plates et noethériennes dont l'homologie est nulle sauf en degré nul (théorème 30).

Table des matières

I. Dérivations et différentielles

Etude des propriétés élémentaires des foncteurs «dérivations d'une algèbre» et «différentielles de Kaehler», propriétés qu'il s'agira de généraliser par la suite aux modules d'homologie et de cohomologie. La troisième partie de ce chapitre n'est pas essentielle pour la suite.

a) Définitions. Considérons une A-algèbre B et un B-module W. Soit B, soit W, ont une structure naturelle de A-modules. Un homomorphisme $\omega: B \to W$ de A-modules est appelé une *A-dérivation* si l'égalité suivante est satisfaite pour toute paire (x, y) d'éléments de B.

Egalité 1. $\omega(xy) = x\omega(y) + y\omega(x)$.

Les A-dérivations de B dans W forment un sous-module du B-module $\mathrm{Hom}_A(B, W)$ et ce module est noté $\mathrm{Der}(A, B, W)$. Si f est un homomorphisme du B-module W dans le B-module W', alors $\mathrm{Hom}_A(B, f)$ envoie le sous-module $\mathrm{Der}(A, B, W)$ de $\mathrm{Hom}_A(B, W)$ dans le sous-module $\mathrm{Der}(A, B, W')$ de $\mathrm{Hom}_A(B, W')$. Voilà donc bien défini un homomorphisme $\mathrm{Der}(A, B, f)$. En bref, $\mathrm{Der}(A, B, \cdot)$ est un foncteur covariant de la catégorie des B-modules dans elle-même.

Considérons toujours une A-algèbre B. On a alors un homomorphisme naturel de A-algèbres.

Définition 2. $\mu: B \otimes_A B \to B, \quad \mu(x \otimes y) = xy$.

Appelons I le noyau de cette surjection. Il s'agit d'un idéal de $B \otimes_A B$. Considérons également l'idéal I^2 et le quotient I/I^2. Il s'agit non seulement d'un $B \otimes_A B$-module, mais encore d'un B-module, puisque $I(I/I^2)$ est nul dans I/I^2. Ce B-module I/I^2 est noté $\mathrm{Dif}(A, B)$ et appelé le *module de Kaehler* de la A-algèbre B. Il va jouer un rôle essentiel par la suite.

Définition 3. $\mathrm{Dif}(A, B) = I/I^2$ avec $I = \mathrm{Ker}\,\mu$.

Voici maintenant la définition de la *dérivation de Kaehler*.

Définition 4. $\delta \in \mathrm{Der}(A, B, \mathrm{Dif}(A, B))$.

Si x est un élément de B, alors $x \otimes 1 - 1 \otimes x$ est un élément de I. Appelons $\delta(x)$ l'image de cet élément dans le quotient I/I^2. Voilà donc définie une application δ de B dans $\mathrm{Dif}(A, B)$. Il s'agit d'un homomorphisme de A-modules en vertu de l'égalité

$$ax \otimes 1 - 1 \otimes ax = a(x \otimes 1 - 1 \otimes x).$$

Il s'agit même d'une A-dérivation en vertu de l'égalité

$$xy \otimes 1 - 1 \otimes xy = (xy \otimes 1 - x \otimes y) + (x \otimes y - 1 \otimes xy)$$

qui donne l'égalité 1 pour δ.

Remarque 5. On peut considérer $B \otimes_A B$ comme étant un B-module de deux manières différentes. On a un premier module, disons à gauche, en utilisant l'égalité

$$x(y \otimes z) = xy \otimes z$$

et on a un deuxième module, disons à droite, en utilisant l'égalité

$$(x \otimes y)z = x \otimes yz.$$

De la même façon, I est un B-module à gauche et un B-module à droite. Quand on passe au quotient I/I^2, les deux structures de B-modules se confondent et on retrouve la structure de B-module de $\mathrm{Dif}(A, B)$.

Lemme 6. *Soit I le noyau de l'homomorphisme produit canonique $\mu: B \otimes_A B \to B$ d'une A-algèbre B. Alors le B-module I (à gauche ou à droite) est engendré par les éléments $x \otimes 1 - 1 \otimes x$, où x est un élément quelconque variable de B.*

Démonstration. Considérons un élément $\sum x_i \otimes y_i$ de $B \otimes_A B$. Il appartient à I si la somme $\sum x_i y_i$ est égale à l'élément nul de B. L'égalité suivante démontre alors le lemme pour la structure de B-module à gauche

$$\sum x_i \otimes y_i = \sum (x_i \otimes y_i - x_i y_i \otimes 1) = -\sum x_i (y_i \otimes 1 - 1 \otimes y_i).$$

On démontre de même le lemme pour la structure de B-module à droite.

Lemme 7. *Soit une A-algèbre B. Alors le B-module* $\mathrm{Dif}(A, B)$ *est engendré par l'image $\delta(B)$ de la dérivation de Kaehler.*

Démonstration. Les éléments $x \otimes 1 - 1 \otimes x$ engendrent le B-module à gauche I. Par conséquent les éléments $\delta(x)$ engendrent le B-module I/I^2 égal au B-module $\mathrm{Dif}(A, B)$.

Considérons maintenant une A-algèbre B, un B-module W, puis le B-module $\mathrm{Dif}(A, B)$, la dérivation de Kaehler δ de B dans $\mathrm{Dif}(A, B)$, enfin un homomorphisme f de $\mathrm{Dif}(A, B)$ dans W. Alors $f \circ \delta$ est une A-dérivation de B dans W. C'est ainsi que l'on définit un homomorphisme de B-modules

$$\mathrm{Hom}_B(\mathrm{Dif}(A, B), W) \to \mathrm{Der}(A, B, W).$$

On a alors le résultant suivant.

Proposition 8. *Soient une A-algèbre B et un B-module W. Alors l'homomorphisme de B-modules qui est dû à la dérivation de Kaehler*

$$\mathrm{Hom}_B(\mathrm{Dif}(A, B), W) \to \mathrm{Der}(A, B, W)$$

est un isomorphisme.

Démonstration. Il est facile de voir qu'il s'agit d'un monomorphisme. Soit f un élément de $\mathrm{Hom}_B(\mathrm{Dif}(A, B), W)$ dont l'image est l'élément nul de $\mathrm{Der}(A, B, W)$. Autrement dit $f \circ \delta$ est l'application nulle. Ainsi f est nul sur l'image $\delta(B)$. D'après le lemme 7, cette image engendre le module $\mathrm{Dif}(A, B)$. Donc l'homomorphisme f est nul. On a donc bien un monomorphisme. Il faut voir maintenant que l'homomorphisme de la proposition est un épimorphisme. Il faut donc considérer une dérivation ω de $\mathrm{Der}(A, B, W)$ et trouver un homomorphisme f de $\mathrm{Hom}_B(\mathrm{Dif}(A, B), W)$ donnant l'égalité $\omega = f \circ \delta$.

On commence par définir un homomorphisme f du B-module à gauche I dans le B-module W et cela par la formule

$$f(\sum x_i \otimes y_i) = -\sum x_i \omega(y_i).$$

D'après le lemme 6, le B-module à gauche I est engendré par les éléments $x \otimes 1 - 1 \otimes x$. Par conséquent, le B-module à gauche I^2 est engendré par les éléments

$$(x \otimes 1 - 1 \otimes x)(y \otimes 1 - 1 \otimes y) = xy \otimes 1 - x \otimes y - y \otimes x + 1 \otimes xy.$$

L'homomorphisme f envoie un tel élément sur l'élément suivant du module W

$$-xy\omega(1) + x\omega(y) + y\omega(x) - 1\,\omega(xy) = x\omega(y) + y\omega(x) - \omega(xy)$$

qui est nul. Par suite f envoie I^2 sur 0. On peut donc passer au quotient et définir l'homomorphisme f de B-modules

$$f: I/I^2 \to W.$$

On vérifie que $f \circ \delta$ et ω sont égaux à l'aide de l'égalité

$$(f \circ \delta)(x) = f(x \otimes 1 - 1 \otimes x) = -x\omega(1) + 1\,\omega(x) = \omega(x).$$

La proposition est alors démontrée.

Il semble naturel de compléter l'isomorphisme de B-modules de la proposition 8 par l'isomorphisme suivant de B-modules, isomorphisme qui constitue une définition.

Définition 9. $\mathrm{Dif}(A, B, W) \cong \mathrm{Dif}(A, B) \otimes_B W$.

Nous allons voir que Der est un foncteur contravariant en A, contravariant en B et covariant en W, dans un sens qui reste à préciser.

Quant à Dif, il s'agit d'un foncteur covariant pour les trois variables, à nouveau dans un sens qui reste à préciser.

Considérons une A-algèbre B, une B-algèbre C et un C-module W. Alors $\mathrm{Dif}(A, B, W)$ et $\mathrm{Der}(A, B, W)$ ont une structure naturelle de C-modules. On peut le voir en utilisant l'isomorphisme de la proposition 8 et l'isomorphisme de la définition 9. Considérons maintenant un carré commutatif d'homomorphismes d'anneaux

$$\begin{array}{ccc} A' & \longrightarrow & B' \\ \Big\downarrow{\scriptstyle\alpha} & & \Big\downarrow{\scriptstyle\beta} \\ A & \longrightarrow & B \end{array}$$

avec en outre une B-algèbre C et un homomorphisme de C-modules

$$\omega : W' \to W .$$

On peut alors définir deux homomorphismes naturels de C-modules (voir la définition ci-dessous)

$$\mathrm{Dif}(\alpha, \beta, \omega) : \mathrm{Dif}(A', B', W') \to \mathrm{Dif}(A, B, W),$$

$$\mathrm{Der}(\alpha, \beta, \omega) : \mathrm{Der}(A, B, W') \to \mathrm{Der}(A', B', W) .$$

Définition 10. On peut utiliser les isomorphismes de la proposition 8 et de la définition 9. Il s'agit alors de construire un homomorphisme naturel du B'-module $\mathrm{Dif}(A', B')$ dans le B-module $\mathrm{Dif}(A, B)$. Pour cela on utilise la définition 3. On considère le carré commutatif

$$\begin{array}{ccc} B' \otimes_{A'} B' & \xrightarrow{\beta \otimes \beta} & B \otimes_A B \\ \Big\downarrow{\scriptstyle\mu'} & & \Big\downarrow{\scriptstyle\mu} \\ B' & \xrightarrow{\beta} & B . \end{array}$$

L'homomorphisme $\beta \otimes \beta$ envoie le noyau I' de μ' dans le noyau I de μ. Il s'agit d'un homomorphisme du B'-module à gauche I' dans le B-module à gauche I. De même, l'homomorphisme $\beta \otimes \beta$ envoie le carré I'^2 dans le carré I^2. En passant aux quotients, on obtient un homomorphisme $\mathrm{Dif}(\alpha, \beta)$ du B'-module $\mathrm{Dif}(A', B')$, égal à I'/I'^2, dans le B-module $\mathrm{Dif}(A, B)$, égal à I/I^2.

Cette définition de $\mathrm{Dif}(\alpha, \beta, \omega)$ et de $\mathrm{Der}(\alpha, \beta, \omega)$ est satisfaisante, compte tenu du résultat suivant.

Lemme 11. *Soient un carré commutatif d'homomorphismes d'anneaux, une B-algèbre C et un homomorphisme ω de C-modules*

$$\begin{array}{ccc} A' & \longrightarrow & B' \\ {\scriptstyle\alpha}\downarrow & & \downarrow{\scriptstyle\beta} \\ A & \longrightarrow & B \end{array}, \quad B \longrightarrow C, \quad \omega : W' \longrightarrow W.$$

Alors un élément quelconque f de $\mathrm{Der}(A, B, W')$ *satisfait à l'égalité*

$$\mathrm{Der}(\alpha, \beta, \omega)(f) = \omega \circ f \circ \beta$$

dans $\mathrm{Der}(A', B', W)$.

Démonstration. L'homomorphisme $\beta \otimes \beta$ envoie l'élément $x \otimes 1 - 1 \otimes x$ sur l'élément $\beta(x) \otimes 1 - 1 \otimes \beta(x)$. Considérons la dérivation de Kaehler δ de la A-algèbre B et la dérivation de Kaehler δ' de la A'-algèbre B'. Ce qui précède donne donc l'égalité

$$\delta \circ \beta = \mathrm{Dif}(\alpha, \beta) \circ \delta'.$$

Considérons maintenant l'isomorphisme de la proposition 8 et écrivons l'élément f sous la forme $\varphi \circ \delta$. On démontre alors le lemme par les égalités suivantes

$$\begin{aligned} \omega \circ f \circ \beta &= \omega \circ \varphi \circ \delta \circ \beta = \omega \circ \varphi \circ \mathrm{Dif}(\alpha, \beta) \circ \delta' = \mathrm{Hom}(\mathrm{Dif}(\alpha, \beta), \omega)(\varphi) \circ \delta' \\ &= \mathrm{Der}(\alpha, \beta, \omega)(\varphi \circ \delta) = \mathrm{Der}(\alpha, \beta, \omega)(f). \end{aligned}$$

b) Propriétés. Voici une liste des propriétés élémentaires des foncteurs définis ci-dessus.

Lemme 12. *Soient une A-algèbre B, une B-algèbre C et un ensemble de C-modules W_k, $k \in K$. Alors il existe des isomorphismes naturels de C-modules*

$$\sum \mathrm{Dif}(A, B, W_k) \cong \mathrm{Dif}(A, B, \sum W_k) \quad \textit{et} \quad \mathrm{Der}(A, B, \prod W_k) \cong \prod \mathrm{Der}(A, B, W_k).$$

Démonstration. Immédiate à partir des isomorphismes 8 et 9.

Lemme 13. *Soient une A-algèbre B, une A-algèbre C et un $B \otimes_A C$-module W. Alors il existe des isomorphismes naturels de $B \otimes_A C$-modules*

$$\mathrm{Dif}(A, B, W) \cong \mathrm{Dif}(C, B \otimes_A C, W) \quad \textit{et} \quad \mathrm{Der}(C, B \otimes_A C, W) \cong \mathrm{Der}(A, B, W).$$

Démonstration. Il faut considérer le carré commutatif

$$\begin{array}{ccc} A & \longrightarrow & B \\ \downarrow & & \downarrow \\ C & \longrightarrow & B \otimes_A C \end{array}$$

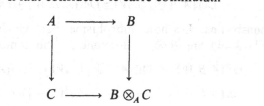

et démontrer que les homomorphismes naturels

$$\mathrm{Dif}(A,B,W) \to \mathrm{Dif}(C,B\otimes_A C,W) \quad \text{et} \quad \mathrm{Der}(C,B\otimes_A C,W) \to \mathrm{Der}(A,B,W)$$

sont des isomorphismes. Commençons par le deuxième foncteur. On sait que l'on a un isomorphisme canonique

$$\mathrm{Hom}_C(B\otimes_A C, W) \cong \mathrm{Hom}_A(B, W).$$

Cet isomorphisme envoie le sous-module $\mathrm{Der}(C, B\otimes_A C, W)$ dans le sous-module $\mathrm{Der}(A, B, W)$. En fait, il s'agit d'une surjection. Un homomorphisme f du C-module $B\otimes_A C$ dans W est une C-dérivation de $B\otimes_A C$ dans W si et seulement si son image est non seulement un homomorphisme du A-module B dans le A-module W, mais encore une A-dérivation de B dans W. Cela est une conséquence immédiate des égalités suivantes

$$\begin{aligned} f[(b\otimes c)(b'\otimes c')] - (b\otimes c)f(b'\otimes c') - (b'\otimes c')f(b\otimes c) & \\ = f(bb'\otimes cc') - bc\,f(b'\otimes c') - b'c'\,f(b\otimes c) & \\ = cc'\,f(bb'\otimes 1) - bcc'\,f(b'\otimes 1) - b'cc'\,f(b\otimes 1) & \\ = cc'[f(bb'\otimes 1) - b\,f(b'\otimes 1) - b'\,f(b\otimes 1)]. & \end{aligned}$$

Cela établit le deuxième isomorphisme du lemme. Quant au premier isomorphisme, il découle des isomorphismes successifs suivants

$$\mathrm{Der}(C,B\otimes_A C,W) \cong \mathrm{Der}(A,B,W),$$

$$\begin{aligned} \mathrm{Hom}_{B\otimes_A C}(\mathrm{Dif}(C,B\otimes_A C),W) &\cong \mathrm{Hom}_B(\mathrm{Dif}(A,B),W) \\ &\cong \mathrm{Hom}_{B\otimes_A C}(\mathrm{Dif}(A,B)\otimes_A C,W), \end{aligned}$$

$$\mathrm{Dif}(A,B)\otimes_A C \cong \mathrm{Dif}(C,B\otimes_A C),$$

$$\begin{aligned} \mathrm{Dif}(A,B)\otimes_B W &\cong (\mathrm{Dif}(A,B)\otimes_A C)\otimes_{B\otimes_A C} W \\ &\cong \mathrm{Dif}(C,B\otimes_A C)\otimes_{B\otimes_A C} W, \end{aligned}$$

$$\mathrm{Dif}(A,B,W) \cong \mathrm{Dif}(C,B\otimes_A C,W).$$

Le lemme est démontré.

Lemme 14. *Soient une A-algèbre B, une A-algèbre C et un $B\otimes_A C$-module W. Alors il existe des isomorphismes naturels de $B\otimes_A C$-modules*

$$\mathrm{Dif}(A,B,W) \oplus \mathrm{Dif}(A,C,W) \cong \mathrm{Dif}(A,B\otimes_A C,W),$$

$$\mathrm{Der}(A,B\otimes_A C,W) \cong \mathrm{Der}(A,B,W) \oplus \mathrm{Der}(A,C,W).$$

Démonstration. Les homomorphismes naturels des A-algèbres B et C dans la A-algèbre $B\otimes_A C$ donnent des homomorphismes naturels

$$\mathrm{Dif}(A,B,W) \to \mathrm{Dif}(A,B\otimes_A C,W) \leftarrow \mathrm{Dif}(A,C,W),$$

$$\mathrm{Der}(A,B,W) \leftarrow \mathrm{Der}(A,B\otimes_A C,W) \to \mathrm{Der}(A,C,W).$$

Par somme directe pour Dif et par produit direct pour Der, on obtient des homomorphismes naturels

$$\operatorname{Dif}(A,B,W) \oplus \operatorname{Dif}(A,C,W) \to \operatorname{Dif}(A,B \otimes_A C,W),$$
$$\operatorname{Der}(A,B \otimes_A C,W) \to \operatorname{Der}(A,B,W) \oplus \operatorname{Der}(A,C,W).$$

Il faut démontrer que ce sont des isomorphismes. Comme dans la démonstration du lemme 13, il suffit de le faire pour le foncteur Der. Dénotons par π l'homomorphisme en question. L'égalité suivante concernant une A-dérivation ω de $B \otimes_A C$ dans W démontre que π est un monomorphisme

$$\omega(\Sigma x_i \otimes y_i) = \sum (x_i \otimes 1)\omega(1 \otimes y_i) + \sum (1 \otimes y_i)\omega(x_i \otimes 1).$$

On constate que π est un épimorphisme à l'aide du diagramme commutatif suivant

$$\begin{array}{ccccc} & \overset{\gamma}{\swarrow} & \operatorname{Der}(B,B \otimes_A C,W) & \overset{b}{\searrow} & \\ & & \downarrow & & \\ \operatorname{Der}(A,C,W) & \longleftarrow & \operatorname{Der}(A,B \otimes_A C,W) & \longrightarrow & \operatorname{Der}(A,B,W) \\ & & \uparrow & & \\ & \underset{c}{\nwarrow} & \operatorname{Der}(C,B \otimes_A C,W) & \underset{\beta}{\nearrow} & \end{array}$$

où non seulement les homomorphismes b et c sont nuls, mais encore où les homomorphismes β et γ sont des isomorphismes d'après le lemme 13.

Lemme 15. *Soient une A-algèbre libre B, une B-algèbre C et un C-module W. Soit K un ensemble de générateurs indépendants de la A-algèbre libre B et à chaque élément k de K associons une copie W_k du C-module W. Alors il existe des isomorphismes naturels de C-modules*

$$\sum W_k \cong \operatorname{Dif}(A,B,W) \quad et \quad \operatorname{Der}(A,B,W) \cong \prod W_k.$$

Démonstration. Le deuxième isomorphisme est une autre façon d'exprimer la remarque suivante. Etant donné un ensemble d'éléments de W: $w_k \in W$, $k \in K$, il existe une et une seule dérivation f de la A-algèbre B dans le B-module W satisfaisant à l'égalité

$$f(k) = w_k, \quad k \in K \subset B.$$

Le deuxième isomorphisme du lemme implique le premier.

Le lemme précédent a un certain nombre de corollaires.

Lemme 16. *Soient une A-algèbre libre B, une B-algèbre C, un ensemble filtrant I et un système inductif de C-modules (W_i, f_{ij}). Alors il existe un isomorphisme naturel de C-modules*

$$\varinjlim \operatorname{Dif}(A,B,W_i) \cong \operatorname{Dif}(A,B,\varinjlim W_i).$$

En outre, si la A-algèbre B est de type fini, alors il existe un isomorphisme naturel de C-modules

$$\varinjlim \operatorname{Der}(A,B,W_i) \cong \operatorname{Der}(A,B,\varinjlim W_i)\,.$$

Démonstration. On applique le lemme 15 et la remarque comme quoi sommes directes et limites inductives commutent.

Lemme 17. *Soient une A-algèbre libre B, une B-algèbre C, un C-module W et un C-module W'. Alors il existe un isomorphisme naturel de C-modules*

$$\operatorname{Dif}(A,B,W) \otimes_C W' \cong \operatorname{Dif}(A,B,W \otimes_C W')\,.$$

En outre, si la A-algèbre B est de type fini, alors il existe un isomorphisme naturel de C-modules

$$\operatorname{Der}(A,B,W) \otimes_C W' \cong \operatorname{Der}(A,B,W \otimes_C W')\,.$$

Démonstration. On applique le lemme 15 et la remarque comme quoi sommes directes et produits tensoriels commutent.

Lemme 18. *Soient une A-algèbre libre B de type fini, une B-algèbre C et un C-module W de type fini. Alors les C-modules* $\operatorname{Dif}(A,B,W)$ *et* $\operatorname{Der}(A,B,W)$ *sont de type fini.*

Démonstration. C'est un corollaire immédiat du lemme 15.

Lemme 19. *Soient une A-algèbre libre B, une B-algèbre C et un C-module W, supposé libre, projectif, plat respectivement. Alors le C-module* $\operatorname{Dif}(A, B, W)$ *est libre, projectif, plat respectivement. En outre, si la A-algèbre B est de type fini, alors le C-module* $\operatorname{Der}(A, B, W)$ *est libre, projectif, plat respectivement.*

Démonstration. On applique le lemme 15 et la remarque comme quoi une somme directe de modules libres, projectifs, plats respectivement est un module libre, projectif, plat respectivement.

Lemme 20. *Soient une A-algèbre libre B, une B-algèbre C et un C-module W, supposé injectif. Alors le C-module* $\operatorname{Der}(A, B, W)$ *est injectif. En outre si la A-algèbre B est de type fini, alors le C-module* $\operatorname{Dif}(A,B,W)$ *est injectif.*

Démonstration. On applique le lemme 15 et la remarque comme quoi un produit direct de modules injectifs est un module injectif.

Lemme 21. *Soient une A-algèbre libre B, une B-algèbre C et une suite exacte de C-modules*

$$0 \to W' \to W \to W'' \to 0\,.$$

Alors il existe deux suites exactes naturelles de C-modules

$$0 \to \mathrm{Dif}(A,B,W') \to \mathrm{Dif}(A,B,W) \to \mathrm{Dif}(A,B,W'') \to 0,$$

$$0 \to \mathrm{Der}(A,B,W') \to \mathrm{Der}(A,B,W) \to \mathrm{Der}(A,B,W'') \to 0.$$

Démonstration. On applique le lemme 15 et la remarque comme quoi une somme directe ou un produit direct de suites exactes est une suite exacte.

Voici le résultat le plus important de cette partie du premier chapitre.

Lemme 22. *Soient une A-algèbre B, une B-algèbre libre C et un C-module W. Alors il existe des suites exactes naturelles et fendues de C-modules*

$$0 \to \mathrm{Dif}(A,B,W) \to \mathrm{Dif}(A,C,W) \to \mathrm{Dif}(B,C,W) \to 0,$$

$$0 \to \mathrm{Der}(B,C,W) \to \mathrm{Der}(A,C,W) \to \mathrm{Der}(A,B,W) \to 0.$$

Démonstration. Il faut considérer les carrés commutatifs

$$\begin{array}{ccc} A & \longrightarrow & B \\ \downarrow & & \downarrow \\ A & \longrightarrow & C \end{array} \qquad \text{et} \qquad \begin{array}{ccc} A & \longrightarrow & C \\ \downarrow & & \downarrow \\ B & \longrightarrow & C \end{array}$$

et démontrer que les homomorphismes naturels qui en découlent

$$\mathrm{Dif}(A,B,W) \to \mathrm{Dif}(A,C,W) \to \mathrm{Dif}(B,C,W),$$

$$\mathrm{Der}(B,C,W) \to \mathrm{Der}(A,C,W) \to \mathrm{Der}(A,B,W)$$

apparaissent dans deux suites exactes qui sont en fait fendues. Le noyau de l'homomorphisme de $\mathrm{Der}(A,C,W)$ dans $\mathrm{Der}(A,B,W)$ est formé des A-dérivations de C dans W qui sont nulles sur l'image de B dans C. Il s'agit donc du sous-module des B-dérivations de C dans W. On a donc une suite exacte

$$0 \to \mathrm{Der}(B,C,W) \to \mathrm{Der}(A,C,W) \to \mathrm{Der}(A,B,W).$$

La B-algèbre C est libre, il existe donc un triangle commutatif d'homomorphismes de B-algèbres

$$\begin{array}{ccc} B & \xrightarrow{\mathrm{Id}} & B \\ & \searrow \quad \nearrow & \\ & C & \end{array}$$

Pour le démontrer on choisit un ensemble de générateurs indépendants de la B-algèbre C et on considère l'homomorphisme de la B-algèbre C sur la B-algèbre B qui envoie tous les générateurs choisis sur l'élément nul. Le triangle ci-dessus donne un triangle commutatif d'homomorphismes de B-modules (mais pas de C-modules en général)

$$\begin{array}{ccc} \mathrm{Der}(A,B,W) & \xleftarrow{\mathrm{Id}} & \mathrm{Der}(A,B,W) \\ & \nwarrow \quad \swarrow & \\ & \mathrm{Der}(A,C,W)\,. & \end{array}$$

Par conséquent on a une surjection de $\mathrm{Der}(A,C,W)$ sur $\mathrm{Der}(A,B,W)$. En résumé la suite naturelle

$$0 \to \mathrm{Der}(B,C,W) \to \mathrm{Der}(A,C,W) \to \mathrm{Der}(A,B,W) \to 0$$

est exacte. D'après la proposition 8, on a donc une suite exacte

$$\begin{aligned} 0 \to \mathrm{Hom}_C(\mathrm{Dif}(B,C),W) &\to \mathrm{Hom}_C(\mathrm{Dif}(A,C),W) \\ &\to \mathrm{Hom}_B(\mathrm{Dif}(A,B),W) \to 0\,. \end{aligned}$$

Cela est vrai pour tout C-module W. En d'autres termes, la suite naturelle

$$0 \to \mathrm{Dif}(A,B) \otimes_B C \to \mathrm{Dif}(A,C) \to \mathrm{Dif}(B,C) \to 0$$

est une suite exacte fendue de C-modules. Grâce aux isomorphismes de la proposition 8 et de la définition 9, on obtient les suites exactes fendues du lemme.

Remarque 23. Les suites du lemme 22 ne sont pas exactes sans une hypothèse sur la B-algèbre C. Voir à ce sujet le chapitre consacré aux suites exactes de Jacobi-Zariski (chapitre 5).

Terminons par une remarque, peu importante pour la suite, concernant les produits tensoriels infinis d'algèbres et une généralisation du lemme 14 (voir la remarque 4.53).

Définition 24. Considérons un ensemble quelconque de A-algèbres B_i, l'indice i parcourant l'ensemble I. Alors le *produit tensoriel* $\tilde{\otimes}_A B_i$ est défini de la manière suivante. On considère le produit tensoriel des des A-modules B_i et on le dénote $\otimes_A B_i$. Puis on considère les homomorphismes canoniques

$$\beta_j : B_j \to \otimes_A B_i$$

envoyant x sur l'élément $\otimes x_i$, avec x_i égal à x si i est égal à j et avec x_i égal à 1 si i est différent de j. Puis on munit $\otimes_A B_i$ d'une structure de A-algèbres

$$(\otimes x_i)(\otimes y_i) = \otimes(x_i y_i)\,.$$

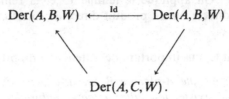

Mais alors les β_j sont des homomorphismes de A-algèbres. La sous-algèbre de l'algèbre $\otimes_A B_i$ engendrée par les images $\beta_j(B_j)$ est, par définition, le produit tensoriel $\tilde{\otimes}_A B_i$.

Exemple 25. Si chaque A-algèbre B_i est libre avec un ensemble donné K_i de générateurs indépendants, alors la A-algèbre $\tilde{\otimes}_A B_i$ est libre avec un ensemble K de générateurs indépendants, l'ensemble K pouvant être identifié à la réunion disjointe des ensembles K_i.

Lemme 26. *Soient un ensemble de A-algèbres libres B_i, une $\tilde{\otimes}_A B_i$-algèbre C et un C-module W. Alors il existe des isomorphismes naturels de C-modules*

$$\sum \mathrm{Dif}(A, B_i, W) \cong \mathrm{Dif}(A, \tilde{\otimes}_A B_i, W) \ \textit{et} \ \mathrm{Der}(A, \tilde{\otimes}_A B_i, W) \cong \prod \mathrm{Der}(A, B_i, W).$$

Démonstration. C'est une conséquence immédiate du lemme 15 et de l'exemple 25.

c) Compléments. Les résultats qui suivent ne seront utilisés que dans le chapitre 19. Commençons par la remarque élémentaire suivante.

Remarque 27. Considérons une A-algèbre B. Si f et g sont deux A-dérivations de B dans B, alors

$$[f, g] = f \circ g - g \circ f$$

est une A-dérivation de B dans B.

On voit donc que $\mathrm{Der}(A, B, B)$ est muni d'un crochet de Lie de manière naturelle. Compte tenu de l'isomorphisme de la proposition 8, le module

$$\mathrm{Hom}_B(\mathrm{Dif}(A, B), B)$$

est aussi muni d'un *crochet de Lie*, noté de la même manière. Il s'agit de le décrire explicitement. Pour cela utilisons les définitions 3 et 4. La dérivation de Kaehler δ est un homomorphisme du A-module B dans le B-module $\mathrm{Dif}(A, B)$ égal à I/I^2. Par conséquent l'homomorphisme suivant est bien défini

$$\delta \otimes \delta : B \otimes_A B \to I/I^2 \otimes_B I/I^2 .$$

Il sera fait usage de la remarque 5. L'élément de I/I^2 représenté par l'élément ω de I est noté $\bar{\omega}$.

Appelons τ l'automorphisme de $B \otimes_A B$ qui envoie $x \otimes y$ sur $y \otimes x$.

Lemme 28. *Soient une A-algèbre B, un élément x de B et un élément ω de I. Alors les égalités suivantes sont satisfaites*

$$(\delta \otimes \delta)(x\,\omega) = x(\delta \otimes \delta)(\omega) - \delta(x) \otimes \bar{\omega},$$

$$(\delta \otimes \delta)(\omega\, x) = x(\delta \otimes \delta)(\omega) + \bar{\omega} \otimes \delta(x) .$$

Démonstration. Démontrons la première égalité, la deuxième se démontre de manière analogue. Puisque δ est une dérivation, l'égalité suivante est satisfaite

$$\begin{aligned}[(\delta\otimes\delta)(xy\omega)-x(\delta\otimes\delta)(y\omega)+\delta(x)\otimes\overline{y\varpi}]\\ =[(\delta\otimes\delta)(xy\omega)-xy(\delta\otimes\delta)(\omega)+\delta(xy)\otimes\varpi]\\ -x[(\delta\otimes\delta)(y\omega)-y(\delta\otimes\delta)(\omega)+\delta(y)\otimes\varpi].\end{aligned}$$

Par conséquent si l'égalité à démontrer est satisfaite pour les paires (xy,ω) et (y,ω), elle est satisfaite pour la paire $(x,y\omega)$. En utilisant le lemme 6, on voit donc qu'il suffit d'établir le lemme pour le cas où ω est égal à $z\otimes 1-1\otimes z$. Mais alors on a les égalités suivantes

$$(\delta\otimes\delta)(x\omega)=(\delta\otimes\delta)(xz\otimes 1-x\otimes z)=-\delta(x)\otimes\delta(z),$$

$$x(\delta\otimes\delta)(\omega)=x(\delta\otimes\delta)(z\otimes 1-1\otimes z)=0,$$

$$\delta(x)\otimes\varpi=\delta(x)\otimes\delta(z)$$

et la première égalité du lemme est démontrée.

Lemme 29. *Soit une A-algèbre B. Alors l'homomorphisme* $(\delta\otimes\delta)\circ(\mathrm{Id}-\tau)$ *envoie* I^2 *sur* 0.

Démonstration. D'après le lemme 6, le A-module I^2 est engendré par les éléments

$$(x\otimes 1)(y\otimes 1-1\otimes y)(z\otimes 1-1\otimes z).$$

Par ailleurs l'homomorphisme $\mathrm{Id}-\tau$ envoie un tel élément sur l'élément

$$(x\otimes 1-1\otimes x)(y\otimes 1-1\otimes y)(z\otimes 1-1\otimes z).$$

Par conséquent $\mathrm{Id}-\tau$ envoie I^2 dans I^3. Nous allons voir que $\delta\otimes\delta$ envoie I^3 sur 0. D'après le lemme 6, le A-module I^3 est engendré par les éléments

$$x\omega-\omega x,\quad x\in B \quad\text{et}\quad \omega\in I^2.$$

D'après les égalités du lemme 28, on a le résultat suivant

$$(\delta\otimes\delta)(x\omega-\omega x)=-\varpi\otimes\delta(x)-\delta(x)\otimes\varpi=0$$

puisque ϖ est nul. Ainsi $\delta\otimes\delta$ envoie I^3 sur 0 et le lemme est démontré.

Définition 30. La restriction à I de l'homomorphisme

$$(\delta\otimes\delta)\circ(\mathrm{Id}-\tau): B\otimes_A B\to I/I^2\otimes_B I/I^2$$

donne un homomorphisme de A-modules

$$l: I/I^2\to I/I^2\otimes_B I/I^2.$$

Il ne s'agit pas d'un homomorphisme de B-modules comme l'indique le résultat suivant.

Lemme 31. *Soient une A-algèbre B, un élément x de B et un élément m de I/I^2. Alors l'égalité suivante est satisfaite*

$$l(xm)=x\,l(m)-\delta(x)\otimes m+m\otimes\delta(x)\,.$$

Démonstration. D'après le lemme 6, le A-module I est engendré par les éléments

$$(x\otimes 1)(y\otimes 1-1\otimes y)\,.$$

Par ailleurs l'homomorphisme $\mathrm{Id}+\tau$ envoie cet élément sur l'élément

$$(x\otimes 1-1\otimes x)(y\otimes 1-1\otimes y)\,.$$

Par conséquent $\mathrm{Id}+\tau$ envoie I dans I^2. Ainsi pour un élément ω de I, les éléments $\overline{\tau(\omega)}$ et $\overline{-\omega}$ sont égaux. Démontrons maintenant l'égalité du lemme en prenant m égal à $\bar{\omega}$. D'après le lemme 28, on a les égalités suivantes

$$\begin{aligned}l(xm)&=(\delta\otimes\delta)\circ(\mathrm{Id}-\tau)(x\omega)=(\delta\otimes\delta)(x\omega-\tau(\omega)x)\\&=x(\delta\otimes\delta)(\omega)-\delta(x)\otimes\bar{\omega}-x(\delta\otimes\delta)(\tau(\omega))-\overline{\tau(\omega)}\otimes\delta(x)\\&=x(\delta\otimes\delta)\circ(\mathrm{Id}-\tau)(\omega)+\bar{\omega}\otimes\delta(x)-\delta(x)\otimes\bar{\omega}\\&=x\,l(m)-\delta(x)\otimes m+m\otimes\delta(x)\,.\end{aligned}$$

Le lemme est démontré.

Il est possible maintenant d'expliciter le crochet de Lie de $\mathrm{Hom}_B(\mathrm{Dif}(A,B),B)$.

Proposition 32. *Soient une A-algèbre B et deux homomorphismes f et g du B-module* $\mathrm{Dif}(A,B)$ *dans le B-module B. Alors l'égalité suivante est satisfaite*

$$[f,g]=f\circ\delta\circ g-g\circ\delta\circ f+\Delta(f,g)$$

égalité où δ est la dérivation de Kaehler et où l'application $\Delta(f,g)$ est obtenue en composant l'application de la définition 30

$$l\colon \mathrm{Dif}(A,B)\to\mathrm{Dif}(A,B)\otimes_B\mathrm{Dif}(A,B)$$

et l'application produit tensoriel

$$f\otimes g\colon \mathrm{Dif}(A,B)\otimes_B\mathrm{Dif}(A,B)\to B\otimes_B B\cong B\,.$$

Démonstration. Considérons l'application

$$h=f\circ\delta\circ g-g\circ\delta\circ f+\Delta(f,g)\,.$$

Compte tenu de la proposition 8, on peut vérifier l'égalité de h et de $[f,g]$ en démontrant d'une part que h est un homomorphisme de B-modules et d'autre part que l'on a l'égalité

$$h\circ\delta=[f\circ\delta,g\circ\delta]\,.$$

L'égalité du lemme 31 donne l'égalité suivante

$$\Delta(f,g)(xm) = x\Delta(f,g)(m) - f(\delta(x))g(m) + f(m)g(\delta(x)).$$

Le fait que h est un homomorphisme de B-modules découle des égalités suivantes

$$\begin{aligned}
(f\circ\delta\circ g - g\circ\delta\circ f + \Delta(f,g))(xm) \\
&= (f\circ\delta)(xg(m)) - (g\circ\delta)(xf(m)) + \Delta(f,g)(xm) \\
&= f(x\delta(g(m))) + f(g(m)\delta(x)) - g(x\delta(f(m))) - g(f(m)\delta(x)) \\
&\quad + x\Delta(f,g)(m) - g(m)f(\delta(x)) + f(m)g(\delta(x)) \\
&= x(f\circ\delta\circ g)(m) - x(g\circ\delta\circ f)(m) + x\Delta(f,g)(m) \\
&\quad + g(m)(f\circ\delta)(x) - g(m)(f\circ\delta)(x) - f(m)(g\circ\delta)(x) + f(m)(g\circ\delta)(x) \\
&= x(f\circ\delta\circ g - g\circ\delta\circ f + \Delta(f,g))(m).
\end{aligned}$$

Quant à l'égalité

$$h\circ\delta = [f\circ\delta, g\circ\delta] = f\circ\delta\circ g\circ\delta - g\circ\delta\circ f\circ\delta$$

elle est satisfaite si l'application $\Delta(f,g)\circ\delta$ est nulle. L'égalité

$$(\Delta(f,g)\circ\delta)(x) = 0$$

est une conséquence immédiate de l'égalité

$$(\delta\otimes\delta)(x\otimes 1 - 1\otimes x) = 0.$$

La proposition est donc démontrée.

Complétons la remarque 5 de la manière suivante.

Remarque 33. Le B-module à droite I est un facteur direct du B-module à droite $B\otimes_A B$ et le B-module à gauche I est un facteur direct du B-module à gauche $B\otimes_A B$. On peut donc identifier le module $I\otimes_B I$ à un facteur direct du module

$$(B\otimes_A B)\otimes_B (B\otimes_A B) \cong B\otimes_A B\otimes_A B.$$

On a fait usage de l'isomorphisme h défini par l'égalité suivante

$$h((a\otimes b)\otimes(c\otimes d)) = a\otimes bc\otimes d.$$

Définition 34. Pour une A-algèbre B, on peut considérer l'isomorphisme

$$s: B\otimes_A B\otimes_A B \to B\otimes_A B\otimes_A B, \quad s(x\otimes y\otimes z) = z\otimes y\otimes x.$$

Avec l'automorphisme τ de $I/I^2\otimes_B I/I^2$ qui envoie $x\otimes y$ sur $y\otimes x$, on a le résultat suivant.

Lemme 35. *Soit une A-algèbre B. Alors l'isomorphisme s donne par restriction le diagramme commutatif suivant*

$$\begin{array}{ccc} I \otimes_B I & \longrightarrow & I/I^2 \otimes_B I/I^2 \\ \downarrow{\scriptstyle s} & & \downarrow{\scriptstyle \tau} \\ I \otimes_B I & \longrightarrow & I/I^2 \otimes_B I/I^2 . \end{array}$$

Démonstration. Compte tenu de l'isomorphisme h, l'automorphisme

$$s\colon (B \otimes_A B) \otimes_B (B \otimes_A B) \to (B \otimes_A B) \otimes_B (B \otimes_A B)$$

peut être décrit par l'égalité suivante

$$s((a \otimes b) \otimes (c \otimes d)) = (d \otimes c) \otimes (b \otimes a)$$

ou encore par l'égalité suivante

$$s(p \otimes q) = \tau(q) \otimes \tau(p), \quad p \quad \text{et} \quad q \in B \otimes_A B$$

en faisant usage de l'automorphisme τ du module $B \otimes_A B$. Il est alors clair que l'automorphisme s envoie le sous-module $I \otimes_B I$ dans lui-même. En outre, on sait que $\mathrm{Id} + \tau$ envoie I dans I^2. Par conséquent $\tau(x)$ et $-x$ ont la même image dans I/I^2 si x est un élément de I. L'automorphisme s décrit par l'égalité

$$s(p \otimes q) = \tau(q) \otimes \tau(p), \quad p \quad \text{et} \quad q \in I$$

est donc au-dessus de l'automorphisme τ décrit par l'égalité

$$\tau(x \otimes y) = -y \otimes -x, \quad x \quad \text{et} \quad y \in I/I^2$$

et le lemme est démontré.

Définition 36. Pour une A-algèbre B, on peut considérer l'homomorphisme

$$k\colon B \otimes_A B \to B \otimes_A B \otimes_A B, \quad k(x \otimes y) = x \otimes 1 \otimes y - x \otimes y \otimes 1 - 1 \otimes x \otimes y .$$

Lemme 37. *Soit une A-algèbre B. Alors l'homomorphisme k donne par restriction le diagramme commutatif suivant*

$$\begin{array}{ccccc} I & \xrightarrow{k} & I \otimes_B I & \xrightarrow{s - \mathrm{Id}} & I \otimes_B I \\ \downarrow & & & & \downarrow \\ I/I^2 & & \xrightarrow{\quad l \quad} & & I/I^2 \otimes_B I/I^2 . \end{array}$$

Démonstration. Compte tenu de l'isomorphisme h, l'homomorphisme

$$k\colon B\otimes_A B\to (B\otimes_A B)\otimes_B(B\otimes_A B)$$

peut être décrit par l'égalité suivante

$$k(x\otimes y)=(x\otimes 1)\otimes(1\otimes y)-(x\otimes 1)\otimes(y\otimes 1)-(1\otimes x)\otimes(1\otimes y).$$

Considérons aussi l'homomorphisme

$$\bar{k}\colon B\otimes_A B\to (B\otimes_A B)\otimes_B(B\otimes_A B)$$

décrit par l'égalité suivante

$$\bar{k}(x\otimes y)=(x\otimes 1-1\otimes x)\otimes(1\otimes y-y\otimes 1).$$

Sur le sous-module I, les homomorphismes k et $\bar{k}$ sont égaux. L'image de l'homomorphisme $\bar{k}$ est contenue dans le sous-module $I\otimes_B I$. Par conséquent l'homomorphisme k envoie le sous-module I dans le sous-module $I\otimes_B I$. La commutativité du diagramme du lemme découle de l'égalité suivante

$$\begin{aligned}((s-\mathrm{Id})\circ\bar{k})(x\otimes y)=&(x\otimes 1-1\otimes x)\otimes(y\otimes 1-1\otimes y)\\&-(y\otimes 1-1\otimes y)\otimes(x\otimes 1-1\otimes x)\end{aligned}$$

et de la définition 30.

II. Complexes de modules

Enoncé de quelques définitions et propriétés concernant les complexes simples de modules et les complexes doubles de modules. Il s'agit simplement d'introduire de bonnes notations et d'éviter l'usage de suites spectrales par la suite.

a) Complexes simples. Commençons par rappeler quelques définitions élémentaires et par préciser quelques notations.

Définition 1. Un *complexe de modules* est un ensemble de modules et d'homomorphismes du type suivant

$$\cdots \longrightarrow K_n \xrightarrow{d_n} K_{n-1} \longrightarrow \cdots \longrightarrow K_1 \xrightarrow{d_1} K_0$$

avec l'homomorphisme $d_n \circ d_{n+1}$ nul pour tout n. On désigne par d la différentielle du complexe et par K_* le complexe lui-même. On a la notion correspondante d'homomorphisme de complexes.

Exemple 2. A un complexe K_* de A-modules et a un A-module L, on associe un complexe de A-modules $K_* \otimes_A L$ satisfaisant à l'égalité

$$(K_* \otimes_A L)_n = K_n \otimes_A L .$$

Exemple 3. A un A-module M, on associe un complexe de A-modules $\underline{M}$ satisfaisant à l'égalité

$$\underline{M}_n = M \quad \text{si } n=0 \quad \text{et } 0 \quad \text{si } n \neq 0 .$$

Définition 4. Le *n-ème module d'homologie* d'un complexe K_* est défini par l'égalité

$$\mathscr{H}_n[K_*] = \operatorname{Ker} d_n / \operatorname{Im} d_{n+1} .$$

Définition 5. Un *complexe augmenté* est formé d'un complexe de modules K_* et d'un homomorphisme de modules, supposé surjectif,

$$d_0 : K_0 \to K \quad \text{avec } d_0 \circ d_1 = 0 .$$

On peut considérer d_0 comme étant un homomorphisme du complexe donné K_* dans le complexe trivial $\underline{K}$.

Définition 6. Un complexe augmenté est dit *acyclique*, si de l'homomorphisme de complexes $K_* \to \underline{K}$ découle un isomorphisme en homologie

$$\mathscr{H}_n[K_*] \cong \mathscr{H}_n[\underline{K}], \qquad n \geqslant 0 .$$

Il s'agit du module K si n est nul et du module nul si n n'est pas nul.

Définition 7. Un *cocomplexe de modules* est un ensemble de modules et d'homomorphismes du type suivant

$$K^0 \xrightarrow{d^1} K^1 \longrightarrow \cdots \longrightarrow K^{n-1} \xrightarrow{d^n} K^n \longrightarrow \cdots$$

avec l'homomorphisme $d^{n+1} \circ d^n$ nul pour tout n. On désigne par d la différentielle du cocomplexe et par K^* le cocomplexe lui-même. On a la notion correspondante d'homomorphisme de cocomplexes.

Exemple 8. A un complexe K_* de A-modules et à un A-module L, on associe un cocomplexe de A-modules $\mathrm{Hom}_A(K_*, L)$ satisfaisant à l'égalité

$$\mathrm{Hom}_A(K_*, L)^n = \mathrm{Hom}_A(K_n, L) .$$

Définition 9. Le *n-ème module de cohomologie* d'un cocomplexe K^* est défini par l'égalité

$$\mathscr{H}^n[K^*] = \mathrm{Ker}\, d^{n+1} / \mathrm{Im}\, d^n .$$

Définition 10. Une *résolution projective* d'un A-module K est un complexe augmenté acyclique formé d'un complexe K_* de A-modules projectifs et d'une augmentation aboutissant à K.

Remarque 11. Par la suite, il sera fait usage, sans démonstration, des propriétés générales les plus élémentaires du foncteur Tor

$$\mathrm{Tor}_n^A(K, L) \cong \mathscr{H}_n[K_* \otimes_A L]$$

où K_* est une résolution projective du module K. Il sera moins question du foncteur Ext

$$\mathrm{Ext}_A^n(K, L) \cong \mathscr{H}^n[\mathrm{Hom}_A(K_*, L)]$$

où K_* est une résolution projective du module K.

Voici un premier résultat qui doit servir de modèle à une construction plus élaborée (voir le chapitre 9).

Lemme 12. *Soit un complexe K_* de A-modules libres avec*

$$\mathscr{H}_i[K_*] \cong 0, \qquad i = 1, 2, \ldots, n .$$

Alors il existe un complexe L_* de A-modules libres satisfaisant aux conditions suivantes

1) *le module $\mathscr{H}_j[L_*]$ est nul si j n'est pas nul,*
2) *le complexe K_* est un sous-complexe de L_*,*
3) *les modules K_m et L_m sont égaux si m est égal au plus à $n+1$.*

Démonstration. On construit ci-dessous une famille croissante de complexes de A-modules libres

$$K_* = K_*^n \subset K_*^{n+1} \subset K_*^{n+2} \subset \cdots$$

ayant les propriétés suivantes

$$\mathscr{H}_j[K_*^r] \cong 0, \qquad j=1,2,\ldots,r,$$

$$K_m^r = K_m^{r+1}, \quad m=0,1,\ldots,r+1.$$

Puis on pose

$$L_* = \lim_{r\to\infty} K_*^r.$$

On a en particulier les égalités suivantes

$$L_m = K_m^n = K_m^{n+1} = \cdots, \qquad m \leqslant n+1,$$

$$L_m = K_m^{m-1} = K_m^m = \cdots, \qquad m \geqslant n+1$$

qui établissent immédiatement les conditions du lemme. Il reste donc à démontrer le résultat suivant. Soit un complexe K_* de A-modules libres avec

$$\mathscr{H}_i[K_*] \cong 0, \quad i=1,2,\ldots,n.$$

Alors il existe un complexe M_* de A-modules libres satisfaisant aux conditions suivantes

1) le module $\mathscr{H}_j[M_*]$ est nul pour $0<j\leqslant n+1$,
2) le complexe K_* est un sous-complexe de M_*,
3) les modules K_m et M_m sont égaux pour $0\leqslant m\leqslant n+1$.

Pour la démonstration, choisissons un système de générateurs du A-module $\mathscr{H}_{n+1}[K_*]$

$$x_i \in \mathscr{H}_{n+1}[K_*] \quad \text{avec } i\in I.$$

Soit y_i un représentant de x_i

$$y_i \in K_{n+1}, \quad d_{n+1}(y_i)=0.$$

Considérons le A-module libre Γ ayant la base

$$\gamma_i \in \Gamma \quad \text{avec } i\in I.$$

Le complexe M_* est défini par les égalités

$$M_m = K_m \quad \text{si } m\neq n+2 \quad \text{et } M_{n+2} = K_{n+2} \oplus \Gamma.$$

La différentielle de M_* prolonge celle de K_* et satisfait à l'égalité

$$d_{n+2}(\gamma_i)=y_i, \quad i\in I.$$

Il s'agit bien d'une différentielle, puisque l'on a l'égalité

$$(d_{n+1}\circ d_{n+2})(\gamma_i)=d_{n+1}(y_i)=0.$$

Ainsi K_* est un sous-complexe de M_*. En outre K_m et M_m sont égaux pour m égal au plus à $n+1$. Cela implique l'égalité

$$\mathscr{H}_m[M_*]\cong\mathscr{H}_m[K_*]\cong 0, \quad 0<m\leqslant n.$$

Il faut encore vérifier que $\mathscr{H}_{n+1}[M_*]$ est nul, c'est-à-dire que la suite

$$K_{n+2}\oplus\Gamma\to K_{n+1}\to K_n$$

est exacte. Le noyau de l'homomorphisme de K_{n+1} dans K_n est engendré par les éléments y_i et par les éléments de $d_{n+2}(K_{n+2})$. Il s'agit donc de l'image de l'homomorphisme de M_{n+2} dans M_{n+1}. La suite est donc exacte et le lemme est démontré.

Remarque 13. Par la suite et de manière générale, les résultats seront énoncés pour l'homologie et pour la cohomologie, quand ils existent dans les deux cas, et ne seront démontrés que pour l'homologie, sauf cas exceptionnels.

Lemme 14. *Soit un complexe K_* de A-modules libres avec*

$$\mathscr{H}_i[K_*]\cong 0, \quad i=1,2,\dots,n$$

et soit un A-module W. Alors il existe des isomorphismes naturels de A-modules pour tout $0\leqslant j\leqslant n$

$$\mathscr{H}_j[K_*\otimes_A W]\cong\operatorname{Tor}_j^A(\mathscr{H}_0[K_*],W),$$
$$\operatorname{Ext}_A^j(\mathscr{H}_0[K_*],W)\cong\mathscr{H}^j[\operatorname{Hom}_A(K_*,W)].$$

En outre il existe un épimorphisme et un monomorphisme

$$\mathscr{H}_{n+1}[K_*\otimes_A W]\to\operatorname{Tor}_{n+1}^A(\mathscr{H}_0[K_*],W)\to 0,$$
$$0\to\operatorname{Ext}_A^{n+1}(\mathscr{H}_0[K_*],W)\to\mathscr{H}^{n+1}[\operatorname{Hom}_A(K_*,W)].$$

Démonstration. Considérons une résolution libre L_* du A-module $\mathscr{H}_0[K_*]$ jouissant des propriétés décrites dans le lemme 12. Il s'agit de comparer les modules

$$\mathscr{H}_j[K_*\otimes_A W] \quad\text{et}\quad \mathscr{H}_j[L_*\otimes_A W]$$

d'après la remarque 11. Pour tout $0\leqslant j\leqslant n$, les égalités $K_m=L_m$ avec $m=j-1,j,j+1$ donnent une égalité

$$\mathscr{H}_j[K_*\otimes_A W]=\mathscr{H}_j[L_*\otimes_A W].$$

En outre les égalités $K_n = L_n$ et $K_{n+1} = L_{n+1}$ et l'inclusion $K_{n+2} \subset L_{n+2}$ permettent d'identifier le module $\mathscr{H}_{n+1}[L_* \otimes_A W]$ à un quotient du module $\mathscr{H}_{n+1}[K_* \otimes_A W]$.

Définition 15. Les *noyaux*, *conoyaux*, *images*, *coimages* des homomorphismes de complexes et de cocomplexes se définissent composantes par composantes. Il en va de même pour les *suites exactes*.

Au sujet des suites exactes, rappelons le lemme élémentaire suivant.

Lemme 16. *A une suite exacte de complexes de A-modules*

$$0 \to K_* \to L_* \to M_* \to 0$$

correspond de manière naturelle une suite exacte de A-modules

$$\cdots \mathscr{H}_n[K_*] \to \mathscr{H}_n[L_*] \to \mathscr{H}_n[M_*] \to \mathscr{H}_{n-1}[K_*] \to \cdots \to \mathscr{H}_0[M_*] \to 0$$

et à une suite exacte de cocomplexes de A-modules

$$0 \to M^* \to L^* \to K^* \to 0$$

correspond de manière naturelle une suite exacte de A-modules

$$0 \to \mathscr{H}^0[M^*] \to \cdots \to \mathscr{H}^{n-1}[K^*] \to \mathscr{H}^n[M^*] \to \mathscr{H}^n[L^*] \to \mathscr{H}^n[K^*] \cdots.$$

Remarque 17. C'est de ce lemme que découle la suite exacte fondamentale

$$\cdots \to \mathrm{Tor}_n^A(K, W) \to \mathrm{Tor}_n^A(L, W) \to \mathrm{Tor}_n^A(M, W) \to \cdots$$

associée à une suite exacte de A-modules

$$0 \to K \to L \to M \to 0$$

et à un A-module W.

Lemme 18. *Soient un complexe K_* de A-modules projectifs et un A-module W. Alors il existe un isomorphisme naturel de A-modules*

$$\mathscr{H}_n[K_*] \otimes_A W \cong \mathscr{H}_n[K_* \otimes_A W]$$

si l'une des deux conditions suivantes est satisfaite

1) *le A-module W est plat,*

2) *le foncteur $\mathscr{H}_{n-1}[K_* \otimes_A \cdot]$ de la catégorie des A-modules dans elle-même est exact à gauche.*

Démonstration. Le premier cas est trivial. Voici la démonstration dans le deuxième cas. A une suite exacte de A-modules

$$0 \to W' \to W \to W'' \to 0$$

correspond une suite exacte de complexes de A-modules

$$0 \to K_* \otimes_A W' \to K_* \otimes_A W \to K_* \otimes_A W'' \to 0$$

qui donne une suite exacte de A-modules

$$\mathscr{H}_n[K_* \otimes_A W] \to \mathscr{H}_n[K_* \otimes_A W''] \to \mathscr{H}_{n-1}[K_* \otimes_A W'] \to \mathscr{H}_{n-1}[K_* \otimes_A W].$$

La deuxième condition s'exprime alors de la manière qui suit: le foncteur $\mathscr{H}_n[K_* \otimes_A \cdot]$ est exact à droite. Remarquons qu'il existe toujours un homomorphisme

$$\mathscr{H}_n[K_*] \otimes_A W \to \mathscr{H}_n[K_* \otimes_A W]$$

et qu'il s'agit d'un isomorphisme si le A-module W est libre. Considérons maintenant une suite exacte

$$L \to M \to W \to 0$$

où L et M sont deux A-modules libres. La conclusion du lemme dans le deuxième cas découle alors du diagramme commutatif

$$\begin{array}{ccccccc}
\mathscr{H}_n[K_*] \otimes_A L & \longrightarrow & \mathscr{H}_n[K_*] \otimes_A M & \longrightarrow & \mathscr{H}_n[K_*] \otimes_A W & \longrightarrow & 0 \\
\downarrow & & \downarrow & & \downarrow & & \\
\mathscr{H}_n[K_* \otimes_A L] & \longrightarrow & \mathscr{H}_n[K_* \otimes_A M] & \longrightarrow & \mathscr{H}_n[K_* \otimes_A W] & \longrightarrow & 0
\end{array}$$

dont les lignes forment des suites exactes et dont les deux premières colonnes contiennent des isomorphismes.

Lemme 19. *Soient un complexe K_* de A-modules projectifs et un A-module W. Alors il existe un isomorphisme naturel de A-modules*

$$\mathscr{H}^n[\mathrm{Hom}_A(K_*, W)] \cong \mathrm{Hom}_A(\mathscr{H}_n[K_*], W)$$

si l'une des deux conditions suivantes est satisfaite

1) *le A-module W est injectif*,

2) *le foncteur $\mathscr{H}^{n-1}[\mathrm{Hom}_A(K_*, \cdot)]$ de la catégorie des A-modules dans elle-même est exact à droite.*

Démonstration. Duale de celle du lemme 18.

Remarque 20. Dans les applications, il est assez fréquent de définir la différentielle d'un complexe K_* à l'aide d'une égalité du type suivant

$$d_n = \sum_{0 \leqslant i \leqslant n} (-1)^i d_n^i, \qquad d_n^i : K_n \to K_{n-1}, \qquad n \geqslant 1$$

accompagnée de la condition suivante

$$d_n^i \circ d_{n+1}^j = d_n^{j-1} \circ d_{n+1}^i, \qquad 0 \leqslant i < j \leqslant n+1 .$$

Définition 21. Le complexe de A-modules $K_* \underline{\otimes}_A L_*$ associé à deux complexes de A-modules K_* et L_* est défini par les égalités suivantes

$$(K_* \underline{\otimes}_A L_*)_n = \sum_{i+j=n} K_i \otimes_A L_j \quad \text{et} \quad d_n(x \otimes y) = d_i(x) \otimes y + (-1)^i x \otimes d_j(y)$$

pour un élément x de K_i et un élément y de L_j.

Définition 22. L'homomorphisme de complexes de A-modules

$$\underline{\tau}: K_* \underline{\otimes}_A L_* \to L_* \underline{\otimes}_A K_*$$

est défini par l'égalité suivante

$$\underline{\tau}(x \otimes y) = (-1)^{ij} y \otimes x, \quad x \in K_i, \quad y \in L_j.$$

Remarque 23. Un A-module gradué est un complexe de A-modules dont la différentielle est nulle. Par conséquent le A-module gradué $K_* \underline{\otimes}_A L_*$ associé à deux A-modules gradués K_* et L_* est bien défini.

b) Complexes doubles. Par la suite, il sera commode de ramener à la considération de complexes doubles les difficultés techniques d'algèbre homologique que nous allons rencontrer.

Définition 24. Un *complexe double* de A-modules est formé d'un ensemble de A-modules $K_{i,j}$ avec $i \geqslant 0$ et $j \geqslant 0$ et d'un ensemble d'homomorphismes de A-modules

$$d'_{i,j}: K_{i,j} \to K_{i-1,j} \quad \text{et} \quad d''_{i,j}: K_{i,j} \to K_{i,j-1}.$$

Les égalités suivantes doivent être satisfaites.

Egalité 25. $d'_{i,j} \circ d'_{i+1,j} = 0 \qquad (i \geqslant 1,\ j \geqslant 0)$.

Egalité 26. $d''_{i,j} \circ d''_{i,j+1} = 0 \qquad (i \geqslant 0,\ j \geqslant 1)$.

Egalité 27. $d''_{i-1,j} \circ d'_{i,j} = d'_{i,j-1} \circ d''_{i,j} \qquad (i \geqslant 1,\ j \geqslant 1)$.

L'ensemble des homomorphismes $d'_{i,j}$ est noté d' (*première différentielle* du complexe double) et l'ensemble des homomorphismes $d''_{i,j}$ est note d'' (*deuxième différentielle* du complexe double). Le complexe double lui-même est noté K_{**}.

Définition 28. Un *homomorphisme* $g_{**}: K_{**} \to L_{**}$ de complexes doubles de A-modules est formé d'un ensemble d'homomorphismes de A-modules

$$g_{i,j}: K_{i,j} \to L_{i,j} \quad \text{avec } i \geqslant 0 \quad \text{et } j \geqslant 0.$$

Les égalités suivantes doivent être satisfaites.

Egalité 29. $g_{i-1,j} \circ d'_{i,j} = d'_{i,j} \circ g_{i,j} \qquad (i \geqslant 1,\ j \geqslant 0)$.

Egalité 30. $g_{i,j-1}\circ d''_{i,j}=d''_{i,j}\circ g_{i,j} \quad (i\geqslant 0,\ j\geqslant 1)$.

Toutes les constructions qui vont suivre sont naturelles par rapport aux homomorphismes qui viennent d'être définis.

L'égalité 25 peut s'exprimer de la manière suivante. Pour tout entier j, le complexe double K_{**} donne un complexe simple K_{*j}

$$\cdots \longrightarrow K_{i,j} \xrightarrow{d'_{i,j}} K_{i-1,j} \longrightarrow \cdots \longrightarrow K_{1,j} \xrightarrow{d'_{1,j}} K_{0,j}.$$

On peut alors considérer le i-ème module d'homologie de ce j-ème complexe

$$\mathscr{H}'_{i,j}[K_{**}]=\mathscr{H}_i[K_{*j}].$$

Pour tout entier j, d'après l'égalité 27, on peut considérer l'homomorphisme suivant de complexes de A-modules

$$d''_{*j}\colon K_{*j} \to K_{*j-1}.$$

Pour tout entier i, en passant à l'homologie, on obtient un homomorphisme de A-modules

$$\mathscr{H}'_{i,j}[K_{**}] \to \mathscr{H}'_{i,j-1}[K_{**}].$$

En laissant varier j compte tenu de l'égalité 26, on fait apparaître un nouveau complexe de A-modules $\mathscr{H}'_{i*}[K_{**}]$. On peut alors considérer le j-ème module d'homologie de ce i-ème complexe.

Définition 31. $\hat{\mathscr{H}}'_{i,j}[K_{**}]=\mathscr{H}_j[\mathscr{H}'_{i*}[K_{**}]]$.

De manière analogue, il est possible de définir les complexes simples K_{i*} et les modules

$$\mathscr{H}''_{i,j}[K_{**}]=\mathscr{H}_j[K_{i*}]$$

puis les complexes simples $\mathscr{H}''_{*j}[K_{**}]$ et enfin les modules suivants.

Définition 32. $\hat{\mathscr{H}}''_{i,j}[K_{**}]=\mathscr{H}_i[\mathscr{H}''_{*j}[K_{**}]]$.

Enfin on peut généraliser la définition 21 de la manière suivante.

Définition 33. Le *complexe simple* de A-modules $\hat{K}_*$ *associé* au complexe double de A-modules K_{**} est défini par les égalités suivantes

$$\hat{K}_n=\sum_{i+j=n} K_{i,j} \quad \text{et} \quad d_n(z)=d'_{i,j}(z)+(-1)^i d''_{i,j}(z)$$

pour un élément z de $K_{i,j}$. On peut alors considérer les modules d'homologie de ce nouveau complexe.

Définition 34. $\hat{\mathscr{H}}_n[K_{**}]=\mathscr{H}_n[\hat{K}_*]$.

Il existe des liens étroits entre tous ces modules d'homologie associés à un complexe double K_{**}.

Remarque 35. Pour un complexe double K_{**}, les modules suivants sont isomorphes

$$\hat{\mathscr{H}}'_{0,0}[K_{**}] \cong \hat{\mathscr{H}}_0[K_{**}] \cong \hat{\mathscr{H}}''_{0,0}[K_{**}].$$

Il s'agit en fait du module quotient suivant

$$K_{0,0}/\operatorname{Im} d'_{1,0} + \operatorname{Im} d''_{0,1}.$$

Proposition 36. *Soit K_{**} un complexe double pour lequel le module $\hat{\mathscr{H}}'_{p,q}[K_{**}]$ est nul si p et q ne sont pas nuls. Alors il existe une suite exacte naturelle*

$$\cdots \to \hat{\mathscr{H}}'_{n,0}[K_{**}] \to \hat{\mathscr{H}}_n[K_{**}] \to \hat{\mathscr{H}}'_{0,n}[K_{**}]$$
$$\to \hat{\mathscr{H}}'_{n-1,0}[K_{**}] \to \cdots \to \hat{\mathscr{H}}'_{0,1}[K_{**}] \to 0.$$

Démonstration. Voir la démonstration 45 terminant la deuxième partie de ce chapitre.

Corollaire 37. *Soit K_{**} un complexe double pour lequel le module $\hat{\mathscr{H}}'_{p,q}[K_{**}]$ est nul si p n'est pas nul. Alors il existe un isomorphisme naturel*

$$\hat{\mathscr{H}}_n[K_{**}] \cong \hat{\mathscr{H}}'_{0,n}[K_{**}], \quad n \geqslant 0.$$

Démonstration. C'est la forme la plus élémentaire de la théorie des suites spectrales, sujet dont il ne sera jamais question par la suite. La démonstration est évidente.

Lemme 38. *Soit K_{**} un complexe double pour lequel le module $\hat{\mathscr{H}}''_{p,q}[K_{**}]$ est nul si q n'est pas nul. Alors il existe un isomorphisme naturel*

$$\hat{\mathscr{H}}_n[K_{**}] \cong \hat{\mathscr{H}}''_{n,0}[K_{**}], \quad n \geqslant 0.$$

Démonstration. Intervertir les indices dans le corollaire précédent.

Théorème 39. *Soit K_{**} un complexe double pour lequel le module $\hat{\mathscr{H}}'_{p,q}[K_{**}]$ est nul si p et q ne sont pas nuls et le module $\hat{\mathscr{H}}''_{p,q}[K_{**}]$ est nul si q n'est pas nul. Alors il existe une suite exacte naturelle*

$$\cdots \to \hat{\mathscr{H}}'_{n,0}[K_{**}] \to \hat{\mathscr{H}}''_{n,0}[K_{**}] \to \hat{\mathscr{H}}'_{0,n}[K_{**}]$$
$$\to \hat{\mathscr{H}}'_{n-1,0}[K_{**}] \to \cdots \to \hat{\mathscr{H}}'_{0,1}[K_{**}] \to 0.$$

Démonstration. Il suffit de combiner la suite exacte de la proposition 36 et l'isomorphisme du lemme 38.

Ce qui précède peut être répété pour les cocomplexes doubles.

Définition 40. Un *cocomplexe double* de A-modules est formé d'un ensemble de A-modules $K^{i,j}$ avec $i \geqslant 0$ et $j \geqslant 0$ et d'un ensemble d'homomorphismes de A-modules

$$d_{,}^{i,j}: K^{i-1,j} \to K^{i,j} \quad \text{et} \quad d_{,,}^{i,j}: K^{i,j-1} \to K^{i,j}.$$

Les égalités suivantes doivent être satisfaites

$$d_{,}^{i+1,j} \circ d_{,}^{i,j} = 0 \quad \text{puis} \quad d_{,,}^{i,j+1} \circ d_{,,}^{i,j} = 0 \quad \text{enfin} \quad d_{,}^{i,j} \circ d_{,,}^{i-1,j} = d_{,,}^{i,j} \circ d_{,}^{i,j-1}.$$

Par analogie avec la définition 31, on obtient un A-module

$$\hat{\mathscr{H}}_{,}^{i,j}[K^{**}] = \mathscr{H}^{j}[\mathscr{H}_{,}^{i*}[K^{**}]]$$

et par analogie avec la définition 32, on obtient un A-module

$$\hat{\mathscr{H}}_{,,}^{i,j}[K^{**}] = \mathscr{H}^{i}[\mathscr{H}_{,,}^{*j}[K^{**}]].$$

De même, par analogie avec la définition 33, on obtient un cocomplexe de A-modules $\hat{K}^*$

$$\hat{K}^n = \sum_{i+j=n} K^{i,j}$$

et par analogie avec la définition 34, on obtient un A-module

$$\hat{\mathscr{H}}^n[K^{**}] = \mathscr{H}^n[\hat{K}^*].$$

Théorème 41. *Soit K^{**} un cocomplexe double pour lequel le module $\hat{\mathscr{H}}_{,}^{p,q}[K^{**}]$ est nul si p et q ne sont pas nuls et le module $\hat{\mathscr{H}}_{,,}^{p,q}[K^{**}]$ est nul si q n'est pas nul. Alors il existe une suite exacte naturelle*

$$0 \to \hat{\mathscr{H}}_{,}^{0,1}[K^{**}] \to \cdots \to \hat{\mathscr{H}}_{,}^{n-1,0}[K^{**}]$$
$$\to \hat{\mathscr{H}}_{,}^{0,n}[K^{**}] \to \hat{\mathscr{H}}_{,,}^{n,0}[K^{**}] \to \hat{\mathscr{H}}_{,}^{n,0}[K^{**}] \to \cdots.$$

Démonstration. Duale de celle du théorème 39.

Remarque 42. Par la suite, il ne sera pas fait usage de la définition 40 et du théorème 41 de manière importante, puisque les démonstrations seront faites pour les modules d'homologie et oubliées pour les modules de cohomologie.

Pour terminer cette partie consacrée aux complexes doubles, voici une démonstration complète de la proposition 36. Considérons un complexe double K_{**} et utilisons les modules

$$\tilde{K}_{i,j} = \operatorname{Ker} d'_{i,j} \quad \text{et} \quad \tilde{K}_n^i = [\tilde{K}_{i,n-i}] \oplus [K_{i+1,n-i-1}/\tilde{K}_{i+1,n-i-1}].$$

De plus, considérons l'homomorphisme

$$d_n\colon \tilde{K}_n^i \to \tilde{K}_{n-1}^i$$

défini par la règle suivante. A l'élément de $\tilde{K}_n^i$ dont la première composante est l'élément x de $K_{i,n-i}$ avec $d'_{i,n-i}(x)$ nul et dont la deuxième composante est représentée par l'élément y de $K_{i+1,n-i-1}$ correspond l'élément de $\tilde{K}_{n-1}^i$ dont la première composante est égale à la somme

$$(-1)^i d''_{i,n-i}(x) + d'_{i+1,n-i-1}(y) \quad \text{de} \quad \tilde{K}_{i,n-i-1}$$

et dont la deuxième composante est représentée par l'élément

$$(-1)^{i+1} d''_{i+1,n-i-1}(y) \quad \text{de } K_{i+1,n-i-2}.$$

Pour tout entier i, on obtient alors un complexe $\tilde{K}^i_*$.

Lemme 43. *Soit K_{**} un complexe de modules. Alors il existe un isomorphisme naturel*

$$\mathcal{H}_n[\tilde{K}^i_*] \cong \hat{\mathcal{H}}'_{i,n-i}[K_{**}].$$

Démonstration. On utilise les homomorphismes canoniques, avec un signe convenable, l'entier i étant fixé,

$$\tilde{K}^i_n \to \tilde{K}_{i,n-i} \to \mathcal{H}'_{i,n-i}[K_{**}]$$

pour obtenir un homomorphisme de complexes de modules

$$\tilde{K}^i_* \to \mathcal{H}'_{i,*-i}[K_{**}].$$

On obtient alors des homomorphismes naturels de modules

$$\mathcal{H}_n[\tilde{K}^i_*] \to \hat{\mathcal{H}}'_{i,n-i}[K_{**}].$$

et il est élémentaire de vérifier qu'il s'agit d'isomorphismes.

Pour démontrer un cas particulier de la proposition 36, introduisons encore des modules auxiliaires (nuls pour $i>n$)

$$K^i_n = [\tilde{K}_{i,n-i}] \oplus [K_{i+1,n-i-1}] \oplus \cdots \oplus [K_{n,0}].$$

On obtient ainsi une famille décroissante de sous-complexes K^i_* du complexe $\hat{K}_*$ de la définition 33. Prenons note de l'isomorphisme suivant

$$K^i_*/K^{i+1}_* \cong \tilde{K}^i_*.$$

Lemme 44. *Soit K_{**} un complexe double pour lequel le module $\hat{\mathcal{H}}'_{p,q}[K_{**}]$ est nul si q n'est pas nul. Alors il existe un isomorphisme naturel*

$$\hat{\mathcal{H}}'_{n,0}[K_{**}] \cong \hat{\mathcal{H}}_n[K_{**}], \quad n \geqslant 0.$$

Démonstration. Grâce au lemme 43, l'hypothèse peut s'écrire de la manière suivante

$$\mathcal{H}_n[\tilde{K}^i_*] \cong 0, \quad i \neq n.$$

La suite exacte qui suit

$$\mathcal{H}_{n+1}[\tilde{K}^i_*] \to \mathcal{H}_n[K^{i+1}_*] \to \mathcal{H}_n[K^i_*] \to \mathcal{H}_n[\tilde{K}^i_*]$$

établit l'existence d'un isomorphisme

$$\mathcal{H}_n[K^{i+1}_*] \cong \mathcal{H}_n[K^i_*] \quad \text{pour } 0 \leqslant i < n.$$

Il en découle un isomorphisme

$$\mathcal{H}_n[K^n_*] \cong \mathcal{H}_n[K^0_*]$$

qui est celui du lemme, comme nous allons le voir. En premier lieu, il est clair que l'on a les isomorphismes

$$\mathscr{H}_n[K_*^0] \cong \mathscr{H}_n[\hat{K}_*] \cong \hat{\mathscr{H}}_n[K_{**}].$$

En second lieu, la suite exacte qui suit

$$\mathscr{H}_n[K_*^{n+1}] \to \mathscr{H}_n[K_*^n] \to \mathscr{H}_n[\tilde{K}_*^n] \to \mathscr{H}_{n-1}[K_*^{n+1}]$$

établit l'existence d'un isomorphisme que l'on complète par l'isomorphisme du lemme 43

$$\mathscr{H}_n[K_*^n] \cong \mathscr{H}_n[\tilde{K}_*^n] \cong \hat{\mathscr{H}}'_{n,0}[K_{**}].$$

Le lemme est ainsi démontré.

Pour démontrer la proposition 36, il faut considérer non seulement un complexe double K_{**} mais encore une suite exacte de complexes doubles

$$0 \to K'_{**} \to K_{**} \to K''_{**} \to 0$$

où le module $K''_{i,j}$ est nul si i n'est pas nul et est égal au module $\mathscr{H}'_{0,j}[K_{**}]$ si i est nul. Mais alors le module $\hat{\mathscr{H}}'_{i,j}[K'_{**}]$ est nul si i est nul et est égal au module $\hat{\mathscr{H}}'_{i,j}[K_{**}]$ si i n'est pas nul.

Démonstration 45. Voici la démonstration de la proposition 36. Considérons la suite exacte suivante

$$0 \to \hat{K}'_* \to \hat{K}_* \to \hat{K}''_* \to 0$$

due à la définition 33 et à la suite exacte précédente. Il en découle une suite exacte

$$\cdots \to \mathscr{H}_n[\hat{K}'_*] \to \mathscr{H}_n[\hat{K}_*] \to \mathscr{H}_n[\hat{K}''_*] \to \cdots$$

qui est celle de la proposition, comme nous allons le voir. En effet il est clair que l'on a deux isomorphismes

$$\mathscr{H}_n[\hat{K}_*] \cong \hat{\mathscr{H}}_n[K_{**}] \quad \text{et} \quad \mathscr{H}_n[\hat{K}''_*] \cong \hat{\mathscr{H}}_{0,n}[K_{**}].$$

Par ailleurs le module $\hat{\mathscr{H}}'_{p,q}[K'_{**}]$ est nul si q n'est pas nul. On peut donc appliquer le lemme 44 qui donne les isomorphismes suivants

$$\mathscr{H}_n[\hat{K}'_*] \cong \hat{\mathscr{H}}'_{n,0}[K'_{**}] \cong \hat{\mathscr{H}}'_{n,0}[K_{**}], \qquad n > 0.$$

Dans le cas où n est nul, on obtient le module nul et par conséquent la suite exacte de la proposition peut s'écrire sans les termes de degré nul. Voilà donc la proposition 36 démontrée.

c) Foncteurs nuls. Par la suite, il sera fait usage de la notation suivante en ce qui concerne la localisation.

Notation 46. Pour un A-module M et pour un ensemble multiplicativement clos S de A, le module des quotients est noté $S^{-1}M$. Dans le cas où S est égal à $A-P$ pour un idéal premier P, le module $S^{-1}M$ est noté M_P.

Voici maintenant une généralisation du lemme de Nakayama, en un certain sens.

Lemme 47. *Soient une A-algèbre B, un B-module N, non nul, de type fini, et un idéal I de l'anneau A, satisfaisant à la condition suivante*

$$aN=0 \quad si\ a\in I \quad et\ aN=N \quad si\ a\notin I\,.$$

Alors par l'homomorphisme canonique de l'anneau A dans l'anneau B, l'idéal I est l'image réciproque d'un idéal maximal de B.

Démonstration. Puisque le module N n'est pas nul, il existe un idéal maximal J de l'anneau B pour lequel le module N_J n'est pas nul. De l'égalité $aN=N$ découle l'égalité $aN_J=N_J$. On peut appliquer le lemme de Nakayama au module de type fini N_J sur l'anneau local B_J. Ainsi l'image de l'élément a dans l'anneau B_J n'appartient pas à l'idéal maximal. Par suite l'image de l'élément a dans l'anneau B n'appartient pas à l'idéal J. En résumé si l'image de a appartient à l'idéal J, alors l'élément a appartient à l'idéal I. En outre, lorsque aN est nul, l'image de a appartient à l'idéal J, sinon le module N_J serait nul. Par conséquent si l'élément a appartient à l'idéal I, alors l'image de a appartient à l'idéal J. Ainsi l'idéal I de l'anneau A est l'image réciproque de l'idéal maximal J de l'anneau B.

Définition 48. Considérons une A-algèbre B. Un foncteur covariant et additif F de la catégorie des A-modules dans la catégorie des B-modules est appelé un *foncteur doux* si les quatre conditions suivantes sont satisfaites.

Condition 49. A une suite exacte de A-modules correspond une suite exacte de B-modules

$$0\to W'\to W\to W''\to 0 \quad \text{d'où} \quad F(W')\to F(W)\to F(W'')\,.$$

Condition 50. A un ensemble filtrant I et à un système inductif de A-modules W_i correspond un isomorphisme naturel de B-modules

$$\varinjlim F(W_i)\cong F(\varinjlim W_i)\,.$$

Condition 51. A un A-module W de type fini correspond un B-module $F(W)$ de type fini.

Condition 52. Le diagramme suivant d'homomorphismes d'anneaux est commutatif pour tout A-module W

$$\begin{array}{ccc} A & \longrightarrow & \mathrm{Hom}_A(W, W) \\ \downarrow & & \downarrow \\ B & \longrightarrow & \mathrm{Hom}_B(F(W), F(W)) . \end{array}$$

Remarque 53. Dans les applications, cette dernière condition se vérifie de manière élémentaire. On peut d'ailleurs l'exprimer de la manière suivante. Considérons un élément a dans A, son image b dans B, un élément x dans W et un élément y dans $F(W)$. Alors les égalités suivantes sont satisfaites pour un certain homomorphisme α de W dans lui-même

$$\alpha(x) = ax \quad \text{et} \quad F(\alpha)(y) = by .$$

Proposition 54. *Soient une A-algèbre B et un foncteur doux F. Supposons l'anneau A noethérien. Alors le foncteur F est nul si et seulement si le module $F(A/I)$ est nul pour tout idéal I de l'anneau A qui est l'image réciproque d'un idéal maximal de l'anneau B par l'homomorphisme canonique de A dans B.*

Démonstration. Grâce à la condition 50, il suffit de démontrer que le module $F(W)$ est nul lorsque le module W a un nombre fini de générateurs. Grâce à la condition 49, il suffit de démontrer que le module $F(W)$ est nul lorsque le module W a un seul générateur. Démontrons donc que le module $F(A/I)$ est nul pour tout idéal I de l'anneau A. Par hypothèse, cela est vrai lorsque l'idéal I est l'image réciproque d'un idéal maximal. Considérons l'ensemble des idéaux I pour lesquels les modules $F(A/I)$ ne sont pas nuls. Supposons-le non vide et aboutissons à une contradiction.

Puisque l'anneau A est noethérien, il existe un idéal I qui est maximal pour la propriété $F(A/I) \neq 0$. Considérons un élément a de A qui n'appartient pas à I et une suite exacte

$$0 \longrightarrow A/M \xrightarrow{f} A/I \xrightarrow{g} A/N \longrightarrow 0 .$$

L'homomorphisme f envoie l'élément représenté par l'élément x de A sur l'élément représenté par l'élément ax de A et l'homomorphisme g envoie l'élément représenté par l'élément y de A sur l'élément représenté par l'élément y de A. Considérons aussi la suite exacte de la condition 49

$$F(A/M) \to F(A/I) \to F(A/N) .$$

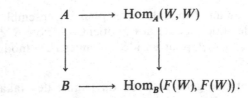

Comme l'idéal M contient l'idéal I, le module $F(A/M)$ est nul, sauf si M est égal à I. Le module $F(A/I)$ n'est pas nul. L'idéal N est strictement plus grand que l'idéal I et le module $F(A/N)$ est nul. La suite exacte démontre donc ce qui suit. Les idéaux I et M sont égaux, l'homomorphisme f est la multiplication par a dans le module A/I et l'homomorphisme $F(f)$ est surjectif. En résumé, on a la propriété suivante

$$aF(A/I)=F(A/I) \text{ si } a\notin I\,.$$

D'après la condition 52, le module $aF(A/I)$ est nul si a est un élément de I. D'après la condition 51, le B-module $F(A/I)$ est de type fini. On peut donc appliquer le lemme 47. L'idéal I est alors l'image réciproque d'un idéal maximal. Par l'hypothèse de la proposition, le module $F(A/I)$ doit donc être nul. Cela est la contradiction qui achève la démonstration.

Voici deux lemmes élémentaires qui donnent lieu à une première application de la proposition.

Lemme 55. *Soient un anneau noethérien A et un A-module M de type fini. Alors ce module possède une résolution projective dont tous les modules sont de type fini.*

Démonstration. Appelons P_* une résolution projective quelconque du A-module M. Si le module P_n est de type fini, alors le noyau de l'homomorphisme de P_n dans P_{n-1} est un module de type fini. Par conséquent, on peut choisir un A-module P_{n+1} qui est libre avec un nombre fini de générateurs.

Lemme 56. *Soient une A-algèbre B, les anneaux A et B étant noethériens, un A-module M de type fini et un B-module N de type fini. Alors les B-modules* $\mathrm{Tor}_n^A(M, N)$ *sont de type fini.*

Démonstration. Pour le A-module M utilisons une résolution projective P_* donnée par le lemme 55. Mais alors $P_* \otimes_A N$ est un complexe de B-modules de type fini. Puisque l'anneau B est noethérien, les modules d'homologie de ce complexe

$$\mathrm{Tor}_n^A(M, N)\cong \mathscr{H}_n[P_* \otimes_A N]$$

sont tous des B-modules de type fini.

Lemme 57. *Soient une A-algèbre B et un B-module N de type fini. Supposons les anneaux A et B noethériens. Alors le foncteur* $\mathrm{Tor}_n^A(\cdot, N)$ *est nul pour un entier n fixé si et seulement si la condition*

$$\mathrm{Tor}_n^A(A/I, N)\cong 0$$

est satisfaite pour tout idéal I de l'anneau A qui est l'image réciproque d'un idéal maximal de l'anneau B.

Démonstration. C'est le cas particulier de la proposition 54 où le foncteur doux F est égal au foncteur $\mathrm{Tor}_n^A(\cdot, N)$. Le lemme 56 établit la condition 51.

Lemme 58. *Soient une A-algèbre B et un B-module N de type fini. Supposons les anneaux A et B noethériens. Alors le A-module N est plat si et seulement si la condition*

$$\mathrm{Tor}_1^A(A/I, N) \cong 0$$

est satisfaite pour tout idéal I de l'anneau A qui est l'image réciproque d'un idéal maximal de l'anneau B.

Démonstration. C'est le cas particulier $n=1$ du lemme précédent.

A ce sujet, mentionnons encore le résultat simple suivant.

Lemme 59. *Un module M, plat et de type fini, sur un anneau A, local et noethérien, est un A-module libre.*

Démonstration. Appelons I l'idéal maximal de A et k le nombre minimal de générateurs de M, c'est-à-dire la dimension de l'espace vectoriel M/IM. Il existe alors une suite exacte de A-modules

$$0 \to N \to L \to M \to 0$$

où L est un module libre de rang k et où N est un module de type fini. Considérons maintenant la suite exacte d'espaces vectoriels

$$0 \to N/IN \to L/IL \to M/IM \to 0\,.$$

L'espace vectoriel N/IN ne peut qu'y être nul. D'après le lemme de Nakayama, le module N est nul et alors le module M est libre.

Voici pour terminer un résultat qui sera utilisé dans le seul chapitre 17. Il est exposé ici à cause de son analogie formelle avec le résultat du lemme 57.

Lemme 60. *Soit un A-module N. Alors le foncteur* $\mathrm{Ext}_A^n(\cdot, N)$ *est nul pour un entier n fixé si et seulement si la condition*

$$\mathrm{Ext}_A^n(A/I, N) \cong 0$$

est satisfaite pour tout idéal I de l'anneau A.

Démonstration. Si l'entier n est au moins égal à 2, alors il existe un A-module M donnant lieu à un isomorphisme pour tout A-module W

$$\mathrm{Ext}_A^n(W, N) \cong \mathrm{Ext}_A^{n-1}(W, M)\,.$$

Il suffit donc de démontrer le lemme pour $n=1$.

Lemme 61. *Soit un A-module N. Alors il s'agit d'un module injectif si et seulement si la condition*

$$\mathrm{Ext}_A^1(A/I, N) \cong 0$$

est satisfaite pour tout idéal I de l'anneau A.

Démonstration. Considérons un A-module Q et un sous-module P. Il faut démontrer que l'homomorphisme

$$\mathrm{Hom}_A(Q, N) \to \mathrm{Hom}_A(P, N)$$

est surjectif. Par l'hypothèse du lemme, cela est vrai si le module quotient Q/P est monogène. Considérons maintenant un homomorphisme p de P dans N et essayons de le prolonger en un homomorphisme q de Q dans N. Pour cela, considérons l'ensemble E des paires (F, f) où F est un sous-module de Q qui contient P et où f est un homomorphisme de F dans N qui prolonge p. On ordonne cet ensemble E de la manière suivante

$$(F, f) < (G, g)$$

si le sous-module G contient le sous-module F et si l'homomorphisme g prolonge l'homomorphisme f. D'après le lemme de Zorn, cet ensemble ordonné possède au moins un élément maximal (Ω, ω). Nous allons voir que le sous-module Ω est égal au module Q et que le lemme est démontré avec q égal à ω. En effet si Ω n'est pas égal à Q, il existe un sous-module H qui contient strictement Ω et qui donne un quotient H/Ω monogène. D'après l'hypothèse du lemme, l'homomorphisme ω se prolonge en un homomorphisme h du module H dans le module N. On a alors une inégalité stricte

$$(\Omega, \omega) < (H, h)$$

qui est en contradiction avec le caractère maximal de l'élément (Ω, ω). Par conséquent Ω est égal à Q et le lemme est démontré.

III. Complexes cotangents

Définition des modules d'homologie et des modules de cohomologie d'une algèbre, à l'aide d'un complexe naturel appelé le complexe cotangent de l'algèbre. Enoncé de quelques propriétés élémentaires de ces modules d'homologie et de cohomologie.

a) Définitions de base. A la boule de dimension m en topologie correspond la notion suivante en algèbre.

Définition 1. Dénotons par $A[m]$ la A-algèbre libre ayant exactement m générateurs indépendants, autrement dit la A-algèbre des polynômes à coefficients dans l'anneau A et à m variables indépendantes.

Considérons maintenant une A-algèbre B et un entier $n \geqslant 0$.

Définition 2. Un élément de l'ensemble $E_n(A, B)$ est un ensemble d'homomorphismes de A-algèbres du type suivant

$$A[i_n] \xrightarrow{\alpha_n} A[i_{n-1}] \longrightarrow \cdots \longrightarrow A[i_0] \xrightarrow{\alpha_0} B\,.$$

Un tel élément est noté $(\alpha_0, \ldots, \alpha_n)$. De manière précise, un élément de $E_n(A, B)$ est déterminé par les nombres entiers

$$i_0 \geqslant 0, \quad i_1 \geqslant 0, \ldots, i_n \geqslant 0$$

et par les homomorphismes de A-algèbres

$$\alpha_0 : A[i_0] \to B \quad \text{et} \quad \alpha_k : A[i_k] \to A[i_{k-1}], \quad 1 \leqslant k \leqslant n\,.$$

Remarquons que l'homomorphisme composé

$$\alpha_0 \circ \alpha_1 \circ \cdots \circ \alpha_n : A[i_n] \to B$$

donne à B une structure de $A[i_n]$-module. Un B-module $T(\alpha_0, \ldots, \alpha_n)$ est alors défini par l'égalité suivante qui utilise la définition 1.9.

Egalité 3. $T(\alpha_0, \ldots, \alpha_n) = \mathrm{Dif}(A, A[i_n], B)$.

Il est possible de définir maintenant le n-ème B-module du *complexe cotangent* de la A-algèbre B.

Egalité 4. $T_n(A,B)=\sum_{(\alpha_0,\ldots,\alpha_n)\in E_n(A,B)} T(\alpha_0,\ldots,\alpha_n)$.

D'après le lemme 1.15, il s'agit d'un B-module libre, qui est d'ailleurs très grand.

Pour définir la *différentielle du complexe cotangent*, utilisons la remarque 2.20 et définissons des homomorphismes d_n^i en distinguant deux cas

$$d_n^i\colon T_n(A,B)\to T_{n-1}(A,B),\quad 0\leqslant i\leqslant n\neq 0.$$

Définition 5. Si n et i sont différents, l'homomorphisme d_n^i envoie la composante

$$T(\alpha_0,\ldots,\alpha_i,\alpha_{i+1},\ldots,\alpha_n)=\mathrm{Dif}(A,A[i_n],B)$$

de la somme directe $T_n(A,B)$ dans la composante

$$T(\alpha_0,\ldots,\alpha_i\circ\alpha_{i+1},\ldots,\alpha_n)=\mathrm{Dif}(A,A[i_n],B)$$

de la somme directe $T_{n-1}(A,B)$ et cela par l'intermédiaire de l'homomorphisme

$$\mathrm{Id}\colon \mathrm{Dif}(A,A[i_n],B)\to\mathrm{Dif}(A,A[i_n],B).$$

Cela est cohérent car les deux éléments

$$(\alpha_0,\ldots,\alpha_i,\alpha_{i+1},\ldots,\alpha_n)\quad\text{et}\quad(\alpha_0,\ldots,\alpha_i\circ\alpha_{i+1},\ldots,\alpha_n)$$

donnent à B la même structure de $A[i_n]$-module.

Définition 6. Si n et i sont égaux, l'homomorphisme d_n^i envoie la composante

$$T(\alpha_0,\ldots,\alpha_{n-1},\alpha_n)=\mathrm{Dif}(A,A[i_n],B)$$

de la somme directe $T_n(A,B)$ dans la composante

$$T(\alpha_0,\ldots,\alpha_{n-1})=\mathrm{Dif}(A,A[i_{n-1}],B)$$

de la somme directe $T_{n-1}(A,B)$ et cela par l'intermédiaire de l'homomorphisme

$$\mathrm{Dif}(A,\alpha_n,B)\colon \mathrm{Dif}(A,A[i_n],B)\to\mathrm{Dif}(A,A[i_{n-1}],B)$$

dû à la définition 1.10. Cela est cohérent car l'homomorphisme α_n donne à B sa structure de $A[i_n]$-module due à $\alpha_0\circ\cdots\circ\alpha_n$ à partir de sa structure de $A[i_{n-1}]$-module due à $\alpha_0\circ\cdots\circ\alpha_{n-1}$.

Lemme 7. *Soit une A-algèbre B. Alors les homomorphismes suivants sont égaux*

$$d_n^i\circ d_{n+1}^j=d_n^{j-1}\circ d_{n+1}^i\colon T_{n+1}(A,B)\to T_{n-1}(A,B),\quad 0\leqslant i<j\leqslant n+1.$$

Démonstration. Il faut distinguer quatre cas différents

a) $i+1<j<n+1$, b) $i+1=j<n+1$,
c) $i+1<j=n+1$, d) $i+1=j=n+1$.

Dans le premier cas, on passe deux fois de la composante

$$T(\alpha_0, \ldots, \alpha_i, \alpha_{i+1}, \ldots, \alpha_j, \alpha_{j+1}, \ldots, \alpha_{n+1}) = \mathrm{Dif}(A, A[i_{n+1}], B)$$

à la composante

$$T(\alpha_0, \ldots, \alpha_i \circ \alpha_{i+1}, \ldots, \alpha_j \circ \alpha_{j+1}, \ldots, \alpha_{n+1}) = \mathrm{Dif}(A, A[i_{n+1}], B)$$

par l'intermédiaire de l'homomorphisme identité. Dans le deuxième cas, on passe deux fois de la composante

$$T(\alpha_0, \ldots, \alpha_{j-1}, \alpha_j, \alpha_{j+1}, \ldots, \alpha_{n+1}) = \mathrm{Dif}(A, A[i_{n+1}], B)$$

à la composante

$$T(\alpha_0, \ldots, \alpha_{j-1} \circ \alpha_j \circ \alpha_{j+1}, \ldots, \alpha_{n+1}) = \mathrm{Dif}(A, A[i_{n+1}], B)$$

par l'intermédiaire de l'homomorphisme identité. Dans le troisième cas, on passe deux fois de la composante

$$T(\alpha_0, \ldots, \alpha_i, \alpha_{i+1}, \ldots, \alpha_n, \alpha_{n+1}) = \mathrm{Dif}(A, A[i_{n+1}], B)$$

à la composante

$$T(\alpha_0, \ldots, \alpha_i \circ \alpha_{i+1}, \ldots, \alpha_n) = \mathrm{Dif}(A, A[i_n], B)$$

par l'intermédiaire de l'homomorphisme $\mathrm{Dif}(A, \alpha_{n+1}, B)$. Dans le quatrième cas, on passe deux fois de la composante

$$T(\alpha_0, \ldots, \alpha_{n-1}, \alpha_n, \alpha_{n+1}) = \mathrm{Dif}(A, A[i_{n+1}], B)$$

à la composante

$$T(\alpha_0, \ldots, \alpha_{n-1}) = \mathrm{Dif}(A, A[i_{n-1}], B)$$

par l'intermédiaire de l'homomorphisme $\mathrm{Dif}(A, \alpha_{n+1} \circ \alpha_n, B)$. Le lemme est ainsi démontré.

On peut donc appliquer la remarque 2.20 et considérer l'homomorphisme

$$d_n = \sum_{0 \leqslant i \leqslant n} (-1)^i d_n^i : T_n(A, B) \to T_{n-1}(A, B), \quad n > 0 .$$

Lemme 8. *Soit une A-algèbre B. Alors $T_*(A, B)$ est un complexe de B-modules libres, appelé* complexe cotangent *de la A-algèbre B.*

Démonstration. Il suffit d'utiliser le lemme 7, la remarque 2.20 et le lemme 1.15.

Le complexe cotangent $T_*(A, B)$ peut être augmenté dans le sens de la définition 2.5.

Définition 9. L'homomorphisme de B-modules

$$d_0 : T_0(A, B) \to T_{-1}(A, B) = \mathrm{Dif}(A, B, B)$$

restreint à la composante $T(\alpha_0)$, égale à $\mathrm{Dif}(A, A[i_0], B)$, de la somme directe $T_0(A, B)$ est égal à l'homomorphisme $\mathrm{Dif}(A, \alpha_0, B)$. L'homomorphisme $d_0 \circ d_1$ est nul, car les homomorphismes $d_0 \circ d_1^0$ et $d_0 \circ d_1^1$ sont égaux. En effet leurs restrictions à la composante $T(\alpha_0, \alpha_1)$ de $T_1(A, B)$ sont égales à l'homomorphisme $\mathrm{Dif}(A, \alpha_0 \circ \alpha_1, B)$. Au lieu de démontrer que l'homomorphisme d_0 est une surjection

$$\sum_{\alpha: A[i] \to B} \mathrm{Dif}(A, A[i], B) \to \mathrm{Dif}(A, B, B)$$

on peut utiliser la proposition 1.8 et démontrer que l'homomorphisme naturel suivant est un monomorphisme pour tout B-module W

$$\mathrm{Der}(A, B, W) \to \prod_{\alpha: A[i] \to B} \mathrm{Der}(A, A[i], W).$$

Ce dernier point est évident puisque la réunion des images des homomorphismes des A-algèbres libres de type fini dans la A-algèbre B est égale à cette dernière.

Lemme 10. *Soit une A-algèbre B libre et de type fini. Considérons son complexe cotangent augmenté. Alors il existe des homomorphismes s_m pour tout $m \geqslant -1$ donnant lieu aux égalités suivantes pour tout $n \geqslant 0$*

$$s_m: T_m(A, B) \to T_{m+1}(A, B) \quad \textit{et} \quad s_{n-1} \circ d_n + d_{n+1} \circ s_n = \mathrm{Id}.$$

Démonstration. On peut prendre B égal à $A[k]$. L'homomorphisme s_{-1} envoie le module

$$T_{-1}(A, B) = \mathrm{Dif}(A, A[k], B)$$

dans la composante

$$T(\mathrm{Id}) = \mathrm{Dif}(A, A[k], B)$$

de la somme directe $T_0(A, B)$ par l'intermédiaire de l'homomorphisme identité. Pour $m \geqslant 0$, l'homomorphisme s_m envoie la composante

$$T(\alpha_0, \ldots, \alpha_m) = \mathrm{Dif}(A, A[i_m], B)$$

de la somme directe $T_m(A, B)$ dans la composante

$$T(\mathrm{Id}, \alpha_0, \ldots, \alpha_m) = \mathrm{Dif}(A, A[i_m], B)$$

de la somme directe $T_{m+1}(A, B)$ par l'intermédiaire de l'homomorphisme identité. Les égalités du lemme sont des conséquences de la remarque 2.20 et des trois égalités suivantes avec $0 \leqslant i < n$

$$d_{n+1}^0 \cdot s_n = \mathrm{Id}, \qquad d_{n+1}^{i+1} \circ s_n = s_{n-1} \circ d_n^i, \qquad d_{n+1}^{n+1} \circ s_n = s_{n-1} \circ d_n^n.$$

Dans le premier cas, on passe deux fois de la composante

$$T(\alpha_0, \ldots, \alpha_n) = \mathrm{Dif}(A, A[i_n], B)$$

à la même composante par l'homomorphisme identité. Dans le deuxième cas, on passe deux fois de la composante

$$T(\alpha_0, \ldots, \alpha_i, \alpha_{i+1}, \ldots, \alpha_n) = \mathrm{Dif}(A, A[i_n], B)$$

à la composante

$$T(\mathrm{Id}, \alpha_0, \ldots, \alpha_i \circ \alpha_{i+1}, \ldots, \alpha_n) = \mathrm{Dif}(A, A[i_n], B)$$

par l'homomorphisme identité. Dans le troisième cas, on passe deux fois de la composante

$$T(\alpha_0, \ldots, \alpha_{n-1}, \alpha_n) = \mathrm{Dif}(A, A[i_n], B)$$

à la composante

$$T(\mathrm{Id}, \alpha_0, \ldots, \alpha_{n-1}) = \mathrm{Dif}(A, A[i_{n-1}], B)$$

par l'homomorphisme $\mathrm{Dif}(A, \alpha_n, B)$. Lorsque n est nul, le dernier module ci-dessus est égal à $\mathrm{Dif}(A, A[k], B)$. Le lemme est alors démontré.

Considérons maintenant une A-algèbre B, une B-algèbre C et un C-module W.

Définition 11. Le *n-ème module d'homologie* $H_n(A, B, W)$ est un C-module égal au n-ème module d'homologie du complexe de C-modules

$$T_*(A, B, W) = T_*(A, B) \otimes_B W .$$

On peut aussi utiliser la notation suivante *(D. Quillen)*

$$D_n(B/A, W) = H_n(A, B, W) .$$

Définition 12. Le *n-ème module de cohomologie* $H^n(A, B, W)$ est un C-module égal au n-ème module de cohomologie du cocomplexe de C-modules

$$T^*(A, B, W) = \mathrm{Hom}_B(T_*(A, B), W) .$$

On peut aussi utiliser la notation suivante *(D. Quillen)*

$$D^n(B/A, W) = H^n(A, B, W) .$$

Lemme 13. *Soient une A-algèbre B, libre et de type fini, et un B-module W. Alors le module* $H_n(A, B, W)$ *est nul si n n'est pas nul et est isomorphe au module* $\mathrm{Dif}(A, B, W)$ *si n est nul.*

Démonstration. C'est une conséquence immédiate du lemme 10, grâce aux homomorphismes

$$s_m \otimes_B W : T_m(A, B, W) \to T_{m+1}(A, B, W) .$$

Remarque 14. Les isomorphismes du lemme sont naturels par rapport à la variable W. En outre il s'agit d'isomorphismes de C-modules si W est un C-module. De manière générale, de telles précisions ne seront pas indiquées dans les énoncés quand elles vont d'elles-mêmes, sauf dans quelques cas à titre d'exemples.

b) Propriétés élémentaires. Le n-ème module d'homologie $H_n(A, B, W)$ forme un foncteur covariant par rapport aux trois variables, dans un sens qui reste à préciser, et le n-ème module de cohomologie $H^n(A, B, W)$ forme un foncteur contravariant en A, contravariant en B et covariant en W.

Proposition 15. *Soient un carré commutatif d'homomorphismes d'anneaux, une B-algèbre C et un homomorphisme ω de C-modules*

$$\begin{array}{ccc} A' & \longrightarrow & B' \\ \downarrow{\scriptstyle\alpha} & & \downarrow{\scriptstyle\beta} \\ A & \longrightarrow & B \end{array}, \quad B \longrightarrow C, \quad \omega: W' \longrightarrow W.$$

Alors il existe des homomorphismes naturels de C-modules

$$H_n(\alpha, \beta, \omega): H_n(A', B', W') \to H_n(A, B, W),$$
$$H^n(\alpha, \beta, \omega): H^n(A, B, W') \longrightarrow H^n(A', B', W).$$

Démonstration. Compte tenu des définitions 11 et 12, il suffit de définir un homomorphisme $T_*(\alpha, \beta)$ du complexe de B'-modules $T_*(A', B')$ dans le complexe de B-modules $T_*(A, B)$, ce qui va être fait ci-dessous.

Définition 16. Considérons un homomorphisme (α, β) d'une A'-algèbre B' dans une A-algèbre B. On peut alors définir une application

$$E_n(\alpha, \beta): E_n(A', B') \to E_n(A, B), \quad n \geqslant 0.$$

A un élément de $E_n(A', B')$

$$A'[i'_n] \xrightarrow{\alpha'_n} A'[i'_{n-1}] \longrightarrow \cdots \longrightarrow A'[i'_0] \xrightarrow{\alpha'_0} B'$$

on fait correspondre un élément de $E_n(A, B)$

$$A[i_n] \xrightarrow{\alpha_n} A[i_{n-1}] \longrightarrow \cdots \longrightarrow A[i_0] \xrightarrow{\alpha_0} B$$

de la manière suivante. On choisit i_k égal à i'_k. On peut alors faire une identification

$$A'[i'_k] \otimes_{A'} A = A[i_k]$$

puis on pose

$$\alpha_k = \alpha'_k \otimes_{A'} A, \quad 1 \leqslant k \leqslant n.$$

Enfin on obtient α_0 en composant les homomorphismes

$$A'[i'_0] \otimes_{A'} A \to B' \otimes_{A'} A \to B$$

le premier étant égal à l'homomorphisme $\alpha'_0 \otimes_{A'} A$ et le deuxième étant dû à l'homomorphisme (α, β).

Définition 17. Considérons un homomorphisme (α, β) d'une A'-algèbre B' dans une A-algèbre B. On peut alors définir un homomorphisme

$$T_n(\alpha, \beta)\colon T_n(A', B') \to T_n(A, B), \quad n \geqslant 0 .$$

Pour cette définition utilisons les notations de la définition précédente. L'homomorphisme $T_n(\alpha, \beta)$ envoie la composante

$$T(\alpha'_0, \ldots, \alpha'_n) = \mathrm{Dif}(A', A'[i'_n], B')$$

de la somme directe $T_n(A', B')$ dans la composante

$$T(\alpha_0, \ldots, \alpha_n) = \mathrm{Dif}(A, A[i_n], B)$$

de la somme directe $T_n(A, B)$ et cela par l'intermédiaire de l'homomorphisme suivant. Il s'agit simplement de composer l'homomorphisme naturel

$$\mathrm{Dif}(A', A'[i'_n], B') \to \mathrm{Dif}(A', A'[i'_n], B)$$

et l'isomorphisme du lemme 1.13

$$\mathrm{Dif}(A', A'[i'_n], B) \cong \mathrm{Dif}(A, A[i_n], B) .$$

Le lemme suivant démontre alors la proposition 15.

Lemme 18. *Soient une A'-algèbre B', une A-algèbre B et un homomorphisme (α, β) de la première dans la seconde. Alors $T_*(\alpha, \beta)$ est un homomorphisme du complexe de B'-modules $T_*(A', B')$ dans le complexe de B-modules $T_*(A, B)$.*

Démonstration. Il suffit de contrôler la commutativité du diagramme suivant

$$\begin{array}{ccc}
T_n(A', B') & \xrightarrow{d_i^n} & T_{n-1}(A', B') \\
\Big\downarrow {\scriptstyle T_n(\alpha, \beta)} & & \Big\downarrow {\scriptstyle T_{n-1}(\alpha, \beta)} \\
T_n(A, B) & \xrightarrow{d_i^n} & T_{n-1}(A, B) .
\end{array}$$

Lorsque i et n sont différents, les homomorphismes en question envoient la composante de $T_n(A', B')$

$$T(\alpha'_0, \ldots, \alpha'_i, \alpha'_{i+1}, \ldots, \alpha'_n) = \mathrm{Dif}(A', A'[i'_n], B')$$

dans la composante de $T_{n-1}(A, B)$

$$T(\alpha_0, \ldots, \alpha_i \circ \alpha_{i+1}, \ldots, \alpha_n) = \mathrm{Dif}(A, A[i_n], B)$$

par l'homomorphisme obtenu en composant les homomorphismes suivants

$$\mathrm{Dif}(A', A'[i'_n], B') \to \mathrm{Dif}(A', A'[i'_n], B) \to \mathrm{Dif}(A, A[i_n], B)$$

déjà rencontrés dans la définition 17. Lorsque i et n sont égaux, les homomorphismes en question envoient la composante de $T_n(A', B')$

$$T(\alpha'_0, \ldots, \alpha'_{n-1}, \alpha'_n) = \mathrm{Dif}(A', A'[i'_n], B')$$

dans la composante de $T_{n-1}(A, B)$

$$T(\alpha_0, \ldots, \alpha_{n-1}) = \mathrm{Dif}(A, A[i_{n-1}], B)$$

par l'homomorphisme obtenu en composant l'homomorphisme suivant

$$\mathrm{Dif}(A', A'[i'_n], B') \to \mathrm{Dif}(A', A'[i'_n], B)$$

et la diagonale du carré commutatif suivant

$$\begin{array}{ccc} \mathrm{Dif}(A', A'[i'_n], B) & \longrightarrow & \mathrm{Dif}(A, A[i_n], B) \\ \downarrow & & \downarrow \\ \mathrm{Dif}(A', A'[i'_{n-1}], B) & \longrightarrow & \mathrm{Dif}(A, A[i_{n-1}], B) . \end{array}$$

Le lemme est démontré.

Voici maintenant quelques résultats élémentaires qui découlent de la première partie du deuxième chapitre.

Lemme 19. *Soient une A-algèbre B, une B-algèbre C et un C-module W, les égalités suivantes étant satisfaites*

$$H_i(A, B, C) \cong 0, \quad 1 \leqslant i \leqslant n .$$

Alors il existe des isomorphismes naturels de C-modules pour tout $0 \leqslant j \leqslant n$

$$H_j(A, B, W) \cong \mathrm{Tor}_j^C(H_0(A, B, C), W),$$
$$\mathrm{Ext}_C^j(H_0(A, B, C), W) \cong H^j(A, B, W) .$$

En outre il existe un épimorphisme et un monomorphisme

$$H_{n+1}(A, B, W) \to \mathrm{Tor}_{n+1}^C(H_0(A, B, C), W) \to 0,$$
$$0 \to \mathrm{Ext}_C^{n+1}(H_0(A, B, C), W) \to H^{n+1}(A, B, W) .$$

Démonstration. Il s'agit du lemme 2.14 appliqué au complexe suivant de C-modules libres

$$K_* = T_*(A, B) \otimes_B C .$$

Lemme 20. *Soient une A-algèbre B, une B-algèbre C et un C-module W. Alors il existe un isomorphisme de C-modules*

$$H_n(A, B, C) \otimes_C W \cong H_n(A, B, W)$$

si l'une des deux conditions suivantes est satisfaite

1) *le C-module W est plat,*

2) *le foncteur $H_{n-1}(A, B, \cdot)$ de la catégorie des C-modules dans elle-même est exact à gauche.*

Démonstration. Il s'agit du lemme 2.18 appliqué au complexe suivant de C-modules libres

$$K_* = T_*(A, B) \otimes_B C .$$

Lemme 21. *Soient une A-algèbre B, une B-algèbre C et un C-module W. Alors il existe un isomorphisme de C-modules*

$$H^n(A, B, W) \cong \mathrm{Hom}_C(H_n(A, B, C), W)$$

si l'une des deux conditions suivantes est satisfaite

1) *le C-module W est injectif,*

2) *le foncteur $H^{n-1}(A, B, \cdot)$ de la catégorie des C-modules dans elle-même est exact à droite.*

Démonstration. Il s'agit du lemme 2.19.

Lemme 22. *Soient une A-algèbre B, une B-algèbre C et une suite exacte de C-modules*

$$0 \to W' \to W \to W'' \to 0 .$$

Alors il existe une suite exacte naturelle de C-modules, soit en homologie

$$\cdots \to H_n(A, B, W') \to H_n(A, B, W) \to H_n(A, B, W'')$$
$$\to H_{n-1}(A, B, W') \to \cdots \to H_0(A, B, W'') \to 0$$

soit en cohomologie

$$0 \to H^0(A, B, W') \to \cdots \to H^{n-1}(A, B, W'')$$
$$\to H^n(A, B, W') \to H^n(A, B, W) \to H^n(A, B, W'') \to \cdots .$$

Démonstration. Il s'agit du lemme 2.16 pour la suite exacte de complexes de C-modules

$$0 \to T_*(A, B, W') \to T_*(A, B, W) \to T_*(A, B, W'') \to 0$$

et pour la suite exacte de cocomplexes de C-modules

$$0 \to T^*(A, B, W') \to T^*(A, B, W) \to T^*(A, B, W'') \to 0.$$

L'exactitude est due au fait que tous les modules $T_n(A, B)$ sont libres.

Lemme 23. *Soient une A-algèbre B, une B-algèbre C et un ensemble de C-modules W_k, $k \in K$. Alors il existe des isomorphismes naturels de C-modules*

$$\sum H_n(A, B, W_k) \cong H_n(A, B, \sum W_k) \quad \textit{et} \quad H^n(A, B, \prod W_k) \cong \prod H^n(A, B, W_k).$$

Démonstration. C'est une conséquence de l'isomorphisme suivant dû au lemme 1.12 soit en homologie, soit en cohomologie

$$\sum T_*(A, B, W_k) \cong T_*(A, B, \sum W_k) \quad \text{et} \quad T^*(A, B, \prod W_k) = \prod T^*(A, B, W_k).$$

Lemme 24. *Soient une A-algèbre B, une B-algèbre C et un système inductif de C-modules (W_i, f_{ij}) sur un ensemble filtrant I. Alors il existe un isomorphisme naturel de C-modules*

$$\varinjlim H_n(A, B, W_i) \cong H_n(A, B, \varinjlim W_i).$$

Démonstration. C'est une conséquence de l'isomorphisme suivant dû au lemme 1.16

$$\varinjlim T_*(A, B, W_i) \cong T_*(A, B, \varinjlim W_i).$$

Remarque 25. En toute généralité, il n'existe pas de résultat analogue en cohomologie. Voir à ce sujet le lemme 4.56.

c) Algèbres limites. Dorénavant il sera fait usage des deux notations suivantes, utiles en particulier dans l'étude des limites.

Définition 26. Considérons deux A-algèbres B et C. Alors $\mathrm{Alg}_A(B, C)$ dénote l'ensemble des homomorphismes de la A-algèbre B dans la A-algèbre C.

Lemme 27. *Soient une A-algèbre libre B et une A-algèbre C. Soit K un ensemble de générateurs indépendants de l'algèbre libre et à chaque élément k de K associons une copie C_k du groupe abélien C. Alors $\mathrm{Alg}_A(B, C)$ a une structure naturelle de groupe abélien apparaissant dans un isomorphisme naturel*

$$\mathrm{Alg}_A(B, C) \cong \prod C_k.$$

Démonstration. C'est une autre façon d'exprimer la remarque suivante. Etant donné un ensemble d'éléments de C: $c_k \in C$, $k \in K$, il existe un et un seul homomorphisme f de la A-algèbre B dans la A-algèbre C satisfaisant à l'égalité

$$f(k) = c_k, \quad k \in K \subset B.$$

Remarque 28. En fait, la A-algèbre B sera toujours de la forme $A[n]$. L'ensemble de générateurs à considérer sera toujours l'ensemble canonique, ce qui ne sera plus précisé explicitement.

Définition 29. A un ensemble E et à un module W, on associe un nouveau module

$$C(E, W) = \sum_{e \in E} W_e \quad \text{avec } W_e = W .$$

Dans le résultat suivant, W^k désigne la somme directe de k exemplaires du module W. Ce résultat va jouer un rôle important dans deux démonstrations (propositions 35 et lemme 5.12).

Lemme 30. *Soient une A-algèbre B, une B-algèbre C et un C-module W. Alors il existe un isomorphisme naturel du C-module $T_n(A, B, W)$ et du C-module*

$$\sum_{i_0 \geqslant 0 \ldots i_n \geqslant 0} C(\mathrm{Alg}_A(A[i_n], A[i_{n-1}]) \oplus \cdots \oplus \mathrm{Alg}_A(A[i_0], B), W^{i_n}) .$$

Démonstration. C'est une autre façon d'écrire l'égalité des définitions 2 et 11

$$T_n(A, B, W) = \sum_{(\alpha_0, \ldots, \alpha_n) \in E_n(A, B)} T(\alpha_0, \ldots, \alpha_n) \otimes_B W$$

en tenant compte de l'isomorphisme du lemme 1.15

$$T(\alpha_0, \ldots, \alpha_n) \otimes_B W \cong \mathrm{Dif}(A, A[i_n], W) \cong W^{i_n} .$$

Remarque 31. Dans le lemme précédent, le degré n doit être fixé. Autrement dit, il ne peut s'agir d'une autre description du complexe $T_*(A, B, W)$. Par contre, le résultat est fonctoriel dans le sens de la proposition 15. Pour la suite, il est important de savoir qu'il est naturel par rapport à la variable B.

Lemme 32. *Soient une A-algèbre B', une B'-algèbre B, une B-algèbre C et un C-module W. Considérons l'homomorphisme canonique β de la A-algèbre B' dans la A-algèbre B. Alors les isomorphismes du lemme* 30 *font se correspondre d'une part l'homomorphisme $T_n(A, \beta, W)$, d'autre part l'homomorphisme*

$$\sum_{i_0 \geqslant 0 \ldots i_n \geqslant 0} C(\mathrm{Alg}_A(A[i_n], A[i_{n-1}]) \oplus \cdots \oplus \mathrm{Alg}_A(A[i_0], \beta), W^{i_n}) .$$

Démonstration. L'isomorphisme utilisé ci-dessus

$$\mathrm{Dif}(A, A[i_n], W) \cong W^{i_n}$$

ne dépend que de la A-algèbre $A[i_n]$, de la $A[i_n]$-algèbre C et du C-module W. De plus on obtient la même $A[i_n]$-algèbre C en considérant un élément de $\mathrm{Alg}_A(A[i_0], B')$ ou en considérant son image dans $\mathrm{Alg}_A(A[i_0], B)$. Il y a donc cohérence entre les deux isomorphismes donnés par le lemme 30.

Voici encore deux résultats élémentaires avant de présenter le résultat principal.

Lemme 33. *Soient une A-algèbre B, libre et de type fini, et un système inductif de A-algèbres (C_i, f_{ij}) sur un ensemble filtrant I. Alors il existe un isomorphisme naturel*

$$\varinjlim \mathrm{Alg}_A(B, C_i) \cong \mathrm{Alg}_A(B, \varinjlim C_i)\,.$$

Démonstration. Dans le cas de type fini, le produit direct du lemme 27 est aussi une somme directe. Comme les sommes directes et les limites inductives commutent, le lemme est un corollaire du lemme 27.

Lemme 34. *Soient un module W et un système inductif d'ensembles (E_i, f_{ij}) sur un ensemble filtrant I. Alors il existe un isomorphisme naturel*

$$\varinjlim C(E_i, W) \cong C(\varinjlim E_i, W)\,.$$

Démonstration. Immédiate à partir des définitions.

Proposition 35. *Soient un système inductif de A-algèbres (B_i, f_{ij}) sur un ensemble filtrant I, puis une $\varinjlim B_i$-algèbre C et un C-module W. Alors il existe un isomorphisme naturel de C-modules*

$$\varinjlim H_n(A, B_i, W) \cong H_n(A, \varinjlim B_i, W)\,.$$

Démonstration. A chaque homomorphisme canonique de B_k dans $\varinjlim B_i$ correspond un homomorphisme

$$H_n(A, B_k, W) \to H_n(A, \varinjlim B_i, W)\,.$$

En passant à la limite, on obtient l'homomorphisme de la proposition. Pour voir qu'il s'agit d'un isomorphisme, il suffit de démontrer que l'on a un isomorphisme de complexes

$$\varinjlim T_*(A, B_k, W) \cong T_*(A, \varinjlim B_k, W)\,.$$

Fixons le degré n. Le module

$$\varinjlim T_n(A, B_k, W)$$

est isomorphe au module suivant d'après le lemme 30

$$\varinjlim \sum_{i_0 \geqslant 0 \ldots i_n \geqslant 0} C(\mathrm{Alg}_A(A[i_n], A[i_{n-1}]) \oplus \cdots \oplus \mathrm{Alg}_A(A[i_0], B_k), W^{i_n})\,.$$

D'après le lemme 34, il s'agit du module suivant

$$\sum_{i_0 \geq 0 \ldots i_n \geq 0} C(\mathrm{Alg}_A(A[i_n], A[i_{n-1}]) \oplus \cdots \oplus \varinjlim \mathrm{Alg}_A(A[i_0], B_k), W^{i_n}).$$

D'après le lemme 33, on obtient le module suivant

$$\sum_{i_0 \geq 0 \ldots i_n \geq 0} C(\mathrm{Alg}_A(A[i_n], A[i_{n-1}]) \oplus \cdots \oplus \mathrm{Alg}_A(A[i_0], \varinjlim B_k), W^{i_n})$$

qui est isomorphe au module suivant d'après le lemme 30

$$T_n(A, \varinjlim B_k, W).$$

La proposition est ainsi démontrée.

Corollaire 36. *Soient une A-algèbre libre B et un B-module W. Alors le module* $H_n(A, B, W)$ *est nul si n n'est pas nul et il est isomorphe au module* Dif(A, B, W) *si n est nul; de même le module* $H^n(A, B, W)$ *est nul si n n'est pas nul et il est isomorphe au module* Der(A, B, W) *si n est nul.*

Démonstration. Considérons un ensemble K de générateurs indépendants de la A-algèbre libre B et considérons l'ensemble des sous-algèbres engendrées par un nombre fini de ces générateurs. On obtient ainsi un système inductif de A-algèbres B_i sur un ensemble filtrant, les homomorphismes structuraux f_{ij} étant les homomorphismes d'inclusion. Chacune des A-algèbres B_i est libre de type fini. La A-algèbre $\varinjlim B_i$ est isomorphe à la A-algèbre B. Du lemme 1.15 découle en outre un isomorphisme

$$\varinjlim \mathrm{Dif}(A, B_i, W) \cong \mathrm{Dif}(A, B, W).$$

La proposition 35 donne un isomorphisme

$$H_n(A, B, W) \cong \varinjlim H_n(A, B_i, W).$$

Si n n'est pas nul, chacun des modules $H_n(A, B_i, W)$ est nul d'après le lemme 13 et par conséquent le module $H_n(A, B, W)$ est nul. Pour n nul, on a les isomorphismes suivants

$$H_0(A, B, W) \cong \varinjlim H_0(A, B_i, W) \cong \varinjlim \mathrm{Dif}(A, B_i, W) \cong \mathrm{Dif}(A, B, W).$$

Par ailleurs, le lemme 19 et la proposition 1.8 donnent les isomorphismes suivants

$$\begin{aligned} H^0(A, B, W) &\cong \mathrm{Hom}_B(H_0(A, B, B), W) \cong \mathrm{Hom}_B(\mathrm{Dif}(A, B, B), W) \\ &\cong \mathrm{Der}(A, B, W). \end{aligned}$$

Enfin on démontre que les autres modules $H^n(A, B, W)$ sont nuls, par induction sur n en utilisant le lemme 21. On peut aussi utiliser le lemme 19.

Voici pour terminer une généralisation du corollaire 36.

Définition 37. Considérons un A-module M. Alors $S_A M$ dénote la A-algèbre symétrique associée à ce module. Lorsque le A-module M est libre, il s'agit d'une A-algèbre libre. La A-algèbre $S_A M$ a une graduation naturelle

$$S_A M = \sum_{k \geqslant 0} S_A^k M .$$

Le A-module $S_A^k M$ est l'image dans $S_A M$ du sous-module suivant de l'algèbre tensorielle du A-module M

$$\otimes_A^k M = M \otimes_A \cdots \otimes_A M \quad (k \text{ composantes}) .$$

Les algèbres symétriques sont caractérisées par la propriété suivante.

Egalité 38. Pour un A-module M et pour une A-algèbre B, il existe une bijection naturelle

$$\mathrm{Alg}_A(S_A M, B) \cong \mathrm{Hom}_A(M, B) .$$

Cette bijection redémontre le lemme 27.

Lemme 39. *Soient un A-module projectif M et un $S_A M$-module W. Alors les modules $H_n(A, S_A M, W)$ et $H^n(A, S_A M, W)$ sont nuls pour tout entier n non nul.*

Démonstration. Il existe un A-module libre N et deux homomorphismes de A-modules

$$M \xrightarrow{\ i\ } N \xrightarrow{\ p\ } M \quad \text{avec } p \circ i = \mathrm{Id} .$$

On a donc deux homomorphismes de A-algèbres $S_A p$ et $S_A i$ avec

$$S_A p \circ S_A i = \mathrm{Id} .$$

Mais alors l'égalité suivante

$$H_n(A, S_A p, W) \circ H_n(A, S_A i, W) = \mathrm{Id}$$

démontre que $H_n(A, S_A M, W)$ est nul si $H_n(A, S_A N, W)$ est nul et l'égalité suivante

$$H^n(A, S_A i, W) \circ H^n(A, S_A p, W) = \mathrm{Id}$$

démontre que $H^n(A, S_A M, W)$ est nul si $H^n(A, S_A N, W)$ est nul. Il suffit donc de démontrer le lemme lorsque le A-module M est libre. Mais alors il s'agit du corollaire 36.

IV. Résolutions simpliciales

Description d'une méthode de calcul des modules d'homologie et de cohomologie d'une algèbre, à l'aide de la notion d'algèbre simpliciale. Enoncé de quelques propriétés qui ne peuvent être démontrées directement à partir du complexe cotangent.

a) Théorie simpliciale. Dans l'esprit de la remarque 2.20, on a la définition suivante, qui est importante pour la suite.

Définition 1. Un *A-module simplicial* E_* est un ensemble de A-modules avec $n \geqslant 0$ et un ensemble d'homomorphismes de A-modules avec $0 \leqslant i \leqslant r \neq 0$ et $0 \leqslant j \leqslant s$

$$E_n \quad \text{avec} \quad \varepsilon_r^i : E_r \to E_{r-1} \quad \text{et} \quad \sigma_s^j : E_s \to E_{s+1} .$$

Les égalités suivantes doivent être satisfaites.

Egalité 2. $\varepsilon_{n-1}^i \circ \varepsilon_n^j = \varepsilon_{n-1}^{j-1} \circ \varepsilon_n^i, \qquad 0 \leqslant i < j \leqslant n.$

Egalité 3. $\sigma_{n+1}^i \circ \sigma_n^j = \sigma_{n+1}^{j+1} \circ \sigma_n^i, \qquad 0 \leqslant i \leqslant j \leqslant n.$

Egalité 4. $\varepsilon_{n+1}^i \circ \sigma_n^j = \sigma_{n-1}^{j-1} \circ \varepsilon_n^i, \qquad 0 \leqslant i < j \leqslant n.$

Egalité 5. $\varepsilon_{n+1}^i \circ \sigma_n^j = \mathrm{Id}, \qquad i = j,\ j+1.$

Egalité 6. $\varepsilon_{n+1}^i \circ \sigma_n^j = \sigma_{n-1}^j \circ \varepsilon_n^{i-1}, \quad 0 \leqslant j < i-1 \leqslant n.$

Un élément de E_n est appelé un *n-simplexe*.

Définition 7. Un *homomorphisme* de A-modules simpliciaux $g_* : E_* \to F_*$ est formé d'un ensemble d'homomorphismes de A-modules

$$g_n : E_n \to F_n, \quad n \geqslant 0 .$$

Les égalités suivantes doivent être satisfaites.

Egalité 8. $g_{n-1} \circ \varepsilon_n^i = \varepsilon_n^i \circ g_n, \quad 0 \leqslant i \leqslant n .$

Egalité 9. $g_{n+1} \circ \sigma_n^i = \sigma_n^i \circ g_n, \quad 0 \leqslant i \leqslant n .$

En présence d'une A-algèbre B, on définit de manière analogue un homomorphisme d'un A-module simplicial dans un B-module simplicial, ce dernier ayant une structure sous-jacente de A-module simplicial.

Définition 10. Les *noyaux*, *conoyaux*, *images*, *coimages* des homomorphismes de modules simpliciaux se définissent composantes par composantes. Il en va de même pour les *suites exactes*.

Exemple 11. A un A-module M, on associe un A-module simplicial $\bar{M}$ satisfaisant aux égalités

$$\bar{M}_n = M, \qquad \varepsilon_n^i = \mathrm{Id}, \qquad \sigma_n^i = \mathrm{Id}.$$

Exemple 12. A un foncteur covariant F de la catégorie des A-modules dans la catégorie des B-modules et à un A-module simplicial M_*, on associe un B-module simplicial $F(M_*)$ satisfaisant aux égalités

$$F(M_*)_n = F(M_n), \qquad \varepsilon_n^i = F(\varepsilon_n^i), \qquad \sigma_n^i = F(\sigma_n^i).$$

Appliquons maintenant la remarque 2.20 en faisant usage de la seule égalité 2 de la définition 1.

Définition 13. A un A-module simplicial E_* on peut associer un complexe de A-modules, dénoté de la même manière E_* et défini comme suit

$$\cdots \longrightarrow E_n \xrightarrow{\sum(-1)^i \varepsilon_n^i} E_{n-1} \longrightarrow \cdots \longrightarrow E_1 \xrightarrow{\varepsilon_1^0 - \varepsilon_1^1} E_0 .$$

On peut donc parler du n-ème module d'homologie $\mathscr{H}_n[E_*]$ du A-module simplicial E_*.

Remarque 14. Le A-module simplicial $\bar{M}$ de l'exemple 11 donne le complexe de A-modules

$$\cdots \longrightarrow M \xrightarrow{\mathrm{Id}} M \xrightarrow{0} M \xrightarrow{\mathrm{Id}} M \xrightarrow{0} \cdots \xrightarrow{0} M \xrightarrow{\mathrm{Id}} M .$$

Le n-ème module d'homologie en est nul, sauf si n est nul, auquel cas on obtient le module M.

Définition 15. Un *A-module simplicial augmenté* est formé d'un A-module simplicial E_* et d'un homomorphisme de A-modules, supposé surjectif,

$$\varepsilon_0^0 : E_0 \to E \quad \text{avec } \varepsilon_0^0 \circ \varepsilon_1^0 = \varepsilon_0^0 \circ \varepsilon_1^1 .$$

Le complexe de A-modules correspondant est lui aussi augmenté avec d_0 égal à ε_0^0 (voir la définition 2.5).

Lemme 16. *Soit un A-module simplicial augmenté E_*. Alors il existe un et un seul homomorphisme de A-modules simpliciaux satisfaisant à l'égalité suivante*

$$e_* : E_* \to \bar{E} \quad \textit{avec } e_0 = \varepsilon_0^0 .$$

Démonstration. Si les homomorphismes e_n existent, ils doivent être donnés par les égalités

$$e_n = \varepsilon_0^0 \circ \varepsilon_1^0 \circ \cdots \circ \varepsilon_n^0 .$$

Il reste à démontrer que ces homomorphismes satisfont aux égalités 8 et 9

$$\varepsilon_0^0 \circ \varepsilon_1^0 \circ \cdots \circ \varepsilon_{n-1}^0 \circ \varepsilon_n^i = \varepsilon_0^0 \circ \varepsilon_1^0 \circ \cdots \circ \varepsilon_{n-1}^0 \circ \varepsilon_n^0 ,$$

$$\varepsilon_0^0 \circ \varepsilon_1^0 \circ \cdots \circ \varepsilon_{n+1}^0 \circ \sigma_n^i = \varepsilon_0^0 \circ \varepsilon_1^0 \circ \cdots \circ \varepsilon_{n-1}^0 \circ \varepsilon_n^0 .$$

Pour i non nul, démontrons la première égalité par induction sur n. Pour i et n égaux à 1, il s'agit de l'égalité de la définition 15

$$\varepsilon_0^0 \circ \varepsilon_1^0 = \varepsilon_0^0 \circ \varepsilon_1^1 .$$

Puis on passe de $n-1$ à n par les égalités suivantes dues à l'égalité 2 et à l'hypothèse d'induction

$$\varepsilon_0^0 \circ \cdots \circ \varepsilon_{n-1}^0 \circ \varepsilon_n^i = \varepsilon_0^0 \circ \cdots \circ \varepsilon_{n-1}^{i-1} \circ \varepsilon_n^0 = \varepsilon_0^0 \circ \cdots \circ \varepsilon_{n-1}^0 \circ \varepsilon_n^0 .$$

Pour i nul, on démontre la deuxième égalité à l'aide de l'égalité 5

$$\varepsilon_0^0 \circ \cdots \circ \varepsilon_n^0 \circ \varepsilon_{n+1}^0 \circ \sigma_n^0 = \varepsilon_0^0 \circ \cdots \circ \varepsilon_n^0 .$$

Pour i non nul, démontrons la deuxième égalité par induction sur n. On passe de $n-1$ à n par les égalités suivantes dues à l'égalité 4, à l'hypothèse d'induction et à ce qui précède

$$\varepsilon_0^0 \circ \cdots \circ \varepsilon_{n+1}^0 \circ \sigma_n^i = \varepsilon_0^0 \circ \cdots \circ \sigma_{n-1}^{i-1} \circ \varepsilon_n^0 = \varepsilon_0^0 \circ \cdots \circ \varepsilon_{n-1}^0 \circ \varepsilon_n^0 .$$

Le lemme est ainsi démontré.

Remarque 17. Pour exprimer qu'un module simplicial augmenté E_* est acyclique, on peut utiliser le langage des complexes comme dans la définition 2.6

$$\mathscr{H}_n[E_*] \cong \mathscr{H}_n[\underline{E}] .$$

On peut aussi utiliser le langage des modules simpliciaux avec la remarque 14 et le lemme 16

$$\mathscr{H}_n[E_*] \cong \mathscr{H}_n[\bar{E}] .$$

Définition 18. Le A-module simplicial $K_* \mathbin{\bar{\otimes}_A} L_*$ associé à deux A-modules simpliciaux K_* et L_* est défini par les égalités suivantes

$$(K_* \mathbin{\bar{\otimes}_A} L_*)_n = K_n \otimes_A L_n ,$$

$$\varepsilon_n^i(x \otimes y) = \varepsilon_n^i(x) \otimes \varepsilon_n^i(y), \qquad \sigma_n^i(x \otimes y) = \sigma_n^i(x) \otimes \sigma_n^i(y) .$$

Définition 19. L'homomorphisme de A-modules simpliciaux

$$\bar{\tau}\colon K_* \mathbin{\bar{\otimes}_A} L_* \to L_* \mathbin{\bar{\otimes}_A} K_*$$

est défini par l'égalité suivante

$$\bar{\tau}(x \otimes y) = y \otimes x, \qquad x \in K_n \quad \text{et} \quad y \in L_n.$$

Définition 20. Une *A-algèbre simpliciale* E_* est formée d'un ensemble de A-algèbres et d'un ensemble d'homomorphismes de A-algèbres comme dans la définition 1 avec les mêmes égalités.

Définition 21. Un *homomorphisme* de A-algèbres simpliciales est formé d'un ensemble d'homomorphismes de A-algèbres comme dans la définition 7 avec les mêmes égalités.

Remarque 22. Si une A-algèbre simpliciale est augmentée, on suppose que l'homomorphisme surjectif ε_0^0 de la définition 15 est un homomorphisme de A-algèbres en outre. Le lemme 16 donne alors un homomorphisme de A-algèbres simpliciales. Notons encore que toute algèbre simpliciale peut être augmentée de manière canonique, compte tenu du lemme suivant.

Lemme 23. *Soit une A-algèbre simpliciale* E_*. *Alors le A-module* $\mathscr{H}_0[E_*]$ *a une structure naturelle de A-algèbre.*

Démonstration. Il faut démontrer que l'image de l'homomorphisme $\varepsilon_1^0 - \varepsilon_1^1$ est non seulement un sous-module mais encore un idéal de la A-algèbre E_0. C'est une conséquence immédiate de l'égalité

$$x \cdot [\varepsilon_1^0(y) - \varepsilon_1^1(y)] = \varepsilon_1^0(\sigma_0^0(x) \cdot y) - \varepsilon_1^1(\sigma_0^0(x) \cdot y)$$

valable pour tout élément x de E_0 et pour tout élément y de E_1.

Pour des raisons techniques (démonstrations des théorèmes 4.43 et 5.1) il faut encore introduire quelques notions d'homologie singulière. Utilisons la définition 3.29 et l'exemple 12 pour définir de nouveaux modules d'homologie.

Définition 24. A un A-module simplicial E_* et à un B-module W, on peut associer les B-modules

$$\mathrm{H}_n(E_*, W) = \mathscr{H}_n[C(E_*, W)].$$

Pour les deux variables, il s'agit d'un foncteur covariant. Voici les deux seuls résultats dont nous aurons besoin.

Lemme 25. *Soient un A-module simplicial* E_* *et un B-module W. Alors il existe un isomorphisme naturel de B-modules*

$$\mathrm{H}_0(E_*, W) \cong C(\mathscr{H}_0[E_*], W).$$

Démonstration. Du premier diagramme commutatif ci-dessous découle le deuxième diagramme commutatif

$$\begin{array}{ccc} E_1 & \xrightarrow{\varepsilon_1^0} & E_0 \\ \Big\downarrow{\scriptstyle \varepsilon_1^1} & & \Big\downarrow \\ E_0 & \longrightarrow & \mathscr{H}_0[E_*], \end{array} \qquad \begin{array}{ccc} C(E_1, W) & \longrightarrow & C(E_0, W) \\ \Big\downarrow & & \Big\downarrow \\ C(E_0, W) & \longrightarrow & C(\mathscr{H}_0[E_*], W). \end{array}$$

On a donc un homomorphisme naturel

$$\mathscr{H}_0[C(E_*, W)] \to C(\mathscr{H}_0[E_*], W).$$

Il s'agit d'un épimorphisme, car à l'épimorphisme de E_0 sur $\mathscr{H}_0[E_*]$ correspond un épimorphisme de $C(E_0, W)$ sur $C(\mathscr{H}_0[E_*], W)$. La démonstration du fait que l'homomorphisme ci-dessus est un monomorphisme est immédiate une fois faite la remarque suivante. Si deux éléments x et y de E_0 ont la même image dans $\mathscr{H}_0[E_*]$, alors il existe un élément z de E_1 satisfaisant aux égalités

$$\varepsilon_1^0(z) = x \quad \text{et} \quad \varepsilon_1^1(z) = y.$$

En effet une égalité du type suivant

$$x - y = \varepsilon_1^0(\omega) - \varepsilon_1^1(\omega), \qquad \omega \in E_1$$

implique les deux égalités suivantes

$$\varepsilon_1^0(\omega + \sigma_0^0(x - \varepsilon_1^0(\omega))) = x \quad \text{et} \quad \varepsilon_1^1(\omega + \sigma_0^0(x - \varepsilon_1^0(\omega))) = y.$$

Lemme 26. *Soient un A-module simplicial E_* et un B-module W. Alors les modules* $\mathrm{H}_m(E_*, W)$ *sont nuls pour tout m non nul, si les modules $\mathscr{H}_n[E_*]$ sont nuls pour tout n non nul.*

Démonstration. Voir le lemme 8.21.

On définit et étudie de manière analogue des modules de cohomologie.

Définition 27. A un A-module simplicial E_* et à un B-module W, on peut associer les B-modules

$$\mathrm{H}^n(E_*, W) = \mathscr{H}^n[\mathrm{Hom}_B(C(E_*, B), W)].$$

Il s'agit d'un foncteur contravariant pour la première variable et covariant pour la deuxième variable.

Lemme 28. *Soient un A-module simplicial E_* et un B-module W. Alors il existe un isomorphisme naturel de B-modules*

$$\mathrm{H}^0(E_*, W) \cong \mathrm{Hom}_B(\mathrm{H}_0(E_*, B), W).$$

Démonstration. Il s'agit donc d'un produit direct d'exemplaires du B-module W, un exemplaire pour chaque élément de $\mathscr{H}_0[E_*]$. C'est une conséquence du lemme 2.14.

Lemme 29. *Soient un A-module simplicial* E_* *et un B-module W. Alors les modules* $\mathrm{H}^m(E_*, W)$ *sont nuls pour tout m non nul, si les modules* $\mathscr{H}_n[E_*]$ *sont nuls pour tout n non nul.*

Démonstration. C'est une conséquence du lemme 2.14 puisque le B-module $\mathrm{H}_0(E_*, B)$ est libre d'après le lemme 25 et que les autres modules $\mathrm{H}_m(E_*, B)$ sont nuls d'après le lemme 26.

b) Résolutions simpliciales. La notion de résolution simpliciale d'une algèbre va jouer ici un rôle analogue à celui de la notion de résolution libre d'un module en algèbre homologique classique.

Définition 30. Une *résolution simpliciale* B_* de la A-algèbre B est une A-algèbre simpliciale augmentée, qui est acyclique, dont l'homomorphisme d'augmentation a la A-algèbre B comme but et dont les A-algèbres B_n sont toutes libres. Compte tenu du lemme 23, une résolution simpliciale de la A-algèbre B est une A-algèbre simpliciale B_* satisfaisant aux trois conditions suivantes, l'isomorphisme de la condition 33 étant donné explicitement.

Condition 31. La A-algèbre B_n est libre pour tout $n \geqslant 0$.

Condition 32. Le module $\mathscr{H}_n[B_*]$ est nul pour tout $n>0$.

Condition 33. La A-algèbre $\mathscr{H}_0[B_*]$ est isomorphe à la A-algèbre B.

Définition 34. Considérons un homomorphisme (α, β) de la A'-algèbre B' dans la A-algèbre B, une résolution simpliciale B'_* de la première et une résolution simpliciale B_* de la seconde. Un *homomorphisme* de la première résolution simpliciale dans la seconde résolution simpliciale est un homomorphisme β_* de la A'-algèbre simpliciale B'_* dans la A'-algèbre simpliciale B_*. Cette dernière structure est due à l'homomorphisme α. Il est exigé que l'homomorphisme β et l'homomorphisme $\mathscr{H}_0[\beta_*]$ se correspondent par les isomorphismes de la condition 33.

Lemme 35. *Soit une résolution simpliciale* B_* *de la A-algèbre B. Alors le complexe de A-modules* B_* *est une résolution libre du A-module B.*

Démonstration. Il suffit de remarquer que la A-algèbre libre B_n est un A-module libre.

Remarque 36. Par la suite, en présence d'une résolution simpliciale B_* de la A-algèbre B, il sera fait usage de manière constante des homomorphismes de A-algèbres

$$e_n: B_n \to B, \quad n \geqslant 0$$

décrits dans le lemme 16.

Considérons une résolution simpliciale B_* de la A-algèbre B, la B-algèbre simpliciale $B_* \otimes_A B$ (dans la terminologie de l'exemple 12) égale à $B_* \bar{\otimes}_A \bar{B}$ (dans la terminologie de la définition 18), son idéal J_* décrit par la première suite exacte ci-dessous et le carré J_*^2 de cet idéal J_* (pour chaque entier n, le terme J_n^2 est le carré de l'idéal J_n).

Suite 37. $$0 \to J_* \to B_* \otimes_A B \to \bar{B} \to 0\,.$$

Cette suite exacte de B-modules simpliciaux est fendue pour chaque entier n, puisque le B-module B est libre.

Suite 38. $$0 \to J_*^2 \to J_* \to J_*/J_*^2 \to 0.$$

Cette suite exacte de B-modules simpliciaux est fendue pour chaque entier n, puisque les B-modules J_n/J_n^2 sont libres d'après le lemme 40.

Définition 39. A une résolution simpliciale B_* de la A-algèbre B, on peut associer le complexe de B-modules

$$R_*(A, B_*) = J_*/J_*^2\,.$$

Lemme 40. *Soit une résolution simpliciale B_* de la A-algèbre B. Alors $R_*(A, B_*)$ est un complexe de B-modules libres satisfaisant aux égalités suivantes*

$$R_n(A, B_*) \cong \mathrm{Dif}(A, B_n, B), \quad n \geqslant 0\,.$$

Démonstration. L'isomorphisme à démontrer et le lemme 1.15 démontrent que le B-module $R_n(A, B_*)$ est libre. Fixons l'entier n. Considérons la suite exacte de la définition 1.2

$$0 \to I_n \to B_n \otimes_A B_n \to B_n \to 0\,.$$

En faisant opérer l'anneau B_n sur le produit tensoriel $B_n \otimes_A B_n$ par l'intermédiaire du deuxième facteur, on en fait une suite exacte de B_n-modules. Elle est fendue, on a donc une suite exacte de B-modules

$$0 \to I_n \otimes_{B_n} B \to B_n \otimes_A B \to B \to 0\,.$$

Considérons la suite exacte de la définition 1.3

$$0 \to I_n^2 \to I_n \to \mathrm{Dif}(A, B_n) \to 0\,.$$

Il s'agit d'une suite exacte fendue de B_n-modules d'après le lemme 1.15. On a donc une suite exacte de B-modules

$$0 \to I_n^2 \otimes_{B_n} B \to I_n \otimes_{B_n} B \to \mathrm{Dif}(A, B_n, B) \to 0$$

compte tenu de la définition 1.9. En résumé, il est possible d'identifier l'idéal J_n à $I_n \otimes_{B_n} B$, puis l'idéal J_n^2 à $I_n^2 \otimes_{B_n} B$ et enfin le quotient J_n/J_n^2 à $\mathrm{Dif}(A, B_n, B)$. Le lemme est donc démontré.

Considérons maintenant une A-algèbre B avec une résolution simpliciale B_*, une B-algèbre C et un C-module W.

Définition 41. Le *n-ème module d'homologie* $D_n(A, B_*, W)$ est un C-module égal au n-ème module d'homologie du complexe de C-modules

$$R_*(A, B_*, W) = R_*(A, B_*) \otimes_B W.$$

Les modules $R_n(A, B_*, W)$ et $\mathrm{Dif}(A, B_n, W)$ sont isomorphes.

Définition 42. Le *n-ème module de cohomologie* $D^n(A, B_*, W)$ est un C-module égal au n-ème module de cohomologie du cocomplexe de C-modules

$$R^*(A, B_*, W) = \mathrm{Hom}_B(R_*(A, B_*), W).$$

Les modules $R^n(A, B_*, W)$ et $\mathrm{Der}(A, B_n, W)$ sont isomorphes.

Voici maintenant les théorèmes essentiels qui montrent que les modules d'homologie et de cohomologie sont plus ou moins calculables. Les démonstrations qui demandent quelques compléments sont reportées à plus tard.

Théorème 43. *Soient une A-algèbre B, une B-algèbre C, un C-module W et une résolution simpliciale B_* de la A-algèbre B. Alors il existe des isomorphismes naturels de C-modules*

$$H_n(A, B, W) \cong D_n(A, B_*, W) \quad et \quad H^n(A, B, W) \cong D^n(A, B_*, W).$$

Démonstration. Voir la démonstration 5.17.

Ce résultat est complété par trois théorèmes d'existence.

Théorème 44. *Une A-algèbre B possède une résolution simpliciale B_*.*

Démonstration. Voir le théorème 9.26.

Théorème 45. *Une A-algèbre B possède une résolution simpliciale B_* dont l'algèbre B_0 est égale à l'algèbre A, si l'anneau B est un quotient de l'anneau A.*

Démonstration. Voir le théorème 9.27.

Théorème 46. *Une A-algèbre B possède une résolution simpliciale B_* dont chacune des algèbres B_n est de type fini, si l'anneau A est noethérien et si l'algèbre B est de type fini.*

Démonstration. Voir le théorème 9.28.

Remarque 47. Dans les théorèmes 44 et 45, les constructions des résolutions simpliciales peuvent se faire de manière naturelle. Cette propriété de naturalité joue un rôle dans certaines démonstrations.

La suite exacte 37 qui est fendue en chaque degré donne une suite exacte de B-modules simpliciaux pour tout B-module W.

Suite 48. $0 \to J_* \otimes_B W \to B_* \otimes_A W \to \bar{W} \to 0.$

Cette généralisation de la suite 37 démontre le lemme suivant.

Lemme 49. *Soient une A-algèbre B avec une résolution simpliciale B_* et un B-module W. Considérons l'idéal simplicial J_* de la suite 37. Alors il existe un isomorphisme naturel*

$$\mathscr{H}_n[J_* \otimes_B W] \cong \mathrm{Tor}_n^A(B, W), \quad n \neq 0.$$

Démonstration. Grâce à la suite exacte du lemme 2.16 appliqué à la suite 48, il suffit de faire les deux remarques suivantes. Le module $\mathscr{H}_n[\bar{W}]$ est nul, si n n'est pas nul, selon la remarque 14. Le module $\mathscr{H}_n[B_* \otimes_A W]$ est isomorphe au module $\mathrm{Tor}_n^A(B, W)$, d'après le lemme 35.

Remarque 50. L'isomorphisme du lemme est un isomorphisme non seulement de A-modules, mais encore de B-modules, si l'on fait opérer l'anneau B sur le module $\mathrm{Tor}_n^A(B, W)$, par l'intermédiaire du module W. On peut tout aussi bien utiliser le module B, lorsque l'anneau B est un quotient de l'anneau A. En outre dans ce cas, le module $\mathscr{H}_0[J_* \otimes_B W]$ est nul.

La suite exacte 38 qui est fendue en chaque degré donne une suite exacte de B-modules simpliciaux pour tout B-module W.

Suite 51. $0 \to J_*^2 \otimes_B W \to J_* \otimes_B W \to J_*/J_*^2 \otimes_B W \to 0.$

Cette suite exacte est liée à la définition suivante.

Définition 52. Considérons une A-algèbre B avec une résolution simpliciale B_* et un B-module W. Alors l'homomorphisme

$$\mathscr{H}_n[J_* \otimes_B W] \to \mathscr{H}_n[J_*/J_*^2 \otimes_B W]$$

dû à la suite 51, puis l'isomorphisme

$$\mathrm{Tor}_n^A(B, W) \cong \mathscr{H}_n[J_* \otimes_B W]$$

du lemme 49, et enfin l'isomorphisme

$$\mathscr{H}_n[J_*/J_*^2 \otimes_B W] \cong H_n(A, B, W)$$

du théorème 43, permettent de définir un homomorphisme de B-modules η_n

$$\mathrm{Tor}_n^A(B, W) \to H_n(A, B, W), \quad n \neq 0.$$

Pour illustrer les théorèmes 43 et 44, on peut faire la remarque suivante sans démonstration.

Remarque 53. Une A-algèbre B possède une résolution simpliciale naturelle $P_*(A, B)$ avec la propriéte suivante dont l'énoncé fait appel à la définition 1.24 et qui rappelle l'égalité 3.4

$$P_n(A, B) = \tilde{\bigotimes}_{(\alpha_0, \ldots, \alpha_n) \in E_n(A, B)} P(\alpha_0, \ldots, \alpha_n)$$

la A-algèbre $P(\alpha_0, \ldots, \alpha_n)$ étant égale à la A-algèbre $A[i_n]$. D'après l'exemple 1.25, la A-algèbre $P_n(A,B)$ est libre. Que le complexe $P_*(A,B)$ est acyclique est plus difficile à démontrer. En outre, en utilisant le lemme 1.26, on obtient les isomorphismes suivants

$$R_*(A, P_*(A,B), W) \cong T_*(A,B,W) \quad \text{et} \quad R^*(A, P_*(A,B), W) \cong T^*(A,B,W).$$

Il en découle le cas particulier suivant du théorème 43

$$H_n(A,B,W) \cong D_n(A, P_*(A,B), W) \quad \text{et} \quad H^n(A,B,W) \cong D^n(A, P_*(A,B), W).$$

c) Quelques isomorphismes. Voici quelques résultats que l'on obtient immédiatement à l'aide des théorèmes énoncés dans la deuxième partie de ce chapitre et pas encore démontrés.

Proposition 54. *Soient deux A-algèbres B et C et un $B \otimes_A C$-module W. Supposons satisfaite la condition suivante*

$$\mathrm{Tor}_m^A(B,C) \cong 0 \quad si \ m \neq 0.$$

Alors il existe des isomorphismes naturels pour tout entier n

$$H_n(A,B,W) \cong H_n(C, B \otimes_A C, W) \quad et \quad H^n(C, B \otimes_A C, W) \cong H^n(A,B,W).$$

Démonstration. Soit B_* une résolution simpliciale de la A-algèbre B. Alors $B_* \otimes_A C$ est une résolution simpliciale de la C-algèbre $B \otimes_A C$. En effet la condition 31 est satisfaite, puisque la C-algèbre $B_n \otimes_A C$ est libre. La condition 32 est satisfaite, compte tenu de l'hypothèse et de l'isomorphisme dû au lemme 35

$$\mathscr{H}_n[B_* \otimes_A C] \cong \mathrm{Tor}_n^A(B,C).$$

La condition 33 est satisfaite grâce à l'isomorphisme

$$\mathscr{H}_0[B_* \otimes_A C] \cong B \otimes_A C.$$

Considérons l'homomorphisme naturel d'anneaux simpliciaux

$$B_* \to B_* \otimes_A C$$

et les isomorphismes dus au lemme 1.13

$$\mathrm{Dif}(A, B_n, W) \cong \mathrm{Dif}(C, B_n \otimes_A C, W) \quad \text{et} \quad \mathrm{Der}(C, B_n \otimes_A C, W) \cong \mathrm{Der}(A, B_n, W).$$

Il en découle des isomorphismes de complexes et de cocomplexes

$$R_*(A,B_*,W)\cong R_*(C,B_*\otimes_A C,W) \quad \text{et} \quad R^*(C,B_*\otimes_A C,W)\cong R^*(A,B_*,W).$$

D'après le théorème 43, en passant à l'homologie et à la cohomologie, on obtient les isomorphismes de la proposition

$$D_n(A,B_*,W)\cong D_n(C,B_*\otimes_A C,W) \quad \text{et} \quad D^n(C,B_*\otimes_A C,W)\cong D^n(A,B_*,W).$$

Proposition 55. *Soient un anneau noethérien A, une A-algèbre B de type fini, une B-algèbre noethérienne C et un C-module W de type fini. Alors les C-modules $H_n(A,B,W)$ et $H^n(A,B,W)$ sont tous de type fini.*

Démonstration. Soit B_* une résolution simpliciale de la A-algèbre B, comme celle du théorème 46. Les A-algèbres B_n sont toutes de type fini. D'après le lemme 1.18, les C-modules suivants sont tous de type fini

$$R_n(A,B_*,W) \quad \text{et} \quad R^n(A,B_*,W).$$

Puisque l'anneau C est noethérien, il en est de même pour les modules d'homologie et de cohomologie

$$D_n(A,B_*,W) \quad \text{et} \quad D^n(A,B_*,W).$$

D'après le théorème 43, il s'agit des C-modules de la proposition.

Lemme 56. *Soient un anneau noethérien A, une A-algèbre B de type fini, une B-algèbre C et un système inductif de C-modules (W_i, f_{ij}) sur un ensemble filtrant I. Alors il existe un isomorphisme naturel de C-modules*

$$\varinjlim H^n(A,B,W_i)\cong H^n(A,B,\varinjlim W_i).$$

Démonstration. Soit B_* une résolution simpliciale de la A-algèbre B, comme celle du théorème 46. Les A-algèbres B_n sont toutes de type fini. D'après le lemme 1.16, il existe des isomorphismes naturels de C-modules

$$\varinjlim R^n(A,B_*,W_i)\cong R^n(A,B_*,\varinjlim W_i).$$

L'isomorphisme de cocomplexes de C-modules

$$\varinjlim R^*(A,B_*,W_i)\cong R^*(A,B_*,\varinjlim W_i)$$

donne des isomorphismes en cohomologie

$$\varinjlim D^n(A,B_*,W_i)\cong D^n(A,B_*,\varinjlim W_i).$$

D'après le théorème 43, il s'agit de l'isomorphisme du lemme.

Proposition 57. *Soient un anneau noethérien A, une A-algèbre B de type fini, une B-algèbre noethérienne C et un entier n. Alors les quatre conditions suivantes sont équivalentes*

1) *le module $H_n(A,B,W)$ est nul pour tout C-module W,*

2) *le module* $H_n(A,B,C/I)$ *est nul pour tout idéal maximal* I *de l'anneau* C,

3) *le module* $H^n(A,B,W)$ *est nul pour tout* C*-module* W,

4) *le module* $H^n(A,B,C/I)$ *est nul pour tout idéal maximal* I *de l'anneau* C.

Démonstration. Considérons le foncteur suivant de la catégorie des C-modules dans la catégorie des C-modules

$$F(W) = H_n(A,B,W) \quad \text{(respectivement } F(W) = H^n(A,B,W)).$$

D'après le lemme 3.22, la condition 2.49 est satisfaite. La condition 2.50 est satisfaite d'après le lemme 3.24 (respectivement d'après le lemme 56). D'après la proposition 55, la condition 2.51 est satisfaite. La condition 2.52 étant aussi satisfaite, on peut appliquer la proposition 2.54. Ainsi les deux premières conditions (respectivement les deux dernières conditions) sont équivalentes. Pour un idéal maximal I de l'anneau C, l'isomorphisme du lemme 3.21

$$H^n(A,B,C/I) \cong \operatorname{Hom}_{C/I}(H_n(A,B,C/I),C/I)$$

où l'anneau C/I est un corps, démontre l'équivalence de la deuxième condition et de la quatrième condition. Les quatre conditions sont donc équivalentes.

Proposition 58. *Soient une* A*-algèbre* B, *une* B*-algèbre* C, *un* C*-module* W *et un* C*-module plat* M. *Alors il existe des isomorphismes naturels*

$$H_n(A,B,W)\otimes_C M \cong H_n(A,B,W\otimes_C M).$$

En outre il existe des isomorphismes naturels

$$H^n(A,B,W)\otimes_C M \cong H^n(A,B,W\otimes_C M)$$

si l'anneau A *est noethérien et si l'algèbre* B *est de type fini.*

Démonstration. Soit B_* une résolution simpliciale de la A-algèbre B, comme celle du théorème 44 (respectivement comme celle du théorème 46). D'après le lemme 1.17, il existe des isomorphismes naturels

$$R_n(A,B_*,W)\otimes_C M \cong R_n(A,B_*,W\otimes_C M)$$

et respectivement

$$R^n(A,B_*,W)\otimes_C M \cong R^n(A,B_*,W\otimes_C M).$$

Puisque le C-module M est plat, ces isomorphismes se retrouvent en homologie et en cohomologie

$$D_n(A,B_*,W)\otimes_C M \cong D_n(A,B_*,W\otimes_C M)$$

et respectivement

$$D^n(A,B_*,W)\otimes_C M \cong D^n(A,B_*,W\otimes_C M).$$

D'après le théorème 43, il s'agit des isomorphismes de la proposition.

Corollaire 59. *Soient une A-algèbre B, une B-algèbre C, un C-module W et un sous-ensemble multiplicativement clos S de C. Alors il existe des isomorphismes naturels*

$$S^{-1}H_n(A,B,W)\cong H_n(A,B,S^{-1}W).$$

En outre il existe des isomorphismes naturels

$$S^{-1}H^n(A,B,W)\cong H^n(A,B,S^{-1}W)$$

si l'anneau A est noethérien et si l'algèbre B est de type fini.

Démonstration. C'est le cas particulier de la proposition 58 avec le C-module plat $S^{-1}C$.

Entre autres, le théorème 45 démontre le résultat élémentaire suivant.

Lemme 60. *Soient une A-algèbre B et un B-module W. Alors les modules $H_0(A,B,W)$ et $H^0(A,B,W)$ sont nuls, si l'anneau B est un quotient de l'anneau A.*

Démonstration. Soit B_* une résolution simpliciale de la A-algèbre B, comme celle du théorème 45. Alors les modules suivants sont nuls

$$R_0(A,B_*,W)\cong \mathrm{Dif}(A,A,W) \quad \text{et} \quad R^0(A,B_*,W)\cong \mathrm{Der}(A,A,W).$$

Par conséquent les modules $D_0(A,B_*,W)$ et $D^0(A,B_*,W)$ sont nuls. D'après le théorème 43, il s'agit des modules du lemme.

V. Suites de Jacobi-Zariski

Description des suites exactes fondamentales qui lient les modules d'homologie ou de cohomologie d'une A-algèbre B, d'une B-algèbre C et de la A-algèbre C qui s'en déduit. Enoncé de quelques propriétés qui découlent de ces suites exactes.

a) Suites exactes. En même temps que le théorème 4.43 sera démontré le résultat fondamental suivant.

Théorème 1. *Soient une A-algèbre B, une B-algèbre C et un C-module W. Alors il existe une suite exacte naturelle de C-modules* (dite de Jacobi-Zariski) *soit en homologie*

$$\cdots \longrightarrow H_n(A,B,W) \xrightarrow{H_n(A,\gamma,W)} H_n(A,C,W) \xrightarrow{H_n(\alpha,C,W)} H_n(B,C,W)$$
$$\longrightarrow H_{n-1}(A,B,W) \longrightarrow \cdots \longrightarrow H_0(B,C,W) \longrightarrow 0$$

soit en cohomologie

$$0 \longrightarrow H^0(B,C,W) \longrightarrow \cdots \longrightarrow H^{n-1}(A,B,W)$$
$$\longrightarrow H^n(B,C,W) \xrightarrow{H^n(\alpha,C,W)} H^n(A,C,W) \xrightarrow{H^n(A,\gamma,W)} H^n(A,B,W) \longrightarrow \cdots$$

α étant l'homomorphisme canonique de l'anneau A dans l'anneau B et γ celui de l'anneau B dans l'anneau C.

Démonstration. Voir la remarque 7.

Une A-algèbre quelconque B est toujours le quotient d'une A-algèbre libre bien choisie. Par conséquent, grâce au corollaire suivant, le calcul des modules d'homologie $H_n(A,B,W)$ et de cohomologie $H^n(A,B,W)$ se ramène au cas particulier où l'anneau B est un quotient de l'anneau A.

Corollaire 2. *Soient une A-algèbre libre B, une B-algèbre C et un C-module W. Alors il existe des isomorphismes naturels de C-modules pour tout entier $n \geqslant 2$*

$$H_n(A,C,W) \cong H_n(B,C,W) \quad \text{et} \quad H^n(B,C,W) \cong H^n(A,C,W).$$

En outre si l'anneau C est un quotient de l'anneau B, il existe des suites exactes naturelles de C-modules

$$0 \to H_1(A,C,W) \to H_1(B,C,W) \to H_0(A,B,W) \to H_0(A,C,W) \to 0,$$

$$0 \to H^0(A,C,W) \to H^0(A,B,W) \to H^1(B,C,W) \to H^1(A,C,W) \to 0.$$

Démonstration. Il suffit d'introduire les modules nuls du corollaire 3.36 et du lemme 4.60 dans les suites exactes de Jacobi-Zariski.

L'homomorphisme de $H_1(B, C, C)$ dans $H_0(A, B, C)$ est appelé parfois le *complexe cotangent tronqué*.

Par la suite la notion élémentaire suivante jouera un certain rôle (voir la définition 3.37).

Définition 3. Une A-algèbre B est une *algèbre modèle*, s'il existe un B-module projectif P et un isomorphisme de l'anneau A sur l'anneau $S_B P$ par lequel se correspondent les homomorphismes canoniques de A dans B et de $S_B P$ sur B. Le noyau I de la surjection de A sur B est appelé le *noyau* de l'algèbre modèle. Les B-modules P et I/I^2 sont isomorphes.

Lemme 4. *Soient une A-algèbre modèle B et un B-module W. Alors les modules* $H_n(A, B, W)$ *et* $H^n(A, B, W)$ *sont nuls sauf pour n égal à* 1.

Démonstration. Cela découle du lemme 3.39 et des suites exactes de Jacobi-Zariski pour la B-algèbre $S_B P$ et la $S_B P$-algèbre B qui remplace la A-algèbre B.

Voici quelques remarques au sujet de la démonstration du théorème 1 et du théorème 4.43.

Remarque 5. Seules les démonstrations pour les modules d'homologie seront données ci-dessous. Les démonstrations pour les modules de cohomologie sont parfaitement duales. Il sera fait usage du théorème 4.44 et du lemme 4.26 (ou encore 4.29) qui ne sont pas encore démontrés. Au lieu du théorème 1, la proposition suivante sera démontrée.

Proposition 6. *Soient une A-algèbre B, une B-algèbre C et un C-module W. Alors il existe une suite exacte naturelle de C-modules*

$$\cdots \longrightarrow H_n(A,B,W) \xrightarrow{p_n(\alpha,\gamma,W)} H_n(A,C,W) \xrightarrow{q_n(\alpha,\gamma,W)} H_n(B,C,W)$$

$$\longrightarrow H_{n-1}(A,B,W) \longrightarrow \cdots \longrightarrow H_0(B,C,W) \longrightarrow 0$$

α étant l'homomorphisme canonique de l'anneau A dans l'anneau B et γ étant l'homomorphisme canonique de l'anneau B dans l'anneau C.

Démonstration. Voir la démonstration 19.

Remarque 7. Nous allons voir que la proposition 6 implique le théorème 1. L'homomorphisme de $H_n(B,C,W)$ dans $H_{n-1}(A,B,W)$ est dénoté par $s_n(\alpha,\gamma,W)$ dans la suite du théorème 1 et par $r_n(\alpha,\gamma,W)$ dans la suite de la proposition 6. Appliquons la proposition 6 à chacune des lignes du diagramme commutatif suivant

$$\begin{array}{ccccc} A & \xrightarrow{\alpha} & B & \xrightarrow{\mathrm{Id}} & B \\ \downarrow{\scriptstyle \mathrm{Id}} & & \downarrow{\scriptstyle \mathrm{Id}} & & \downarrow{\scriptstyle \gamma} \\ A & \xrightarrow{\alpha} & B & \xrightarrow{\gamma} & C \\ \downarrow{\scriptstyle \alpha} & & \downarrow{\scriptstyle \mathrm{Id}} & & \downarrow{\scriptstyle \mathrm{Id}} \\ B & \xrightarrow{\mathrm{Id}} & B & \xrightarrow{\gamma} & C \end{array}.$$

On voit alors apparaître des isomorphismes

$$p_n(\alpha,B,W) \quad \text{et} \quad q_n(B,\gamma,W)$$

et des égalités dues à la naturalité des suites exactes

$$H_n(A,\gamma,W)\circ p_n(\alpha,B,W)=p_n(\alpha,\gamma,W) \text{ et } q_n(B,\gamma,W)\circ H_n(\alpha,C,W)=q_n(\alpha,\gamma,W).$$

On obtient alors la suite exacte du théorème 1 en considérant les homomorphismes

$$s_n(\alpha,\gamma,W)=p_{n-1}(\alpha,B,W)\circ r_n(\alpha,\gamma,W)\circ q_n(B,\gamma,W).$$

La naturalité dans la proposition 6 est donc essentielle. Voir à ce sujet la remarque 4.47 complétant le théorème 4.44.

La démonstration de la proposition 6 se fait à l'aide d'un complexe double décrit ci-dessous

$$K_{**}=T_*(A,C_*,W)$$

où C_* est une résolution simpliciale de la B-algèbre C et qui démontre aussi le théorème 4.43.

Définition 8. Soient une A-algèbre B, une B-algèbre C et un C-module W. Considérons une résolution simpliciale C_* de la B-algèbre C. Alors le complexe double K_{**} est défini de la manière suivante. Considérons la C_n-algèbre C du lemme 4.16 et le C-module

$$K_{i,j}=T_i(A,C_j,W).$$

L'homomorphisme $d'_{i,j}$ de la définition 2.24 est alors égal à l'homomorphisme du lemme 3.8 et de la définition 3.11

$$d_i\colon T_i(A,C_j,W)\to T_{i-1}(A,C_j,W).$$

L'égalité 2.25 est évidemment satisfaite. Par analogie avec l'homomorphisme du lemme 4.40 et de la définition 4.41, l'homomorphisme $d''_{i,j}$ de la définition 2.24 est donné par la somme

$$\sum_{0 \leqslant k \leqslant j} (-1)^k T_i(A, \varepsilon_j^k, W): T_i(A, C_j, W) \to T_i(A, C_{j-1}, W).$$

D'après la remarque 2.20 et l'égalité 4.2, l'égalité 2.26 est satisfaite. L'égalité 2.27 est due à la naturalité des définitions précédentes. Le complexe double K_{**} est donc bien défini.

La démonstration de la proposition 6 (ou du théorème 1) fait usage du cas particulier suivant de cette proposition.

Condition 9. Considérons une A-algèbre B. Pour toute B-algèbre libre B' et pour tout B'-module W, les homomorphismes canoniques

$$H_k(A, B, W) \to H_k(A, B', W), \quad k \neq 0$$

sont des isomorphismes et la suite canonique

$$0 \to H_0(A, B, W) \to H_0(A, B', W) \to H_0(B, B', W) \to 0$$

est exacte.

Remarque 10. Sans utiliser le théorème 1 et le théorème 4.43, grâce au corollaire 3.36 et au lemme 1.22 on démontre qu'une A-algèbre libre B satisfait toujours à la condition 9.

Remarque 11. Le théorème 1 dans le cas d'une A-algèbre libre B et le théorème 4.43 dans le cas général démontrent que la condition 9 est toujours satisfaite. Pour la démonstration on peut exprimer la condition 9 sous la forme suivante. La suite canonique

$$0 \to H_k(A, B, W) \to H_k(A, B', W) \to H_k(B, B', W) \to 0$$

est exacte pour tout k.

Démonstration. Ecrivons la B-algèbre libre B' à l'aide d'une A-algèbre libre A'

$$B' = B \otimes_A A'.$$

Considérons le diagramme commutatif suivant

$$\begin{array}{ccccccc} & & H_k(A, A', W) & & & & \\ & & \downarrow & \overset{q}{\searrow} & & & \\ 0 \longrightarrow H_k(A, B, W) & \xrightarrow{r} & H_k(A, B \otimes_A A', W) & \xrightarrow{s} & H_k(B, B \otimes_A A', W) & \longrightarrow & 0 \\ & \underset{p}{\searrow} & \downarrow & & & & \\ & & H_k(A', B \otimes_A A', W). & & & & \end{array}$$

La suite verticale est exacte d'après le théorème 1 pour la A-algèbre libre A' et la A'-algèbre $B \otimes_A A'$. Le théorème 4.43 entraîne la proposition 4.54. Le module $\operatorname{Tor}_m^A(B, A')$ est nul si m n'est pas nul. Par conséquent p et q sont des isomorphismes. Enfin le carré commutatif

$$\begin{array}{ccc} H_k(A, B, W) & \longrightarrow & H_k(A, B \otimes_A A', W) \\ \downarrow & & \downarrow \\ H_k(B, B, W) & \longrightarrow & H_k(B, B \otimes_A A', W) \end{array}$$

démontre que l'homomorphisme $s \circ r$ est nul. Ces quatre propriétés démontrent que la suite horizontale du diagramme est exacte, ce qu'il fallait démontrer.

b) Démonstrations. Pour démontrer en premier lieu le théorème 4.43 et en second lieu la proposition 6 (le théorème 1), utilisons les notations de la définition 8 et celle de la deuxième partie du deuxième chapitre.

Lemme 12. *Le module $\mathscr{H}''_{p,q}[K_{**}]$ est nul si q n'est pas nul et il est isomorphe à $T_p(A, C, W)$ si q est nul.*

Démonstration. L'entier p est fixé et il s'agit d'étudier le complexe de modules $T_p(A, C_*, W)$. D'après les lemmes 3.30 et 3.32, il s'agit du complexe de modules

$$\sum_{i_0 \geqslant 0 \ldots i_p \geqslant 0} C(\operatorname{Alg}_A(A[i_p], A[i_{p-1}]) \oplus \cdots \oplus \operatorname{Alg}_A(A[i_0], C_*), W^{i_p}).$$

Considérons maintenant le module simplicial

$$E_* = \operatorname{Alg}_A(A[i_p], A[i_{p-1}]) \oplus \cdots \oplus \operatorname{Alg}_A(A[i_0], C_*).$$

Les modules d'homologie $\mathscr{H}_m[E_*]$ se calculent composante par composante. D'après la remarque 4.14, l'homologie de la première composante est nulle en degré non nul; en degré nul, on retrouve le même module. Ainsi de suite jusqu'à l'avant-dernière composante. D'après le lemme 3.27, la dernière composante est égale à

$$C_* \oplus \cdots \oplus C_* \quad (i_0 \text{ fois}).$$

D'après les conditions 4.32 et 4.33, l'homologie de la dernière composante est nulle en degré non nul; en degré nul, on obtient le module $\operatorname{Alg}_A(A[i_0], C)$. En résumé, le module $\mathscr{H}_m[E_*]$ est nul si m n'est pas nul et il est isomorphe au module

$$\operatorname{Alg}_A(A[i_p], A[i_{p-1}]) \oplus \cdots \oplus \operatorname{Alg}_A(A[i_0], C)$$

si m est nul. Utilisons maintenant la définition 4.24, le lemme 4.25 et le lemme 4.26. Le module

$$\mathscr{H}_q\Big[\sum_{i_0\geqslant 0\ldots i_p\geqslant 0} C(\mathrm{Alg}_A(A[i_p],A[i_{p-1}])\oplus\cdots\oplus\mathrm{Alg}_A(A[i_0],C_*),W^{i_p})\Big]$$

est donc nul si q n'est pas nul et si q est nul, il est isomorphe au module

$$\sum_{i_0\geqslant 0\ldots i_p\geqslant 0} C(\mathrm{Alg}_A(A[i_p],A[i_{p-1}])\oplus\cdots\oplus\mathrm{Alg}_A(A[i_0],C),W^{i_p}).$$

Utilisons le lemme 3.30 une nouvelle fois. L'homologie du complexe $T_p(A,C_*,W)$ est triviale, sauf en degré nul où il s'agit du module $T_p(A,C,W)$. Le lemme est démontré.

Lemme 13. *Le module* $\hat{\mathscr{H}}''_{p,q}[K_{**}]$ *de la définition* 2.32 *est isomorphe au module*

$$0 \quad si\ q>0 \quad et\ H_p(A,C,W) \quad si\ q=0.$$

Démonstration. Si q n'est pas nul, le module $\mathscr{H}''_{p,q}[K_{**}]$ est lui-même nul. Si q est nul, il s'agit du p-ème module d'homologie du complexe $T_*(A,C,W)$ d'après le lemme 12. Il s'agit donc bien du module $H_p(A,C,W)$.

Lemme 14. *Le module* $\mathscr{H}'_{p,q}[K_{**}]$ *est isomorphe au module* $H_p(A,C_q,W)$ *de manière naturelle.*

Démonstration. Il s'agit du p-ème module d'homologie du complexe $T_*(A,C_q,W)$.

Lemme 15. *Si la A-algèbre B satisfait à la condition* 9, *le module* $\hat{\mathscr{H}}'_{p,q}[K_{**}]$ *de la définition* 2.31 *est nul si p et q ne sont pas nuls. En outre, il est isomorphe au module*

$$H_p(A,B,W)\quad si\ p>0\quad et\ q=0\quad et\ D_q(B,C_*,W)\quad si\ p=0\quad et\ q>1.$$

Enfin il existe une suite exacte naturelle

$$0\to\hat{\mathscr{H}}'_{0,1}[K_{**}]\to D_1(B,C_*,W)\to H_0(A,B,W)$$
$$\to\hat{\mathscr{H}}'_{0,0}[K_{**}]\to D_0(B,C_*,W)\to 0.$$

Démonstration. Supposons p fixé et non nul. Par l'isomorphisme de la condition 9

$$H_p(A,B,W)\cong H_p(A,C_q,W)$$

l'homomorphisme identité du module $H_p(A,B,W)$ correspond à l'homomorphisme dû à ε_q^i, pour tout i,

$$H_p(A,C_q,W)\to H_p(A,C_{q-1},W).$$

Il s'agit donc simplement de calculer l'homologie du module simplicial associé au module $H_p(A,B,W)$. D'après la remarque 4.14, il s'agit du module nul si q n'est pas nul et du module $H_p(A,B,W)$ si q est nul.

Supposons p fixé et nul. La suite exacte de la condition 9

$$0 \to H_0(A, B, W) \to H_0(A, C_q, W) \to H_0(B, C_q, W) \to 0$$

permet de considérer une suite exacte de modules simpliciaux

$$0 \to L_* \to M_* \to N_* \to 0$$

dans laquelle le module L_q est égal à $H_0(A, B, W)$, le module M_q est égal à $H_0(A, C_q, W)$ et le module N_q est égal à $H_0(B, C_q, W)$. La remarque 4.14 donne l'isomorphisme suivant

$$H_q[L_*] \cong 0 \quad \text{si } q>0 \quad \text{et } H_0(A, B, W) \quad \text{si } q=0.$$

La définition 2.31 donne l'isomorphisme suivant

$$\mathscr{H}_q[M_*] \cong \hat{\mathscr{H}}'_{0,q}[K_{**}].$$

Le corollaire 3.36 et la définition 4.41 donnent l'isomorphisme

$$\mathscr{H}_q[N_*] \cong D_q(B, C_*, W).$$

Mais alors la suite exacte du lemme 2.16 établit le deuxième isomorphisme et la suite exacte du lemme, qui est donc démontré.

Les lemmes 13 et 15 sont résumés par le résultat suivant.

Lemme 16. *Soient une A-algèbre B, une B-algèbre C, un C-module W et une résolution simpliciale C_* de la B-algèbre C. Alors il existe une suite exacte naturelle*

$$\begin{aligned} \cdots &\to H_n(A, B, W) \to H_n(A, C, W) \to D_n(B, C_*, W) \\ &\to H_{n-1}(A, B, W) \to \cdots \to D_0(B, C_*, W) \to 0 \end{aligned}$$

si la A-algèbre B satisfait à la condition 9.

Démonstration. D'après les lemmes 13 et 15, les conditions du théorème 2.39 sont satisfaites pour le complexe double de la définition. Considérons maintenant la suite exacte du théorème 2.39 que l'on réécrit en utilisant les isomorphismes des lemmes 13 et 15

$$\begin{aligned} \cdots &\to H_n(A, B, W) \to H_n(A, C, W) \to D_n(B, C_*, W) \to \cdots \\ &\to H_1(A, B, W) \to H_1(A, C, W) \to \hat{\mathscr{H}}'_{0,1}[K_{**}] \to 0. \end{aligned}$$

Compte tenu du lemme 13 et de la remarque 2.35, la suite exacte du lemme 15 est la suivante

$$\begin{aligned} 0 &\to \hat{\mathscr{H}}'_{0,1}[K_{**}] \to D_1(B, C_*, W) \\ &\to H_0(A, B, W) \to H_0(A, C, W) \to D_0(B, C_*, W) \to 0. \end{aligned}$$

En mettant bout-à-bout les deux suites exactes apparues ci-dessus, on obtient la suite exacte du lemme.

Voici la démonstration du théorème 4.43.

Démonstration 17. D'après la remarque 10, la condition 9 est satisfaite trivialement lorsque les anneaux A et B sont égaux. La suite exacte du lemme 16 est formée d'isomorphismes

$$H_n(A, C, W) \cong D_n(A, C_*, W)$$

qui démontrent le théorème 4.43.

Lemme 18. *Soient une A-algèbre B, une B-algèbre C et un C-module W. Alors il existe une suite exacte naturelle*

$$\begin{aligned} \cdots \to H_n(A, B, W) \to H_n(A, C, W) \to H_n(B, C, W) \\ \to H_{n-1}(A, B, W) \to \cdots \to H_0(B, C, W) \to 0 \end{aligned}$$

si la A-algèbre B satisfait à la condition 9.

Démonstration. C'est la suite exacte du lemme 16 écrite à l'aide de l'isomorphisme du théorème 4.43

$$H_n(B, C, W) \cong D_n(B, C_*, W)$$

la résolution simpliciale C_* de la B-algèbre C étant choisie de manière suffisamment naturelle.

Voici la démonstration de la proposition 6, c'est-à-dire du théorème 1 d'après la remarque 7.

Démonstration 19. Lorsque la A-algèbre B est libre, la condition 9 est satisfaite d'après la remarque 10. Par conséquent le lemme 18 démontre la proposition 6 dans le cas particulier d'une A-algèbre libre B. Mais alors la condition 9 est toujours satisfaite d'après la remarque 11. Le lemme 18 démontre donc la proposition 6.

c) Résultats. A partir des suites exactes de Jacobi-Zariski, on obtient de nouvelles suites exactes en utilisant le lemme simple suivant.

Lemme 20. *Soit un diagramme commutatif d'homomorphismes de modules*

$$\begin{array}{ccccccccccc} A_0 & \xrightarrow{\alpha_0} & A_1 & \xrightarrow{\alpha_1} & A_2 & \xrightarrow{\alpha_2} & A_3 & \xrightarrow{\alpha_3} & A_4 & \xrightarrow{\alpha_4} & A_5 \\ \downarrow{\scriptstyle\phi_0} & & \downarrow{\scriptstyle\phi_1} & & \downarrow{\scriptstyle\phi_2} & & \downarrow{\scriptstyle\phi_3} & & \downarrow{\scriptstyle\phi_4} & & \downarrow{\scriptstyle\phi_5} \\ B_0 & \xrightarrow{\beta_0} & B_1 & \xrightarrow{\beta_1} & B_2 & \xrightarrow{\beta_2} & B_3 & \xrightarrow{\beta_3} & B_4 & \xrightarrow{\beta_4} & B_5 \end{array}$$

dont les lignes forment des suites exactes et dont les homomorphismes ϕ_1 *et* ϕ_4 *sont des isomorphismes. Alors pour quatre nombres entiers* $\varepsilon_1, \varepsilon_2, \varepsilon_3, \varepsilon_4$ *dont le produit est égal à* -1, *la suite suivante est exacte*

$$B_0 \xrightarrow{\alpha_1\circ\phi_1^{-1}\circ\beta_0} A_2 \xrightarrow{(\varepsilon_1\phi_2,\varepsilon_2\alpha_2)} B_2 \oplus A_3 \xrightarrow{(\varepsilon_3\beta_2,\varepsilon_4\phi_3)} B_3 \xrightarrow{\alpha_4\circ\phi_4^{-1}\circ\beta_3} A_5\,.$$

Démonstration. Elle est de nature élémentaire.

Proposition 21. *Soient deux A-algèbres B et C, une* $B \otimes_A C$*-algèbre D et un D-module W. Alors il existe une suite exacte naturelle, soit en homologie*

$$\cdots \to H_n(A,D,W) \to H_n(B,D,W) \oplus H_n(C,D,W) \to H_n(B\otimes_A C,D,W)$$
$$\to H_{n-1}(A,D,W) \to \cdots \to H_0(B\otimes_A C,D,W) \to 0$$

soit en cohomologie

$$0 \to H^0(B\otimes_A C,D,W) \to \cdots \to H^{n-1}(A,D,W) \to H^n(B\otimes_A C,D,W)$$
$$\to H^n(B,D,W) \oplus H^n(C,D,W) \to H^n(A,D,W) \to \cdots$$

si le module $\mathrm{Tor}_m^A(B,C)$ *est nul pour tout m non nul.*

Démonstration. On applique le théorème 1 aux deux lignes du diagramme suivant

$$\begin{array}{ccccc} A & \longrightarrow & B & \longrightarrow & D \\ \downarrow & & \downarrow & & \downarrow \\ C & \longrightarrow & B\otimes_A C & \longrightarrow & D\,. \end{array}$$

On obtient un diagramme commutatif dont les deux lignes sont des suites exactes

$$\begin{array}{ccccccccc} \cdots & \longrightarrow & H_n(A,B,W) & \longrightarrow & H_n(A,D,W) & \longrightarrow & H_n(B,D,W) & \longrightarrow & \cdots \\ & & \downarrow & & \downarrow & & \downarrow & & \\ \cdots & \longrightarrow & H_n(C,B\otimes_A C,W) & \longrightarrow & H_n(C,D,W) & \longrightarrow & H_n(B\otimes_A C,D,W) & \longrightarrow & \cdots\,. \end{array}$$

Alors pour chaque *n*, on applique le lemme 20 avec les homomorphismes suivants

$$\phi_1 : H_n(A,B,W) \to H_n(C,B\otimes_A C,W),$$
$$\phi_2 : H_n(A,D,W) \to H_n(C,D,W),$$
$$\phi_3 : H_n(B,D,W) \to H_n(B\otimes_A C,D,W),$$
$$\phi_4 : H_{n-1}(A,B,W) \to H_{n-1}(C,B\otimes_A C,W)\,.$$

D'après la proposition 4.54, les homomorphismes ϕ_1 et ϕ_4 sont des isomorphismes. On obtient donc une suite exacte naturelle

$$\begin{aligned} H_{n+1}(B \otimes_A C, D, W) \to H_n(A, D, W) \to H_n(B, D, W) \oplus H_n(C, D, W) \\ \to H_n(B \otimes_A C, D, W) \to H_{n-1}(A, D, W). \end{aligned}$$

En faisant varier n, on démontre la proposition en homologie. La démonstration est duale en cohomologie.

Proposition 22. *Soient une A-algèbre B, deux B-algèbres C et D et un $C \otimes_B D$-module W. Alors il existe une suite exacte naturelle, soit en homologie*

$$\begin{aligned} \cdots \to H_n(A, B, W) \to H_n(A, C, W) \oplus H_n(A, D, W) \to H_n(A, C \otimes_B D, W) \\ \to H_{n-1}(A, B, W) \to \cdots \to H_0(A, C \otimes_B D, W) \to 0 \end{aligned}$$

soit en cohomologie

$$\begin{aligned} 0 \to H^0(A, C \otimes_B D, W) \to \cdots \to H^{n-1}(A, B, W) \to H^n(A, C \otimes_B D, W) \\ \to H^n(A, C, W) \oplus H^n(A, D, W) \to H^n(A, B, W) \to \cdots \end{aligned}$$

si le module $\mathrm{Tor}_m^B(C, D)$ *est nul pour m non nul.*

Démonstration. On applique le théorème 1 aux deux lignes du diagramme suivant

$$\begin{array}{ccccc} A & \longrightarrow & B & \longrightarrow & C \\ \downarrow & & \downarrow & & \downarrow \\ A & \longrightarrow & D & \longrightarrow & C \otimes_B D. \end{array}$$

On obtient un diagramme commutatif dont les deux lignes sont des suites exactes

$$\begin{array}{ccccccccc} \cdots & \longrightarrow & H_n(A,B,W) & \longrightarrow & H_n(A,C,W) & \longrightarrow & H_n(B,C,W) & \longrightarrow & \cdots \\ & & \downarrow & & \downarrow & & \downarrow & & \\ \cdots & \longrightarrow & H_n(A,D,W) & \longrightarrow & H_n(A,C \otimes_B D,W) & \longrightarrow & H_n(D,C \otimes_B D,W) & \longrightarrow & \cdots. \end{array}$$

Alors pour chaque n, on applique le lemme 20 avec les homomorphismes suivants

$$\begin{aligned} \phi_1 &: H_{n+1}(B, C, W) \to H_{n+1}(D, C \otimes_B D, W), \\ \phi_2 &: H_n(A, B, W) \to H_n(A, D, W), \\ \phi_3 &: H_n(A, C, W) \to H_n(A, C \otimes_B D, W), \\ \phi_4 &: H_n(B, C, W) \to H_n(D, C \otimes_B D, W). \end{aligned}$$

D'après la proposition 4.54, les homomorphismes ϕ_1 et ϕ_4 sont des isomorphismes. On obtient donc une suite exacte naturelle

$$H_{n+1}(A, C \otimes_B D, W) \to H_n(A, B, W) \to H_n(A, C, W) \oplus H_n(A, D, W)$$
$$\to H_n(A, C \otimes_B D, W) \to H_{n-1}(A, B, W).$$

En faisant varier n, on démontre la proposition en homologie. La démonstration est duale en cohomologie.

Corollaire 23. *Soient deux A-algèbres B et C et un $B \otimes_A C$-module W. Alors il existe des isomorphismes naturels*

$$H_n(A,B,W) \oplus H_n(A,C,W) \cong H_n(A, B \otimes_A C, W), \quad n \geqslant 0,$$
$$H^n(A, B \otimes_A C, W) \cong H^n(A,B,W) \oplus H^n(A,C,W), \quad n \geqslant 0$$

si le module $\mathrm{Tor}_m^A(B,C)$ *est nul pour tout m non nul.*

Démonstration. Il s'agit de la proposition 22 dans le cas où les anneaux A et B sont égaux, les modules $H_n(A,A,W)$ et $H^n(A,A,W)$ étant nuls.

Avec une A-algèbre B on peut considérer non seulement l'homomorphisme de A dans B qui envoie l'élément a sur l'élément $a \cdot 1$, mais encore l'homomorphisme de $B \otimes_A B$ dans B qui envoie l'élément $x \otimes y$ sur l'élément xy.

Définition 24. Une A-algèbre B est dite *absolument plate* si le A-module B est plat et si le $B \otimes_A B$-module B est plat.

Voici un résultat qui possède une réciproque partielle (voir la proposition 15.21).

Proposition 25. *Soient une A-algèbre absolument plate B et un B-module W. Alors tous les modules $H_n(A,B,W)$ et $H^n(A,B,W)$ sont nuls.*

Démonstration. Considérons la B-algèbre $B \otimes_A B$ définie par l'égalité

$$x(y \otimes z) = xy \otimes z, \quad x,y,z \in B$$

et la $B \otimes_A B$-algèbre B. La suite exacte de Jacobi-Zariski qui leur correspond donne des isomorphismes

$$H_n(B, B \otimes_A B, W) \cong H_{n+1}(B \otimes_A B, B, W).$$

Le A-module B étant plat, la proposition 4.54 donne des isomorphismes

$$H_n(A,B,W) \cong H_n(B, B \otimes_A B, W).$$

Le $B \otimes_A B$-module B étant plat, la proposition 4.54 donne des isomorphismes

$$H_{n+1}(B \otimes_A B, B, W) \cong H_{n+1}(B,B,W)$$

puisque le produit tensoriel de la $B \otimes_A B$-algèbre B avec elle-même est égal à cette algèbre. Il est clair maintenant que le module $H_n(A,B,W)$ est nul. La démonstration en cohomologie est analogue.

Corollaire 26. *Soient un homomorphisme (α,β) de la A'-algèbre B' dans la A-algèbre B et un B-module W. Alors les homomorphismes suivants sont tous des isomorphismes*

$$H_n(\alpha,\beta,W): H_n(A',B',W) \to H_n(A,B,W) \quad \textit{et}$$
$$H^n(\alpha,\beta,W): H^n(A,B,W) \to H^n(A',B',W)$$

si la A'-algèbre A et la B'-algèbre B sont absolument plates.

Démonstration. Les modules $H_n(A',A,W)$ étant nuls, la suite de Jacobi-Zariski pour la A'-algèbre A et la A-algèbre B donne des isomorphismes

$$H_n(A',B,W) \cong H_n(A,B,W).$$

Les modules $H_n(B',B,W)$ étant nuls, la suite de Jacobi-Zariski pour la A'-algèbre B' et la B'-algèbre B donne des isomorphismes

$$H_n(A',B',W) \cong H_n(A',B,W).$$

Par composition, on obtient les isomorphismes du corollaire en homologie. La démonstration en cohomologie est analogue.

En ce qui concerne la localisation, on a le résultat suivant qui complète le corollaire 4.59.

Corollaire 27. *Soient une A-algèbre B, un sous-ensemble multiplicativement clos R de A, un sous-ensemble multiplicativement clos S de B contenant l'image de R et un $S^{-1}B$-module W. Alors il existe des isomorphismes naturels*

$$H_n(A,B,W) \cong H_n(R^{-1}A,S^{-1}B,W) \quad \textit{et} \quad H^n(R^{-1}A,S^{-1}B,W) \cong H^n(A,B,W).$$

Démonstration. La A-algèbre $R^{-1}A$ est absolument plate et la B-algèbre $S^{-1}B$ est absolument plate.

Considérons deux A-algèbres B et C et la A-algèbre somme directe $B \oplus C$. Les surjections canoniques de $B \oplus C$ sur B et sur C permettent de considérer les $B \oplus C$-algèbres B et C. Les injections canoniques de B et de C dans $B \oplus C$ sont alors des homomorphismes de $B \oplus C$-modules. Par suite les $B \oplus C$-modules B et C sont des facteurs directs du $B \oplus C$-module $B \oplus C$. Il s'agit donc de modules projectifs. Par conséquent les $B \oplus C$-algèbres B et C sont absolument plates.

Corollaire 28. *Soient deux A-algèbres B et C et un $B\oplus C$-module W. Alors il existe des isomorphismes naturels*

$$H_n(A,B,BW)\oplus H_n(A,C,CW)\cong H_n(A,B\oplus C,W),$$
$$H^n(A,B\oplus C,W)\cong H^n(A,B,BW)\oplus H^n(A,C,CW).$$

Démonstration. Il suffit de combiner les isomorphismes du corollaire 26

$$H_n(A,B\oplus C,BW)\cong H_n(A,B,BW) \quad \text{et} \quad H_n(A,B\oplus C,CW)\cong H_n(A,C,CW)$$

et l'isomorphisme du lemme 3.23

$$H_n(A,B\oplus C,BW)\oplus H_n(A,B\oplus C,CW)\cong H_n(A,B\oplus C,BW\oplus CW)$$

puisque les modules W et $BW\oplus CW$ sont isomorphes. Il en va de même en cohomologie.

Remarque 29. A cause du corollaire 26, dans les résultats concernant les modules d'homologie et de cohomologie, il est fréquent de pouvoir remplacer l'hypothèse suivante: la A-algèbre C est de type fini, par l'hypothèse plus générale: la A-algèbre B est de type fini et la B-algèbre C est absolument plate.

Terminons par un corollaire de la proposition 3.35.

Proposition 30. *Soient un système inductif d'anneaux (A_i,f_{ij}) sur un ensemble filtrant I, puis une $\varinjlim A_i$-algèbre B et un B-module W. Alors il existe un isomorphisme naturel*

$$\varinjlim H_n(A_i,B,W)\cong H_n(\varinjlim A_i,B,W).$$

Démonstration. Soit $\mathbb{Z}$ l'anneau des entiers rationnels. Pour tout élément i de I, on a un diagramme commutatif de suites exactes de Jacobi-Zariski

$$\begin{array}{ccccccccc}
\cdots \longrightarrow & H_n(\mathbb{Z},A_i,W) & \longrightarrow & H_n(\mathbb{Z},B,W) & \longrightarrow & H_n(A_i,B,W) & \longrightarrow \cdots \\
& \downarrow & & \downarrow & & \downarrow & \\
\cdots \longrightarrow & H_n(\mathbb{Z},\varinjlim A_j,W) & \longrightarrow & H_n(\mathbb{Z},B,W) & \longrightarrow & H_n(\varinjlim A_j,B,W) & \longrightarrow \cdots
\end{array}$$

En passant à la limite, on obtient un diagramme dont les lignes sont des suites exactes

$$\begin{array}{ccccccc}
\cdots \longrightarrow \varinjlim H_n(\mathbb{Z}, A_i, W) & \longrightarrow & H_n(\mathbb{Z}, B, W) & \longrightarrow & \varinjlim H_n(A_i, B, W) & \longrightarrow \cdots \\
\downarrow \alpha_n & & \downarrow \beta_n & & \downarrow \gamma_n & \\
\cdots \longrightarrow H_n(\mathbb{Z}, \varinjlim A_i, W) & \longrightarrow & H_n(\mathbb{Z}, B, W) & \longrightarrow & H_n(\varinjlim A_i, B, W) & \longrightarrow \cdots
\end{array}$$

Les homomorphismes $\alpha_n, \beta_n, \alpha_{n-1}, \beta_{n-1}$ sont des isomorphismes d'après la proposition 3.35. Par conséquent l'homomorphisme γ_n est un isomorphisme.

Il est possible de démontrer ce résultat de manière directe (voir à ce sujet le lemme 43 de l'appendice).

VI. Suites régulières

Etude des modules d'homologie et de cohomologie en degré 0 et en degré 1. Suites régulières et deuxièmes modules d'homologie. Intersections complètes et troisièmes modules d'homologie. Première utilisation des algèbres modèles.

a) Premiers modules d'homologie. Le lemme 4.60 peut être complété par le résultat suivant.

Proposition 1. *Soient une A-algèbre B et un B-module W. Alors il existe des isomorphismes naturels*

$$H_1(A,B,W) \cong I/I^2 \otimes_B W \quad \textit{et} \quad H^1(A,B,W) \cong \mathrm{Hom}_B(I/I^2, W)$$

si l'anneau B est le quotient de l'anneau A par l'idéal I.

Démonstration. Soit B_* une résolution simpliciale de la A-algèbre B comme celle du théorème 4.45 (choisie de manière suffisamment naturelle). Considérons la suite exacte 4.38

$$0 \to J_*^2 \to J_* \to J_*/J_*^2 \to 0$$

et la suite exacte correspondante

$$\mathscr{H}_1[J_*^2] \to \mathscr{H}_1[J_*] \to \mathscr{H}_1[J_*/J_*^2] \to \mathscr{H}_0[J_*^2] .$$

Le premier module est nul d'après la remarque 2. D'après le lemme 4.49, le deuxième module est isomorphe à $\mathrm{Tor}_1^A(B,B)$, c'est-à-dire à I/I^2. D'après la définition 4.41, le troisième module est isomorphe à $D_1(A, B_*, B)$, c'est-à-dire à $H_1(A, B, B)$. Le quatrième module est nul car J_0 est nul. On obtient donc la suite exacte suivante

$$0 \to I/I^2 \to H_1(A,B,B) \to 0 .$$

Le cas général de la proposition s'obtient alors par l'intermédiaire des lemmes 3.20 et 3.21.

Remarque 2. Il s'agit d'un cas particulier du corollaire 13.4. Considérons une résolution simpliciale comme celle du théorème 4.45 et la suite exacte 4.37

$$0 \to J_* \to B_* \otimes_A B \to \bar{B} \to 0\,.$$

Puisque B_0 et A sont égaux, le module J_0 est nul. Soient x et y deux éléments de J_1 et considérons l'élément

$$\omega = \sigma_1^0(x) \cdot \sigma_1^1(y) \in J_2^2\,.$$

Les égalités suivantes démontrent que $x \cdot y$ est égal à $d_2(-\omega)$ dans le complexe J_*^2

$$\begin{aligned}
\varepsilon_2^0(\omega) &= (\varepsilon_2^0 \circ \sigma_1^0)(x) \cdot (\varepsilon_2^0 \circ \sigma_1^1)(y) = x \cdot (\sigma_0^0 \circ \varepsilon_1^0)(y) = x \cdot 0 = 0\,,\\
\varepsilon_2^1(\omega) &= (\varepsilon_2^1 \circ \sigma_1^0)(x) \cdot (\varepsilon_2^1 \circ \sigma_1^1)(y) = x \cdot y\,,\\
\varepsilon_2^2(\omega) &= (\varepsilon_2^2 \circ \sigma_1^0)(x) \cdot (\varepsilon_2^2 \circ \sigma_1^1)(y) = (\sigma_0^0 \circ \varepsilon_1^1)(x) \cdot y = 0 \cdot y = 0\,.
\end{aligned}$$

L'homomorphisme d_2 est un épimorphisme de J_2^2 sur J_1^2 et le module $\mathscr{H}_1[J_*^2]$ est nul par conséquent.

Voici maintenant une généralisation partielle du corollaire 3.36.

Proposition 3. *Soient une A-algèbre B et un B-module W. Alors il existe des isomorphismes naturels*

$$H_0(A,B,W) \cong \mathrm{Dif}(A,B,W) \quad et \quad H^0(A,B,W) \cong \mathrm{Der}(A,B,W)\,.$$

Démonstration. La suite exacte de Jacobi-Zariski pour la B-algèbre $B \otimes_A B$ (l'anneau B opérant à droite) et pour la $B \otimes_A B$-algèbre B donne un premier isomorphisme

$$H_1(B \otimes_A B, B, B) \cong H_0(B, B \otimes_A B, B)\,.$$

La remarque 4 ci-dessous donne un deuxième isomorphisme

$$H_0(A,B,B) \cong H_0(B, B \otimes_A B, B)\,.$$

La proposition 1 pour la $B \otimes_A B$-algèbre B donne un troisième isomorphisme

$$H_1(B \otimes_A B, B, B) \cong \mathrm{Dif}(A,B,B)$$

compte tenu de la définition 1.3. On obtient donc un isomorphisme naturel

$$H_0(A,B,B) \cong \mathrm{Dif}(A,B,B)\,.$$

Le cas général de la proposition s'obtient alors par l'intermédiaire des lemmes 3.20 et 3.21, de la proposition 1.8 et de la définition 1.9.

Remarque 4. Il s'agit d'un cas particulier de la proposition 9.31. La A-algèbre B est le quotient d'une A-algèbre libre A' par un idéal I

et la B-algèbre $B \otimes_A B$ est le quotient de la B-algèbre libre $A' \otimes_A B$ par un idéal J. Le corollaire 5.2 donne alors un diagramme commutatif dont les lignes sont des suites exactes

$$\begin{array}{ccccccc} H_1(A',B,B) & \longrightarrow & H_0(A,A',B) & \longrightarrow & H_0(A,B,B) & \longrightarrow & 0 \\ \downarrow{\scriptstyle \alpha} & & \downarrow{\scriptstyle \beta} & & \downarrow{\scriptstyle \gamma} & & \\ H_1(A'\otimes_A B, B\otimes_A B, B) & \longrightarrow & H_0(B, A'\otimes_A B, B) & \longrightarrow & H_0(B, B\otimes_A B, B) & \longrightarrow & 0\,. \end{array}$$

L'image de l'idéal I de l'anneau A' engendre l'idéal J de l'anneau $A' \otimes_A B$. Par conséquent l'image du B-module I/I^2 engendre le $B \otimes_A B$-module J/J^2. D'après la proposition 1, l'homomorphisme α est donc un épimorphisme. Le A-module A' étant libre, l'homomorphisme β est un isomorphisme d'après la proposition 4.54. Par suite, l'homomorphisme γ est un isomorphisme

$$H_0(A,B,B) \cong H_0(B, B \otimes_A B, B)\,.$$

En principe, la proposition 1 permet le calcul de tous les premiers modules d'homologie et de cohomologie, et cela par l'intermédiaire de l'un ou de l'autre des deux lemmes suivants.

Lemme 5. *Soient une A-algèbre B, un B-module W et une A-algèbre libre A' dont B est un quotient. Considérons l'homomorphisme canonique α de A dans A', le premier homomorphisme i de A' dans $A' \otimes_A A'$, le deuxième homomorphisme j de A' dans $A' \otimes_A A'$ et la $A' \otimes_A A'$-algèbre B. Alors il existe une suite exacte naturelle*

$$0 \to H_1(A,B,W) \to H_1(A',B,W) \oplus H_1(A',B,W) \to H_1(A' \otimes_A A', B, W)$$

où les homomorphismes ont les composantes suivantes

$$H_1(\alpha,B,W) \quad et \quad H_1(\alpha,B,W) \quad puis \quad H_1(i,B,W) \quad et \quad -H_1(j,B,W)$$

et une suite exacte naturelle

$$H^1(A' \otimes_A A', B, W) \to H^1(A',B,W) \oplus H^1(A',B,W) \to H^1(A,B,W) \to 0$$

où les homomorphismes ont les composantes suivantes

$$H^1(i,B,W) \quad et \quad -H^1(j,B,W) \quad puis \quad H^1(\alpha,B,W) \quad et \quad H^1(\alpha,B,W)\,.$$

Démonstration. D'après le corollaire 5.2, l'homomorphisme $H_1(\alpha,B,W)$ est un monomorphisme et l'homomorphisme $H^1(\alpha,B,W)$ est un épimorphisme. On a donc bien un monomorphisme à gauche de la première suite et un épimorphisme à droite de la deuxième suite. La proposition 5.21, avec n égal à 1 seulement, démontre le reste de l'exactitude, les anneaux A,B,C,D devenant les anneaux A,A',A',B.

Lemme 6. *Soient une A-algèbre B, un B-module W et une A-algèbre libre A' dont B est un quotient. Considérons l'homomorphisme canonique* α *de A dans A', le premier homomorphisme i de A' dans* $A'\otimes_A A'$, *le deuxième homomorphisme j de A' dans* $A'\otimes_A A'$ *et la* $A'\otimes_A A'$*-algèbre B. Alors il existe une suite exacte naturelle soit en homologie*

$$0 \to H_1(A,B,W) \xrightarrow{H_1(\alpha,B,W)} H_1(A',B,W) \xrightarrow{H_1(i,B,W)-H_1(j,B,W)} H_1(A'\otimes_A A',B,W)$$

soit en cohomologie

$$H^1(A'\otimes_A A',B,W) \xrightarrow{H^1(i,B,W)-H^1(j,B,W)} H^1(A',B,W) \xrightarrow{H^1(\alpha,B,W)} H^1(A,B,W) \to 0$$

Démonstration. L'exactitude des deux suites du lemme est une conséquence immédiate de l'exactitude des deux suites du lemme 5.

Remarque 7. Avec une A-algèbre B, l'anneau A ayant la caractéristique p, un nombre premier, il est possible de considérer la A^p-algèbre B^p, l'anneau A^p (respectivement B^p) étant formé des éléments α^p de A (respectivement β^p de B).

Lemme 8. *Soient une A-algèbre B et un B-module W. Supposons l'anneau A de caractéristique p premier et l'anneau B réduit. Alors l'homomorphisme de* $H_1(A^p,B^p,W)$ *dans* $H_1(A,B,W)$ *est nul.*

Démonstration. Considérons une A-algèbre libre A' dont B est un quotient. Dans le diagramme commutatif

$$\begin{array}{ccc} H_1(A^p,B^p,W) & \xrightarrow{\alpha} & H_1(A,B,W) \\ \downarrow & & \downarrow{\scriptstyle\gamma} \\ H_1(A'^p,B^p,W) & \xrightarrow{\beta} & H_1(A',B,W) \end{array}$$

l'homomorphisme γ est un monomorphisme d'après le corollaire 5.2. Par conséquent l'homomorphisme α est un homomorphisme nul si l'homomorphisme β en est un. Il suffit donc de démontrer le lemme lorsque l'anneau B est le quotient de l'anneau A par l'idéal I. Mais alors l'anneau B^p est le quotient de l'anneau A^p par l'idéal J formé des éléments x^p, l'élément x étant quelconque dans I. L'homomorphisme canonique de J/J^2 dans I/I^2 est donc nul. D'après la proposition 1, l'homomorphisme du lemme est alors nul. (Voir l'exercice 20.4 pour une généralisation).

Remarque 9. Considérons une A-algèbre B, une B-algèbre C et un C-module W, l'anneau C étant le quotient de l'anneau B par un idéal I. Alors il existe un homomorphisme naturel de C-modules

$$\mathrm{Der}(A,B,W) \longrightarrow \mathrm{Hom}_C(I/I^2,W).$$

En effet la restriction à l'idéal I d'une A-dérivation de B dans W est non seulement un homomorphisme de A-modules mais encore un homomorphisme de B-modules. En outre, cet homomorphisme du B-module I dans le B-module W est nul sur le sous-module I^2. Il s'agit donc d'un homomorphisme du C-module I/I^2 dans le C-module W.

Lemme 10. *Soient une A-algèbre B, une B-algèbre C et un C-module W, l'anneau C étant le quotient de l'anneau B par un idéal I. Alors par les isomorphismes canoniques*

$$H^0(A,B,W) \cong \mathrm{Der}(A,B,W) \quad \textit{et} \quad H^1(B,C,W) \cong \mathrm{Hom}_C(I/I^2,W)$$

se correspondent les homomorphismes suivants provenant de la remarque précédente et de la suite de Jacobi-Zariski

$$\mathrm{Der}(A,B,W) \to \mathrm{Hom}_C(I/I^2,W) \quad \textit{et} \quad H^0(A,B,W) \to H^1(B,C,W).$$

Démonstration. Considérons le diagramme commutatif suivant

$$\begin{array}{ccccc}
A & \longrightarrow & C & \longleftarrow & B \\
\downarrow & & \downarrow & & \downarrow \\
B & \longrightarrow & B \otimes_A C & \longleftarrow & B \otimes_A B \\
\downarrow & & \downarrow & & \downarrow \\
C & \longrightarrow & C & \longleftarrow & B
\end{array}$$

B opérant à gauche sur $B \otimes_A C$ et B opérant à droite sur $B \otimes_A B$. Il lui correspond un diagramme commutatif

$$\begin{array}{ccccc}
H^0(A,B,W) & \xleftarrow{p} & H^0(C,B \otimes_A C,W) & \xrightarrow{q} & H^0(B,B \otimes_A B,W) \\
\downarrow{\scriptstyle\alpha} & & \downarrow{\scriptstyle\beta} & & \downarrow{\scriptstyle\gamma} \\
H^1(B,C,W) & \xleftarrow{r} & H^1(B \otimes_A C,C,W) & \xrightarrow{s} & H^1(B \otimes_A B,B,W)
\end{array}$$

les homomorphismes α, β, γ provenant des suites exactes de Jacobi-Zariski correspondant aux colonnes du diagramme ci-dessus. D'après la proposition 3 et le lemme 1.13, les homomorphismes p et q sont des isomorphismes. Les modules $H^n(C,C,W)$ et $H^n(B,B,W)$ étant nuls, les homomorphismes β et γ sont des isomorphismes. L'homomorphisme s est donc un isomorphisme. Appelons K le noyau de la surjection de $B \otimes_A C$ sur C et J le noyau de la surjection de $B \otimes_A B$ sur B. La proposition 1 donne un diagramme commutatif

$$\begin{array}{ccccc} H^1(B,C,W) & \xleftarrow{r} & H^1(B\otimes_A C,C,W) & \xrightarrow{s} & H^1(B\otimes_A B,B,W) \\ \downarrow a & & \downarrow b & & \downarrow c \\ \mathrm{Hom}_C(I/I^2,W) & \xleftarrow{u} & \mathrm{Hom}_C(K/K^2,W) & \xrightarrow{v} & \mathrm{Hom}_B(J/J^2,W) \end{array}$$

les homomorphismes a,b,c étant des isomorphismes. L'homomorphisme v est donc un isomorphisme. Enfin considérons le diagramme suivant

$$\begin{array}{ccc} \mathrm{Hom}_C(K/K^2,W) & \xrightarrow{v} & \mathrm{Hom}_B(J/J^2,W) \\ \downarrow u & & \downarrow k \\ \mathrm{Hom}_C(I/I^2,W) & \xleftarrow{\omega} & \mathrm{Der}(A,B,W) \end{array}$$

où k est l'isomorphisme de la proposition 1.8 et où ω est l'homomorphisme de la remarque 9. Ce diagramme est commutatif pour la raison suivante. Il s'agit de comparer l'homomorphisme composé

$$I \to B \to J/J^2 \to K/K^2$$

où l'homomorphisme du centre est la dérivation de Kaehler, à l'homomorphisme composé plus simple

$$I \to K \to K/K^2 .$$

Pour cela considérons un élément x de I. La dérivation de Kaehler l'envoie sur l'élément de J/J^2 représenté par $x\otimes 1 - 1\otimes x$. Par le premier homomorphisme composé, l'élément x est donc envoyé sur l'élément de K/K^2 représenté par $x\otimes 1$, l'image de x dans C étant nulle. Cela démontre donc la commutativité du diagramme considéré.

D'après la démonstration de la proposition 3, l'isomorphisme de $H^0(A,B,W)$ sur $\mathrm{Der}(A,B,W)$ s'obtient par composition

$$(k\circ c)\circ\gamma\circ(q\circ p^{-1}) .$$

Alors les égalités suivantes démontrent le lemme

$$\begin{aligned} \omega\circ k\circ c\circ\gamma\circ q\circ p^{-1} &= u\circ v^{-1}\circ c\circ\gamma\circ q\circ p^{-1} = u\circ b\circ s^{-1}\circ\gamma\circ q\circ p^{-1} \\ &= u\circ b\circ\beta\circ q^{-1}\circ q\circ p^{-1} = u\circ b\circ\beta\circ p^{-1} \\ &= a\circ r\circ\beta\circ p^{-1} = a\circ\alpha\circ p\circ p^{-1} = a\circ\alpha \end{aligned}$$

puisque ω est l'homomorphisme de la remarque 9 et que α est l'homomorphisme du théorème 5.1.

b) Diviseurs de zéro. Un élément c de l'anneau C *ne divise pas zéro* (dans l'anneau C) si le seul élément x de C satisfaisant à l'égalité $cx=0$ est l'élément nul.

Définition 11. Considérons un anneau C, un élément c et un entier n. On dénote par $\Gamma_n(C,c)$ le noyau de l'épimorphisme

$$C/cC \xrightarrow{c^n} c^n C/c^{n+1} C$$

qui envoie l'élément représenté par x sur l'élément représenté par $c^n x$.

Remarque 12. Si le module $\Gamma_{n-1}(C,c)$ est nul, on peut considérer la suite exacte suivante

$$C/c^n C \xrightarrow{c^i} C/c^n C \xrightarrow{c^j} C/c^n C, \quad i+j=n.$$

En effet on peut démontrer par induction sur i, l'entier n étant fixé, que l'élément x appartient à $c^i C$ si l'élément $c^j x$ appartient à $c^n C$. En effet si l'élément $c^j x$ appartient à $c^n C$, alors l'élément x appartient à $c^{i-1} C$ par l'hypothèse d'induction. Considérons maintenant l'égalité $x=c^{i-1} y$. Puisque l'élément $c^j x$ appartient à $c^n C$, l'élément $c^{n-1} y$ appartient à $c^n C$. Le module $\Gamma_{n-1}(C,c)$ étant nul, l'élément y appartient à cC et par suite l'élément x appartient à $c^i C$.

Remarque 13. Si l'anneau C est local et noethérien, si l'élément c appartient à l'idéal maximal et si K désigne le corps résiduel, alors le module $\Gamma_n(C,c)$ est nul si l'égalité suivante est satisfaite avec $c^n \neq 0$

$$\mathrm{Tor}_1^{C/cC}(c^n C/c^{n+1} C, K) \cong 0$$

comme le démontrent les lemmes 2.58 et 2.59.

Remarque 14. Si l'anneau C est local et noethérien et si l'élément c appartient à l'idéal maximal, alors cet élément ne divise pas zéro si tous les modules $\Gamma_n(C,c)$ sont nuls. En effet considérons un élément x non nul de l'anneau C. Il existe alors un entier n avec la propriété suivante

$$x \in c^{n-1} C \quad \text{et} \quad x \notin c^n C.$$

L'homomorphisme suivant est un isomorphisme par hypothèse

$$c^{n-1} C/c^n C \xrightarrow{c} c^n C/c^{n+1} C.$$

Par conséquent si l'élément cx est nul, l'élément x doit appartenir à $c^n C$, ce qui est une contradiction. Autrement dit l'élément c ne divise pas zéro.

Les résultats de la première partie de ce chapitre seront utilisés par l'intermédiaire du lemme suivant.

Lemme 15. *Soient un anneau C, un élément c de C et un C/cC-module V. Alors à tout épimorphisme d'un C/cC-module W quelconque sur le C/cC-module V fixé correspond un épimorphisme*

$$H_2(C, C/c^n C, W) \to H_2(C, C/c^n C, V)$$

si et seulement si le module suivant est nul

$$\mathrm{Tor}_1^{C/cC}(c^n C/c^{n+1} C, V) \cong 0 .$$

Démonstration. Pour un C/cC-module M quelconque, utilisons l'isomorphisme de la proposition 1

$$H_1(C, C/c^n C, M) \cong (c^n C/c^{2n} C) \otimes_{C/c^n C} M \cong (c^n C/c^{n+1} C) \otimes_{C/cC} M .$$

Appelons W' le noyau de l'épimorphisme de W sur V. On a donc une suite exacte (définition de Tor_1)

$$\mathrm{Tor}_1^{C/cC}(c^n C/c^{n+1} C, V) \to H_1(C, C/c^n C, W') \to H_1(C, C/c^n C, W)$$

avec en outre un monomorphisme à gauche si le C/cC-module W est libre. Par conséquent l'égalité suivante est satisfaite

$$\mathrm{Tor}_1^{C/cC}(c^n C/c^{n+1} C, V) \cong 0$$

si et seulement si tous les homomorphismes

$$H_1(C, C/c^n C, W') \to H_1(C, C/c^n C, W)$$

sont des monomorphismes, c'est-à-dire si et seulement si tous les homomorphismes

$$H_2(C, C/c^n C, W) \to H_2(C, C/c^n C, V)$$

sont des épimorphismes, compte tenu du lemme 3.22.

Voici encore deux lemmes avant la démonstration du résultat principal.

Lemme 16. *Soient une A-algèbre B, un élément a de A, son image b dans B et un B/bB-module W. Alors les homomorphismes suivants sont tous des isomorphismes*

$$H_n(A, A/aA, W) \to H_n(B, B/bB, W) \quad \text{et} \quad H^n(B, B/bB, W) \to H^n(A, A/aA, W)$$

si les éléments a et b ne divisent pas zéro.

Démonstration. D'après la proposition 4.54, il suffit de vérifier la condition suivante

$$\operatorname{Tor}_m^A(A/aA, B) \cong 0, \quad m \neq 0.$$

Le complexe suivant est une résolution libre du A-module A/aA

$$\cdots \longrightarrow 0 \longrightarrow 0 \longrightarrow A \xrightarrow{a} A$$

puisque l'élément a ne divise pas zéro. Par conséquent le complexe suivant permet le calcul des modules Tor mentionnés ci-dessus

$$\cdots \longrightarrow 0 \longrightarrow 0 \longrightarrow B \xrightarrow{b} B.$$

Si m est différent de 0 et de 1, il s'agit évidemment du module nul. Si m est égal à 1, il s'agit encore du module nul, car l'élément b ne divise pas zéro. Le lemme est donc démontré.

Lemme 17. *Soient une A-algèbre B, un élément a de A, son image b dans B et un B/bB-module W. Alors les homomorphismes suivants sont tous des isomorphismes*

$$H_k(A/a^nA, A/aA, W) \to H_k(B/b^nB, B/bB, W) \quad \textit{et}$$
$$H^k(B/b^nB, B/bB, W) \to H^k(A/a^nA, A/aA, W)$$

si les modules $\Gamma_{n-1}(A,a)$ et $\Gamma_{n-1}(B,b)$ sont nuls.

Démonstration. D'après la proposition 4.54, il suffit de vérifier la condition suivante

$$\operatorname{Tor}_m^{A/a^nA}(A/aA, B/b^nB) \cong 0, \quad m \neq 0.$$

D'après la remarque 12, le complexe suivant est une résolution libre du A/a^nA-module A/aA

$$\cdots \longrightarrow A/a^nA \xrightarrow{a^{n-1}} A/a^nA \xrightarrow{a} A/a^nA \xrightarrow{a^{n-1}} A/a^nA \xrightarrow{a} A/a^nA.$$

Par conséquent le complexe suivant permet le calcul des modules Tor mentionnés ci-dessus

$$\cdots \longrightarrow B/b^nB \xrightarrow{b^{n-1}} B/b^nB \xrightarrow{b} B/b^nB \xrightarrow{b^{n-1}} B/b^nB \xrightarrow{b} B/b^nB.$$

Si m n'est pas nul, il s'agit du module nul d'après la remarque 12. Le lemme est donc démontré.

Remarque 18. Pour l'étude d'un anneau B et d'un élément b, il est utile de considérer la situation suivante. Soit A l'anneau de la B-algèbre libre ayant un seul générateur et soit a ce générateur. Considérons en outre la A-algèbre B définie comme suit. L'homomorphisme de A dans B est l'homomorphisme de B-algèbres qui envoie l'élément a sur l'élément b. L'anneau A et l'élément a jouissent alors des propriétés suivantes

1) l'élément a ne divise pas zéro,

2) les modules $\Gamma_n(A,a)$ sont tous nuls,

3) les modules $H_n(A,A/aA,W)$ et $H^n(A,A/aA,W)$ sont tous nuls sauf si n est égal à 1.

Le lemme 5.4 démontre cette propriété car la A-algèbre A/aA est une algèbre modèle.

Théorème 19. *Soit un anneau B, local et noethérien, de corps résiduel K. Alors les conditions suivantes sont équivalentes pour un élément $b\neq 0$ de l'idéal maximal*

1) *pour tout $n\geqslant 0$, l'homomorphisme canonique de B/bB sur $b^nB/b^{n+1}B$ est un isomorphisme,*

2) *l'élément b ne divise pas zéro,*

3) *pour tout $k\neq 1$ et pour tout B/bB-module W, le module $H_k(B,B/bB,W)$ est nul,*

4) *pour tout $k\neq 1$ et pour tout B/bB-module W, le module $H^k(B,B/bB,W)$ est nul,*

5) *le module $H_2(B,B/bB,K)$ est nul,*

6) *le module $H^2(B,B/bB,K)$ est nul.*

Démonstration. Par la remarque 14, la première condition implique la deuxième condition. Par la remarque 18 (propriétés 1 et 3) et par le lemme 16, la deuxième condition implique la troisième et la quatrième. La troisième condition (respectivement la quatrième) implique la cinquième (respectivement la sixième). Par le lemme 3.21, les deux dernières conditions sont équivalentes. Il reste à supposer que le module $H_2(B,B/bB,K)$ est nul et à démontrer que les modules $\Gamma_n(B,b)$ sont nuls (définition 11).

On procède par induction sur n. Supposons que les modules $H_2(B,B/bB,K)$ et $\Gamma_{n-1}(B,b)$ sont nuls et démontrons que le module $\Gamma_n(B,b)$ de la définition 11 est nul. Considérons le diagramme commutatif dû à la remarque 18

$$\begin{array}{ccccc} A & \longrightarrow & A/a^nA & \longrightarrow & A/aA \\ \downarrow & & \downarrow & & \downarrow \\ B & \longrightarrow & B/b^nB & \longrightarrow & B/bB. \end{array}$$

Par le théorème 5.1, il en découle un diagramme commutatif dont les suites sont exactes

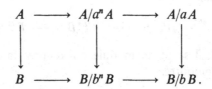

$$\begin{array}{ccccc} H_3(A/a^nA, A/aA, K) & \longrightarrow & H_2(A, A/a^nA, K) & \longrightarrow & H_2(A, A/aA, K) \\ \downarrow{\scriptstyle\alpha} & & \downarrow{\scriptstyle\beta} & & \downarrow \\ H_3(B/b^nB, B/bB, K) & \longrightarrow & H_2(B, B/b^nB, K) & \longrightarrow & H_2(B, B/bB, K). \end{array}$$

Par la remarque 18 (propriété 2) et par le lemme 17, l'homomorphisme α est un isomorphisme. Le module $H_2(B, B/bB, K)$ est nul. Par conséquent l'homomorphisme β est un épimorphisme. De même, on obtient un monomorphisme de $H_1(A, A/a^nA, K)$ dans $H_1(B, B/b^nB, K)$ qui empêche b^n d'être nul d'après la proposition 1. Considérons maintenant un épimorphisme de B/bB-modules $W \to K$. Par le lemme 3.22, il en découle un carré commutatif

$$\begin{array}{ccc} H_2(A, A/a^nA, W) & \xrightarrow{\gamma} & H_2(A, A/a^nA, K) \\ \downarrow & & \downarrow{\scriptstyle\beta} \\ H_2(B, B/b^nB, W) & \xrightarrow{\delta} & H_2(B, B/b^nB, K). \end{array}$$

Par la remarque 18 (propriété 2) et par le lemme 15, l'homomorphisme γ est un épimorphisme, comme l'homomorphisme β. Par conséquent l'homomorphisme δ est un épimorphisme. Par le lemme 15 et la remarque 13, le module $\Gamma_n(B, b)$ est donc nul, ce qu'il fallait démontrer.

Remarque 20. Sans l'hypothèse noethérienne, on peut seulement démontrer que les modules $H_k(A, A/aA, W)$ et $H^k(A, A/aA, W)$ sont nuls pour $k \neq 1$ si l'élément a ne divise pas zéro. Pour des généralisations du théorème 19, voir non seulement la troisième partie de ce chapitre, mais encore le théorème 12.2.

c) Suites régulières. Rappelons la définition par induction suivante.

Définition 21. Les éléments $a_1, a_2, \ldots, a_{n-1}, a_n$ de l'anneau A forment une *suite régulière* si les deux conditions suivantes sont satisfaites. D'une part l'élément a_n de l'anneau A ne divise pas zéro et d'autre part les $n-1$ images dans l'anneau A/a_nA des éléments $a_1, \ldots, a_{n-1}$ forment une suite régulière. Dans le cas noethérien, l'ordre des éléments a_i est sans importance, comme on le sait et comme le redémontre le théorème 25.

Lemme 22. *Soient une suite régulière $(a_1, \ldots, a_n)$ de l'anneau A engendrant l'idéal I et un A/I-module W. Alors les modules $H_k(A, A/I, W)$ et $H^k(A, A/I, W)$ sont nuls pour tout $k \neq 1$.*

Démonstration. On procède par induction sur n en utilisant la suite exacte de Jacobi-Zariski

$$H_k(A, A/a_nA, W) \to H_k(A, A/I, W) \to H_k(A/a_nA, A/I, W).$$

D'après la remarque 20, le premier module est nul. Par l'hypothèse d'induction, le troisième module est nul. Par conséquent le deuxième module est nul. On a une démonstration analogue pour la cohomologie.

Remarque 23. Considérons un anneau A, noethérien et local, d'idéal maximal M et de corps résiduel K. Considérons un système de générateurs $(w_1, \dots, w_k)$ d'un A-module W. On a alors l'inégalité suivante

$$k \geqslant \mathrm{rg}_K W/MW.$$

Lorsqu'il y a égalité, on parle d'un système minimal de générateurs du A-module W. Tout A-module W de type fini possède un système minimal de générateurs. Lorsque le module W est un idéal I de l'anneau A, on peut utiliser l'isomorphisme de la proposition 1

$$H_1(A, A/I, K) \cong I/I^2 \otimes_{A/I} K \cong I/MI$$

et écrire l'inégalité de la manière suivante

$$k \geqslant \mathrm{rg}_K H_1(A, A/I, K)$$

avec l'égalité dans le cas d'un système minimal de générateurs.

Lemme 24. *Soient un anneau A, local et noethérien, de corps résiduel K, un idéal I de A et un élément $a \neq 0$ de I. Alors les trois conditions suivantes sont équivalentes*

1) *l'homomorphisme canonique de $H_2(A, A/I, K)$ dans $H_2(A/aA, A/I, K)$ est un épimorphisme,*

2) *la différence entre le nombre d'éléments d'un système minimal de générateurs de l'idéal I de A et le nombre d'éléments d'un système minimal de générateurs de l'idéal I/aA de A/aA est égale à 1,*

3) *un système minimal de générateurs de l'idéal I de A n'a pas le même nombre d'éléments qu'un système minimal de générateurs de l'idéal I/aA de A/aA.*

Démonstration. Utilisons la suite de Jacobi-Zariski (et le lemme 4.60)

$$\begin{aligned} H_2(A, A/I, K) &\xrightarrow{\alpha} H_2(A/aA, A/I, K) \xrightarrow{\beta} H_1(A, A/aA, K) \\ &\longrightarrow H_1(A, A/I, K) \longrightarrow H_1(A/aA, A/I, K) \longrightarrow 0. \end{aligned}$$

L'idéal aA a un système minimal de générateurs avec un seul élément et par conséquent on a l'égalité

$$\mathrm{rg}_K H_1(A, A/aA, K) = 1.$$

Par conséquent l'égalité suivante est satisfaite

$$\mathrm{rg}_K H_1(A, A/I, K) - \mathrm{rg}_K H_1(A/aA, A/I, K) = 0 \quad \text{ou } 1 .$$

Il s'agit de 1 si et seulement si l'homomorphisme β est nul, c'est-à-dire si et seulement si l'homomorphisme α est surjectif. Le lemme est donc démontré.

Théorème 25. *Soient un anneau local noethérien A et un idéal I de A. Alors les conditions suivantes sont équivalentes*

1) *un système de générateurs de l'idéal I forme une suite régulière dans A si et seulement si ce système est minimal,*

2) *l'idéal I est engendré par les éléments d'une suite régulière dans A,*

3) *pour tout $k \neq 1$ et pour tout A/I-module W, le module $H_k(A, A/I, W)$ est nul,*

4) *pour tout $k \neq 1$ et pour tout A/I-module W, le module $H^k(A, A/I, W)$ est nul,*

5) *le module $H_2(A, A/I, K)$ est nul, K étant le corps résiduel de l'anneau local A,*

6) *le module $H^2(A, A/I, K)$ est nul, K étant le corps résiduel de l'anneau local A.*

Démonstration. La première condition implique la deuxième, puisque l'idéal I possède un système minimal de générateurs. D'après le lemme 22, la deuxième condition implique la troisième et la quatrième. La troisième condition (respectivement la quatrième) implique la cinquième (respectivement la sixième). Par le lemme 3.21, les deux dernières conditions sont équivalentes. Il reste à supposer que le module $H_2(A, A/I, K)$ est nul et à établir l'équivalence formant la première condition.

On procède par induction sur n, le nombre de générateurs du système considéré $(a_1, \ldots, a_n)$. En premier lieu, supposons qu'il s'agisse d'une suite régulière. Les images dans A/a_nA des éléments $a_1, \ldots, a_{n-1}$ forment une suite régulière. Par conséquent, par le lemme 22 le module $H_2(A/a_nA, A/I, K)$ est nul et par l'hypothèse d'induction le nombre d'éléments d'un système minimal de générateurs de l'idéal I/a_nA est égal à $n-1$. D'après le lemme 24, le nombre d'éléments d'un système minimal de générateurs de l'idéal I est alors égal à n. Le système de générateurs $(a_1, \ldots, a_n)$ est donc minimal.

Supposons maintenant que le système de générateurs $(a_1, \ldots, a_n)$ est minimal. Un système minimal de générateurs de l'idéal I/a_nA a au plus $n-1$ éléments, c'est-à-dire moins qu'un système minimal de générateurs de l'idéal I. Le module $H_2(A, A/I, K)$ est nul. Le lemme 24 démontre donc qu'un système minimal de générateurs de l'idéal I/a_nA a exactement $n-1$ générateurs et que le module $H_2(A/a_nA, A/I, K)$ est nul. L'hypothèse d'induction démontre alors que les images dans A/a_nA des éléments $a_1, \dots, a_{n-1}$ forment une suite régulière. Par le lemme 22, le module $H_3(A/a_nA, A/I, K)$ est nul. La suite exacte de Jacobi-Zariski

$$H_3(A/a_nA, A/I, K) \to H_2(A, A/a_nA, K) \to H_2(A, A/I, K)$$

démontre que le module $H_2(A, A/a_nA, K)$ est nul. D'après le théorème 19, l'élément a_n de A ne divise pas zéro. En résumé $(a_1, \dots, a_n)$ forment une suite régulière. Le théorème est alors complètement démontré.

Prenons note du cas particulier suivant.

Proposition 26. *Soit un anneau A, local et noethérien, de corps résiduel K. Alors les conditions suivantes sont équivalentes*

1) *un système de générateurs de l'idéal maximal forme une suite régulière dans A si et seulement si ce système est minimal,*

2) *l'idéal maximal est engendré par les éléments d'une suite régulière dans A,*

3) *pour tout $k \neq 1$ et pour tout K-module W, le module $H_k(A, K, W)$ est nul,*

4) *pour tout $k \neq 1$ et pour tout K-module W, le module $H^k(A, K, W)$ est nul,*

5) *le module $H_2(A, K, K)$ est nul,*

6) *le module $H^2(A, K, K)$ est nul.*

Un anneau local noethérien qui satisfait aux conditions équivalentes précédentes est dit régulier.

Démonstration. C'est le théorème 25 lorsque l'idéal I est maximal.

Proposition 27. *Soit un anneau A, local et noethérien, de corps résiduel K. Supposons que l'anneau A est un quotient d'un anneau régulier. Alors les conditions suivantes sont équivalentes*

1) *pour tout $k \geqslant 3$ et pour tout K-module W, le module $H_k(A, K, W)$ est nul,*

2) *pour tout $k \geqslant 3$ et pour tout K-module W, le module $H^k(A, K, W)$ est nul,*

3) *le module $H_3(A, K, K)$ est nul,*

4) *le module $H^3(A, K, K)$ est nul.*

Un anneau local noethérien qui satisfait aux conditions équivalentes précédentes est appelé une intersection complète.

Démonstration. L'anneau A est le quotient de l'anneau régulier R par l'idéal J. Le corps résiduel de l'anneau local R est égal à K. De la suite exacte de Jacobi-Zariski

$$H_k(R, K, W) \to H_k(A, K, W) \to H_{k-1}(R, A, W) \to H_{k-1}(R, K, W)$$

et de la condition 3 de la proposition 26

$$H_m(R,K,W) \cong 0 \quad \text{pour } m \neq 1$$

découlent des isomorphismes

$$H_k(A,K,W) \cong H_{k-1}(R,A,W), \quad k \geqslant 3.$$

De manière analogue on obtient des isomorphismes

$$H^{k-1}(R,A,W) \cong H^k(A,K,W), \quad k \geqslant 3.$$

Il s'agit donc de démontrer l'équivalence des conditions suivantes

1) pour tout $k \geqslant 2$ et pour tout K-module W, le module $H_k(R,R/J,W)$ est nul,

2) pour tout $k \geqslant 2$ et pour tout K-module W, le module $H^k(R,R/J,W)$ est nul,

3) le module $H_2(R,R/J,K)$ est nul,

4) le module $H^2(R,R/J,K)$ est nul.

La proposition est donc un corollaire du théorème 25.

Remarque 28. L'hypothèse selon laquelle l'anneau A est un quotient d'un anneau régulier est inutile. Voir à ce sujet le corollaire 10.20. Dans la troisième condition, on peut remplacer le module $H_3(A,K,K)$ par le module $H_4(A,K,K)$ et dans la quatrième condition, on peut remplacer le module $H^3(A,K,K)$ par le module $H^4(A,K,K)$. Voir à ce sujet le théorème 17.13.

Dans le cas d'un anneau noethérien qui n'est pas local, on peut généraliser le théorème 25 de la manière suivante.

Proposition 29. *Soient un anneau noethérien A et un quotient B de cet anneau. Alors les conditions suivantes sont équivalentes*

1) *pour tout $k \neq 1$ et pour tout B-module W, le module $H_k(A,B,W)$ est nul,*

2) *pour tout $k \neq 1$ et pour tout B-module W, le module $H^k(A,B,W)$ est nul,*

3) *pour tout idéal maximal M de l'anneau B, le module $H_2(A,B,B/M)$ est nul,*

4) *pour tout idéal maximal M de l'anneau B, le module $H^2(A,B,B/M)$ est nul.*

Démonstration. Une fois de plus il suffit de démontrer que la troisième condition implique les deux premières. Pour un idéal maximal M fixé, considérons l'image inverse R de $B-M$ dans A et l'ensemble S égal à $B-M$ dans B. Il s'agit d'ensembles multiplicativement clos. Utilisons les isomorphismes du corollaire 5.27

$$H_k(A,B,B/M) \cong H_k(R^{-1}A, S^{-1}B, B/M) \quad \text{et}$$
$$H^k(R^{-1}A, S^{-1}B, B/M) \cong H^k(A,B,B/M)\,.$$

L'anneau $R^{-1}A$ est local et noethérien, l'anneau $S^{-1}B$ est un quotient de cet anneau et l'anneau B/M est le corps résiduel. On peut donc appliquer le théorème 25. La nullité du module $H_2(A,B,B/M)$ implique la nullité des modules $H_k(A,B,B/M)$ et $H^k(A,B,B/M)$ pour tout $k \neq 1$. Mais alors d'après la proposition 4.57, tous les modules $H_k(A,B,W)$ et $H^k(A,B,W)$ sont nuls sauf pour k égal à 1. La proposition est donc démontrée.

VII. Extensions de corps

Etude des modules d'homologie dans le cas d'une extension de corps ainsi que de leurs relations avec le degré de transcendance et avec la notion de séparabilité. Généralisation du critère de séparabilité de MacLane.

a) Résultats élémentaires. Il s'agit d'étudier les modules $H_n(A,B,W)$ et $H^n(A,B,W)$ lorsque les anneaux A et B sont des corps. Les isomorphismes des lemmes 3.20 et 3.21

$$H_n(A,B,W) \cong H_n(A,B,B) \otimes_B W \quad \text{et} \quad H^n(A,B,W) \cong \operatorname{Hom}_B(H_n(A,B,B),W)$$

permettent la simplification suivante.

Remarque 1. Par Ω on désignera un surcorps du corps B, choisi aussi grand que l'on veut et cela suivant les circonstances. L'espace vectoriel $H_n(A,B,\Omega)$ défini sur Ω détermine les espaces vectoriels $H_n(A,B,W)$ définis sur B.

Commençons par étudier les extensions monogènes.

Lemme 2. *Soit une extension de corps $A \subset B$ engendrée par un élément transcendant. Alors le rang de l'espace vectoriel $H_n(A,B,\Omega)$ est égal à 0 si n n'est pas nul et à 1 si n est nul.*

Démonstration. On peut identifier B au corps des quotients d'une A-algèbre libre X ayant un seul générateur. Les lemmes 3.13 et 1.15 donnent les isomorphismes suivants

$$H_n(A,X,\Omega) \cong 0 \quad \text{si } n \neq 0 \quad \text{et } \Omega \quad \text{si } n=0\,.$$

On conclut avec les isomorphismes du corollaire 5.27

$$H_n(A,X,\Omega) \cong H_n(A,B,\Omega)\,.$$

Lemme 3. *Soit une extension de corps $A \subset B$ engendrée par un élément algébrique. Alors le rang de l'espace vectoriel $H_n(A,B,\Omega)$ est nul sauf si d'une part l'entier n est égal à 0 ou à 1 et d'autre part l'élément algébrique n'est pas séparable, auquel cas ce rang est égal à 1.*

Démonstration. Soit X la A-algèbre des polynômes à une variable et à coefficients dans A. Soit f de X le polynôme minimal de l'élément algébrique γ considéré. On peut identifier B au quotient X/fX. Pour n au moins égal à 2, les isomorphismes du théorème 6.19 et du corollaire 5.2 démontrent le lemme

$$H_n(A,B,\Omega) \cong H_n(X,B,\Omega) \cong H_n(X,X/fX,\Omega) \cong 0$$

l'élément f ne divisant pas zéro dans l'anneau intègre X. D'après les lemmes 3.13 et 1.15, l'espace vectoriel $H_0(A,X,\Omega)$ est isomorphe à Ω. D'après la proposition 6.1, l'espace vectoriel $H_1(X,B,\Omega)$ est isomorphe à Ω. La suite exacte du corollaire 5.2

$$0 \to H_1(A,B,\Omega) \to H_1(X,B,\Omega) \to H_0(A,X,\Omega) \to H_0(A,B,\Omega) \to 0$$

démontre donc la propriété suivante. Les espaces vectoriels $H_0(A,B,\Omega)$ et $H_1(A,B,\Omega)$ ont le même rang fini. Il ne peut s'agir que de 0 ou de 1. Il reste à démontrer que l'élément γ est séparable si et seulement si le module $H_1(A,B,\Omega)$ est nul ou encore si et seulement si l'homomorphisme de $H_1(A,B,\Omega)$ dans $H_1(X,B,\Omega)$ n'est pas un épimorphisme.

Il s'agit de démontrer le résultat suivant, grâce à la suite exacte du lemme 6.6

$$0 \longrightarrow H_1(A,B,\Omega) \longrightarrow H_1(X,B,\Omega) \xrightarrow{\phi} H_1(X \otimes_A X,B,\Omega).$$

L'élément γ n'est pas séparable si et seulement si l'homomorphisme ϕ est nul

$$\phi = H_1(i,B,\Omega) - H_1(j,B,\Omega).$$

La A-algèbre X est celle des polynômes à une variable x et la A-algèbre $X \otimes_A X$ est celle des polynômes à deux variables y et z. Le noyau I de la surjection de X sur B est engendré par l'élément $f(x)$ et le noyau J de la surjection de $X \otimes_A X$ sur B est engendré par les éléments $f(y)$ et $(y-z)$. Utilisons les isomorphismes de la proposition 6.1

$$H_1(X,B,B) \cong I/I^2 \quad \text{et} \quad H_1(X \otimes_A X,B,B) \cong J/J^2 .$$

L'homomorphisme ϕ correspond alors à l'homomorphisme

$$\rho: I/I^2 \to J/J^2$$

par lequel à l'élément représenté par le polynôme $h(x)$ correspond l'élément représenté par le polynôme

$$h(y) - h(z) = (y-z)h'(y) + (y-z)^2(\dots).$$

L'homomorphisme ϕ est nul si et seulement si l'homomorphisme ρ est nul. Il faut donc savoir quand l'élément

$$(y-z)f'(y) + (y-z)^2(\dots)$$

appartient à J^2. Cela est le cas si et seulement si le polynôme $f'(y)$ est nul, autrement dit si et seulement si l'élément y n'est pas séparable.

Proposition 4. *Soient une extension de corps $A \subset B$ et un B-module W. Alors pour tout $n \geqslant 2$, les modules $H_n(A, B, W)$ et $H^n(A, B, W)$ sont nuls.*

Démonstration. Commençons par le cas particulier d'une extension engendrée par un nombre fini d'éléments $b_1, \ldots, b_k$ et procédons par induction sur k. Soit X le corps intermédiaire engendré par les $k-1$ premiers éléments $b_1, \ldots, b_{k-1}$. Considérons la suite exacte de Jacobi-Zariski

$$H_n(A, X, \Omega) \to H_n(A, B, \Omega) \to H_n(X, B, \Omega).$$

Le premier module est nul par l'hypothèse d'induction. Le troisième module est nul d'après les lemmes 2 et 3. Par conséquent le deuxième module est nul. La proposition est donc démontrée pour toute extension de type fini.

Dans le cas général, considérons non seulement l'extension $A \subset B$, mais encore toutes les sous-extensions $A \subset B_i$ de type fini. Avec les homomorphismes d'inclusion, les A-algèbres B_i forment un système inductif sur un ensemble filtrant. La première partie de la démonstration et la proposition 3.35 donnent alors les isomorphismes suivants

$$H_n(A, B, \Omega) \cong H_n(A, \varinjlim B_i, \Omega) \cong \varinjlim H_n(A, B_i, \Omega) \cong \varinjlim 0 \cong 0.$$

La proposition est donc démontrée.

Corollaire 5. *Soient deux extensions de corps $A \subset B \subset C$. Alors il existe une suite exacte naturelle d'espaces vectoriels*

$$\begin{aligned} 0 \to H_1(A, B, \Omega) &\to H_1(A, C, \Omega) \to H_1(B, C, \Omega) \\ &\to H_0(A, B, \Omega) \to H_0(A, C, \Omega) \to H_0(B, C, \Omega) \to 0. \end{aligned}$$

Démonstration. C'est la suite exacte de Jacobi-Zariski, compte tenu de la nullité du module $H_2(B, C, \Omega)$.

Proposition 6. *Soit une extension de corps $A \subset B$ de type fini. Alors les espaces vectoriels $H_0(A, B, B)$ et $H_1(A, B, B)$ ont des rangs finis. En outre* la différence de Cartier

$$\mathrm{rg}_B H_0(A, B, B) - \mathrm{rg}_B H_1(A, B, B)$$

est positive ou nulle. Ce nombre est appelé le degré de transcendance de l'extension.

Démonstration. On démontre la proposition par induction sur le nombre de générateurs de l'extension. Grâce à la suite exacte du corollaire 5, il suffit de traiter le cas d'une extension monogène. Ce cas particulier est une conséquence des lemmes 2 et 3.

Remarque 7. La suite exacte du corollaire 5 démontre immédiatement le résultat suivant. Considérons deux extensions de corps $A \subset B \subset C$ de type fini. Alors le degré de transcendance de l'extension $A \subset C$ est égal à la somme du degré de transcendance de l'extension $A \subset B$ et du degré de transcendance de l'extension $B \subset C$.

Exemple 8. Le degré de transcendance d'une extension monogène transcendante est égal à 1 et le degré de transcendance d'une extension monogène algébrique est nul.

Lemme 9. *Soit une extension de corps $A \subset B$ engendrée par un ensemble fini E d'éléments de B. Alors les trois conditions suivantes sont équivalentes*

1) *les éléments de E sont algébriques sur le corps A,*
2) *le degré de transcendance de l'extension est nul,*
3) *tous les éléments de B sont algébriques sur le corps A.*

Démonstration. Considérons les éléments $b_1, \ldots, b_k$ appartenant à E et les extensions monogènes

$$A(b_1, \ldots, b_{i-1}) \subset A(b_1, \ldots, b_{i-1}, b_i).$$

Elles sont algébriques si la première condition est satisfaite. Leur degré de transcendance est alors nul. Compte tenu de la remarque 7, la deuxième condition est alors satisfaite. Considérons maintenant un élément quelconque b de B et l'extension monogène

$$A \subset A(b).$$

Compte tenu de la remarque 7, son degré de transcendance est nul si la deuxième condition est satisfaite. Mais alors l'élément b est algébrique et la troisième condition est satisfaite. Le lemme est démontré.

Proposition 10. *Soit une extension de corps $A \subset B$ engendrée par un ensemble fini E d'éléments de B. Alors il est possible de trouver un entier d et d'ordonner les éléments $(b_1, \ldots, b_k)$ de E de manière à satisfaire à la condition suivante. L'extension monogène*

$$A(b_1, \ldots, b_{i-1}) \subset A(b_1, \ldots, b_{i-1}, b_i)$$

est transcendante si $i \leqslant d$ et algébrique si $i > d$. En outre le nombre d est égal au degré de transcendance de l'extension $A \subset B$.

Démonstration. La deuxième partie de la proposition est une conséquence immédiate de la remarque 7 et de l'exemple 8. Démontrons la première partie de la proposition par induction sur le degré de transcendance de l'extension. S'il est nul, la proposition est une conséquence immédiate du lemme 9. S'il n'est pas nul, le lemme 9 démontre l'existence d'un élément b_1 appartenant à E et transcendant sur A. Pour ordonner de manière convenable les autres éléments de l'ensemble E, on utilise l'hypothèse d'induction appliquée à l'extension $A(b_1) \subset B$. En effet le degré de transcendance de cette extension est égal, d'après la remarque 7 et l'exemple 8, au degré de transcendance de l'extension $A \subset B$ diminué d'une unité.

Pour un complément à cette proposition, voir la proposition 15.

b) Extensions séparables. Nous utiliserons la définition suivante de la séparabilité d'une extension.

Définition 11. Une extension de corps $A \subset B$ est dite *séparable* si le module $H_1(A, B, B)$ est nul.

Exemple 12. Considérons deux extensions de corps $A \subset B \subset C$. Si l'extension $A \subset C$ est séparable, alors l'extension $A \subset B$ est séparable, d'après la suite exacte du corollaire 5.

Proposition 13. *Une extension algébrique $A \subset B$ est séparable si et seulement si tous les éléments de B sont séparables sur A.*

Démonstration. Si l'extension $A \subset B$ est séparable, considérons un élément quelconque b de B et l'extension monogène algébrique $A \subset A(b)$. D'après l'exemple 12, il s'agit d'une extension séparable. D'après le lemme 3, le module $H_1(A, A(b), \Omega)$ est nul si et seulement si l'élément b de B est séparable sur A. Supposons maintenant que tous les éléments de B sont séparables et démontrons que le module $H_1(A, B, \Omega)$ est nul, autrement dit que l'extension est séparable.

Commençons par le cas particulier d'une extension engendrée par un nombre fini d'éléments $b_1, \dots, b_k$ et procédons par induction sur k. Soit X le corps intermédiaire engendré par les $k-1$ premiers éléments $b_1, \dots, b_{k-1}$. Considérons la suite exacte de Jacobi-Zariski

$$H_1(A, X, \Omega) \to H_1(A, B, \Omega) \to H_1(X, B, \Omega).$$

Le premier module est nul par l'hypothèse d'induction. L'élément b_k est séparable non seulement sur le corps A, mais encore sur le corps X. Le troisième module est nul par conséquent d'après le lemme 3. Le deuxième module est donc nul. La proposition est démontrée dans le cas de type fini.

Dans le cas général, considérons non seulement l'extension $A \subset B$, mais encore toutes les sous-extensions $A \subset B_i$ de type fini. Avec les homomorphismes d'inclusion, les A-algèbres B_i forment un système inductif sur un ensemble filtrant. Le cas particulier précédent et la proposition 3.35 donnent alors les isomorphismes suivants

$$H_1(A,B,\Omega) \cong H_1(A, \varinjlim B_i, \Omega) \cong \varinjlim H_1(A,B_i,\Omega) \cong \varinjlim 0 \cong 0\,.$$

La proposition est donc démontrée.

Lemme 14. *Soit une extension de corps $A \subset B$ séparable et engendrée par un ensemble fini E d'éléments de B. Alors, si l'extension n'est pas algébrique, il existe un élément transcendant b de E pour lequel l'extension $A(b) \subset B$ est séparable.*

Démonstration. Le module suivant n'est pas nul

$$H^0(A,B,\Omega) \cong \mathrm{Der}(A,B,\Omega)$$

sinon le degré de transcendance de l'extension serait nul et l'extension serait algébrique. Soit f une A-dérivation non nulle de B dans Ω et soit b un élément de E pour lequel $f(b)$ n'est pas nul. L'homomorphisme canonique de $H^0(A,B,\Omega)$ dans $H^0(A,A(b),\Omega)$ n'est donc pas nul. Autrement dit l'homomorphisme α n'est pas nul

$$\alpha: H_0(A,A(b),\Omega) \to H_0(A,B,\Omega)\,.$$

L'extension $A \subset A(b)$ est séparable puisque l'extension $A \subset B$ l'est. Le module $H_0(A,A(b),\Omega)$ n'est pas nul et le module $H_1(A,A(b),\Omega)$ est nul. Par conséquent l'élément b est transcendant d'après le lemme 3. D'après le lemme 2, l'homomorphisme α qui n'est pas nul est un monomorphisme. D'après le corollaire 5, on a donc une surjection du module $H_1(A,B,\Omega)$ sur le module $H_1(A(b),B,\Omega)$. Ce dernier module est donc nul et l'extension $A(b) \subset B$ est séparable.

Il est possible de compléter la proposition 10 de la manière suivante.

Proposition 15. *Soit une extension de corps $A \subset B$ engendrée par un ensemble fini E d'éléments de B, avec d comme degré de transcendance. Alors les deux conditions suivantes sont équivalentes*

1) *l'extension $A \subset B$ est séparable,*

2) *il est possible d'ordonner les éléments $(b_1, \ldots, b_k)$ de E de manière à satisfaire à la condition suivante. Sur le corps $A(b_1, \ldots, b_{i-1})$ l'élément b_i est transcendant si $i \leqslant d$ et algébrique séparable si $i > d$.*

Démonstration. Pour démontrer que la première condition implique la deuxième condition, il faut modifier la démonstration de la proposition 10 comme suit. Si le degré de transcendance est nul, on utilise la proposition 13 pour conclure. Si le degré de transcendance n'est pas nul, on choisit le premier élément b_1 en utilisant le lemme 14 et alors non seulement l'extension $A \subset B$ est séparable mais encore l'extension

$A(b_1) \subset B$ est séparable. La démonstration par induction est donc possible.

Les lemmes 2 et 3 et le corollaire 5 démontrent que la deuxième condition implique la première condition. La proposition est donc démontrée.

Remarque 16. En caractéristique nulle, toutes les extensions sont séparables. En effet, le module $H_1(A, B, \Omega)$ est nul dans le cas d'une extension monogène d'après les lemmes 2 et 3. Par conséquent, la démonstration de la proposition 4 est encore correcte pour n égal à 1.

Remarque 17. En caractéristique $p > 0$, pour un corps B contenant le corps $A^{1/p}$, l'homomorphisme canonique

$$H_1(A, B, \Omega) \to H_1(A^{1/p}, B, \Omega)$$

est nul. Pour le voir, on peut choisir Ω algébriquement clos et considérer le carré commutatif suivant

$$\begin{array}{ccc} H_1(A, B, \Omega) & \xrightarrow{\alpha} & H_1(A^{1/p}, B, \Omega) \\ \downarrow & & \downarrow \beta \\ H_1(A, \Omega, \Omega) & \xrightarrow{\gamma} & H_1(A^{1/p}, \Omega, \Omega). \end{array}$$

D'après le lemme 6.8, l'homomorphisme γ est nul. D'après le corollaire 5, l'homomorphisme β est un monomorphisme. Par conséquent l'homomorphisme α est nul.

Lemme 18. *Soit une A-algèbre B, l'anneau A étant un corps de caractéristique $p > 0$ et l'anneau B étant local d'idéal maximal I. Soit un corps X compris entre les corps A et $A^{1/p}$. Alors l'anneau $B \otimes_A X$ est local d'idéal maximal J*

$$J = \{\omega \in B \otimes_A X \mid \omega^p \in I \otimes_A X\}.$$

Démonstration. Il est clair que J est un idéal de l'anneau $B \otimes_A X$ qui est de caractéristique p. Il faut encore savoir que les éléments de $B \otimes_A X$ qui n'appartiennent pas à J sont inversibles. Soit ω un tel élément. L'élément ω^p appartient au sous-anneau $B \otimes_A A$ de $B \otimes_A X$ puisque X^p est un sous-anneau de A. L'élément ω^p n'appartient pas à l'idéal $I \otimes_A X$ de $B \otimes_A X$ puisque ω n'est pas un élément de J. On peut donc identifier ω^p à un élément de B qui n'appartient pas à I, donc à un élément inversible de B. Puisque l'élément ω^p a un inverse, l'élément ω a un inverse et le lemme est démontré.

Remarque 19. Dans le lemme précédent, l'anneau $B \otimes_A X$ est noethérien si l'anneau B est noethérien et si le degré de l'extension $A \subset X$ est fini. En effet l'anneau $B \otimes_A X$ est alors une algèbre de type fini sur un anneau noethérien.

Lemme 20. *Soit une extension de corps $A \subset B$ de caractéristique $p>0$. Considérons le corps résiduel C de l'anneau local $B \otimes_A A^{1/p}$ et un C-module W. Alors il existe un isomorphisme naturel*

$$H_2(B \otimes_A A^{1/p}, C, W) \cong H_1(A, B, W).$$

Démonstration. Considérons le carré commutatif

$$\begin{array}{ccc} H_1(A, B, W) & \longrightarrow & H_1(A, C, W) \\ \downarrow{\scriptstyle\alpha} & & \downarrow{\scriptstyle\gamma} \\ H_1(A^{1/p}, B \otimes_A A^{1/p}, W) & \xrightarrow{\beta} & H_1(A^{1/p}, C, W) \end{array}$$

et la suite exacte de Jacobi-Zariski

$$H_2(A^{1/p}, C, W) \longrightarrow H_2(B \otimes_A A^{1/p}, C, W) \xrightarrow{\delta} H_1(A^{1/p}, B \otimes_A A^{1/p}, W)$$
$$\xrightarrow{\beta} H_1(A^{1/p}, C, W).$$

Par la remarque 17, l'homomorphisme γ est nul. Par la proposition 4.54, l'homomorphisme α est un isomorphisme. L'homomorphisme β est donc nul. Par la proposition 4, le module $H_2(A^{1/p}, C, W)$ est nul. Par conséquent, l'homomorphisme δ est un isomorphisme. L'isomorphisme $\alpha^{-1} \circ \delta$ démontre le lemme.

Lemme 21. *Soient une extension de corps $A \subset B$ de caractéristique $p>0$ et un corps X compris entre les corps A et $A^{1/p}$. Considérons le corps résiduel C de l'anneau local $B \otimes_A A^{1/p}$, un C-module W et le corps résiduel K de l'anneau local $B \otimes_A X$. Alors l'homomorphisme canonique est un monomorphisme*

$$H_2(B \otimes_A X, K, W) \to H_2(B \otimes_A A^{1/p}, C, W).$$

Démonstration. Considérons la suite exacte de Jacobi-Zariski

$$H_3(K, C, W) \to H_2(B \otimes_A X, K, W) \xrightarrow{\alpha} H_2(B \otimes_A X, C, W) \to H_2(K, C, W).$$

D'après la proposition 4, le premier module est nul et le dernier module est nul. Par conséquent α est un isomorphisme. Considérons la suite exacte de Jacobi-Zariski

$$H_2(B \otimes_A X, B \otimes_A A^{1/p}, W) \to H_2(B \otimes_A X, C, W) \xrightarrow{\beta} H_2(B \otimes_A A^{1/p}, C, W).$$

La proposition 4.54 et la proposition 4 donnent des isomorphismes

$$H_2(B\otimes_A X, B\otimes_A A^{1/p}, W) \cong H_2(X, A^{1/p}, W) \cong 0.$$

Par conséquent β est un monomorphisme. Le monomorphisme $\beta\circ\alpha$ est l'homomorphisme du lemme.

Proposition 22. *Une extension de corps* $A\subset B$ *de caractéristique* $p>0$ *est séparable si et seulement si l'anneau* $B\otimes_A A^{1/p}$ *est un corps* (critère de séparabilité de S. MacLane).

Démonstration. Si l'anneau $B\otimes_A A^{1/p}$ est un corps, on peut utiliser les isomorphismes du lemme 20 et de la proposition 4

$$H_1(A,B,\Omega) \cong H_2(B\otimes_A A^{1/p}, C, \Omega) \cong 0.$$

L'extension est alors séparable. Inversément si l'extension est séparable, les lemmes 20 et 21 démontrent que les modules $H_2(B\otimes_A X, K, \Omega)$ sont tous nuls. Si le degré de l'extension $A\subset X$ est fini, l'anneau $B\otimes_A X$ est noethérien d'après la remarque 19. D'après la proposition 6.26, l'idéal maximal de $B\otimes_A X$ est engendré par une suite régulière. Par ailleurs les éléments de cet idéal sont tous nilpotents d'après le lemme 18. La suite régulière doit donc être vide et l'anneau $B\otimes_A X$ est ainsi un corps. Tout élément non nul de $B\otimes_A A^{1/p}$ appartient à un sous-anneau $B\otimes_A X$ où X est une extension de A de degré fini, contenue dans $A^{1/p}$. L'élément en question a donc un inverse dans $B\otimes_A X$ et par conséquent dans l'anneau $B\otimes_A A^{1/p}$ qui est donc un corps.

c) Généralisation. Etudions maintenant les modules d'homologie d'une algèbre locale définie sur un corps et généralisons les résultats de la deuxième partie de ce chapitre.

Proposition 23. *Soient un corps* A *et une* A*-algèbre* B*, locale et noethérienne, de corps résiduel* K*. Alors les conditions suivantes sont équivalentes*

1) *pour tout* $k\neq 0$ *et pour tout* K*-module* W*, le module* $H_k(A,B,W)$ *est nul,*

2) *pour tout* $k\neq 0$ *et pour tout* K*-module* W*, le module* $H^k(A,B,W)$ *est nul,*

3) *le module* $H_1(A,B,K)$ *est nul,*

4) *le module* $H^1(A,B,K)$ *est nul.*

En outre l'anneau B *est régulier lorsque ces conditions équivalentes sont satisfaites.*

Démonstration. Puisque l'anneau K est un corps, on peut toujours supposer que W est égal à K. Par conséquent les deux dernières conditions qui sont équivalentes impliquent les deux premières conditions avec $k=1$. Supposons maintenant que le module $H_1(A,B,K)$ est nul. D'après la proposition 4, le module $H_2(A,K,K)$ est toujours nul. La suite exacte de Jacobi-Zariski

$$H_2(A,K,K) \to H_2(B,K,K) \to H_1(A,B,K)$$

démontre la nullité du module $H_2(B,K,K)$. D'après la proposition 6.26, l'anneau B est donc régulier et le module $H_{k+1}(B,K,K)$ est nul pour $k \geqslant 2$. D'après la proposition 4, le module $H_k(A,K,K)$ est nul pour $k \geqslant 2$. La suite exacte de Jacobi-Zariski

$$H_{k+1}(B,K,K) \to H_k(A,B,K) \to H_k(A,K,K)$$

démontre donc que le module $H_k(A,B,K)$ est nul pour $k \geqslant 2$. Mais alors les deux premières conditions sont satisfaites non seulement pour $k=1$, mais encore pour $k \geqslant 1$.

Remarque 24. Dans certains cas (voir la proposition 4.57) on peut considérer dans les deux premières conditions de la proposition précédente non seulement les K-modules W, mais encore les B-modules W.

Remarque 25. Considérons un corps A et une A-algèbre B régulière de corps résiduel K. En général le module $H_1(A,B,K)$ n'est pas nul. Pourtant si l'extension de corps $A \subset K$ est séparable, non seulement le module $H_2(B,K,K)$ est nul, mais encore le module $H_1(A,K,K)$ est nul. La suite exacte de Jacobi-Zariski

$$H_2(B,K,K) \to H_1(A,B,K) \to H_1(A,K,K)$$

démontre alors que le module $H_1(A,B,K)$ est nul. Sans supposer que l'extension $A \subset K$ est séparable, on a le résultat exposé ci-dessous. Le corollaire de ce résultat est dû à *A. Grothendieck*.

Théorème 26. *Soient un corps A de caractéristique $p>0$ et une A-algèbre locale B. Considérons le corps résiduel C de l'anneau local $B \otimes_A A^{1/p}$ et un C-module W. Alors il existe un isomorphisme naturel*

$$H_2(B \otimes_A A^{1/p}, C, W) \cong H_1(A,B,W).$$

Soit une extension de corps $A \subset X$ de degré fini et contenue dans le corps $A^{1/p}$. Considérons le corps résiduel K de l'anneau local $B \otimes_A X$. Alors il existe un monomorphisme naturel

$$H_2(B \otimes_A X, K, W) \to H_2(B \otimes_A A^{1/p}, C, W).$$

En outre le module $H_2(B \otimes_A A^{1/p}, C, W)$ est égal à la réunion des images des monomorphismes du type précédent.

Démonstration. La démonstration du lemme 20 n'utilise pas le fait que l'anneau local B est supposé être un corps. Elle démontre donc la première partie du théorème. La démonstration du lemme 21 n'utilise pas le fait que l'anneau local B est supposé être un corps. Elle démontre donc la deuxième partie du théorème. Dans la démonstration du lemme 21, on voit aussi apparaître un isomorphisme

$$H_2(B \otimes_A X, K, W) \cong H_2(B \otimes_A X, C, W).$$

En laissant X varier entre A et $A^{1/p}$, l'extension de corps $A \subset X$ étant toujours supposée de degré fini, on peut appliquer la proposition 5.30. Les isomorphismes

$$\varinjlim H_2(B \otimes_A X_i, C, W) \cong H_2(\varinjlim B \otimes_A X_i, C, W) \cong H_2(B \otimes_A A^{1/p}, C, W)$$

démontrent la troisième partie du théorème.

Corollaire 27. *Soient un corps A de caractéristique $p>0$ et une A-algèbre B, locale et noethérienne, de corps résiduel L. Alors le module $H_1(A,B,L)$ est nul si et seulement si l'anneau local et noethérien $B \otimes_A X$ est régulier pour toute extension de corps $A \subset X$ de degré fini et contenue dans le corps $A^{1/p}$.* La A-algèbre B est dite alors géométriquement régulière.

Démonstration. Utilisons les notations du théorème 26. Le module $H_1(A,B,L)$ est nul si et seulement si le module $H_1(A,B,C)$ est nul. D'après la proposition 6.26, l'anneau $B \otimes_A X$ est régulier si et seulement si le module $H_2(B \otimes_A X, K, C)$ est nul. Le théorème 26 démontre alors immédiatement le résultat *(A. Grothendieck)*.

Dans la démonstration de la proposition 15.19, on utilisera la remarque suivante.

Remarque 28. Considérons une A-algèbre B, l'anneau A étant local et noethérien d'idéal maximal I et l'anneau B étant local et noethérien d'idéal maximal J, avec IB contenu dans J. Les deux modules suivants sont supposés être nuls

$$H_1(A,B,B/J) \cong 0 \cong H_1(A/I, B/IB, B/J).$$

Alors l'homomorphisme canonique

$$H_n(A, A/I, B/J) \to H_n(B, B/IB, B/J)$$

est un monomorphisme si n est égal à 1 et un épimorphisme si n est égal à 2. La proposition 23 donne en effet l'égalité suivante

$$H_2(A/I, B/IB, B/J) \cong 0.$$

Considérons les deux suites exactes de Jacobi-Zariski

$$\cdots \to H_n(A, A/I, B/J) \xrightarrow{\alpha_n} H_n(A, B/IB, B/J) \to H_n(A/I, B/IB, B/J) \to \cdots,$$

$$\cdots \to H_n(A, B, B/J) \to H_n(A, B/IB, B/J) \xrightarrow{\beta_n} H_n(B, B/IB, B/J) \to \cdots.$$

L'homomorphisme qui nous intéresse est égal à $\beta_n \circ \alpha_n$. Dans la première suite exacte, α_1 est un monomorphisme et α_2 un épimorphisme. Dans la deuxième suite exacte, β_1 est un monomorphisme et β_2 un épimorphisme. Par conséquent $\beta_1 \circ \alpha_1$ est un monomorphisme et $\beta_2 \circ \alpha_2$ un épimorphisme.

Pour justifier le nom de suites de Jacobi-Zariski donné aux suites exactes du théorème 5.1 faisons la remarque suivante.

Remarque 29. Entre les modules d'homologie de degré 1 et de degré 2, il existe des liens étroits, par exemple l'isomorphisme du théorème 26, isomorphisme qui est dû à des suites de Jacobi-Zariski. Il en va de même entre les modules d'homologie de degré 1 et de degré 0, à nouveau grâce à des suites exactes de Jacobi-Zariski. En groupant les deux choses, on obtient des critères de régularité faisant intervenir des dérivations, en particulier les critères classiques dus à Jacobi et à Zariski. Voici le cas le plus élémentaire. Considérons un corps A et une A-algèbre C, locale et noethérienne, de corps résiduel K. Supposons l'extension de corps $A \subset K$ séparable. D'après la proposition 23 et la remarque 25, l'anneau C est régulier si et seulement si le module $H_1(A,C,K)$ est nul. L'anneau C est le quotient d'une A-algèbre libre B par un idéal I. D'après le corollaire 5.2, le module $H_1(A,C,K)$ est nul si et seulement si l'homomorphisme canonique de $H^0(A,B,K)$ dans $H^1(B,C,K)$ est surjectif. On peut expliciter cet homomorphisme à l'aide du lemme 6.10. Finalement, l'homomorphisme canonique de la remarque 6.9

$$\mathrm{Der}(A,B,K) \to \mathrm{Hom}_C(I/I^2,K)$$

est surjectif si et seulement si l'anneau C est régulier.

Pour terminer voici la démonstration d'un critère de régularité dû à *N. Radu*, démonstration dans laquelle les suites exactes de Jacobi-Zariski interviennent peu.

Lemme 30. *Soient un corps A de caractéristique nulle, une A-algèbre locale B d'idéal maximal I, une A-dérivation f de B dans B/I^k et un élément x de I avec $f(x)$ n'appartenant pas à I/I^k. Alors les éléments de B qui annulent x appartiennent à l'idéal I^k et il existe un foncteur F de la catégorie des $B/xB+I^k$-modules dans elle-même donnant lieu à la décomposition suivante*

$$\mathrm{Der}(A,B,W) \cong \mathrm{Der}(A,B/xB,W) \oplus F(W).$$

Démonstration. Pour un élément b de B, considérons l'égalité suivante

$$f(bx^n) = nbx^{n-1} f(x) + x^n f(b).$$

L'élément $n f(x)$ de B/I^k est inversible, puisque $f(x)$ n'appartient pas à l'idéal maximal I/I^k et que la caractéristique de A est nulle. Si l'élément bx^n appartient à l'idéal I^{k+1}, alors l'élément $f(bx^n)$ appartient à l'idéal nul. Par suite l'élément bx^{n-1} appartient à l'idéal $I^k+x^n B$. Considérons maintenant un élément y de B avec xy nul et démontrons par induction sur n, que l'élément y appartient à l'idéal $I^k+x^n B$. Si y appartient à $I^k+x^n B$, il existe un élément b pour lequel $x^n b-y$ appartient à I^k. Mais alors $x^{n+1}b$ appartient à I^{k+1} et $x^n b$ appartient à $I^k+x^{n+1}B$. Conséquemment l'élément y appartient à l'idéal $I^k+x^{n+1}B$. Le cas $n=k$ démontre alors que y est un élément de I^k, ce qui démontre la première partie du lemme.

Considérons maintenant un $B/xB+I^k$-module W et l'homomorphisme canonique

$$i\colon \operatorname{Der}(A,B/xB,W)\to \operatorname{Der}(A,B,W).$$

Il s'agit de construire un homomorphisme naturel en W

$$p\colon \operatorname{Der}(A,B,W)\to \operatorname{Der}(A,B/xB,W)$$

avec $p\circ i$ égal à l'homomorphisme identité. A la A-dérivation g de B dans W, on fait correspondre la A-dérivation h de B dans W définie par l'égalité

$$h(b)=g(b)-f(b)\,f(x)^{-1}g(x)$$

sachant que $f(x)$ est un élément inversible de B/I^k. Puisque l'élément $h(x)$ est nul, il s'agit en fait d'une A-dérivation $h=p(g)$ de B/xB dans W. Lorsque $g(x)$ est nul, les dérivations g et h sont égales et par conséquent $p\circ i$ est l'homomorphisme identité. La deuxième partie du lemme est démontrée.

Proposition 31. *Soient un corps A de caractéristique nulle et une A-algèbre B, locale et noethérienne, d'idéal maximal I. Alors l'anneau B est régulier si et seulement si tous les B/I^k-modules* $\operatorname{Dif}(A,B,B/I^k)$ *sont projectifs.*

Démonstration. Supposons l'anneau B régulier. D'après la remarque 25, le module $H^1(A,B,W)$ est nul pour tout B/I-module W. En utilisant le lemme 3.22, on démontre alors par induction sur k, que le module $H^1(A,B,W)$ est nul pour tout B/I^k-module W. D'après le lemme 3.22, le foncteur de la catégorie des B/I^k-modules

$$H^0(A,B,\cdot)\cong \operatorname{Der}(A,B,\cdot)$$

est donc exact. D'après la proposition 1.8, le B/I^k-module

$$\operatorname{Dif}(A,B)\otimes_B B/I^k\cong \operatorname{Dif}(A,B,B/I^k)$$

est donc projectif.

La réciproque se démontre par induction sur le rang de l'espace vectoriel I/I^2, autrement dit sur le rang de l'espace vectoriel $H_1(B,B/I,B/I)$, d'après la proposition 6.1. Supposons ce rang non nul, autrement dit B est supposé ne pas être un corps. Considérons la suite exacte de Jacobi-Zariski

$$H^0(A,B/I,B/I) \to H^0(A,B,B/I) \to H^1(B,B/I,B/I) \to H^1(A,B/I,B/I).$$

D'après la remarque 16, le quatrième module est nul. Le troisième module n'est pas nul, l'anneau B n'étant pas un corps. Le premier homomorphisme n'est donc pas surjectif. On peut donc considérer une A-dérivation f de B dans B/I et un élément x de I avec $f(x)$ non nul. Puisque f envoie l'idéal I^2 sur 0, l'élément x n'appartient pas à I^2. Puisque le module $\mathrm{Dif}(A,B,B/I^k)$ est projectif, l'homomorphisme canonique

$$\mathrm{Der}(A,B,B/I^k) \to \mathrm{Der}(A,B,B/I)$$

est surjectif. Soit f_k un élément du premier module au-dessus de l'élément f du deuxième module. L'élément $f_k(x)$ n'appartient pas à I/I^k. Utilisons la première partie du lemme 30. L'annulateur de x est contenu dans l'idéal I^k. Et cela pour tout k, par conséquent l'annulateur de x est nul. En résumé l'élément x appartient à I, n'appartient pas à I^2 et ne divise pas zéro.

Pour conclure, il faut considérer la A-algèbre C égale à B/xB et son idéal maximal J égal à I/xB. Par hypothèse, le module $\mathrm{Dif}(A,B,B/I^k)$ est projectif et à un épimorphisme de C/J^k-modules correspond un épimorphisme

$$\mathrm{Der}(A,B,V) \to \mathrm{Der}(A,B,W).$$

Utilisons la deuxième partie du lemme 30 avec la dérivation f_k construite ci-dessus. On voit apparaître un épimorphisme

$$\mathrm{Der}(A,C,V) \to \mathrm{Der}(A,C,W)$$

et par suite le module $\mathrm{Dif}(A,C,C/J^k)$ est projectif. L'élément x n'appartenant pas à I^2, le rang de l'espace vectoriel J/J^2 est inférieur au rang de l'espace vectoriel I/I^2. Par l'hypothèse d'induction, l'idéal maximal de l'anneau B/xB est engendré par une suite régulière. L'élément x ne divise pas zéro. Par conséquent l'idéal maximal de l'anneau B est engendré par une suite régulière. La proposition est alors démontrée.

VIII. Modules simpliciaux

Introduction des modules d'homotopie, qui jouent un rôle essentiel dans la construction des résolutions simpliciales. Critères pour déterminer si l'homologie d'un module simplicial est triviale, dans certains cas particuliers.

a) Modules d'homotopie. Continuons l'étude des modules simpliciaux commencée dans la première partie du quatrième chapitre.

Définition 1. Considérons un A-module simplicial E_* et définissons les *modules d'homotopie* $\pi_n(E_*)$. Un élément du module $\pi_n(E_*)$ est représenté par un élément du type suivant

$$x \in E_n \quad \text{avec} \quad \varepsilon_n^i(x) = 0 \quad \text{pour} \quad 0 \leqslant i \leqslant n$$

à prendre modulo la relation d'équivalence suivante. Les éléments x et y représentent le même élément de $\pi_n(E_*)$ si et seulement s'il existe un élément du type suivant

$$z \in E_{n+1} \quad \text{avec} \quad \varepsilon_{n+1}^i(z) = 0 \quad \text{pour} \quad 0 \leqslant i \leqslant n \quad \text{et} \quad \varepsilon_{n+1}^{n+1}(z) = x - y.$$

Définition 2. Le *complexe de Moore* d'un A-module simplicial E_* est le sous-complexe $\hat{E}_*$ du complexe E_* défini comme suit: le A-module $\hat{E}_*$ est formé des éléments suivants

$$x \in E_n \quad \text{avec} \quad \varepsilon_n^i(x) = 0 \quad \text{pour} \quad 0 \leqslant i < n.$$

L'égalité 4.2 démontre qu'il s'agit bien d'un sous-complexe. On a en outre l'égalité suivante

$$\pi_n(E_*) \cong \mathscr{H}_n[\hat{E}_*].$$

Remarque 3. Les modules $\pi_0(E_*)$ et $\mathscr{H}_0[E_*]$ sont isomorphes comme le démontrent les deux égalités suivantes

$$\varepsilon_1^0(z - (\sigma_0^0 \circ \varepsilon_1^0)(z)) = 0 \quad \text{et} \quad \varepsilon_1^1(z - (\sigma_0^0 \circ \varepsilon_1^0)(z)) = \varepsilon_1^1(z) - \varepsilon_1^0(z).$$

Lemme 4. *Soit un anneau simplicial E_*. Alors pour tout n, le module $\pi_n(E_*)$ est un E_n-module isomorphe au quotient de deux idéaux de l'anneau E_n.*

Démonstration. Considérons le sous-ensemble I_n de E_n formé des éléments

$$x \in E_n \quad \text{avec } \varepsilon_n^i(x) = 0 \quad \text{pour } 0 \leqslant i \leqslant n$$

et le sous-ensemble J_n de E_n formé des éléments x de E_n pour lesquels il existe des éléments

$$z \in E_{n+1} \quad \text{avec } \varepsilon_{n+1}^i(z) = 0 \quad \text{pour } 0 \leqslant i \leqslant n \quad \text{et } \varepsilon_{n+1}^{n+1}(z) = x.$$

Soit y un élément quelconque de E_n. Si x est un élément de I_n, on a les égalités

$$\varepsilon_n^i(xy) = \varepsilon_n^i(x)\varepsilon_n^i(y) = 0 \cdot \varepsilon_n^i(y) = 0, \qquad 0 \leqslant i \leqslant n.$$

L'élément xy appartient alors à I_n qui est donc un idéal. Si x est un élément de J_n, on a les égalités

$$\varepsilon_{n+1}^i(z \cdot \sigma_n^n(y)) = \varepsilon_{n+1}^i(z) \cdot \varepsilon_{n+1}^i(\sigma_n^n(y)) = 0 \cdot \varepsilon_{n+1}^i(\sigma_n^n(y)) = 0,$$

$$\varepsilon_{n+1}^{n+1}(z \cdot \sigma_n^n(y)) = \varepsilon_{n+1}^{n+1}(z) \cdot \varepsilon_{n+1}^{n+1}(\sigma_n^n(y)) = x \cdot \varepsilon_{n+1}^{n+1}(\sigma_n^n(y)) = x \cdot y.$$

L'élément xy appartient alors à J_n qui est donc un idéal. Le module $\pi_n(E_*)$ est égal au quotient I_n/J_n.

Proposition 5. *Soit un A-module simplicial E_*. Alors pour tout n, il existe un isomorphisme naturel de A-modules*

$$\pi_n(E_*) \cong \mathscr{H}_n[E_*].$$

Démonstration. Il s'agit de démontrer que l'homomorphisme canonique de $\mathscr{H}_n[\hat{E}_*]$ dans $\mathscr{H}_n[E_*]$ est un isomorphisme. Voir à ce sujet le lemme 15. Ce résultat est dû à *J. Moore.*

Définition 6. Un A-module simplicial E_* est dit *projectif* si chacun des A-modules E_n est projectif.

Voici quelques propriétés d'extension des modules simpliciaux.

Lemme 7. *Soient un A-module simplicial E_* et n éléments $x_0, \ldots, x_{n-1}$ de E_{n-1} satisfaisant aux conditions suivantes*

$$\varepsilon_{n-1}^i(x_j) = \varepsilon_{n-1}^{j-1}(x_i), \quad 0 \leqslant i < j \leqslant n-1.$$

Alors il existe un élément y de E_n satisfaisant aux conditions suivantes

$$\varepsilon_n^k(y) = x_k, \quad 0 \leqslant k \leqslant n-1.$$

Démonstration. Par induction, on construit des éléments de E_n

$$y_0 = 0, \quad \text{puis } y_1, \ldots, y_{n-1}, \quad \text{enfin } y_n = y$$

à l'aide de la formule suivante

$$y_r = y_{r-1} - (\sigma_{n-1}^{r-1} \circ \varepsilon_n^{r-1})(y_{r-1}) + \sigma_{n-1}^{r-1}(x_{r-1}).$$

On conclut en démontrant la propriété suivante par induction sur r, l'entier i étant fixé

$$\varepsilon_n^i(y_r) = x_i, \quad 0 \leqslant i \leqslant r-1.$$

Dans le cas $i = r-1$, l'égalité 4.5 donne les égalités

$$\begin{aligned}\varepsilon_n^{r-1}(y_{r-1}) - (\varepsilon_n^{r-1} \circ \sigma_{n-1}^{r-1} \circ \varepsilon_n^{r-1})(y_{r-1}) + (\varepsilon_n^{r-1} \circ \sigma_{n-1}^{r-1})(x_{r-1}) \\ = \varepsilon_n^{r-1}(y_{r-1}) - \varepsilon_n^{r-1}(y_{r-1}) + x_{r-1} = x_{r-1}.\end{aligned}$$

Dans le cas $i < r-1$, l'égalité 4.4, l'égalité 4.2, l'hypothèse d'induction et l'hypothèse du lemme donnent les égalités

$$\begin{aligned}&\varepsilon_n^i(y_{r-1}) - (\varepsilon_n^i \circ \sigma_{n-1}^{r-1} \circ \varepsilon_n^{r-1})(y_{r-1}) + (\varepsilon_n^i \circ \sigma_{n-1}^{r-1})(x_{r-1}) \\ &\quad = \varepsilon_n^i(y_{r-1}) - (\sigma_{n-2}^{r-2} \circ \varepsilon_{n-1}^i \circ \varepsilon_n^{r-1})(y_{r-1}) + (\sigma_{n-2}^{r-2} \circ \varepsilon_{n-1}^i)(x_{r-1}) \\ &\quad = \varepsilon_n^i(y_{r-1}) - (\sigma_{n-2}^{r-2} \circ \varepsilon_{n-1}^{r-2} \circ \varepsilon_n^i)(y_{r-1}) + (\sigma_{n-2}^{r-2} \circ \varepsilon_{n-1}^i)(x_{r-1}) \\ &\quad = x_i - (\sigma_{n-2}^{r-2} \circ \varepsilon_{n-1}^{r-2})(x_i) + (\sigma_{n-2}^{r-2} \circ \varepsilon_{n-1}^{r-2})(x_i) = x_i.\end{aligned}$$

Le lemme est démontré.

Lemme 8. *Soient un A-module simplicial E_* et n éléments $x_1, \ldots, x_n$ de E_{n-1} satisfaisant aux conditions suivantes*

$$\varepsilon_{n-1}^i(x_j) = \varepsilon_{n-1}^{j-1}(x_i), \quad 1 \leqslant i < j \leqslant n.$$

Alors il existe un élément y de E_n satisfaisant aux conditions suivantes

$$\varepsilon_n^k(y) = x_k, \quad 1 \leqslant k \leqslant n.$$

Démonstration. On utilise la démonstration du lemme précédent où l'on remplace x_i, ε_m^k et σ_m^k par x_{n-i}, ε_m^{m-k} et σ_m^{m-k}.

Lemme 9. *Soient un A-module simplicial E_* et $n+1$ éléments $x_0, \ldots, x_n$ de E_{n-1} satisfaisant aux conditions suivantes*

$$\varepsilon_{n-1}^i(x_j) = \varepsilon_{n-1}^{j-1}(x_i), \quad 0 \leqslant i < j \leqslant n.$$

Alors il existe un élément y de E_n satisfaisant aux conditions suivantes

$$\varepsilon_n^k(y) = x_k, \quad 0 \leqslant k \leqslant n$$

si le module $\pi_{n-1}(E_*)$ est nul.

Démonstration. Considérons les éléments $x_0, \ldots, x_{n-1}$ et appliquons le lemme 7. Il existe donc un élément a de E_n avec

$$\varepsilon_n^k(a) = x_k, \quad 0 \leqslant k \leqslant n-1.$$

Considérons maintenant l'élément suivant de E_{n-1}

$$b = x_n - \varepsilon_n^n(a).$$

Les égalités suivantes démontrent que les éléments $\varepsilon_{n-1}^i(b)$ sont tous nuls

$$(\varepsilon_{n-1}^i \circ \varepsilon_n^n)(a) = (\varepsilon_{n-1}^{n-1} \circ \varepsilon_n^i)(a) = \varepsilon_{n-1}^{n-1}(x_i) = \varepsilon_{n-1}^i(x_n) \quad \text{avec } 0 \leqslant i \leqslant n-1.$$

Le module $\pi_{n-1}(E_*)$ étant nul, il existe un élément c de E_n avec

$$\varepsilon_n^k(c) = 0 \quad \text{pour } 0 \leqslant k \leqslant n-1 \quad \text{et } \varepsilon_n^n(c) = b.$$

L'élément $a+c$ de E_n démontre le lemme.

Voici maintenant une généralisation de la notion de module simplicial.

Définition 10. Considérons un anneau simplicial A_* et un groupe abélien simplicial E_*. Si chaque groupe abélien E_n est donné avec une structure de A_n-module et si les égalités suivantes sont satisfaites pour tout élément a de A_n et x de E_n

$$\varepsilon_n^i(ax) = \varepsilon_n^i(a)\varepsilon_n^i(x) \quad \text{pour } 0 \leqslant i \leqslant n \neq 0,$$

$$\sigma_n^i(ax) = \sigma_n^i(a)\sigma_n^i(x) \quad \text{pour } 0 \leqslant i \leqslant n$$

alors on parle du *A_*-module simplicial E_**. Pour l'anneau simplicial A_* égal à $\bar{A}$, on retrouve la notion de A-module simplicial.

Définition 11. Considérons un homomorphisme de l'anneau simplicial A_* dans l'anneau simplicial B_*. Un *homomorphisme* g_* du A_*-module simplicial E_* dans le B_*-module simplicial F_* est un homomorphisme de groupes abéliens simpliciaux tel que pour tout n, l'application g_n soit un homomorphisme du A_n-module E_n dans le B_n-module F_n.

Remarque 12. On peut généraliser la définition 4.18 de la manière suivante. A deux A_*-modules simpliciaux K_* et L_*, on associe un A_*-module simplicial $K_* \otimes_{A_*} L_*$ défini par les égalités

$$(K_* \otimes_{A_*} L_*)_n = K_n \otimes_{A_n} L_n$$

$$\text{puis } \varepsilon_n^i(x \otimes y) = \varepsilon_n^i(x) \otimes \varepsilon_n^i(y) \quad \text{enfin} \quad \sigma_n^i(x \otimes y) = \sigma_n^i(x) \otimes \sigma_n^i(y).$$

On retrouve la définition 4.18 avec l'égalité suivante

$$K_* \otimes_{\bar{A}} L_* = K_* \bar{\otimes}_A L_*.$$

De manière similaire, on définit le A_*-module simplicial

$$\mathrm{Tor}_n^{A_*}(K_*, L_*), \quad n \geqslant 0$$

en procédant degré par degré.

b) Premiers résultats. Les démonstrations se feront par induction grâce à la construction suivante.

Suite 13. A un A-module simplicial E_* est associé une suite exacte de A-modules simpliciaux

$$0 \longrightarrow F_* \longrightarrow \Gamma_* \xrightarrow{\gamma_*} E_* \longrightarrow 0 .$$

Le A-module Γ_n est égal au A-module E_{n+1}. En outre à un élément x de Γ_n égal à un élément x de E_{n+1} on associe l'élément $\varepsilon_n^i(x)$ de Γ_{n-1} égal à l'élément $\varepsilon_{n+1}^{i+1}(x)$ de E_n et l'élément $\sigma_n^i(x)$ de Γ_{n+1} égal à l'élément $\sigma_{n+1}^{i+1}(x)$ de E_{n+2}. Enfin l'élément $\gamma_n(x)$ de E_n est égal à l'élément $\varepsilon_{n+1}^0(x)$ de E_n. Grâce aux égalités 4.2—4.6 de E_*, on démontre les égalités 4.2—4.6 de Γ_*, la propriété d'être un homomorphisme simplicial pour γ_* et la propriété d'être une surjection pour chacun des γ_n.

Lemme 14. *La suite exacte définie ci-dessus jouit des propriétés suivantes*

1) *le module $\pi_n(\Gamma_*)$ est nul pour tout n non nul,*
2) *l'homomorphisme $\mathscr{H}_n[\gamma_*]$ est nul pour tout n non nul,*
3) *les complexes de Moore forment une suite exacte*

$$0 \to \hat{F}_* \to \hat{\Gamma}_* \to \hat{E}_* \to 0 ,$$

4) *les A-modules simpliciaux F_* et Γ_* sont projectifs si le A-module simplicial E_* est projectif.*

Démonstration. Pour démontrer la première propriété, considérons un élément x de E_{n+1} avec

$$\varepsilon_{n+1}^i(x)=0, \quad 1 \leqslant i \leqslant n+1 .$$

Il s'agit de trouver un élément y de E_{n+2} avec

$$\varepsilon_{n+2}^i(y)=0 \quad \text{pour } 1 \leqslant i \leqslant n+1 \quad \text{et } \varepsilon_{n+2}^{n+2}(y)=x .$$

Il suffit d'appliquer le lemme 8 dans le cas particulier suivant

$$x_1 = \cdots = x_{n+1} = 0 \quad \text{et } x_{n+2} = x .$$

La démonstration de la quatrième propriété est triviale puisque les A-modules Γ_n et E_{n+1} sont égaux. Un élément h de $\mathscr{H}_n[\Gamma_*]$ est représenté par un élément x de E_{n+1} avec

$$\sum_{1 \leqslant i \leqslant n+1} (-1)^{i-1} \varepsilon_{n+1}^i(x) = 0 .$$

L'image de h dans $\mathscr{H}_n[E_*]$ est représentée par l'élément $\varepsilon_{n+1}^0(x)$ de E_n avec

$$\varepsilon_{n+1}^0(x) = \sum_{0 \leqslant i \leqslant n+1} (-1)^i \varepsilon_{n+1}^i(x) .$$

Par conséquent l'élément $\varepsilon_{n+1}^0(x)$ représente l'élément nul. Autrement dit, l'homomorphisme $\mathscr{H}_n[\gamma_*]$ est nul.

Considérons un élément de $\hat{E}_n$, c'est-à-dire un élément x de E_n avec

$$\varepsilon_n^i(x)=0, \quad 0\leqslant i\leqslant n-1 .$$

Appliquons le lemme 7 dans le cas particulier suivant

$$x_0=x \quad \text{et} \quad x_1=\cdots=x_n=0 .$$

On obtient un élément y de E_{n+1} avec

$$\varepsilon_{n+1}^i(y)=0, \quad 1\leqslant i\leqslant n$$

autrement dit un élément y de Γ_n avec

$$\varepsilon_n^i(y)=0, \quad 0\leqslant i\leqslant n-1$$

c'est-à-dire un élément de $\hat{\Gamma}_n$. En outre, $\varepsilon_{n+1}^0(y)$ est égal à x, autrement dit l'élément x de $\hat{E}_n$ est l'image de l'élément y de $\hat{\Gamma}_n$. L'homomorphisme $\hat{\gamma}_n$ est surjectif. Le noyau de $\hat{\gamma}_n$ est formé des éléments x de Γ_n avec

$$\gamma_n(x)=\varepsilon_n^0(x)=\cdots=\varepsilon_n^{n-1}(x)=0$$

autrement dit des éléments x de E_{n+1} avec

$$\varepsilon_{n+1}^0(x)=\varepsilon_{n+1}^1(x)=\cdots=\varepsilon_{n+1}^n(x)=0 .$$

Il s'agit donc des éléments de $\hat{F}_n$. Le lemme est démontré.

Lemme 15. *Soit un A-module simplicial E_*. Alors l'homomorphisme canonique de $\mathscr{H}_n[\hat{E}_*]$ dans $\mathscr{H}_n[E_*]$ est un isomorphisme pour tout n.*

Démonstration. On procède par induction sur n, le cas $n=0$ étant réglé par la remarque 3. Voici le passage de $n-1$ à n. D'après le lemme 14, il existe un diagramme commutatif dont les lignes sont des suites exactes

$$\begin{array}{ccccccccc} 0 & \longrightarrow & \hat{F}_* & \longrightarrow & \hat{\Gamma}_* & \longrightarrow & \hat{E}_* & \longrightarrow & 0 \\ & & \downarrow & & \downarrow & & \downarrow & & \\ 0 & \longrightarrow & F_* & \longrightarrow & \Gamma_* & \longrightarrow & E_* & \longrightarrow & 0. \end{array}$$

Considérons maintenant le diagramme commutatif suivant dont les lignes sont aussi des suites exactes

$$\begin{array}{ccccccc} \mathscr{H}_n[\hat{\Gamma}_*] & \longrightarrow & \mathscr{H}_n[\hat{E}_*] & \longrightarrow & \mathscr{H}_{n-1}[\hat{F}_*] & \longrightarrow & \mathscr{H}_{n-1}[\hat{\Gamma}_*] \\ \downarrow & & \downarrow{\scriptstyle\alpha} & & \downarrow{\scriptstyle\beta} & & \downarrow{\scriptstyle\gamma} \\ \mathscr{H}_n[\Gamma_*] & \xrightarrow{\delta} & \mathscr{H}_n[E_*] & \longrightarrow & \mathscr{H}_{n-1}[F_*] & \longrightarrow & \mathscr{H}_{n-1}[\Gamma_*]. \end{array}$$

D'après le lemme 14, le module $\mathscr{H}_n[\hat{\Gamma}_*]$ égal au module $\pi_n(\Gamma_*)$ est nul et l'homomorphisme δ égal à $\mathscr{H}_n[\gamma_*]$ est nul. Par l'hypothèse d'induction, les homomorphismes β et γ sont des isomorphismes. Par conséquent, l'homomorphisme α est un isomorphisme, ce qui achève la démonstration par induction.

Suite 16. A un A-module simplicial E_* pour lequel le module $\mathscr{H}_0[E_*]$ est nul, on peut associer non seulement la suite exacte de A-modules simpliciaux

$$0 \longrightarrow F_* \longrightarrow \Gamma_* \xrightarrow{\gamma_*} E_* \longrightarrow 0$$

mais encore une suite exacte de A-modules simpliciaux

$$0 \longrightarrow G_* \longrightarrow \Delta_* \xrightarrow{\delta_*} E_* \longrightarrow 0$$

que l'on obtient par restriction. Le A-module Δ_n est formé des éléments x de E_{n+1} avec

$$(\varepsilon_1^1 \circ \varepsilon_2^2 \circ \cdots \circ \varepsilon_{n+1}^{n+1})(x) = 0 .$$

Il faut vérifier que l'homomorphisme δ_n est un épimorphisme et que Δ_* est un module simplicial. Les égalités 4.2 donnent les égalités suivantes

$$\varepsilon_1^1 \circ \cdots \circ \varepsilon_n^n \circ \varepsilon_{n+1}^i = \varepsilon_1^1 \circ \cdots \circ \varepsilon_n^n \circ \varepsilon_{n+1}^{n+1}, \quad 1 \leqslant i \leqslant n+1$$

et les égalités 4.4—4.6 donnent les égalités suivantes

$$\varepsilon_1^1 \circ \cdots \circ \varepsilon_{n+2}^{n+2} \circ \sigma_{n+1}^i = \varepsilon_1^1 \circ \cdots \circ \varepsilon_{n+1}^{n+1}, \quad 1 \leqslant i \leqslant n+1 .$$

Ces égalités démontrent que Δ_* est un sous-module simplicial de Γ_*.

Considérons maintenant un élément x de E_n. Puisque le module $\pi_0(E_*)$ est nul, il existe un élément τ de E_1 avec

$$\varepsilon_1^0(\tau) = 0 \quad \text{et} \quad \varepsilon_1^1(\tau) = (\varepsilon_1^1 \circ \cdots \circ \varepsilon_n^n \circ \varepsilon_{n+1}^{n+1} \circ \sigma_n^0)(x) .$$

Considérons l'élément y de E_{n+1}

$$y = \sigma_n^0(x) - (\sigma_n^n \circ \cdots \circ \sigma_1^1)(\tau) .$$

L'égalité générale

$$\varepsilon_{n+1}^0 \circ \sigma_n^n \circ \cdots \circ \sigma_1^1 = \sigma_{n-1}^{n-1} \circ \cdots \circ \sigma_0^0 \circ \varepsilon_1^0$$

démontre alors que γ_n envoie l'élément y de Γ_n sur l'élément x de E_n. L'égalité générale

$$\varepsilon_1^1 = \varepsilon_1^1 \circ \cdots \circ \varepsilon_{n+1}^{n+1} \circ \sigma_n^n \circ \cdots \circ \sigma_1^1$$

démontre alors que l'élément y appartient non seulement à Γ_n mais encore à Δ_n. Par conséquent δ_n est un épimorphisme et la suite exacte 16 est bien définie.

Lemme 17. *La suite exacte définie ci-dessus, lorsque le module $\pi_0(E_*)$ est nul, jouit des propriétés suivantes*

1) *le module $\pi_n(\Delta_*)$ est nul pour tout n,*

2) *les A-modules simpliciaux G_* et Δ_* sont projectifs si le A-module simplicial E_* est projectif.*

Démonstration. Pour n différent de 0, la première propriété du lemme se démontre comme la première propriété du lemme 14. Pour le cas $n=0$ considérons un élément x de E_1 avec $\varepsilon_1^1(x)$ nul et appliquons le lemme 8 dans le cas particulier suivant

$$x_1=0 \quad \text{et} \quad x_2=x\,.$$

Il existe donc un élément y de E_2 avec

$$\varepsilon_2^1(y)=0 \quad \text{et} \quad \varepsilon_2^2(y)=x$$

en particulier l'élément $(\varepsilon_1^1\circ\varepsilon_2^2)(y)$ est nul. Autrement dit pour l'élément quelconque x de Δ_0, il existe un élément y de Δ_1 avec

$$\varepsilon_1^0(y)=0 \quad \text{et} \quad \varepsilon_1^1(y)=x\,.$$

Mais alors le module $\pi_0(\Delta_*)$ doit être nul.

Par définition, il existe deux suites exactes de A-modules

$$0\to\Delta_n\to\Gamma_n\to E_0\to 0 \quad \text{et} \quad 0\to G_n\to\Delta_n\to E_n\to 0\,.$$

Si le A-module simplicial E_* est projectif, alors les A-modules E_0 et E_n sont projectifs par définition et le A-module Γ_n est projectif par le lemme 14. Mais alors les A-modules Δ_n et G_n sont aussi projectifs et la deuxième propriété est démontrée.

Lemme 18. *Soient deux A-modules simpliciaux E'_* et E''_* satisfaisant à la condition suivante pour deux entiers fixés $m\geqslant -1$ et $n\geqslant -1$*

$$\mathscr{H}_p[E'_*]\cong 0 \quad \textit{pour} \quad p\leqslant m \quad \textit{et} \ \mathscr{H}_q[E''_*]\cong 0 \quad \textit{pour} \quad q\leqslant n\,.$$

Alors l'égalité suivante est satisfaite si l'un des deux A-modules simpliciaux est projectif

$$\mathscr{H}_r[E'_*\mathbin{\bar{\otimes}_A} E''_*]\cong 0 \quad \textit{pour} \quad r\leqslant m+n+1\,.$$

Démonstration. On procède par induction sur l'entier $s=m+n$. Il suffit de traiter le cas où m est différent de -1. Alors pour tout élément x' de E'_0 il existe un élément y' de E'_1 avec $\varepsilon_1^0(y')$ nul et $\varepsilon_1^1(y')$ égal à x' et pour tout élément x'' de E''_0 il existe un élément y'' de E''_1 avec $\varepsilon_1^0(y'')$ égal à x'' et $\varepsilon_1^1(y'')$ égal à x''. Les égalités

$$\varepsilon_1^0(y'\otimes y'')=0 \quad \text{et} \quad \varepsilon_1^1(y'\otimes y'')=x'\otimes x''$$

démontrent que le module $\pi_0(E' \bar{\otimes}_A E''_*)$ égal au module $\mathscr{H}_0[E'_* \bar{\otimes}_A E''_*]$ est nul. Le lemme est démontré pour $s=-1$. Voici maintenant le passage de $s-1$ à s. L'hypothèse d'induction démontre l'égalité du lemme pour r au plus égal à s, c'est-à-dire $m+n$. Il reste à démontrer l'égalité

$$\mathscr{H}_{s+1}[E'_* \bar{\otimes}_A E''_*] \cong 0$$

en utilisant l'hypothèse d'induction.

Considérons les deux A-modules simpliciaux Δ'_* et F''_*. D'après les lemmes 14 et 17, l'un des deux est projectif et la condition suivante est satisfaite

$$\mathscr{H}_p[\Delta'_*] \cong 0 \quad (p \leqslant s) \quad \text{et} \quad \mathscr{H}_q[F''_*] \cong 0 \quad (q \leqslant -1)$$

L'hypothèse d'induction donne alors l'égalité suivante

$$\mathscr{H}_s[\Delta'_* \bar{\otimes}_A F''_*] \cong 0 .$$

Considérons les deux A-modules simpliciaux G'_* et E''_*. D'après le lemme 17, l'un des deux est projectif, en outre la condition suivante est satisfaite

$$\mathscr{H}_p[G'_*] \cong 0 \quad (p \leqslant m-1) \quad \text{et} \quad \mathscr{H}_q[E''_*] \cong 0 \quad (q \leqslant n) .$$

L'hypothèse d'induction donne alors l'égalité suivante

$$\mathscr{H}_s[G'_* \bar{\otimes}_A E''_*] \cong 0 .$$

L'un des deux A-modules simpliciaux Δ'_* et E''_* est projectif. On a donc une suite exacte de A-modules simpliciaux

$$0 \to \Delta'_* \bar{\otimes}_A F''_* \to \Delta'_* \bar{\otimes}_A \Gamma''_* \to \Delta'_* \bar{\otimes}_A E''_* \to 0 .$$

Dans la suite exacte de A-modules

$$\mathscr{H}_{s+1}[\Delta'_* \bar{\otimes}_A \Gamma''_*] \to \mathscr{H}_{s+1}[\Delta'_* \bar{\otimes}_A E''_*] \to \mathscr{H}_s[\Delta'_* \bar{\otimes}_A F''_*]$$

le premier homomorphisme est surjectif. L'un des deux A-modules simpliciaux E'_* et E''_* est projectif. On a donc une suite exacte de A-modules simpliciaux

$$0 \to G'_* \bar{\otimes}_A E''_* \to \Delta'_* \bar{\otimes}_A E''_* \to E'_* \bar{\otimes}_A E''_* \to 0 .$$

Dans la suite exacte de A-modules

$$\mathscr{H}_{s+1}[\Delta'_* \bar{\otimes}_A E''_*] \to \mathscr{H}_{s+1}[E'_* \bar{\otimes}_A E''_*] \to \mathscr{H}_s[G'_* \bar{\otimes}_A E''_*]$$

le premier homomorphisme est surjectif. L'homomorphisme

$$\mathscr{H}_{s+1}[\Delta'_* \bar{\otimes}_A \Gamma''_*] \to \mathscr{H}_{s+1}[E'_* \bar{\otimes}_A E''_*]$$

est donc surjectif et à plus forte raison, l'homomorphisme

$$\mathscr{H}_{s+1}[\Gamma'_* \bar{\otimes}_A \Gamma''_*] \to \mathscr{H}_{s+1}[E'_* \bar{\otimes}_A E''_*]$$

l'est aussi. On peut encore considérer la suite exacte

$$0 \to F_* \to \Gamma_* = \Gamma'_* \mathbin{\bar{\otimes}_A} \Gamma''_* \to E_* = E'_* \mathbin{\bar{\otimes}_A} E''_* \to 0\,.$$

Le lemme 14 démontre alors que l'homomorphisme

$$\mathscr{H}_{s+1}[\Gamma'_* \mathbin{\bar{\otimes}_A} \Gamma''_*] \to \mathscr{H}_{s+1}[E'_* \mathbin{\bar{\otimes}_A} E''_*]$$

est nul puisque $s+1$ n'est pas nul. En résumé, le module $\mathscr{H}_{s+1}[E'_* \mathbin{\bar{\otimes}_A} E''_*]$ est nul, ce qui achève la démonstration.

c) Quasi-applications. Il s'agit maintenant de démontrer le lemme 4.26.

Définition 19. Une *quasi-application* de A-modules simpliciaux $g_*: E_* \to F_*$ est formée d'applications g_n des ensembles E_n dans les ensembles F_n satisfaisant à l'égalité

$$g_{n-1} \circ \varepsilon_n^i = \varepsilon_n^i \circ g_n, \quad 0 \leqslant i \leqslant n \neq 0\,.$$

Une quasi-application suffit pour définir un homomorphisme

$$\mathrm{H}_n(g_*, W): \mathrm{H}_n(E_*, W) \to \mathrm{H}_n(F_*, W)$$

comme le montrent les définitions 3.29 et 4.24.

Lemme 20. *Soit un A-module simplicial E_* avec $\pi_m(E_*)$ nul pour tout m non nul. Considérons la suite exacte* 13

$$0 \longrightarrow F_* \longrightarrow \Gamma_* \xrightarrow{\gamma_*} E_* \longrightarrow 0\,.$$

Alors il existe une quasi-application $g_*: E_* \to \Gamma_*$ pour laquelle $\gamma_* \circ g_*$ est la quasi-application identité.

Démonstration. En premier lieu, considérons non seulement l'épimorphisme canonique

$$e: E_0 \to \pi_0(E_*) \cong \mathscr{H}_0[E_*]$$

mais encore une application

$$r: \pi_0(E_*) \to E_0 \quad \text{avec } e \circ r = \mathrm{Id}\,.$$

Considérons maintenant un élément x de E_0. Alors il existe un élément y de E_1 avec $\varepsilon_1^0(y)$ égal à 0 et $\varepsilon_1^1(y)$ égal à $(r \circ e - \mathrm{Id})(x)$. En posant $g_0(x)$ égal à $y + \sigma_0^0(x)$, on définit une application

$$g_0: E_0 \to E_1 = \Gamma_0$$

avec la propriété

$$\varepsilon_1^0 \circ g_0 = \mathrm{Id} \quad \text{c'est-à-dire } \gamma_0 \circ g_0 = \mathrm{Id}\,.$$

On a en outre l'égalité $\varepsilon_1^1 \circ g_0 = r \circ e$ qui est utilisée pour la définition de g_1.

Considérons maintenant un élément x de E_1. Appliquons le lemme 9 dans le cas suivant

$$x_0 = x, \quad x_1 = (g_0 \circ \varepsilon_1^0)(x), \quad x_2 = (g_0 \circ \varepsilon_1^1)(x).$$

Le module $\pi_1(E_*)$ est nul et les égalités suivantes vérifient les autres hypothèses du lemme

$$(\varepsilon_1^0 \circ g_0 \circ \varepsilon_1^0)(x) = \varepsilon_1^0(x) \quad \text{et} \quad (\varepsilon_1^0 \circ g_0 \circ \varepsilon_1^1)(x) = \varepsilon_1^1(x),$$

$$(\varepsilon_1^1 \circ g_0 \circ \varepsilon_1^0)(x) = (r \circ e \circ \varepsilon_1^0)(x) = (r \circ e \circ \varepsilon_1^1)(x) = (\varepsilon_1^1 \circ g_0 \circ \varepsilon_1^1)(x).$$

Il existe donc un élément y de E_2 avec les égalités

$$\varepsilon_2^0(y) = x, \quad \varepsilon_2^1(y) = (g_0 \circ \varepsilon_1^0)(x), \quad \varepsilon_2^2(y) = (g_0 \circ \varepsilon_1^1)(x).$$

En posant $g_1(x)$ égal à y, on définit une application

$$g_1 : E_1 \to E_2 = \Gamma_1$$

avec la propriété

$$\varepsilon_2^0 \circ g_1 = \mathrm{Id} \quad \text{c'est-à-dire } \gamma_1 \circ g_1 = \mathrm{Id}$$

et avec la propriété pour $i = 0, 1$

$$\varepsilon_2^{i+1} \circ g_1 = g_0 \circ \varepsilon_1^i \quad \text{c'est-à-dire } \varepsilon_1^i \circ g_1 = g_0 \circ \varepsilon_1^i.$$

Voici maintenant le cas général pour $n \geqslant 2$. Les applications suivantes sont déjà construites

$$g_m : E_m \to E_{m+1} = \Gamma_m \quad \text{pour } 0 \leqslant m < n$$

avec la propriété

$$\gamma_m \circ g_m = \mathrm{Id} \quad \text{c'est-à-dire } \varepsilon_{m+1}^0 \circ g_m = \mathrm{Id}$$

et avec la propriété

$$\varepsilon_m^i \circ g_m = g_{m-1} \circ \varepsilon_m^i \quad \text{c'est-à-dire } \varepsilon_{m+1}^{i+1} \circ g_m = g_{m-1} \circ \varepsilon_m^i \quad \text{pour } 0 \leqslant i \leqslant m.$$

Appliquons le lemme 9 dans le cas suivant pour $x \in E_n$

$$x_0 = x \quad \text{et } x_i = (g_{n-1} \circ \varepsilon_n^{i-1})(x) \quad \text{pour } 1 \leqslant i \leqslant n+1.$$

Le module $\pi_n(E_*)$ est nul et les égalités suivantes vérifient les autres hypothèses du lemme

$$\varepsilon_n^0 \circ g_{n-1} \circ \varepsilon_n^{i-1} = \varepsilon_n^{i-1} \quad \text{pour } 1 \leqslant i \leqslant n+1,$$

$$\varepsilon_n^i \circ g_{n-1} \circ \varepsilon_n^{j-1} = g_{n-2} \circ \varepsilon_{n-1}^{i-1} \circ \varepsilon_n^{j-1} = g_{n-2} \circ \varepsilon_{n-1}^{j-2} \circ \varepsilon_n^{i-1} = \varepsilon_n^{j-1} \circ g_{n-1} \circ \varepsilon_n^{i-1}$$

pour $1 \leqslant i < j \leqslant n+1$. Il existe donc un élément y de E_{n+1} avec les égalités

$$\varepsilon_{n+1}^{0}(y) = x \quad \text{et} \quad \varepsilon_{n+1}^{i}(y) = (g_{n-1} \circ \varepsilon_{n}^{i-1})(x) \quad \text{pour } 1 \leqslant i \leqslant n+1 .$$

En posant $g_n(x)$ égal à y, on définit une application

$$g_n: E_n \to E_{n+1} = \Gamma_n$$

avec la propriété

$$\varepsilon_{n+1}^{0} \circ g_n = \mathrm{Id} \quad \text{c'est-à-dire } \gamma_n \circ g_n = \mathrm{Id}$$

et avec la propriété pour $0 \leqslant i \leqslant n$

$$\varepsilon_{n+1}^{i+1} \circ g_n = g_{n-1} \circ \varepsilon_n^i \quad \text{c'est-à-dire } \varepsilon_n^i \circ g_n = g_{n-1} \circ \varepsilon_n^i .$$

Le lemme est alors démontré.

Compte tenu de la proposition 5, le lemme 4.26 peut être formulé comme suit.

Lemme 21. *Soient un A-module simplicial E_* et un B-module W. Alors les modules* $\mathrm{H}_m(E_*, W)$ *sont nuls pour tout m non nul, si les modules* $\pi_n(E_*)$ *sont nuls pour tout n non nul.*

Démonstration. Considérons non seulement la suite exacte

$$0 \longrightarrow F_* \longrightarrow \Gamma_* \xrightarrow{\gamma_*} E_* \longrightarrow 0$$

mais encore la suite exacte

$$0 \longrightarrow F'_* \longrightarrow \Gamma'_* = C(\Gamma_*, W) \xrightarrow{\gamma'_*} E'_* = C(E_*, W) \longrightarrow 0 .$$

Le lemme 14 démontre que l'homomorphisme suivant est nul pour $n \neq 0$

$$\mathscr{H}_n[\gamma'_*] = \mathscr{H}_n[C(\gamma_*, W)] = \mathrm{H}_n(\gamma_*, W) .$$

La quasi-application du lemme 20 donne une égalité

$$\mathrm{H}_n(\gamma_*, W) \circ \mathrm{H}_n(g_*, W) = \mathrm{Id} .$$

Pour n non nul, l'homomorphisme $\mathrm{H}_n(\gamma_*, W)$ est à la fois nul et surjectif. Le module $\mathrm{H}_n(E_*, W)$ est donc nul.

Terminons par quelques compléments (chapitres 13 et 14).

Définition 22. Un *quasi-homomorphisme* de A-modules simpliciaux $g_*: E_* \to F_*$ est formé d'homomorphismes g_n des A-modules E_n dans les A-modules F_n satisfaisant à l'égalité

$$g_{n-1} \circ \varepsilon_n^i = \varepsilon_n^i \circ g_n, \quad 0 \leqslant i \leqslant n \neq 0 .$$

Un quasi-homomorphisme suffit pour définir un homomorphisme

$$\mathscr{H}_n[g_*]: \mathscr{H}_n[E_*] \to \mathscr{H}_n[F_*]$$

comme le montre la définition 4.13. En outre considérons un foncteur L de la catégorie des A-modules dans la catégorie des B-modules. Alors à un quasi-homomorphisme g_* correspond un quasi-homomorphisme $L(g_*)$

$$g_*: E_* \to F_* \quad \text{et} \quad L(g_*): L(E_*) \to L(F_*).$$

Voir à ce sujet l'exemple 4.12.

Lemme 23. *Soit un A-module simplicial projectif E_* pour lequel $\pi_m(E_*)$ est un A-module nul si m n'est pas nul et un A-module projectif si m est nul. Considérons la suite exacte* 13

$$0 \longrightarrow F_* \longrightarrow \Gamma_* \xrightarrow{\gamma_*} E_* \longrightarrow 0.$$

Alors il existe un quasi-homomorphisme $g_*: E_* \to \Gamma_*$ pour lequel $\gamma_* \circ g_*$ est le quasi-homomorphisme identité.

Démonstration. Utilisons la démonstration du lemme 20. Puisque l'homomorphisme e est surjectif et que le module $\pi_0(E_*)$ est projectif, il existe un homomorphisme r avec $e \circ r$ égal à Id. Dans le lemme 20, l'application g_0 apparaît dans le diagramme commutatif suivant dont la ligne est formée d'une suite exacte

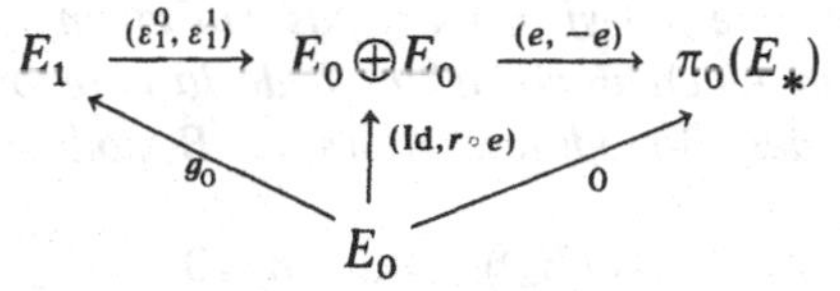
E_1
$(\varepsilon_1^0, \varepsilon_1^1)$
$E_0 \oplus E_0$
$(e, -e)$
$\pi_0(E_*)$
g_0
$(\mathrm{Id}, r \circ e)$
0
E_0

Le module E_0 étant projectif et toutes les autres applications étant des homomorphismes, l'application g_0 peut donc être un homomorphisme aussi. Dans le lemme 20, l'application g_1 apparaît dans le diagramme commutatif suivant dont la ligne est formée d'une suite exacte (lemme 9)

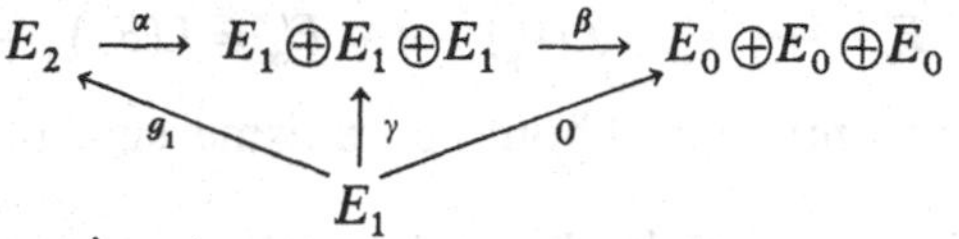
E_2
α
$E_1 \oplus E_1 \oplus E_1$
β
$E_0 \oplus E_0 \oplus E_0$
g_1
γ
0
E_1

avec les égalités suivantes

$$\alpha(x) = (\varepsilon_2^0(x), \varepsilon_2^1(x), \varepsilon_2^2(x)), \qquad \gamma(x) = (x, (g_0 \circ \varepsilon_1^0)(x), (g_0 \circ \varepsilon_1^1)(x)),$$

$$\beta(x,y,z) = (\varepsilon_1^0(y) - \varepsilon_1^0(x), \varepsilon_1^0(z) - \varepsilon_1^1(x), \varepsilon_1^1(z) - \varepsilon_1^1(y)).$$

Le module E_1 étant projectif et toutes les autres applications étant des homomorphismes, l'application g_1 peut donc être un homomorphisme aussi.

Dans le cas général $n \geqslant 2$, ajoutons à l'hypothèse d'induction utilisée dans la démonstration du lemme 20, la propriété d'être des homomorphismes pour les applications g_m avec $m<n$. Dans le lemme 20, l'application g_n apparaît dans le diagramme commutatif suivant dont la ligne est formée d'une suite exacte (lemme 9)

$$\begin{array}{ccccc} E_{n+1} & \xrightarrow{\alpha} & \sum\limits_{0 \leqslant i \leqslant n+1} E_n^i & \xrightarrow{\beta} & \sum\limits_{0 \leqslant j < k \leqslant n+1} E_{n-1}^{j,k} \\ & \nwarrow^{g_n} & \uparrow \gamma & \nearrow^{0} & \\ & & E_n & & \end{array}$$

avec les égalités suivantes

$$E_n^i = E_n \text{ et } E_{n-1}^{j,k} = E_{n-1},$$

$$\alpha = (\varepsilon_{n+1}^0, \ldots, \varepsilon_{n+1}^{n+1}) \text{ et } \gamma = (\mathrm{Id}, g_{n-1} \circ \varepsilon_n^0, \ldots, g_{n-1} \circ \varepsilon_n^n),$$

$$\beta_{j,k}(x_0, \ldots, x_{n+1}) = \varepsilon_n^j(x_k) - \varepsilon_n^{k-1}(x_j).$$

Le module E_n étant projectif et toutes les autres applications étant des homomorphismes, l'application g_n peut donc être un homomorphisme aussi. C'est ainsi que l'on construit le quasi-homomorphisme g_*.

Voici maintenant un résultat concernant l'exemple 4.12.

Proposition 24. *Soit un A-module simplicial projectif E_* pour lequel $\pi_m(E_*)$ est un A-module nul si m n'est pas nul et un A-module projectif si m est nul. Soit un foncteur covariant L de la catégorie des A-modules dans la catégorie des B-modules. Alors le B-module simplicial $L(E_*)$ satisfait à l'égalité*

$$\pi_n(L(E_*)) \cong 0, \quad n \neq 0.$$

Démonstration. Considérons non seulement la suite exacte

$$0 \longrightarrow F_* \longrightarrow \Gamma_* \xrightarrow{\gamma_*} E_* \longrightarrow 0$$

mais encore la suite exacte

$$0 \longrightarrow F'_* \longrightarrow \Gamma'_* = L(\Gamma_*) \xrightarrow{\gamma'_*} E'_* = L(E_*) \longrightarrow 0.$$

Le lemme 14 démontre que l'homomorphisme suivant est nul pour $n \neq 0$

$$\mathscr{H}_n[\gamma'_*] = \mathscr{H}_n[L(\gamma_*)].$$

Le quasi-homomorphisme du lemme 23 donne une égalité

$$\mathscr{H}_n[L(\gamma_*)] \circ \mathscr{H}_n[L(g_*)] = \mathrm{Id}.$$

Pour n non nul, l'homomorphisme $\mathscr{H}_n[L(\gamma_*)]$ est à la fois nul et surjectif. Le module $\mathscr{H}_n[L(E_*)]$ est donc nul, ce qui démontre la proposition (voir la proposition 5).

IX. Résolutions pas-à-pas

Description d'une méthode relativement souple pour la construction de résolutions simpliciales d'algèbres, méthode imitant une procédure connue de la topologie algébrique: celle d'attacher des cellules pour tuer des groupes d'homotopie.

a) Préliminaires. Désignons par $[n]$ l'ensemble des entiers de 0 à n et par $\{m,n\}$ l'ensemble des applications croissantes et surjectives de $[m]$ sur $[n]$. On va utiliser les applications suivantes.

Egalité 1. $e_n^i\colon [n-1] \to [n], \quad 0 \leqslant i \leqslant n \neq 0,$

$e_n^i(x) = x$ si $x < i$ et $e_n^i(x) = x+1$ si $x \geqslant i$.

Egalité 2. $s_n^i\colon [n+1] \to [n], \quad 0 \leqslant i \leqslant n,$

$s_n^i(x) = x$ si $x \leqslant i$ et $s_n^i(x) = x-1$ si $x > i$.

Les applications s_n^i sont surjectives. On a cinq égalités qui correspondent aux cinq égalités 4.2–4.6. La vérification en est immédiate.

Egalité 3. $e_n^j \circ e_{n-1}^i = e_n^i \circ e_{n-1}^{j-1}, \qquad 0 \leqslant i < j \leqslant n.$

Egalité 4. $s_n^j \circ s_{n+1}^i = s_n^i \circ s_{n+1}^{j+1}, \qquad 0 \leqslant i \leqslant j \leqslant n.$

Egalité 5. $s_n^j \circ e_{n+1}^i = e_n^i \circ s_{n-1}^{j-1}, \qquad 0 \leqslant i < j \leqslant n.$

Egalité 6. $s_n^j \circ e_{n+1}^i = \mathrm{Id}, \qquad i = j,\ j+1.$

Egalité 7. $s_n^j \circ e_{n+1}^i = e_n^{i-1} \circ s_{n-1}^j, \qquad 0 \leqslant j < i-1 \leqslant n.$

Il nous faut démontrer maintenant quelques lemmes techniques utiles pour la construction faite plus loin dans ce chapitre.

Lemme 8. *Soit une application croissante et surjective t de $[n+k]$ sur $[n]$. Alors il existe k entiers, qui ne sont pas uniques,*

$$0 \leqslant i_1 \leqslant n, \quad 0 \leqslant i_2 \leqslant n+1, \ldots, 0 \leqslant i_{k-1} \leqslant n+k-2, \quad 0 \leqslant i_k \leqslant n+k-1$$

donnant lieu à l'égalité

$$t = s_n^{i_1} \circ s_{n+1}^{i_2} \circ \cdots \circ s_{n+k-2}^{i_{k-1}} \circ s_{n+k-1}^{i_k}.$$

Démonstration. C'est immédiat par induction sur k une fois faite la remarque suivante. Une application croissante et surjective de $[m]$ sur $[n]$ avec $m \neq n$ peut être décomposée en une application croissante et surjective de $[m-1]$ sur $[n]$ et en une application croissante et surjective de $[m]$ sur $[m-1]$, qui est donc de la forme s_{m-1}^{i}. Dans le cas où m et n sont égaux, la seule application croissante et surjective de $[m]$ sur $[n]$ est l'application identité.

La décomposition du lemme 8 n'est pas unique, pourtant il existe un résultat d'unicité dans le sens suivant.

Lemme 9. *Soient un module simplicial E_*, un élément x de E_n et une application croissante et surjective t de $[n+k]$ sur $[n]$, donnée sous la forme suivante*

$$t = s_n^{i_1} \circ s_{n+1}^{i_2} \circ \cdots \circ s_{n+k-2}^{i_{k-1}} \circ s_{n+k-1}^{i_k}.$$

Alors l'élément de E_{n+k}

$$x_t = (\sigma_{n+k-1}^{i_k} \circ \sigma_{n+k-2}^{i_{k-1}} \circ \cdots \circ \sigma_{n+1}^{i_2} \circ \sigma_n^{i_1})(x)$$

ne dépend que de l'élément x et de l'application t.

Démonstration. D'après les égalités 4 et 4.3 on peut remplacer les k nombres entiers

$$(i_1, \ldots, i_r, i_{r+1}, \ldots, i_k) \quad \text{avec } i_r \geqslant i_{r+1}$$

par les k nombres entiers

$$(i_1, \ldots, i_{r+1}, i_r+1, \ldots, i_k) \quad \text{avec } i_{r+1} < i_r + 1$$

sans changer la valeur de l'application t et la valeur de l'élément x_t. On remarque que la somme des k nombres nouveaux est supérieure d'une unité à la somme des k nombres anciens. Ces sommes sont bornées par la somme

$$(n)+(n+1)+\cdots+(n+k-2)+(n+k-1).$$

Par conséquent l'opération précédente ne peut être répétée qu'un nombre fini de fois. Après ce nombre fini de fois, on retrouve la même application t et le même élément x_t, mais alors les k nombres entiers satisfont à la condition suivante

$$i_1 < i_2 < \cdots < i_{k-1} < i_k.$$

La démonstration du lemme est terminée si l'on démontre que l'application t détermine ces k nombres. Il suffit de démontrer que l'application t détermine les applications suivantes

$$s_{n+k-1}^{i_k} \quad \text{et} \quad s_n^{i_1} \circ s_{n+1}^{i_2} \circ \cdots \circ s_{n+k-2}^{i_{k-1}}.$$

Pour le voir on utilise les égalités 6 et 7 qui donnent les égalités suivantes

$$
\begin{aligned}
t\circ e^{j}_{n+k} &= s^{i_1}_{n}\circ s^{i_2}_{n+1}\circ\cdots\circ s^{i_{k-1}}_{n+k-2}\circ s^{i_k}_{n+k-1}\circ e^{j}_{n+k}\\
&= e^{j-k}_{n}\circ s^{i_1}_{n-1}\circ s^{i_2}_{n}\circ\cdots\circ s^{i_{k-1}}_{n+k-3}\circ s^{i_k}_{n+k-2} \qquad \text{si } j>i_k+1\\
&= s^{i_1}_{n}\circ s^{i_2}_{n+1}\circ\cdots\circ s^{i_{k-1}}_{n+k-2} \qquad \text{si } j=i_k+1.
\end{aligned}
$$

L'entier i_k est donc égal au plus grand entier $j\leqslant n+k-1$ pour lequel l'application $t\circ e^{j+1}_{n+k}$ est surjective; en outre cette surjection $t\circ e^{j+1}_{n+k}$ est égale à l'application

$$s^{i_1}_{n}\circ s^{i_2}_{n+1}\circ\cdots\circ s^{i_{k-1}}_{n+k-2}.$$

Le lemme est donc démontré.

Lemme 10. *Soient une application croissante et surjective t de $[p]$ sur $[q]$ et un entier $0\leqslant i\leqslant p$. Alors si l'application $t\circ e^{i}_{p}$ n'est pas surjective, il existe un et un seul entier $0\leqslant i'\leqslant q$ et une et une seule application croissante et surjective t' de $[p-1]$ sur $[q-1]$ donnant lieu à l'égalité*

$$t\circ e^{i}_{p}=e^{i'}_{q}\circ t'.$$

Démonstration. L'entier i' est le seul entier compris entre 0 et q qui n'appartient pas à l'image de l'application $t\circ e^{i}_{p}$.

Lemme 11. *Soient une application croissante et surjective t de $[p]$ sur $[q]$, un entier $0\leqslant i\leqslant p$, un module simplicial E_* et un élément x de E_q avec*

$$\varepsilon^{j}_{q}(x)=0,\qquad 0\leqslant j\leqslant q.$$

Alors l'élément $\varepsilon^{i}_{p}(x_t)$ est égal à $x_{t\circ e^{i}_{p}}$ si l'application $t\circ e^{i}_{p}$ est surjective et à 0 si elle ne l'est pas.

Démonstration. On procède par induction sur k égal à $p-q$. Le cas $k=0$ est donné par l'hypothèse. Pour passer de $k-1$ à k utilisons le lemme 8 et écrivons

$$t=s^{i_1}_{q}\circ s^{i_2}_{q+1}\circ\cdots\circ s^{i_{k-1}}_{q+k-2}\circ s^{i_k}_{q+k-1}.$$

Dans le cas $i<i_k$, on utilise les égalités 5 et 4.4. Ou bien l'application suivante est une surjection

$$t\circ e^{i}_{p}=s^{i_1}_{q}\circ s^{i_2}_{q+1}\circ\cdots\circ s^{i_{k-1}}_{q+k-2}\circ e^{i}_{q+k-1}\circ s^{i_k-1}_{q+k-2}$$

et l'hypothèse d'induction donne les égalités suivantes

$$
\begin{aligned}
\varepsilon^{i}_{p}(x_t) &= (\sigma^{i_k-1}_{q+k-2}\circ\varepsilon^{i}_{q+k-1}\circ\sigma^{i_{k-1}}_{q+k-2}\circ\cdots\circ\sigma^{i_2}_{q+1}\circ\sigma^{i_1}_{q})(x)\\
&= (\sigma^{i_k-1}_{q+k-2}\circ\varepsilon^{i}_{q+k-1})(x_{s^{i_1}_{q}\circ s^{i_2}_{q+1}\circ\cdots\circ s^{i_{k-1}}_{q+k-2}})\\
&= \sigma^{i_k-1}_{q+k-2}(x_{s^{i_1}_{q}\circ s^{i_2}_{q+1}\circ\cdots\circ s^{i_{k-1}}_{q+k-2}\circ e^{i}_{q+k-1}})\\
&= x_{s^{i_1}_{q}\circ s^{i_2}_{q+1}\circ\cdots\circ s^{i_{k-1}}_{q+k-2}\circ e^{i}_{q+k-1}\circ s^{i_k-1}_{q+k-2}}=x_{t\circ e^{i}_{p}}.
\end{aligned}
$$

Ou bien l'application suivante n'est pas une surjection

$$\ell \circ e_p^i = s_q^{i_1} \circ s_{q+1}^{i_2} \circ \cdots \circ s_{q+k-2}^{i_{k-1}} \circ e_{q+k-1}^i \circ s_{q+k-2}^{i_k-1}$$

et l'hypothèse d'induction donne les égalités suivantes

$$\begin{aligned} \varepsilon_p^i(x_\ell) &= (\sigma_{q+k-2}^{i_k-1} \circ \varepsilon_{q+k-1}^i \circ \sigma_{q+k-2}^{i_{k-1}} \circ \cdots \circ \sigma_{q+1}^{i_2} \circ \sigma_q^{i_1})(x) \\ &= (\sigma_{q+k-2}^{i_k-1} \circ \varepsilon_{q+k-1}^i)(x_{s_q^{i_1} \circ s_{q+1}^{i_2} \circ \cdots s_{q+k-2}^{i_{k-1}}}) = \sigma_{q+k-2}^{i_k-1}(0) = 0\,. \end{aligned}$$

Dans le cas $i_k < i-1$, on utilise les égalités 7 et 4.6 et on raisonne de manière analogue. Dans les cas $i = i_k$ ou i_k+1, on utilise les égalités 6 et 4.5. L'application suivante est une surjection

$$\ell \circ e_p^i = s_q^{i_1} \circ s_{q+1}^{i_2} \circ \cdots \circ s_{q+k-2}^{i_{k-1}}$$

et l'hypothèse d'induction donne les égalités suivantes

$$\varepsilon_p^i(x_\ell) = (\sigma_{q+k-2}^{i_{k-1}} \circ \cdots \circ \sigma_{q+1}^{i_2} \circ \sigma_q^{i_1})(x) = x_{\ell \circ e_p^i}\,.$$

Le lemme est démontré.

Considérons maintenant un anneau simplicial K_* et un ensemble Ω d'éléments ω_g de K_{d-1} satisfaisant tous à la condition suivante

$$\varepsilon_{d-1}^i(\omega_g) = 0, \qquad g \in G \quad \text{et} \quad 0 \leqslant i \leqslant d-1.$$

Pas de condition si d est égal à 1.

Définition 12. Pour un entier $n \geqslant 0$, l'anneau ΩK_n est égal à la K_n-algèbre libre ayant les générateurs suivants

$$z_{g,\ell} \quad \text{avec } g \in G \quad \text{et} \quad \ell \in \{n, d\}.$$

Définition 13. Pour un entier $0 \leqslant i \leqslant n$, l'homomorphisme σ_n^i de ΩK_n dans ΩK_{n+1} est l'homomorphisme d'anneaux qui prolonge l'homomorphisme σ_n^i de K_n dans K_{n+1} et qui envoie le générateur $z_{g,\ell}$ sur le générateur $z_{g,\ell \circ s_n^i}$.

Définition 14. Pour un entier $0 \leqslant i \leqslant n$, l'homomorphisme ε_n^i de ΩK_n dans ΩK_{n-1} est l'homomorphisme d'anneaux qui prolonge l'homomorphisme ε_n^i de K_n dans K_{n-1} et qui envoie le générateur $z_{g,\ell}$ sur le générateur $z_{g,\ell \circ e_n^i}$ si l'application $\ell \circ e_n^i$ est surjective, sur l'élément nul si l'application $\ell \circ e_n^i$ est égale à $e_d^{i'} \circ \ell'$ avec $i' \neq d$ et sur l'élément $\omega_{g,\ell'}$ (c'est-à-dire $(\omega_g)_{\ell'}$ calculé dans K_* dans le sens du lemme 9), si l'application $\ell \circ e_n^i$ est égale à $e_d^d \circ \ell'$.

Proposition 15. *Soient un anneau simplicial K_* et un ensemble Ω d'éléments ω_g de K_{d-1} satisfaisant à la condition*

$$\varepsilon_{d-1}^i(\omega_g) = 0, \qquad g \in G \quad \textit{et} \quad 0 \leqslant i \leqslant d-1.$$

Alors les anneaux ΩK_n *de la définition* 12, *les homomorphismes* ε_n^i *de la définition* 14 *et les homomorphismes* σ_n^i *de la définition* 13 *forment un anneau simplicial* ΩK_*.

Démonstration. Il faut établir les égalités 4.2.–4.6. On les sait satisfaites pour les éléments du sous-anneau K_n de l'anneau ΩK_n. Il suffit donc de les démontrer pour les générateurs $z_{g,t}$. Les égalités suivantes démontrent alors l'égalité 4.3

$$\begin{aligned}(\sigma_{n+1}^i \circ \sigma_n^j)(z_{g,t}) &= \sigma_{n+1}^i(z_{g,t\circ s_n^j}) = z_{g,t\circ s_n^j \circ s_{n+1}^i} = z_{g,t\circ s_n^i \circ s_{n+1}^{j+1}} \\ &= \sigma_{n+1}^{j+1}(z_{g,t\circ s_n^i}) = (\sigma_{n+1}^{j+1}\circ\sigma_n^i)(z_{g,t}).\end{aligned}$$

Pour vérifier l'égalité 4.4, il faut distinguer trois cas. Si l'application $t\circ e_n^i$ est surjective, alors l'application

$$t\circ s_n^j \circ e_{n+1}^i = t\circ e_n^i \circ s_{n-1}^{j-1}$$

est aussi surjective. Les égalités suivantes démontrent alors l'égalité 4.4

$$\begin{aligned}(\varepsilon_{n+1}^i \circ \sigma_n^j)(z_{g,t}) &= \varepsilon_{n+1}^i(z_{g,t\circ s_n^j}) = z_{g,t\circ s_n^j \circ e_{n+1}^i} = z_{g,t\circ e_n^i \circ s_n^{j-1}} \\ &= \sigma_{n-1}^{j-1}(z_{g,t\circ e_n^i}) = (\sigma_{n-1}^{j-1}\circ\varepsilon_n^i)(z_{g,t}).\end{aligned}$$

Si l'application $t\circ e_n^i$ est égale à $e_d^{i'}\circ t'$ avec $i' \neq d$, on utilise les égalités

$$t\circ s_n^j \circ e_{n+1}^i = t\circ e_n^i \circ s_{n-1}^{j-1} = e_d^{i'} \circ t' \circ s_{n-1}^{j-1}.$$

Les égalités suivantes démontrent alors l'égalité 4.4

$$\begin{aligned}(\varepsilon_{n+1}^i \circ \sigma_n^j)(z_{g,t}) &= \varepsilon_{n+1}^i(z_{g,t\circ s_n^j}) = 0, \\ (\sigma_{n-1}^{j-1}\circ\varepsilon_n^i)(z_{g,t}) &= \sigma_{n-1}^{j-1}(0) = 0.\end{aligned}$$

Si l'application $t\circ e_n^i$ est égale à $e_d^d\circ t'$, on utilise les égalités

$$t\circ s_n^j \circ e_{n+1}^i = t\circ e_n^i \circ s_n^{j-1} = e_d^d \circ t' \circ s_{n-1}^{j-1}.$$

Les égalités suivantes démontrent alors l'égalité 4.4

$$(\varepsilon_{n+1}^i \circ \sigma_n^j)(z_{g,t}) = \varepsilon_{n+1}^i(z_{g,t\circ s_n^j}) = \omega_{g,t'\circ s_n^{j-1}} = \sigma_{n-1}^{j-1}(\omega_{g,t'}) = (\sigma_{n-1}^{j-1}\circ\varepsilon_n^i)(z_{g,t}).$$

De manière analogue, on vérifie l'égalité 4.6. Pour vérifier l'égalité 4.5, on remarque que l'application suivante est une surjection

$$t\circ s_n^j \circ e_{n+1}^i = t.$$

Les égalités suivantes démontrent alors l'égalité 4.5

$$(\varepsilon_{n+1}^i \circ \sigma_n^j)(z_{g,t}) = \varepsilon_{n+1}^i(z_{g,t\circ s_n^j}) = z_{g,t\circ s_n^j \circ e_{n+1}^i} = z_{g,t}.$$

Enfin l'égalité 4.2 est satisfaite, si l'on démontre que l'élément suivant est complètement déterminé par l'application suivante

$$(\varepsilon^i_{n-1} \circ \varepsilon^j_n)(z_{g,\ell}) \quad \text{par} \quad e^j_n \circ e^i_{n-1} .$$

Le lemme suivant démontre donc la proposition.

Lemme 16. *L'élément* $(\varepsilon^i_{n-1} \circ \varepsilon^j_n)(z_{g,\ell})$ *de la définition* 12 *et de la proposition* 15 *est égal à l'élément* $z_{g,\ell \circ e^j_n \circ e^i_{n-1}}$ *si l'application* $\ell \circ e^j_n \circ e^i_{n-1}$ *est surjective, à l'élément* $\omega_{g,\ell'}$ *si cette application a la forme* $e^d_d \circ \ell'$ *et à l'élément* 0 *si cette application a une autre forme.*

Démonstration. Si l'application $\ell \circ e^j_n \circ e^i_{n-1}$ est surjective, l'application $\ell \circ e^j_n$ est aussi surjective et on a les égalités suivantes

$$(\varepsilon^i_{n-1} \circ \varepsilon^j_n)(z_{g,\ell}) = \varepsilon^i_{n-1}(z_{g,\ell \circ e^j_n}) = z_{g,\ell \circ e^j_n \circ e^i_{n-1}} .$$

Si l'application $\ell \circ e^j_n \circ e^i_{n-1}$ a la forme $e^d_d \circ \ell'$, il faut distinguer deux cas. Dans le premier cas, l'application $\ell \circ e^j_n$ est surjective et on a les égalités suivantes

$$(\varepsilon^i_{n-1} \circ \varepsilon^j_n)(z_{g,\ell}) = \varepsilon^i_{n-1}(z_{g,\ell \circ e^j_n}) = \omega_{g,\ell'} .$$

Dans le deuxième cas, l'application $\ell \circ e^j_n$ a la forme $e^d_d \circ \ell''$, l'application $\ell'' \circ e^i_{n-1}$ est alors égale à ℓ' et on a les égalités suivantes d'après le lemme 11

$$(\varepsilon^i_{n-1} \circ \varepsilon^j_n)(z_{g,\ell}) = \varepsilon^i_{n-1}(\omega_{g,\ell''}) = \omega_{g,\ell'' \circ e^i_{n-1}} = \omega_{g,\ell'} .$$

Si l'application $\ell \circ e^j_n \circ e^i_{n-1}$ a une autre forme, il faut distinguer trois cas. Dans le premier cas, l'application $\ell \circ e^j_n$ est surjective, l'application $\ell \circ e^j_n \circ e^i_{n-1}$ est alors égale à $e^{i'}_d \circ \ell'$ avec $i' \neq d$ et on a les égalités suivantes

$$(\varepsilon^i_{n-1} \circ \varepsilon^j_n)(z_{g,\ell}) = \varepsilon^i_{n-1}(z_{g,\ell \circ e^j_n}) = 0 .$$

Dans le deuxième cas, l'application $\ell \circ e^j_n$ a la forme $e^{i'}_d \circ \ell'$ avec $i' \neq d$ et on a les égalités suivantes

$$(\varepsilon^i_{n-1} \circ \varepsilon^j_n)(z_{g,\ell}) = \varepsilon^i_{n-1}(0) = 0 .$$

Dans le troisième cas, l'application $\ell \circ e^j_n$ a la forme $e^d_d \circ \ell'$ et l'application $\ell' \circ e^i_{n-1}$ n'est pas surjective, alors on a les égalités suivantes d'après le lemme 11

$$(\varepsilon^i_{n-1} \circ \varepsilon^j_n)(z_{g,\ell}) = \varepsilon^i_{n-1}(\omega_{g,\ell'}) = 0 .$$

Le lemme est alors démontré.

Remarque 17. L'ensemble $\{d, d\}$ a un seul élément u et par conséquent la K_d-algèbre libre ΩK_d est engendrée par les éléments z_g égaux aux éléments $z_{g,u}$. Mais alors l'élément $(z_g)_\ell$ du lemme 9 appliqué à l'anneau simplicial ΩK_* est égal à l'élément $z_{g,\ell}$ de la définition 12 appliquée à l'anneau simplicial K_* et à l'ensemble Ω. En outre, les générateurs z_g satisfont à l'égalité suivante.

Egalité 18. L'homomorphisme ε_d^i de l'anneau simplicial ΩK_* envoie le générateur z_g de la K_d-algèbre libre ΩK_d sur l'élément nul si i et d sont différents et sur l'élément ω_g de K_{d-1} égal à ΩK_{d-1} si i et d sont égaux.

b) Constructions. Voici les propriétés essentielles de la construction qui vient d'être faite.

Proposition 19. *Soient un anneau simplicial K_* et un ensemble Ω d'éléments ω_g de K_{d-1} satisfaisant à la condition*

$$\varepsilon_{d-1}^i(\omega_g)=0, \quad g\in G \quad et \quad 0\leqslant i\leqslant d-1.$$

Alors l'anneau simplicial ΩK_* jouit des propriétés suivantes

1) *l'anneau simplicial K_* est un sous-anneau simplicial de l'anneau simplicial ΩK_*,*

2) *pour tout entier n, la K_n-algèbre ΩK_n est libre,*

3) *pour tout entier $n<d$, les anneaux K_n et ΩK_n sont égaux,*

4) *pour tout entier n, les anneaux K_n et ΩK_n sont égaux si l'ensemble d'indices G est vide,*

5) *pour tout entier n, la K_n-algèbre ΩK_n est de type fini si l'ensemble d'indices G est fini,*

6) *pour tout entier $n<d-1$, l'homomorphisme naturel de $\pi_n(K_*)$ dans $\pi_n(\Omega K_*)$ est un isomorphisme,*

7) *l'homomorphisme naturel de $\pi_{d-1}(K_*)$ dans $\pi_{d-1}(\Omega K_*)$ est un épimorphisme. Son noyau est le sous-module du K_{d-1}-module $\pi_{d-1}(K_*)$ engendré par les éléments $\bar{\omega}_g$ de $\pi_{d-1}(K_*)$ que représentent les éléments ω_g de K_{d-1}.*

Démonstration. Les cinq premières propriétés découlent immédiatement de la définition 12 et de la remarque suivante. L'ensemble $\{n,d\}$ est fini, et même vide si n est inférieur à d. La propriété 3 implique la propriété 6. Il reste à établir la propriété 7. La structure de K_{d-1}-module de $\pi_{d-1}(K_*)$ est due au lemme 8.4.

Utilisons les notations du lemme 8.4. Considérons donc les idéaux I_{d-1} et J_{d-1} de l'anneau K_{d-1}, idéaux dont le quotient donne le module $\pi_{d-1}(K_*)$, et les idéaux I'_{d-1} et J'_{d-1} de l'anneau ΩK_{d-1}, idéaux dont le quotient donne le module $\pi_{d-1}(\Omega K_*)$. Il s'agit d'étudier l'homomorphisme naturel

$$I_{d-1}/J_{d-1}\to I'_{d-1}/J'_{d-1}.$$

En fait la propriété 3 donne la situation simple suivante

$$K_{d-1}=\Omega K_{d-1}, \qquad I_{d-1}=I'_{d-1}, \qquad J_{d-1}\subset J'_{d-1}.$$

L'homomorphisme ci-dessus est un épimorphisme. Les éléments ω_g appartiennent à I_{d-1} et représentent les éléments $\bar{\omega}_g$ de I_{d-1}/J_{d-1}. Le noyau de l'épimorphisme ci-dessus est le K_{d-1}-module engendré par les éléments $\bar{\omega}_g$ si et seulement si l'idéal J'_{d-1} de K_{d-1} est engendré par les éléments de l'idéal J_{d-1} et par les éléments ω_g.

Grâce à l'égalité 18, il est clair que non seulement les éléments de J_{d-1} mais encore les éléments ω_g appartiennent à J'_{d-1}. Inversément, considérons un élément x de J'_{d-1}. Il existe donc un élément y de ΩK_d avec

$$\varepsilon^i_d(y)=0 \quad \text{si } 0\leqslant i<d \quad \text{et } \varepsilon^d_d(y)=x.$$

On peut écrire y sous la forme suivante

$$y=\alpha+\sum \beta_g z_g, \qquad \alpha\in K_d \quad \text{et } \beta_g\in\Omega K_d.$$

D'après l'égalité 18, pour $i\neq d$ l'élément $\varepsilon^i_d(z_g)$ est nul et par suite l'élément $\varepsilon^i_d(\alpha)$ est nul. Autrement dit $\varepsilon^d_d(\alpha)$ est un élément de J_{d-1}. L'élément

$$x=\varepsilon^d_d(y)=\varepsilon^d_d(\alpha)+\sum \varepsilon^d_d(\beta_g)\varepsilon^d_d(z_g)=\varepsilon^d_d(\alpha)+\sum \varepsilon^d_d(\beta_g)\omega_g$$

appartient donc non seulement à l'idéal J'_{d-1} mais encore à l'idéal engendré par les éléments de J_{d-1} et par les éléments ω_g, ce qui restait à démontrer.

Définition 20. Une *résolution pas-à-pas* (K_*,Ω^*) d'une A-algèbre B est formée d'une part d'une A-algèbre simpliciale augmentée K_* et d'autre part d'un ensemble Ω^m pour chaque entier $m\geqslant 0$. L'homomorphisme d'augmentation est un homomorphisme de la A-algèbre K_0 sur la A-algèbre B. L'ensemble Ω^m est formé d'éléments de l'anneau

$$\Omega^{m-1}\Omega^{m-2}\dots\Omega^1\Omega^0 K_m$$

éléments satisfaisant à la condition suivante si m n'est pas nul

$$\varepsilon^i_m(\omega)=0, \qquad 0\leqslant i\leqslant m.$$

En outre les conditions suivantes doivent être satisfaites.

Condition 21. Pour tout $n\geqslant 0$, la A-algèbre K_n est libre.

Condition 22. Le noyau de la surjection de l'anneau $\pi_0(K_*)$ sur l'anneau B est engendré, comme idéal, par les images dans $\pi_0(K_*)$ des éléments de $\Omega^0\subset K_0$.

Condition 23. Pour tout $m\geqslant 1$, les images des éléments de Ω^m dans le module suivant défini sur l'anneau suivant

$$\pi_m(\Omega^{m-1}\dots\Omega^0 K_*) \quad \text{sur } \Omega^{m-1}\dots\Omega^0 K_m$$

y forment un système de générateurs.

Définition 24. Considérons une résolution pas-à-pas (K_*, Ω^*) de la A-algèbre B et utilisons la notation suivante

$$K_*^m = \Omega^m \dots \Omega^0 K_*.$$

Considérons la chaîne croissante de A-algèbres simpliciales

$$K_* \subset K_*^0 \subset \dots \subset K_*^m \subset K_*^{m+1} \subset \dots .$$

D'après la troisième partie de la proposition 19, on a une égalité

$$K_n^{m-1} = K_n^m \quad \text{si } n \leqslant m.$$

On peut donc passer sans autre à la limite et définir une A-algèbre simpliciale $\Omega^* K_*$ grâce à l'égalité suivante en degré n

$$\Omega^* K_n = K_n^m \quad \text{si } n-1 \leqslant m.$$

Proposition 25. *Soit une résolution pas-à-pas* (K_*, Ω^*) *de la* A*-algèbre* B. *Alors la* A*-algèbre simpliciale* $\Omega^* K_*$ *est une résolution simpliciale de la* A*-algèbre* B. *Cette résolution simpliciale jouit des propriétés suivantes*

1) *l'algèbre simpliciale* K_* *est une sous-algèbre simpliciale de l'algèbre simpliciale* $\Omega^* K_*$,

2) *pour tout entier* $n \geqslant 0$, *la* K_n*-algèbre* $\Omega^* K_n$ *est libre,*

3) *les algèbres* K_0 *et* $\Omega^* K_0$ *sont égales,*

4) *les algèbres* K_n *et* $\Omega^* K_n$ *sont égales si les ensembles* $\Omega^0, \Omega^1, \dots, \Omega^{n-1}$ *sont vides,*

5) *la* K_n*-algèbre* $\Omega^* K_n$ *est de type fini si les ensembles* $\Omega^0, \Omega^1, \dots, \Omega^{n-1}$ *sont finis.*

Démonstration. La première propriété découle de la définition et la troisième propriété est un cas particulier de la quatrième. Considérons maintenant les algèbres suivantes

$$K_n \to K_n^0 = \Omega^0 K_n, \quad K_n^0 \to K_n^1 = \Omega^1 K_n^0, \dots, K_n^{n-2} \to K_n^{n-1} = \Omega^{n-1} K_n^{n-2}.$$

D'après la proposition 19, elles sont libres en général, triviales si les ensembles $\Omega^0, \dots, \Omega^{n-1}$ sont vides, de type fini si les ensembles $\Omega^0, \dots, \Omega^{n-1}$ sont finis. Par composition, on obtient la K_n-algèbre $\Omega^* K_n$ qui est donc libre en général, triviale dans le premier cas particulier, de type fini dans le deuxième cas particulier. Les cinq propriétés sont ainsi démontrées. En particulier la A-algèbre $\Omega^* K_n$ est libre, comme la A-algèbre K_n. Il reste à démontrer que $\Omega^* K_*$ est une algèbre simpliciale augmentée acyclique.

Supposons l'entier n différent de zéro et utilisons les égalités suivantes

$$\Omega^* K_i = K_i^n = \Omega^n K_i^{n-1}, \qquad i = n-1, n, n+1.$$

Il en découle l'égalité suivante

$$\pi_n(\Omega^* K_*) \cong \pi_n(\Omega^n K_*^{n-1}).$$

D'après la septième partie de la proposition 19, il s'agit du quotient du module $\pi_n(K_*^{n-1})$ par le sous-module engendré par les éléments représentés par les éléments de l'ensemble Ω^n. D'après la condition 23, le sous-module en question est égal au module tout entier. Le quotient considéré est donc nul, autrement dit le module d'homotopie $\pi_n(\Omega^* K_*)$ est nul. On a de même l'égalité

$$\pi_0(\Omega^* K_*) \cong \pi_0(\Omega^0 K_*).$$

D'après la septième partie de la proposition 19, il s'agit du quotient de l'anneau $\pi_0(K_*)$ par l'idéal engendré par les éléments représentés par les éléments de l'ensemble Ω^0. D'après la condition 22, l'idéal en question est égal au noyau de la surjection de $\pi_0(K_*)$ sur B donnée par l'augmentation de K_*. Autrement dit les A-algèbres $\pi_0(\Omega^* K_*)$ et B sont isomorphes. Les conditions 4.31–4.33 sont ainsi satisfaites et la proposition est démontrée.

Utilisons maintenant les résolutions pas-à-pas pour démontrer des résultats concernant l'existence de résolutions simpliciales (théorèmes 4.44–4.46).

Théorème 26. *Une A-algèbre B possède une résolution simpliciale B_*.*

Démonstration. D'après la proposition 25, il suffit de trouver une résolution pas-à-pas (K_*, Ω^*) de la A-algèbre B et de considérer la résolution simpliciale B_* égale à $\Omega^* K_*$ de la A-algèbre B. On commence par choisir une A-algèbre libre K et un idéal I de manière à obtenir un isomorphisme de la A-algèbre K/I sur la A-algèbre B. Par exemple la A-algèbre libre K a un générateur pour chaque élément de la A-algèbre B et la surjection de K sur B envoie chaque générateur de K sur l'élément de B auquel il correspond. On considère alors la A-algèbre simpliciale K_* égale à la A-algèbre simpliciale $\bar{K}$ avec l'augmentation due à la surjection de K sur B. Cela étant, considérons l'égalité suivante (remarque 4.14)

$$\pi_0(K_*) \cong \pi_0(\bar{K}) \cong K.$$

Le noyau de la surjection de $\pi_0(K_*)$ sur B est donc égal à I. On choisit maintenant un système de générateurs Ω^0 de l'idéal I et la condition 22 est satisfaite. Par exemple l'ensemble Ω^0 est égal à l'ensemble I. Le choix des autres ensembles Ω^n se fait par induction. Supposons avoir déjà choisi les ensembles $\Omega^0, \Omega^1, \ldots, \Omega^{n-1}$ de manière à satisfaire aux conditions 22 et 23. L'anneau simplicial $\Omega^{n-1} \ldots \Omega^0 K_*$ est alors bien défini. On choisit comme ensemble Ω^n un ensemble d'éléments

$$\omega \in \Omega^{n-1} \ldots \Omega^0 K_n \quad \text{avec } \varepsilon_n^i(\omega) = 0, \quad 0 \leqslant i \leqslant n$$

en nombre suffisant pour que la condition 23 soit satisfaite aussi en degré n. Les images des éléments ω dans le module suivant défini sur l'anneau suivant

$$\bar{\omega} \in \pi_n(\Omega^{n-1} \ldots \Omega^0 K_*) \quad \text{sur} \quad \Omega^{n-1} \ldots \Omega^0 K_n$$

doivent y former un système de générateurs. Par exemple, l'ensemble Ω^n est formé de tous les éléments ω de l'anneau en question dont les images $\varepsilon_n^i(\omega)$ sont nulles. C'est ainsi que l'on construit une résolution pas-à-pas de la A-algèbre B.

Théorème 27. *Une A-algèbre B possède une résolution simpliciale B_* dont l'algèbre B_0 est égale à l'algèbre A, si l'anneau B est un quotient de l'anneau A.*

Démonstration. D'après la proposition 25, il suffit de trouver une résolution pas-à-pas (K_*, Ω^*) de la A-algèbre B avec K_0 égal à A et de considérer la résolution simpliciale B_* égale à $\Omega^* K_*$ de la A-algèbre B. Pour cela on utilise la démonstration du théorème précédent en choisissant la A-algèbre K égale à la A-algèbre A.

Théorème 28. *Une A-algèbre B possède une résolution simpliciale B_* dont chacune des A-algèbres B_n est de type fini, si l'anneau A est noethérien et si l'algèbre B est de type fini.*

Démonstration. D'après la proposition 25, il suffit de trouver une résolution pas-à-pas (K_*, Ω^*) de la A-algèbre B dont toutes les algèbres K_n sont de type fini et dont tous les ensembles Ω^n sont finis et de considérer la résolution simpliciale B_* égale à $\Omega^* K_*$ de la A-algèbre B. Pour cela on complète la démonstration du théorème 26 de la manière suivante. On commence par choisir une A-algèbre K de type fini, ce qui est possible puisque la A-algèbre B est de type fini. Puis on choisit un système fini de générateurs Ω^0 de l'idéal I, ce qui est possible puisque l'anneau K est noethérien (algèbre de type fini sur un anneau noethérien). Pour le cas général, supposons avoir déjà choisi les ensembles finis $\Omega^0, \Omega^1, \ldots, \Omega^{n-1}$. D'après la cinquième partie de la proposition 19, l'anneau $\Omega^{n-1} \ldots \Omega^0 K_n$ est une algèbre de type fini sur l'anneau noethérien K_n. Il s'agit donc d'un anneau noethérien. D'après le lemme 8.4, le module suivant est de type fini sur l'anneau suivant

$$\pi_n(\Omega^{n-1} \ldots \Omega^0 K_*) \quad \text{sur} \quad \Omega^{n-1} \ldots \Omega^0 K_n.$$

Il est donc possible d'y choisir un système fini de générateurs et par conséquent de choisir un ensemble fini Ω^n. Le théorème est ainsi démontré.

Remarque 29. Dans la construction de la résolution pas-à-pas (K_*, Ω^*) de la A-algèbre B, décrite dans la démonstration du théorème 26, on peut utiliser comme algèbre simpliciale initiale K_* n'importe laquelle algèbre simpliciale augmentée, donnée à priori, pourvu que les A-algèbres K_n soient libres. On a le résultat plus précis suivant.

Proposition 30. *Soient une A-algèbre B, une A-algèbre simpliciale K_* dont toutes les A-algèbres K_n sont libres et un homomorphisme e de la A-algèbre $\pi_0(K_*)$ dans la A-algèbre B. Alors il existe une résolution simpliciale B_* de la A-algèbre B avec les propriétés suivantes*

1) *la A-algèbre simpliciale K_* est une sous-algèbre simpliciale de la A-algèbre simpliciale B_*,*

2) *pour tout $n \geqslant 0$, la K_n-algèbre B_n est libre,*

3) *les A-algèbres K_0 et B_0 sont égales si l'homomorphisme e est surjectif,*

4) *les A-algèbres K_n et B_n sont égales pour $0 \leqslant n \leqslant k$ si l'homomorphisme e est un isomorphisme et si le module $\pi_m(K_*)$ est nul pour $0 < m < k$.*

Démonstration. Si l'homomorphisme e est surjectif, on peut considérer la A-algèbre simpliciale augmentée K_*. Comme dans la démonstration du théorème 26, on peut construire une résolution pas-à-pas (K_*, Ω^*) de la A-algèbre B et considérer la résolution simpliciale B_* égale à $\Omega^* K_*$ de la A-algèbre B. D'après la définition 24, il est clair que les trois propriétés suivantes sont satisfaites. L'algèbre simpliciale K_* est une sous-algèbre simpliciale de l'algèbre simpliciale B_*. Les K_n-algèbres B_n sont libres. Les algèbres K_0 et B_0 sont égales. La proposition est donc démontrée lorsque l'homomorphisme e est surjectif.

Si l'homomorphisme e est un isomorphisme, l'ensemble Ω^0 peut être choisi vide. En outre si les ensembles $\Omega^0, \ldots, \Omega^{k-2}$ sont vides et si le module $\pi_{k-1}(K_*)$ est nul, le module suivant est nul

$$\pi_{k-1}(\Omega^{k-2} \ldots \Omega^0 K_*).$$

L'ensemble Ω^{k-1} peut donc être choisi vide lui aussi. Les ensembles $\Omega^0, \ldots, \Omega^{k-1}$ étant vides, on a l'égalité suivante d'après la proposition 25

$$K_k = \Omega^* K_k = B_k.$$

La dernière partie de la proposition est donc démontrée.

Le cas général de la proposition découle du cas particulier où l'homomorphisme e est surjectif, grâce à la remarque suivante. La A-algèbre simpliciale K_* est une sous-algèbre simpliciale d'une A-algèbre simpliciale L_* jouissant des propriétés suivantes. D'une part les K_n-algèbres L_n sont libres, d'autre part, il existe un homomorphisme f de la A-algèbre $\pi_0(L_*)$ sur la A-algèbre B. En effet, on peut considérer la A-algèbre simpliciale

$$L_* = K_* \otimes_A L$$

où L est une A-algèbre libre dont la A-algèbre B est un quotient.

De ce qui précède découle une généralisation de la proposition 4.54.

Proposition 31. *Soient deux A-algèbres B et C et un $B\otimes_A C$-module W. Supposons satisfaite la condition suivante*

$$\mathrm{Tor}_m^A(B,C)\cong 0, \quad 0<m<k.$$

Alors les homomorphismes naturels

$$H_n(A,B,W)\to H_n(C,B\otimes_A C,W) \quad et \quad H^n(C,B\otimes_A C,W)\to H^n(A,B,W)$$

sont des isomorphismes pour $n<k$, un épimorphisme, respectivement un monomorphisme, pour $n=k$.

Démonstration. Considérons une résolution simpliciale B_* de la A-algèbre B et l'algèbre simpliciale K_* égale à $B_*\otimes_A C$. Les C-algèbres K_n sont libres car les A-algèbres B_n sont libres. Du lemme 4.35 découle l'isomorphisme suivant

$$\mathscr{H}_n[K_*]\cong \mathscr{H}_n[B_*\otimes_A C]\cong \mathrm{Tor}_n^A(B,C).$$

Il s'agit donc de $B\otimes_A C$ si n est nul et du module nul si n est compris entre 0 et k. Appliquons la proposition 30. Il existe une résolution simpliciale X_* de la C-algèbre $B\otimes_A C$ contenant l'algèbre simpliciale $B_*\otimes_A C$ avec l'égalité suivante

$$B_n\otimes_A C=K_n, \quad 0\leqslant n\leqslant k.$$

Considérons maintenant l'homomorphisme suivant de complexes (définition 4.41)

$$R_*(A,B_*,W)\to R_*(C,X_*,W).$$

Il s'agit d'un isomorphisme en degré $n\leqslant k$ et d'un monomorphisme en degré quelconque. En effet le lemme 1.13 donne un isomorphisme

$$\mathrm{Dif}(A,B_n,W)\cong \mathrm{Dif}(C,B_n\otimes_A C,W)$$

et le lemme 1.22 donne un monomorphisme, la $B_n\otimes_A C$-algèbre X_n étant libre,

$$\mathrm{Dif}(C,B_n\otimes_A C,W)\to \mathrm{Dif}(C,X_n,W)$$

monomorphisme qui est un isomorphisme pour $n\leqslant k$. Mais alors l'homomorphisme naturel (définition 4.41)

$$D_n(A,B_*,W)\to D_n(C,X_*,W)$$

est un isomorphisme pour $n<k$ et un épimorphisme pour $n=k$. D'après le théorème 4.43, il s'agit de l'homomorphisme naturel

$$H_n(A,B,W)\to H_n(C,B\otimes_A C,W).$$

On démontre de manière analogue le résultat pour les modules de cohomologie.

c) Naturalité. Les questions de naturalité, c'est-à-dire de fonctorialité, ont été négligées à plusieurs reprises soit dans ce chapitre, soit dans les chapitres précédents, pour ne pas alourdir le texte. Il est nécessaire maintenant de faire au moins quelques remarques à ce sujet.

Remarque 32. La construction ΩK_* des définitions 12–14 et de la proposition 15 est naturelle dans le sens suivant. Considérons un homomorphisme d'anneaux simpliciaux et un homomorphisme d'ensembles

$$\lambda_*: K_* \to K'_* \quad \text{et} \quad \mu: \Omega \to \Omega'$$

l'ensemble Ω étant formé d'éléments ω de K_{d-1} et l'ensemble Ω' étant formé d'éléments ω' de K'_{d-1} avec les conditions

$$\varepsilon^i_{d-1}(\omega)=0 \quad \text{et} \quad \varepsilon^i_{d-1}(\omega')=0, \qquad 0 \leqslant i \leqslant d-1$$

et l'application μ étant la restriction de l'homomorphisme λ_{d-1}. Alors il existe un homomorphisme naturel d'anneaux simpliciaux

$$\mu\lambda_*: \Omega K_* \to \Omega' K'_*.$$

L'image du générateur de ΩK_d correspondant à l'élément ω de Ω est égale au générateur de $\Omega' K'_d$ correspondant à l'élément ω' de Ω' égal à $\mu(\omega)$ (voir la remarque 17).

Remarque 33. La construction $\Omega^* K_*$ de la définition 24 et de la proposition 25 est naturelle dans le sens suivant. Considérons un homomorphisme d'anneaux simpliciaux et des homomorphisme d'ensembles

$$\lambda_*: K_* \to K'_* \quad \text{et} \quad \mu^n: \Omega^n \to \Omega'^n, \qquad n \geqslant 0$$

l'ensemble Ω^n étant formé d'éléments

$$\omega \in \Omega^{n-1} \dots \Omega^0 K_n \quad \text{avec} \quad \varepsilon^i_n(\omega)=0 \quad \text{si} \quad 0 \leqslant i \leqslant n$$

l'ensemble Ω'^n étant formé d'éléments

$$\omega' \in \Omega'^{n-1} \dots \Omega'^0 K'_n \quad \text{avec} \quad \varepsilon^i_n(\omega')=0 \quad \text{si} \quad 0 \leqslant i \leqslant n$$

et l'application μ^n étant la restriction de l'homomorphisme suivant dû à la remarque 32

$$\mu^{n-1} \dots \mu^0 \lambda_n: \Omega^{n-1} \dots \Omega^0 K_n \to \Omega'^{n-1} \dots \Omega'^0 K'_n.$$

Alors il existe un homomorphisme naturel d'anneaux simpliciaux

$$\mu^* \lambda_*: \Omega^* K_* \to \Omega'^* K'_*$$

qui prolonge l'homomorphisme λ_*.

Remarque 34. Les résolutions simpliciales des théorèmes 26 et 27 peuvent être construites de manière fonctorielle. A un homomorphisme de la A-algèbre B dans la A'-algèbre B' correspondent non seulement une résolution simpliciale B_* de la A-algèbre B et une résolution simpliciale B'_* de la A'-algèbre B', mais encore un homomorphisme de la première dans la deuxième dans le sens de la définition 4.34. Pour cela, on associe à la A-algèbre B quelconque la résolution simpliciale B_* définie comme suit. On commence par considérer la A-algèbre libre K ayant un générateur pour chaque élément de B dans le cas du théorème 26 et n'ayant aucun générateur dans le cas du théorème 27. Puis on considère l'ensemble Ω^0 égal au noyau de la surjection de K sur B. Enfin, chacun des ensembles Ω^n pour $n>0$ est choisi «maximal», c'est-à-dire formé de tous les éléments de l'anneau $\Omega^{n-1} \dots \Omega^0 K_n$ dont les images par ε_n^i sont nulles pour tout i.

Voilà en ce qui concerne la construction effective de résolutions simpliciales. Abordons maintenant un autre problème. La A-algèbre B étant fixée, il est nécessaire de pouvoir passer d'une résolution simpliciale à l'autre de manière raisonnable. Dans une large mesure, les deux lemmes suivants sont suffisants.

Lemme 35. *Soient deux résolutions simpliciales B'_* et B''_* de la A-algèbre B. Alors il existe une résolution simpliciale B_* de la A-algèbre B et deux homomorphismes de résolutions simpliciales*

$$B'_* \to B_* \quad \text{et} \quad B''_* \to B_*$$

qui, pour tout n, font de B_n à la fois une B'_n-algèbre libre et une B''_n-algèbre libre.

Démonstration. On applique la proposition 30 avec la A-algèbre simpliciale suivante et l'homomorphisme e dû au produit

$$K_* = B'_* \bar{\otimes}_A B''_* \quad \text{et} \quad \pi_0(K_*) \cong B \otimes_A B \to B .$$

Lemme 36. *Soient deux homomorphismes de résolutions simpliciales de la A-algèbre B*

$$C_* \xrightarrow{\alpha'} B'_* \quad \text{et} \quad C_* \xrightarrow{\alpha''} B''_*$$

qui, pour tout n, font de B'_n et de B''_n deux C_n-algèbres libres. Alors il existe une résolution simpliciale B_* de la A-algèbre B et deux homomorphismes de résolutions simpliciales

$$B'_* \xrightarrow{\beta'} B_* \quad \text{et} \quad B''_* \xrightarrow{\beta''} B_*$$

qui, pour tout n, font de B_n à la fois une B'_n-algèbre libre et une B''_n-algèbre libre et pour lesquels $\beta' \circ \alpha'$ et $\beta'' \circ \alpha''$ sont égaux.

Démonstration. On applique la proposition 30 avec la A-algèbre simpliciales (définition 8.12)

$$K_* = B'_* \otimes_{C_*} B''_*$$

qui est à la fois une B'_n-algèbre libre et une B''_n-algèbre libre en chaque degré n.

Lorsque l'algèbre considérée n'est plus fixe, il est utile de disposer du résultat suivant.

Proposition 37. *Soient un homomorphisme de la A-algèbre B dans la A'-algèbre B' et une résolution simpliciale B_* de la A-algèbre B. Alors il existe une résolution simpliciale B'_* de la A'-algèbre B' jouissant des propriétés suivantes*

1) *la A'-algèbre simpliciale $B_* \otimes_A A'$ est une sous-algèbre simpliciale de la A'-algèbre simpliciale B'_*,*

2) *pour tout $n \geqslant 0$, la $B_n \otimes_A A'$-algèbre B'_n est libre,*

3) *les algèbres $B_0 \otimes_A A'$ et B'_0 sont égales si l'homomorphisme de $B \otimes_A A'$ dans B' est un épimorphisme,*

4) *les algèbres $B_1 \otimes_A A'$ et B'_1 sont égales si l'homomorphisme de $B \otimes_A A'$ dans B' est un isomorphisme.*

Démonstration. On applique la proposition 30 à la A'-algèbre B' et à la A'-algèbre simpliciale $B_* \otimes_A A'$ en tenant compte de l'isomorphisme

$$\pi_0(B_* \otimes_A A') \cong B \otimes_A A'.$$

Corollaire 38. *Soit un homomorphisme (α, β) de la A-algèbre B dans la A'-algèbre B', l'anneau B étant le quotient de l'anneau A par l'idéal I et l'anneau B' étant le quotient de l'anneau A' par l'idéal I'. Alors il existe une résolution simpliciale B_* de la A-algèbre B et une résolution simpliciale B'_* de la A'-algèbre B' jouissant des propriétés suivantes*

1) *la A'-algèbre simpliciale $B_* \otimes_A A'$ est une sous-algèbre simpliciale de la A'-algèbre simpliciale B'_*,*

2) *pour tout $n \geqslant 0$, la $B_n \otimes_A A'$-algèbre B'_n est libre,*

3) *les algèbres B_0 et A sont égales et les algèbres B'_0 et A' sont égales,*

4) *les algèbres $B_1 \otimes_A A'$ et B'_1 sont égales si les idéaux $A'\alpha(I)$ et I' sont égaux.*

Démonstration. Cela découle immédiatement du théorème 27 et de la proposition 37.

X. Modules d'Artin-Rees

Détermination des modules de cohomologie d'un anneau A à l'aide des modules de cohomologie des anneaux A/I^k, l'idéal I jouissant de bonnes propriétés, réalisées en particulier dans le cas noethérien.

a) Résolutions et homomorphismes. Il va s'agir d'un complément du chapitre 9. Commençons par généraliser le lemme 9.11.

Lemme 1. *Soient une application croissante et surjective ℓ de $[p]$ sur $[q]$, un entier $0 \leqslant i \leqslant p$, un anneau simplicial E_* et un élément x de E_q avec*

$$\varepsilon_q^j(x) = 0 \quad si \ 0 \leqslant j < q \quad et \ \varepsilon_q^q(x) = \omega.$$

Alors l'élément $\varepsilon_p^i(x_\ell)$ est égal à $x_{\ell \circ e_p^i}$ si l'application $\ell \circ e_p^i$ est surjective, à 0 si l'application $\ell \circ e_p^i$ est égale à $e_q^{i'} \circ \ell'$ avec $i' \neq q$ et à $\omega_{\ell'}$ si l'application $\ell \circ e_p^i$ est égale à $e_q^q \circ \ell'$.

Démonstration. S'ils sont bien définis, tous les éléments $\varepsilon_{q-1}^k(\omega)$ sont nuls. On peut donc considérer l'ensemble Ω formé du seul élément ω et l'anneau simplicial ΩE_* de la proposition 9.15. L'anneau simplicial E_* est contenu dans l'anneau simplicial ΩE_*. Démontrons le lemme dans ce dernier. Soit z le générateur de l'algèbre ΩE_q selon la remarque 9.17. L'égalité 9.18 donne les égalités suivantes

$$\varepsilon_q^j(z) = 0 \quad \text{si } 0 \leqslant j < q \quad \text{et } \varepsilon_q^q(z) = \omega.$$

Par conséquent tous les éléments $\varepsilon_q^j(x-z)$ sont nuls et on peut appliquer le lemme 9.11 à l'élément $x-z$. On applique la définition 9.14 à l'élément z. Mais alors l'élément

$$\varepsilon_p^i(x_\ell) = \varepsilon_p^i(x_\ell - z_\ell) + \varepsilon_p^i(z_\ell)$$

est égal à l'élément suivant dans les trois cas du lemme à démontrer

$$x_{\ell \circ e_p^i} - z_{\ell \circ e_p^i} + z_{\ell \circ e_p^i} = x_{\ell \circ e_p^i}$$

dans le premier cas, puis $0+0$ dans le deuxième cas, enfin $0+\omega$ dans le troisième cas. Le lemme est ainsi démontré. On peut évidemment démontrer ce lemme directement.

La proposition 9.19 peut être complétée de la manière suivante.

Lemme 2. *Soient un homomorphisme f_* de l'anneau simplicial K_* dans l'anneau simplicial L_* et un ensemble Ω d'éléments ω_g de K_{d-1} représentant des éléments de $\pi_{d-1}(K_*)$ qui appartiennent au noyau de l'homomorphisme $\pi_{d-1}(f_*)$ du module $\pi_{d-1}(K_*)$ dans le module $\pi_{d-1}(L_*)$. Alors l'homomorphisme f_* peut être prolongé en un homomorphisme g_* de l'anneau simplicial ΩK_* dans l'anneau simplicial L_*.*

Démonstration. Par hypothèse, l'élément $f_{d-1}(\omega_g)$ de L_{d-1} représente l'élément nul de $\pi_{d-1}(L_*)$. Il existe donc un élément β_g de L_d satisfaisant aux égalités suivantes

$$\varepsilon_d^j(\beta_g) = 0 \quad \text{si } 0 \leqslant j < d \quad \text{et} \quad \varepsilon_d^d(\beta_g) = f_{d-1}(\omega_g).$$

Ce choix étant fait, l'homomorphisme g_n de la K_n-algèbre libre ΩK_n dans l'anneau L_n prolonge l'homomorphisme f_n de l'anneau K_n dans l'anneau L_n et envoie le générateur $z_{g,\ell}$ sur l'élément suivant

$$g_n(z_{g,\ell}) = \beta_{g,\ell} = (\beta_g)_\ell, \quad g \in G \quad \text{et} \quad \ell \in \{n,d\}.$$

Il reste à démontrer que g_* est un homomorphisme d'anneaux simpliciaux. Il suffit de vérifier les égalités 4.8 et 4.9 pour les générateurs $z_{g,\ell}$. On a immédiatement l'égalité 4.9

$$(\sigma_n^i \circ g_n)(z_{g,\ell}) = \sigma_n^i(\beta_{g,\ell}) = \beta_{g,\ell\circ\sigma_n^i} = g_{n+1}(z_{g,\ell\circ\sigma_n^i}) = (g_{n+1} \circ \sigma_n^i)(z_{g,\ell})$$

d'après le lemme 9.9 et la définition 9.13. Pour démontrer l'égalité 4.8, on utilise le lemme 1 et la définition 9.14. Si l'application $\ell \circ e_n^i$ est surjective, on a les égalités

$$(\varepsilon_n^i \circ g_n)(z_{g,\ell}) = \varepsilon_n^i(\beta_{g,\ell}) = \beta_{g,\ell\circ e_n^i} = g_{n-1}(z_{g,\ell\circ e_n^i}) = (g_{n-1} \circ \varepsilon_n^i)(z_{g,\ell}).$$

Si l'application $\ell \circ e_n^i$ est égale à $e_d^{i'} \circ \ell'$ avec $i' \neq d$, on a les égalités

$$(\varepsilon_n^i \circ g_n)(z_{g,\ell}) = \varepsilon_n^i(\beta_{g,\ell}) = 0 = g_{n-1}(0) = (g_{n-1} \circ \varepsilon_n^i)(z_{g,\ell}).$$

Si l'application $\ell \circ e_n^i$ est égale à $e_d^d \circ \ell'$, on a les égalités

$$(\varepsilon_n^i \circ g_n)(z_{g,\ell}) = \varepsilon_n^i(\beta_{g,\ell}) = f_{n-1}(\omega_{g,\ell'}) = g_{n-1}(\omega_{g,\ell'}) = (g_{n-1} \circ \varepsilon_n^i)(z_{g,\ell}).$$

Le lemme est ainsi démontré.

Exploitons maintenant le lemme précédent à l'aide de manipulations formelles.

Lemme 3. *L'entier n étant fixé, soit un homomorphisme f_* de l'anneau simplicial K_* dans l'anneau simplicial L_*, homomorphisme pour lequel l'homomorphisme $\pi_n(f_*)$ est nul. Alors l'homomorphisme f_* peut être décomposé*

$$K_* \to F_* \to L_*$$

l'anneau simplicial F_* jouissant des propriétés suivantes

1) *pour tout $i \geqslant 0$, la K_i-algèbre F_i est libre,*
2) *pour tout $0 \leqslant i \leqslant n$, les anneaux K_i et F_i sont égaux,*
3) *le module $\pi_n(F_*)$ est nul.*

Démonstration. On applique le lemme 2 dans le cas où l'ensemble Ω est formé de tous les éléments ω de K_n dont les images $\varepsilon_n^i(\omega)$ sont nulles. L'anneau simplicial F_* est alors égal à l'anneau simplicial ΩK_*. L'homomorphisme de F_* dans L_* est dû au lemme 2. Les deuxième, troisième et septième parties de la proposition 9.19 démontrent les trois propriétés énoncées dans le lemme.

Lemme 4. *Les entiers $m \geqslant n \geqslant 0$ étant fixés, soit un homomorphisme f_* de l'anneau simplicial K_* dans l'anneau simplicial L_*. Supposons que l'homomorphisme $\pi_n(f_*)$ est nul et que les modules $\pi_k(L_*)$ sont nuls pour $n < k \leqslant m$. Alors l'homomorphisme f_* peut être décomposé*

$$K_* \to F_* \to L_*$$

l'anneau simplicial F_* jouissant des propriétés suivantes

1) *pour tout $i \geqslant 0$, la K_i-algèbre F_i est libre,*
2) *pour tout $0 \leqslant i \leqslant n$, les anneaux K_i et F_i sont égaux,*
3) *pour tout $n \leqslant i \leqslant m$, les modules $\pi_i(F_*)$ sont nuls.*

Démonstration. On procède par induction sur m pour un n fixé. Pour m égal à n, il s'agit simplement du lemme précédent. Comme hypothèse d'induction, supposons avoir une décomposition

$$K_* \longrightarrow M_* \xrightarrow{g_*} L_*$$

où l'anneau simplicial M_* jouit des propriétés suivantes

1) pour tout $i \geqslant 0$, la K_i-algèbre M_i est libre,
2) pour tout $0 \leqslant i \leqslant n$, les anneaux K_i et M_i sont égaux,
3) pour tout $n \leqslant i < m$, les modules $\pi_i(M_*)$ sont nuls.

Puisque le module $\pi_m(L_*)$ est nul, l'homomorphisme $\pi_m(g_*)$ est nul. Appliquons le lemme 3. L'homomorphisme g_* possède une décomposition

$$M_* \to F_* \to L_*$$

où l'anneau simplicial F_* jouit des propriétés suivantes

1) pour tout $i \geqslant 0$, la M_i-algèbre F_i est libre,
2) pour tout $0 \leqslant i \leqslant m$, les anneaux M_i et F_i sont égaux,
3) le module $\pi_m(F_*)$ est nul.

Considérons maintenant la décomposition

$$K_* \to F_* \to L_*.$$

De manière évidente, la K_i-algèbre F_i est libre pour tout $i \geqslant 0$ et les anneaux K_i et F_i sont égaux pour tout $0 \leqslant i \leqslant n$. En outre, le module

$\pi_i(F_*)$ est nul non seulement pour $i=m$, mais encore pour tout $n \leqslant i < m$. En effet, dans ce cas, les égalités

$$M_j = F_j, \quad j = i-1, i, i+1$$

impliquent les égalités

$$\pi_i(F_*) \cong \pi_i(M_*) \cong 0.$$

La démonstration par induction est donc achevée.

Lemme 5. *Soit un homomorphisme f_* de l'anneau simplicial K_* dans l'anneau simplicial L_* avec une décomposition en homomorphismes d'anneaux simpliciaux*

$$K_* = G_*^{n-1} \xrightarrow{g_*^n} G_*^n \xrightarrow{g_*^{n+1}} G_*^{n+1} \dots \xrightarrow{g_*^{m-1}} G_*^{m-1} \xrightarrow{g_*^m} G_*^m = L^*$$

homomorphismes pour lesquels les homomorphismes $\pi_i(g_*^i)$ sont nuls. Alors l'homomorphisme f_* peut être décomposé

$$K_* \to F_* \to L_*$$

l'anneau simplicial F_* jouissant des propriétés suivantes

1) *pour tout $i \geqslant 0$, la K_i-algèbre F_i est libre,*
2) *pour tout $0 \leqslant i \leqslant n$, les anneaux K_i et F_i sont égaux,*
3) *pour tout $n \leqslant i \leqslant m$, les modules $\pi_i(F_*)$ sont nuls.*

Démonstration. On procède par induction sur n pour un m fixé. Pour n égal à m, il s'agit simplement du lemme 3. Comme hypothèse d'induction, supposons avoir une décomposition

$$G_*^n \xrightarrow{h_*} M_* \longrightarrow L_*$$

l'anneau simplicial M_* jouissant de la propriété suivante: pour tout $n < i \leqslant m$, les modules $\pi_i(M_*)$ sont nuls. Par ailleurs, l'homomorphisme $\pi_n(h_* \circ g_*^n)$ est nul, comme l'homomorphisme $\pi_n(g_*^n)$. Appliquons le lemme 4. L'homomorphisme $h_* \circ g_*^n$ possède une décomposition

$$K_* \to F_* \to M_*$$

autrement dit, l'homomorphisme f_* possède une décomposition

$$K_* \to F_* \to L_*$$

où l'anneau simplicial F_* jouit des trois propriétés souhaitées. La démonstration par induction est donc achevée.

On utilisera ce résultat sous la forme suivante.

Lemme 6. *Soit un homomorphisme f_* de l'anneau simplicial K_* dans l'anneau simplicial L_* avec une décomposition en homomorphismes d'anneaux simpliciaux*

$$K_* = G_*^0 \xrightarrow{g_*^1} G_*^1 \xrightarrow{g_*^2} G_*^2 \cdots \xrightarrow{g_*^{m-1}} G_*^{m-1} \xrightarrow{g_*^m} G_*^m = L_*$$

homomorphismes pour lesquels les homomorphismes $\pi_i(g_*^i)$ sont nuls. Alors l'homomorphisme f_* peut être décomposé

$$K_* \to F_* \to L_*$$

l'anneau simplicial F_* jouissant des propriétés suivantes

1) *pour tout $i \geqslant 0$, la K_i-algèbre F_i est libre,*
2) *les anneaux $\pi_0(K_*)$ et $\pi_0(F_*)$ sont isomorphes,*
3) *pour tout $0 < i \leqslant m$, les modules $\pi_i(F_*)$ sont nuls.*

Démonstration. Il s'agit du lemme précédent avec n égal à 1. L'égalité des anneaux K_0 et F_0 et celle des anneaux K_1 et F_1 impliquent l'égalité des anneaux $\pi_0(K_*)$ et $\pi_0(F_*)$.

b) Modules d'Artin-Rees. Les modules de cohomologie dépendent de la première variable de manière contravariante. Par conséquent, un homomorphisme

$$H^n(A/I^k, A/I, W) \to H^n(A, A/I, W)$$

est bien défini pour tout anneau A, pour tout idéal I et pour tout A/I-module W. En passant à la limite, on obtient un homomorphisme naturel

$$\varinjlim H^n(A/I^k, A/I, W) \to H^n(A, A/I, W).$$

On aimerait savoir quand il s'agit d'un isomorphisme. Sans hypothèse supplémentaire, on a seulement le résultat suivant.

Lemme 7. *Soient un anneau A, un idéal I et un A/I-module W. Alors l'homomorphisme canonique*

$$\varinjlim H^n(A/I^k, A/I, W) \to H^n(A, A/I, W)$$

est un isomorphisme pour n égal à 1 et un monomorphisme pour n égal à 2.

Démonstration. Compte tenu du lemme suivant, il suffit de vérifier ce qui suit. D'après la proposition 6.3, on a un premier isomorphisme

$$\varinjlim H^0(A, A/I^k, W) \cong \varinjlim 0 \cong 0.$$

D'après la proposition 6.1, on a un second isomorphisme

$$\varinjlim H^1(A, A/I^k, W) \cong \varinjlim \operatorname{Hom}_{A/I^k}(I^k/I^{2k}, W)$$
$$\cong \varinjlim \operatorname{Hom}_{A/I}(I^k/I^{k+1}, W) \cong 0$$

puisqu'à l'injection de I^{k+1} dans I^k correspond l'homomorphisme nul de I^{k+1}/I^{k+2} dans I^k/I^{k+1}.

Lemme 8. *Soient un anneau A, un idéal I et un A/I-module W. Alors l'homomorphisme canonique*

$$\varinjlim H^n(A/I^k, A/I, W) \to H^n(A, A/I, W)$$

est un monomorphisme, respectivement un épimorphisme, si le module suivant est nul

$$\varinjlim H^i(A, A/I^k, W)$$

pour i égal à $n-1$, *respectivement à n.*

Démonstration. La suite exacte de Jacobi-Zariski

$$H^{n-1}(A, A/I^k, W) \to H^n(A/I^k, A/I, W) \to H^n(A, A/I, W) \to H^n(A, A/I^k, W)$$

donne en passant à la limite une suite exacte

$$\varinjlim H^{n-1}(A, A/I^k, W) \to \varinjlim H^n(A/I^k, A/I, W) \to H^n(A, A/I, W) \to \varinjlim H^n(A, A/I^k, W)$$

qui démontre le lemme.

Pour aborder le problème général de l'isomorphisme en degré quelconque, il faut introduire la notion de module d'Artin-Rees.

Condition 9. Pour un idéal I, une résolution plate d'un A-module M

$$\cdots \xrightarrow{d} P_{n+1} \xrightarrow{d} P_n \xrightarrow{d} \cdots \xrightarrow{d} P_0$$

satisfait à la *condition d'Artin-Rees* si pour tout entier $j \geqslant 0$ et pour tout entier $r \geqslant 0$, il existe un entier $s \geqslant r$ pour lequel l'inclusion suivante a lieu

$$(I^s P_j) \cap d(P_{j+1}) \subset I^r d(P_{j+1}).$$

Proposition 10. *Soient un anneau A, un idéal I et un A-module M. Alors les trois conditions suivantes sont équivalentes*

1) *pour tout entier* $i \geqslant 1$ *et pour tout entier* $r \geqslant 0$, *il existe un entier* $s \geqslant r$ *pour lequel l'homomorphisme suivant est nul*

$$\mathrm{Tor}_i^A(M, A/I^s) \to \mathrm{Tor}_i^A(M, A/I^r),$$

2) *toute résolution plate du A-module M satisfait à la condition d'Artin-Rees pour l'idéal I,*

3) *au moins une résolution plate du A-module M satisfait à la condition d'Artin-Rees pour l'idéal I.*

Un A-module M qui satisfait aux conditions équivalentes précédentes est appelé un A-module d'Artin-Rees pour la topologie I-adique.

Démonstration. Le module $\mathrm{Tor}_i^A(M, A/I^k)$ est isomorphe au noyau de l'homomorphisme

$$d(P_i)/I^k d(P_i) \to P_{i-1}/I^k P_{i-1}.$$

Il s'agit donc du module suivant

$$(I^k P_{i-1}) \cap d(P_i) / I^k d(P_i) .$$

Il est alors clair que l'homomorphisme

$$\mathrm{Tor}_i^A(M, A/I^s) \to \mathrm{Tor}_i^A(M, A/I^r)$$

est nul si et seulement si l'inclusion

$$(I^s P_{i-1}) \cap d(P_i) \subset I^r d(P_i)$$

a lieu. Les modules d'Artin-Rees sont donc bien définis.

Lemme 11. *Un module de type fini M sur anneau noethérien A est un module d'Artin-Rees pour tout idéal I de l'anneau A.*

Démonstration. Sur un anneau noethérien, tout sous-module d'un module de type fini est un module de type fini. Il est alors possible de construire une résolution libre du A-module M, notée P_*, dont tous les modules P_n sont de type fini. On peut appliquer le lemme d'Artin-Rees au module P_j et au sous-module $d(P_{j+1})$. Il existe donc un entier k_j qui jouit de la propriété suivante. Pour tout entier $k \geqslant k_j$, les modules suivants sont égaux

$$I(I^k P_j \cap d(P_{j+1})) = (I^{k+1} P_j) \cap d(P_{j+1}) .$$

On a donc la situation suivante

$$(I^{k_j+r} P_j) \cap d(P_{j+1}) = I^r (I^{k_j} P_j \cap d(P_{j+1})) \subset I^r d(P_{j+1}) .$$

Le lemme est donc démontré en prenant s égal à $k_j + r$ dans la condition 9.

La première partie du chapitre est utilisée sous la forme de la proposition suivante ou plus exactement sous la forme de son corollaire.

Proposition 12. *Soit un diagramme commutatif d'homomorphismes d'anneaux*

$$\begin{array}{ccccccccc}
B' = B^0 & \longrightarrow & B^1 & \longrightarrow & \cdots & \longrightarrow & B^{n-1} & \longrightarrow & B^n = B \\
\uparrow & & \uparrow & & & & \uparrow & & \uparrow \\
A' = A^0 & \longrightarrow & A^1 & \longrightarrow & \cdots & \longrightarrow & A^{n-1} & \longrightarrow & A^n = A \\
\downarrow & & \downarrow & & & & \downarrow & & \downarrow \\
C' = C^0 & \longrightarrow & C^1 & \longrightarrow & \cdots & \longrightarrow & C^{n-1} & \longrightarrow & C^n = C
\end{array}$$

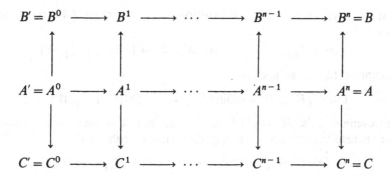

pour lequel les homomorphismes suivants sont nuls

$$\mathrm{Tor}_i^{A^{i-1}}(B^{i-1}, C^{i-1}) \to \mathrm{Tor}_i^{A^i}(B^i, C^i), \quad 1 \leqslant i \leqslant n.$$

Soit un $B \otimes_A C$-module W. Alors l'homomorphisme suivant est nul si le module suivant est nul

$$H_n(A', B', W) \to H_n(A, B, W), \quad H_n(C', B' \otimes_{A'} C', W)$$

et l'homomorphisme suivant est nul si le module suivant est nul

$$H^n(A, B, W) \to H^n(A', B', W), \quad H^n(C', B' \otimes_{A'} C', W).$$

Démonstration. Appliquons la remarque 9.34 et considérons non seulement une résolution simpliciale B_*^i pour chaque A^i-algèbre B^i, mais encore des homomorphismes de résolutions simpliciales du type suivant

$$B'_* = B_*^0 \to B_*^1 \to \cdots \to B_*^{n-1} \to B_*^n = B_*.$$

Il en découle des homomorphismes d'algèbres simpliciales

$$g_*^i : G_*^{i-1} = B_*^{i-1} \otimes_{A^{i-1}} C^{i-1} \to G_*^i = B_*^i \otimes_{A^i} C^i.$$

D'après la proposition 8.5 et le lemme 4.35, l'homomorphisme $\pi_i(g_*^i)$ est égal à l'homomorphisme

$$\mathrm{Tor}_i^{A^{i-1}}(B^{i-1}, C^{i-1}) \to \mathrm{Tor}_i^{A^i}(B^i, C^i)$$

qui est supposé être nul. On peut donc appliquer le lemme 6 et considérer la situation donnée par ce lemme

$$B'_* \otimes_{A'} C' \to F_* \to B_* \otimes_A C$$

avec les trois propriétés que l'on sait.

Chacune des C'-algèbres F_k est libre. Les anneaux $\pi_0(F_*)$ et $B' \otimes_{A'} C'$ sont isomorphes. Le module $\pi_k(F_*)$ est nul pour $0 < k \leqslant n$. Appliquons donc la proposition 9.30. Il existe ainsi une résolution simpliciale X_* de la C'-algèbre $B' \otimes_{A'} C'$ avec l'égalité

$$F_k = X_k, \quad 0 \leqslant k \leqslant n+1.$$

D'après l'hypothèse de la proposition et le théorème 4.43, on a une suite exacte

$$\mathrm{Dif}(C', X_{n+1}, W) \to \mathrm{Dif}(C', X_n, W) \to \mathrm{Dif}(C', X_{n-1}, W)$$

autrement dit une suite exacte

$$\mathrm{Dif}(C', F_{n+1}, W) \to \mathrm{Dif}(C', F_n, W) \to \mathrm{Dif}(C', F_{n-1}, W).$$

En revenant à la décomposition donnée par le lemme 6, on obtient alors le résultat suivant. Le noyau de l'homomorphisme

$$\mathrm{Dif}(C', B'_n \otimes_{A'} C', W) \to \mathrm{Dif}(C', B'_{n-1} \otimes_{A'} C', W)$$

est envoyé dans l'image de l'homomorphisme

$$\mathrm{Dif}(C, B_{n+1} \otimes_A C, W) \to \mathrm{Dif}(C, B_n \otimes_A C, W).$$

Ou encore, compte tenu de l'isomorphisme du lemme 1.13, le noyau de l'homomorphisme

$$\mathrm{Dif}(A', B'_n, W) \to \mathrm{Dif}(A', B'_{n-1}, W)$$

est envoyé dans l'image de l'homomorphisme

$$\mathrm{Dif}(A, B_{n+1}, W) \to \mathrm{Dif}(A, B_n, W).$$

L'homomorphisme suivant est donc nul

$$D_n(A', B'_*, W) \to D_n(A, B_*, W)$$

autrement dit, l'homomorphisme suivant est nul

$$H_n(A', B', W) \to H_n(A, B, W)$$

d'après le théorème 4.43. La démonstration en cohomologie est tout-à-fait analogue.

Corollaire 13. *Soient un anneau A, un idéal I, un A/I-module W et des entiers*

$$k' = k_0 \geqslant k_1 \geqslant \cdots \geqslant k_{n-1} \geqslant k_n = k$$

pour lesquels les homomorphismes suivants sont nuls

$$\mathrm{Tor}_i^A(A/I, A/I^{k_{i-1}}) \to \mathrm{Tor}_i^A(A/I, A/I^{k_i}).$$

Alors les homomorphismes suivants sont nuls

$$H_n(A, A/I^{k'}, W) \to H_n(A, A/I^k, W) \quad et \quad H^n(A, A/I^k, W) \to H^n(A, A/I^{k'}, W).$$

Démonstration. Il s'agit du cas particulier suivant de la proposition 12

$$A^i = A, \quad B^i = A/I^{k_i}, \quad C^i = A/I, \quad 0 \leqslant i \leqslant n.$$

En effet la C'-algèbre $B' \otimes_{A'} C'$ est égale à la A/I-algèbre A/I qui a des modules d'homologie et de cohomologie tous nuls.

Théorème 14. *Soient un anneau A, un idéal I et un A/I-module W. Alors l'homomorphisme canonique*

$$\varinjlim H^n(A/I^k, A/I, W) \to H^n(A, A/I, W)$$

est un isomorphisme pour tout n, si le A-module A/I est un module d'Artin-Rees pour la topologie I-adique.

Démonstration. D'après le lemme 8, il suffit de démontrer l'égalité suivante pour un entier n fixé

$$\varinjlim H^n(A, A/I^k, W) \cong 0 .$$

Il suffit même de démontrer que l'homomorphisme

$$H^n(A, A/I^k, W) \to H^n(A, A/I^{k'}, W)$$

est nul pour un entier k' suffisamment grand, dépendant des entiers k et n. On se ramène à la situation du corollaire 13. On choisit les entiers k_i dans l'ordre suivant: $k_n, k_{n-1}, \ldots, k_1, k_0$. A chaque pas, l'entier k_{i-1} est choisi assez grand par rapport à k_i dans le sens de la première condition de la proposition 10.

Corollaire 15. *Soient un anneau A, un idéal I et un A/I-module W. Alors l'homomorphisme canonique*

$$\varinjlim H^n(A/I^k, A/I, W) \to H^n(A, A/I, W)$$

est un isomorphisme pour tout n, si l'anneau A est noethérien.

Démonstration. Lemme 11 et théorème 14.

Pour un exemple d'application du théorème 14 dans le cas non-noethérien, voir le théorème 14.22.

c) Anneaux complets. Considérons un anneau A, local et noethérien, d'idéal maximal I et rappelons une définition bien connue.

Définition 16. L'anneau A est dit *complet* si l'homomorphisme canonique

$$A \to \varprojlim A/I^k$$

est non seulement un monomorphisme, mais encore un isomorphisme.

Remarque 17. A un anneau A, local et noethérien, d'idéal maximal I, on peut associer un anneau $\hat{A}$, local et noethérien, d'idéal maximal $\hat{I}$, qui est complet, avec un homomorphisme de l'anneau A dans l'anneau $\hat{A}$ donnant lieu à des isomorphismes

$$A/I^k \cong \hat{A}/\hat{I}^k, \quad k \geqslant 0 .$$

On parle du *séparé complété* $\hat{A}$ de l'anneau A.

Proposition 18. *Soient un anneau A, local et noethérien, son séparé complété $\hat{A}$, le corps résiduel commun K et un K-module W. Alors il existe des isomorphismes naturels pour tout $n \geqslant 0$*

$$H_n(A, K, W) \cong H_n(\hat{A}, K, W) \quad et \quad H^n(\hat{A}, K, W) \cong H^n(A, K, W).$$

Démonstration. Les isomorphismes dus au corollaire 15

$$\varinjlim H^n(A/I^k, K, W) \cong H^n(A, K, W),$$

$$\varinjlim H^n(\hat{A}/\hat{I}^k, K, W) \cong H^n(\hat{A}, K, W)$$

et les isomorphismes de la remarque 17 donnent des isomorphismes

$$H^n(\hat{A}, K, W) \to H^n(A, K, W).$$

Ils découlent en fait de l'homomorphisme de A dans $\hat{A}$. D'après les lemmes 3.20 et 3.21, on a aussi des isomorphismes

$$H_n(A, K, W) \to H_n(\hat{A}, K, W)$$

et la proposition est démontrée.

Corollaire 19. *Un anneau local et noethérien est régulier si et seulement si son séparé complété est régulier.*

Démonstration. C'est une conséquence immédiate de la proposition 6.26 et de l'isomorphisme

$$H_2(A, K, K) \cong H_2(\hat{A}, K, K).$$

Corollaire 20. *Soit un anneau A, local et noethérien, de corps résiduel K. Alors les conditions suivantes sont équivalentes*

1) *pour tout $k \geqslant 3$ et pour tout K-module W, le module $H_k(A, K, W)$ est nul,*

2) *pour tout $k \geqslant 3$ et pour tout K-module W, le module $H^k(A, K, W)$ est nul,*

3) *le module $H_3(A, K, K)$ est nul,*

4) *le module $H^3(A, K, K)$ est nul.*

Démonstration. D'après la proposition 18, on peut remplacer l'anneau A par l'anneau complet $\hat{A}$. Lorsque l'anneau A est complet, le corollaire est un cas particulier de la proposition 6.27 d'après le résultat suivant, le théorème de *I. Cohen*.

Théorème 21. *Un anneau local et noethérien qui est complet est isomorphe au quotient d'un anneau régulier.*

Démonstration. Voir le théorème 16.30.

Il est possible de remplacer le module $H_3(A, K, K)$ par le module $H_4(A, K, K)$ dans l'énoncé du corollaire 20 (voir à ce sujet le théorème 17.13).

Remarque 22. Grâce à la suite exacte de Jacobi-Zariski

$$\cdots \to H_m(A, \hat{A}, K) \to H_m(A, K, K) \to H_m(\hat{A}, K, K) \to \cdots$$

le résultat de la proposition 18 peut s'exprimer de la manière suivante: tous les modules $H_m(A, \hat{A}, K)$ sont nuls. En général, pour un entier m fixé, le foncteur $H_m(A, \hat{A}, \cdot)$ n'est pas nul. C'est pourtant le cas pour les algèbres analytiques, comme cela est démontré dans le supplément (proposition 15), m n'étant pas nul bien entendu. Pour des résultats plus complets, on consultera les corollaires 31 et 33 du supplément.

XI. Algèbres modèles

Introduction à une méthode de comparaison d'une algèbre avec une algèbre modèle, méthode utilisée plusieurs fois par la suite. Deux complexes pour calculer des modules Tor concernant les algèbres modèles.

a) Généralités. Dans quelques démonstrations, il sera fait usage de modules Tor concernant des algèbres modèles (définition 5.3). Voici deux manières de calculer de tels modules.

Définition 1. Considérons un B-module P et un $S_B P$-module W. Alors le n-ème module du complexe $K_*(P, W)$ est le suivant

$$K_n(P, W) = (\Lambda_B^n P) \otimes_B W$$

où $\Lambda_B^n P$ est le n-ème produit extérieur du B-module P. L'homomorphisme d_n de $K_n(P, W)$ dans $K_{n-1}(P, W)$ est donné par l'égalité

$$d_n(p_1 \wedge \cdots \wedge p_n \otimes w) = \sum_{1 \leqslant i \leqslant n} (-1)^i p_1 \wedge \cdots \wedge p_{i-1} \wedge p_{i+1} \wedge \cdots \wedge p_n \otimes p_i w.$$

Il s'agit d'un complexe de $S_B P$-modules, l'anneau $S_B P$ opérant par l'intermédiaire du module W *(complexe de Koszul)*.

Lemme 2. *Pour un B-module projectif P, le complexe $K_*(P, S_B P)$ est une résolution projective du $S_B P$-module B.*

Démonstration. Le B-module P est projectif, donc les B-modules $\Lambda_B^n P$ sont projectifs, par suite les $S_B P$-modules

$$K_n(P, S_B P) = (\Lambda_B^n P) \otimes_B (S_B P)$$

sont projectifs. L'égalité générale

$$K_0(P, W)/d_1(K_1(P, W)) = W/P\,W$$

donne l'isomorphisme particulier

$$\mathscr{H}_0[K_*(P, S_B P)] \cong B.$$

Avec la notation suivante démontrons l'égalité suivante (pour $n \neq 0$)

$$\mathscr{H}_n(P) \cong \mathscr{H}_n[K_*(P, S_B P)] \cong 0.$$

Soit p un élément de P et considérons l'homomorphisme

$$s_n : K_n(P, W) \to K_{n+1}(P, W)$$

défini par l'égalité suivante

$$s_n(p_1 \wedge \cdots \wedge p_n \otimes w) = p \wedge p_1 \wedge \cdots \wedge p_n \otimes w.$$

On a alors l'égalité

$$d_{n+1} \circ s_n + s_{n-1} \circ d_n = -p \,\mathrm{Id}, \qquad n \geqslant 1$$

qui démontre l'égalité

$$p \mathscr{H}_n(P) = 0, \quad p \in P, \ n \neq 0.$$

Etudions maintenant le foncteur covariant $\mathscr{H}_n(P)$.

Considérons non seulement le module P, mais encore le module Q égal à $P \oplus B$, avec un générateur ω du B-module B. La suite exacte suivante

$$0 \to (\Lambda_B^n Q) \otimes_B (S_B Q) \xrightarrow{\omega} (\Lambda_B^n Q) \otimes_B (S_B Q) \to (\Lambda_B^n Q) \otimes_B (S_B Q / \omega(S_B Q)) \to 0$$

et les isomorphismes suivantes

$$\Lambda_B^n Q \cong (\Lambda_B^n P) \oplus (\Lambda_B^{n-1} P) \quad \text{et} \quad S_B Q / \omega(S_B Q) \cong S_B P$$

donnent la suite exacte suivante

$$0 \longrightarrow K_n(Q, S_B Q) \xrightarrow{\omega} K_n(Q, S_B Q) \longrightarrow K_n(P, S_B P) \oplus K_{n-1}(P, S_B P) \longrightarrow 0.$$

En passant aux quotients, l'homomorphisme d_n de $K_*(Q, S_B Q)$ donne l'homomorphisme d_n de $K_*(P, S_B P)$ et l'homomorphisme d_{n-1} de $K_*(P, S_B P)$. Il existe donc une suite exacte

$$\cdots \mathscr{H}_{n+1}(Q) \longrightarrow \mathscr{H}_{n+1}(P) \oplus \mathscr{H}_n(P) \longrightarrow \mathscr{H}_n(Q) \xrightarrow{\omega} \mathscr{H}_n(Q) \longrightarrow \cdots.$$

L'homomorphisme canonique de $\mathscr{H}_{n+1}(P)$ dans $\mathscr{H}_{n+1}(Q)$ permet de voir que l'homomorphisme de $\mathscr{H}_{n+1}(Q)$ dans $\mathscr{H}_{n+1}(P)$ est surjectif. L'homomorphisme dû à ω de $\mathscr{H}_n(Q)$ dans $\mathscr{H}_n(Q)$ est nul. La suite exacte donne donc un épimorphisme de $\mathscr{H}_n(P)$ sur $\mathscr{H}_n(Q)$. Cela suffit pour démontrer par induction que le module $\mathscr{H}_n(P)$ est nul si le module P est libre de rang fini, avec $n \neq 0$.

En passant à la limite, on constate que le module $\mathscr{H}_n(P)$ est nul non seulement pour un module libre de rang fini, mais encore pour un module libre quelconque. Un module projectif P est un facteur direct d'un module libre L. Mais alors le module $\mathscr{H}_n(P)$ est un facteur direct du module $\mathscr{H}_n(L)$. Il est donc nul si n n'est pas nul.

Le lemme précédent a le corollaire suivant dû à *J.-L. Koszul.*

Egalité 3. Pour un B-module projectif P et un $S_B P$-module W

$$\mathrm{Tor}_n^{S_B P}(B, W) \cong \mathscr{H}_n[K_*(P, W)].$$

Définition 4. Considérons un B-module P et un $S_B P$-module W. Alors le n-ème module du complexe $L_*(P, W)$ est le suivant

$$L_n(P, W) = (\otimes_B^{n+1} I) \otimes_B W.$$

où $\otimes_B^{n+1} I$ est le $(n+1)$-ème produit tensoriel du B-module I égal à l'idéal $P S_B P$ de l'anneau $S_B P$. L'homomorphisme d_n de $L_n(P, W)$ dans $L_{n-1}(P, W)$ est donné par l'égalité

$$d_n(x_0 \otimes \cdots \otimes x_n \otimes x_{n+1}) = \sum_{0 \leqslant i \leqslant n} (-1)^i x_0 \otimes \cdots \otimes x_i x_{i+1} \otimes \cdots \otimes x_{n+1}.$$

Il s'agit d'un complexe de $S_B P$-modules, l'anneau $S_B P$ opérant par l'intermédiaire du module W.

Lemme 5. *Pour un B-module projectif P, le complexe* $L_*(P, S_B P)$ *est une résolution projective du* $S_B P$*-module* $P S_B P$.

Démonstration. Le B-module P est projectif, donc le B-module I est projectif ainsi que tous les B-modules $\otimes_B^{n+1} I$, par suite les $S_B P$-modules

$$L_n(P, S_B P) = (\otimes_B^{n+1} I) \otimes_B (S_B P)$$

sont projectifs. L'égalité générale

$$L_0(P, W)/d_1(L_1(P, W)) = I \otimes_{S_B P} W$$

donne l'isomorphisme particulier

$$\mathscr{H}_0[L_*(P, S_B P)] \cong I.$$

Il reste à établir le résultat suivant

$$\mathscr{H}_n[L_*(P, S_B P)] \cong 0, \qquad n \neq 0.$$

Utilisons l'égalité suivante de B-modules

$$S_B P = B \oplus P S_B P = B \oplus I$$

et considérons l'homomorphisme

$$s_n \colon L_n(P, S_B P) \to L_{n+1}(P, S_B P)$$

défini par les égalités suivantes

$$s_n(x_0 \otimes \cdots \otimes x_n \otimes x_{n+1}) = x_0 \otimes \cdots \otimes x_{n+1} \otimes 1$$

si x_{n+1} appartient à I et 0 si x_{n+1} appartient à B. On a alors les égalités suivantes

$$(s_{n-1}\circ d_n)(x_0\otimes\ldots\otimes x_{n+1}) = \sum_{0\leqslant i\leqslant n} (-1)^i x_0\otimes\cdots\otimes x_i x_{i+1}\otimes\cdots\otimes x_{n+1}\otimes 1,$$

$$(d_{n+1}\circ s_n)(x_0\otimes\cdots\otimes x_{n+1}) = \sum_{0\leqslant i\leqslant n} (-1)^i x_0\otimes\cdots\otimes x_i x_{i+1}\otimes\cdots\otimes x_{n+1}\otimes 1$$
$$+(-1)^{n+1} x_0\otimes\cdots\otimes x_{n+1},$$

si x_{n+1} appartient à I et si x_{n+1} appartient à B

$$(s_{n-1}\circ d_n)(x_0\otimes\cdots\otimes x_{n+1}) = (-1)^n x_0\otimes\cdots\otimes x_n x_{n+1}\otimes 1,$$
$$= (-1)^n x_0\otimes\cdots\otimes x_n\otimes x_{n+1},$$
$$(d_{n+1}\circ s_n)(x_0\otimes\cdots\otimes x_{n+1}) = 0.$$

On a donc l'égalité suivante

$$s_{n-1}\circ d_n - d_{n+1}\circ s_n = (-1)^n \mathrm{Id}, \qquad n\geqslant 1$$

qui assure l'acyclicité du complexe considéré.

Le lemme précédent a le corollaire suivant.

Egalité 6. Pour un B-module projectif P et un $S_B P$-module W

$$\mathrm{Tor}_n^{S_B P}(P S_B P, W) \cong \mathscr{H}_n[L_*(P,W)].$$

Remarque 7. Grâce à sa petitesse, le complexe $K_*(P,W)$ de la définition 1 permet des calculs explicites. Par contre, le complexe $L_*(P,W)$ de la définition 4 est plus naturel dans le sens suivant. Il n'est pas nécessaire de connaître explicitement le B-module projectif P. La B-algèbre $S_B P$, la $S_B P$-algèbre B et le $S_B P$-module W suffisent pour décrire le complexe en question.

La notion suivante est importante pour la démonstration de plusieurs théorèmes.

Définition 8. Considérons un carré commutatif d'homomorphismes surjectifs d'anneaux

$$\begin{array}{ccc} \tilde{A} & \xrightarrow{\tilde{p}} & \tilde{B} \\ {\scriptstyle\alpha}\big\downarrow & & \big\downarrow{\scriptstyle\beta} \\ A & \xrightarrow{p} & B \end{array}$$

la $\tilde{A}$-algèbre $\tilde{B}$ étant une algèbre modèle. On parle alors de la $\tilde{A}$-algèbre modèle $\tilde{B}$ *au-dessus* de la A-algèbre B. Il sera fait usage des deux conditions suivantes concernant les noyaux des homomorphismes $\tilde{p}$ et p

$$\tilde{I} = \mathrm{Ker}\,\tilde{p} \quad \text{et} \quad I = \mathrm{Ker}\,p.$$

Condition 9 *(Condition faible).* L'homomorphisme α satisfait à l'égalité

$$\alpha(\tilde{I}) = I.$$

Dans ce cas, la $\tilde{A}$-algèbre modèle $\tilde{B}$ est dite *faiblement* au-dessus de la A-algèbre B.

Condition 10 *(Condition forte).* De l'homomorphisme α découle un isomorphisme de B-modules

$$\tilde{I}/\tilde{I}^2 \otimes_{\tilde{B}} B \cong I/I^2 .$$

Dans ce cas, la $\tilde{A}$-algèbre modèle $\tilde{B}$ est dite *fortement* au-dessus de la A-algèbre B.

Remarque 11. En général la condition forte n'implique pas la condition faible. On a seulement l'égalité suivante pour tout entier n, la condition forte étant satisfaite,

$$I = \alpha(\tilde{I}) + I^n .$$

Lemme 12. *Soit un homomorphisme surjectif d'un anneau A sur un anneau B. Alors il existe une $\tilde{A}$-algèbre modèle $\tilde{B}$ faiblement au-dessus de la A-algèbre B.*

Démonstration. Soit I le noyau de l'homomorphisme p de A sur B et soit π un épimorphisme d'un A-module projectif P sur le A-module I. On pose alors (l'homomorphisme $\tilde{p}$ étant canonique)

$$\tilde{A} = \mathrm{S}_A P \quad \text{et } \tilde{B} = A .$$

L'homomorphisme β est choisi égal à l'homomorphisme p. L'homomorphisme α est choisi égal à l'homomorphisme de la A-algèbre $\mathrm{S}_A P$ sur la A-algèbre A, qui correspond à l'homomorphisme π du A-module P dans le A-module A. L'égalité suivante est évidente

$$\alpha(\tilde{I}) = \alpha(P\,\mathrm{S}_A P) = \alpha(P) = \pi(P) = I .$$

Le lemme est donc démontré.

La remarque 6.18 traite du cas particulier du lemme où l'idéal I a un seul générateur. Le reste du chapitre est consacré à des problèmes d'existence concernant la condition forte.

b) Cas libre. Pour une $\tilde{A}$-algèbre modèle $\tilde{B}$, le $\tilde{B}$-module quotient $\tilde{I}/\tilde{I}^2$ est projectif. Mais alors l'isomorphisme de la condition 10 n'est possible que si le B-module I/I^2 est projectif. Nous allons démontrer deux réciproques de cette remarque (cas libre et cas projectif).

Proposition 13. *Soit un homomorphisme surjectif d'un anneau A sur un anneau B, de noyau I. Alors il existe une $\tilde{A}$-algèbre modèle $\tilde{B}$ fortement au-dessus de la A-algèbre B si le B-module I/I^2 est libre.*

Démonstration. Soit π un homomorphisme d'un A-module libre P dans le A-module I tel que l'homomorphisme de B-modules

$$\pi \otimes_A B \colon P \otimes_A B \to I \otimes_A B \cong I/I^2$$

soit un isomorphisme. A chaque élément d'une base du B-module libre I/I^2 correspond un élément d'une base du A-module libre P. Choisir l'homomorphisme π équivaut à relever dans I une base de I/I^2. On pose (l'homomorphisme $\tilde{p}$ étant canonique)

$$\tilde{A} = \mathrm{S}_A P \quad \text{et} \quad \tilde{B} = A.$$

L'homomorphisme β est choisi égal à l'homomorphisme p. L'homomorphisme α est choisi égal à l'homomorphisme de la A-algèbre $\mathrm{S}_A P$ sur la A-algèbre A, qui correspond à l'homomorphisme π du A-module P dans le A-module A. Les isomorphismes

$$\tilde{I}/\tilde{I}^2 \otimes_{\tilde{B}} B \cong P \otimes_A B \cong I \otimes_A B \cong I/I^2$$

donnent la condition forte et la proposition est démontrée.

Pour pouvoir utiliser ce résultat, il faut savoir quand un module projectif est libre (théorème de *I. Kaplansky*).

Lemme 14. *Soit un module projectif P sur un anneau local A. Alors tout élément x de P appartient à un facteur direct libre du A-module P.*

Démonstration. Choisissons un A-module Q donnant un A-module F libre et égal à $P \oplus Q$. Considérons une base u_i de ce module libre F et utilisons l'égalité suivante, les u_i étant ordonnés de manière adéquate,

$$x = a_1 u_1 + \cdots + a_n u_n.$$

On peut exiger que le nombre n soit minimal. Il n'existe alors aucune base du module libre F dont $n-1$ éléments suffisent à décrire l'élément x. Par conséquent, dans l'égalité précédente, aucun des n éléments a_i n'est égal à une combinaison linéaire des $n-1$ autres. Utilisons la décomposition

$$u_i = y_i + z_i, \qquad y_i \in P \quad \text{et} \quad z_i \in Q$$

et écrivons l'égalité

$$y_i = c_{i1} u_1 + \cdots + c_{in} u_n + t_i$$

l'élément t_i étant une combinaison linéaire des éléments de la base autres que les n éléments u_i. L'élément x est égal à sa composante dans P

$$a_1 u_1 + \cdots + a_n u_n = a_1 y_1 + \cdots + a_n y_n$$

ou encore

$$a_i = a_1 c_{1i} + \cdots + a_n c_{ni}, \qquad 1 \leqslant i \leqslant n.$$

Vu le caractère minimal de la base de F, les éléments $c_{ii}-1$ et c_{jk} avec $j \neq k$ n'ont pas d'inverses et appartiennent donc à l'idéal maximal. Par conséquent, le déterminant de la matrice des c_{ij} n'appartient pas à l'idéal maximal et possède un inverse. Autrement dit, la matrice des c_{ij} est inversible. Par suite, dans la base de F, il est possible de remplacer les n éléments u_i par les n éléments y_i. Le sous-module de F engendré par les éléments y_i est un module libre, il est contenu dans P, l'élément x lui appartient et il s'agit d'un facteur direct de F donc de P.

Lemme 15. *Un module projectif sur un anneau quelconque est isomorphe à une somme directe de modules projectifs ayant chacun un ensemble dénombrable de générateurs.*

Démonstration. Considérons le module P et l'anneau A. Choisissons un A-module Q donnant un A-module F libre et égal à $P \oplus Q$. Considérons une base de ce module libre F, base dont les éléments sont notés u_i. Maintenant, pour chaque élément u_i choisissons un ensemble dénombrable E_i d'éléments de la base, les deux conditions suivantes devant être satisfaites. D'une part l'élément u_i appartient à E_i et d'autre part, si l'élément suivant appartient à E_i

$$u_j = y_j + z_j, \quad y_j \in P \quad \text{et} \quad z_j \in Q$$

alors les éléments y_j et z_j sont des combinaisons linéaires d'éléments de E_i. Construisons maintenant une suite bien ordonnée de sous-modules F_α du module F. A chaque ordinal α qui n'est pas un ordinal limite, associons un ensemble E_α choisi parmi les ensembles E_i. On peut épuiser ainsi l'ensemble des ensembles E_i. Si α n'est pas un ordinal limite, le sous-module F_α est engendré par les éléments du sous-module $F_{\alpha-1}$ et de l'ensemble E_α et si α est un ordinal limite, le sous-module F_α est la réunion des sous-modules F_β avec $\beta < \alpha$. Le module F est la réunion des sous-modules F_α, qui sont tous libres.

Par induction, démontrons maintenant que l'on a une décomposition directe

$$F_\alpha = (P \cap F_\alpha) \oplus (Q \cap F_\alpha).$$

Si α est un ordinal limite, c'est immédiat et si α n'est pas un ordinal limite, il faut utiliser la décomposition directe de $F_{\alpha-1}$ et la propriété fondamentale de E_α concernant l'élément u_j égal à $y_j + z_j$. Mais alors, si α n'est pas un ordinal limite, on a une décomposition directe

$$F_\alpha / F_{\alpha-1} = (P \cap F_\alpha / P \cap F_{\alpha-1}) \oplus (Q \cap F_\alpha / Q \cap F_{\alpha-1}).$$

Le A-module $F_\alpha / F_{\alpha-1}$ est libre avec un ensemble dénombrable de générateurs, donc le A-module

$$P_\alpha = P \cap F_\alpha / P \cap F_{\alpha-1}$$

est projectif avec un ensemble dénombrable de générateurs. L'épimorphisme de $P \cap F_\alpha$ sur P_α a donc un relèvement r_α. Ces relèvements permettent de construire un homomorphisme

$$r: \sum P_\alpha \to P$$

qui est un isomorphisme, la somme s'étendant à tous les ordinaux α qui ne sont pas limites. Le lemme est alors démontré.

Proposition 16. *Un module projectif sur un anneau local est un module libre.*

Démonstration. D'après le lemme 15, il suffit de traiter le cas d'un A-module projectif P ayant un ensemble dénombrable de générateurs u_i. Grâce au lemme 14, on peut alors construire par induction des modules libres

$$L_n \subset P, \qquad n \geqslant 1$$

jouissant des propriétés suivantes

1) la somme des sous-modules $L_1 + \cdots + L_n$ est une somme directe de modules,

2) le sous-module $L_1 + \cdots + L_n$ est un facteur direct du module P,

3) L'élément u_n appartient au sous-module $L_1 + \cdots + L_n$.

Il est alors clair que le module P est isomorphe à la somme directe de tous les modules L_n. Il s'agit donc d'un module libre. La proposition est démontrée. Elle est due à *I. Kaplansky*.

c) Cas projectif. Pour pouvoir utiliser la démonstration de la proposition 13 dans le cas projectif, rappelons quelques résultats élémentaires.

Définition 17. Une *enveloppe projective* d'un A-module M est un épimorphisme π d'un A-module projectif P sur le A-module M avec la propriété suivante: un homomorphisme f d'un A-module X dans le A-module P est surjectif si et seulement si l'homomorphisme $\pi \circ f$ du A-module X dans le A-module M est surjectif.

Lemme 18. *Soit un homomorphisme surjectif d'un anneau A sur un anneau B, de noyau nilpotent I, et soit un épimorphisme π d'un A-module projectif P sur un A-module M. Alors l'homomorphisme $\pi \otimes_A B$ est un isomorphisme du B-module $P \otimes_A B$ sur le B-module $M \otimes_A B$ si et seulement si le B-module $M \otimes_A B$ est projectif et l'homomorphisme π, une enveloppe projective du A-module M.*

Démonstration. Supposons que l'homomorphisme $\pi \otimes_A B$ est un isomorphisme. Alors le B-module $M \otimes_A B$ est projectif comme le B-

module $P \otimes_A B$. En outre, si $\pi \circ f$ est un épimorphisme, l'homomorphisme

$$(\pi \circ f) \otimes_A B = (\pi \otimes_A B) \circ (f \otimes_A B)$$

est un épimorphisme. L'homomorphisme $f \otimes_A B$ est donc surjectif, autrement dit l'égalité suivant est satisfaite

$$I \cdot \operatorname{Coker} f = \operatorname{Coker} f$$

pour le conoyau de f. L'idéal I étant nilpotent, ce conoyau est donc nul. L'homomorphisme f est ainsi surjectif, ce qui permet d'affirmer que π est une enveloppe projective.

Réciproquement, supposons avoir une enveloppe projective π et un B-module projectif $M \otimes_A B$. L'homomorphisme $\pi \otimes_A B$ de $P \otimes_A B$ sur $M \otimes_A B$ possède donc un relèvement

$$r: M \otimes_A B \to P \otimes_A B .$$

Considérons maintenant un carré commutatif du type suivant

$$\begin{array}{ccc} N & \xrightarrow{\alpha} & M \otimes_A B \\ {\scriptstyle s}\downarrow & & \downarrow{\scriptstyle r} \\ P & \xrightarrow{\beta} & P \otimes_A B \end{array}$$

où l'homomorphisme α est un épimorphisme d'un A-module projectif N sur le A-module $M \otimes_A B$, où l'homomorphisme β est l'épimorphisme canonique et où l'homomorphisme s existe parce que le module N est projectif et l'homomorphisme β, surjectif. Mais alors l'homomorphisme

$$\begin{aligned}(\pi \circ s) \otimes_A B &= (\pi \otimes_A B) \circ (\beta \otimes_A B) \circ (s \otimes_A B) \\ &= (\pi \otimes_A B) \circ (r \otimes_A B) \circ (\alpha \otimes_A B) \\ &= \alpha \otimes_A B\end{aligned}$$

est surjectif. Puisque l'idéal I est nilpotent, l'homomorphisme $\pi \circ s$ est surjectif. L'homomorphisme s est donc surjectif. Par suite l'homomorphisme r est un épimorphisme, autrement dit l'homomorphisme $\pi \otimes_A B$ est un isomorphisme.

Lemme 19. *Soit un homomorphisme surjectif d'un anneau A sur un anneau B, de noyau I de carré nul, et soit un A-module M donnant un B-module projectif $M \otimes_A B$. Alors le A-module M possède une enveloppe projective.*

Démonstration. Le B-module $M \otimes_A B$ étant projectif, il est possible de trouver un A-module libre L et un endomorphisme ω du B-module libre $L \otimes_A B$ avec les propriétés suivantes

$$\omega \circ \omega = \omega \quad \text{et} \quad \operatorname{Im} \omega = M \otimes_A B .$$

Il existe alors un endomorphisme α du A-module L pour lequel les homomorphismes $\alpha \otimes_A B$ et ω sont égaux. Une base de L étant fixée, on relève coefficient par coefficient la matrice décrivant ω. Considérons maintenant l'endomorphisme suivant du A-module L

$$\eta = 3\alpha \circ \alpha - 2\alpha \circ \alpha \circ \alpha .$$

On a alors l'égalité suivante

$$\eta \otimes_A B = 3\omega \circ \omega - 2\omega \circ \omega \circ \omega = 3\omega - 2\omega = \omega .$$

L'égalité suivante

$$(\alpha \circ \alpha - \alpha) \otimes_A B = \omega \circ \omega - \omega = 0$$

démontre que l'image de $\alpha \circ \alpha - \alpha$ est contenue dans IL et que l'homomorphisme suivant est nul

$$(\alpha \circ \alpha - \alpha) \circ (\alpha \circ \alpha - \alpha) .$$

Mais alors l'homomorphisme $\eta \circ \eta - \eta$ qui est égal à l'homomorphisme

$$(4\alpha \circ \alpha - 4\alpha - 3\,\mathrm{Id}) \circ (\alpha \circ \alpha - \alpha) \circ (\alpha \circ \alpha - \alpha)$$

est nul. En résumé, on a les propriétés suivantes

$$\eta \circ \eta = \eta \quad \text{et} \quad \eta \otimes_A B = \omega .$$

Considérons maintenant le A-module projectif

$$P = \operatorname{Im} \eta$$

qui est un facteur direct du A-module libre L. Il existe donc un A-module projectif P apparaissant dans un isomorphisme

$$P \otimes_A B \cong M \otimes_A B .$$

Il est immédiat de l'insérer dans un carré commutatif

$$\begin{array}{ccc} P & \xrightarrow{\pi} & M \\ \downarrow & & \downarrow \\ P \otimes_A B & \longrightarrow & M \otimes_A B . \end{array}$$

L'homomorphisme $\pi \otimes_A B$ est un isomorphisme et l'homomorphisme π est un épimorphisme. D'après le lemme 18, l'homomorphisme π est une enveloppe projective du A-module M.

Proposition 20. *Soit un homomorphisme surjectif d'un anneau A sur un anneau B, de noyau nilpotent I, et soit un A-module M donnant un B-module projectif $M \otimes_A B$. Alors le A-module M possède une enveloppe projective.*

Démonstration. Procédons par induction sur le plus petit entier n pour lequel l'idéal I^n est nul. Considérons l'homomorphisme surjectif de l'anneau A/I^2 sur l'anneau B de noyau I/I^2 de carré nul et considérons le A/I^2-module M/I^2M donnant un B-module projectif

$$(M/I^2M) \otimes_{A/I^2} B \cong M \otimes_A B .$$

D'après le lemme 19, il existe une enveloppe projective

$$\pi' : P' \to M/I^2M$$

du A/I^2-module M/I^2M. Considérons l'homomorphisme surjectif de l'anneau A sur l'anneau A/I^2 de noyau nilpotent I^2 et considérons le A-module P' donnant un A/I^2-module projectif

$$P' \otimes_A (A/I^2) \cong P' .$$

L'idéal $(I^2)^{n-1}$ est nul. D'après l'hypothèse d'induction, il existe une enveloppe projective

$$\pi'' : P \to P'$$

du A-module P'. Enfin, considérons un carré commutatif d'homomorphismes de A-modules

$$\begin{array}{ccc} P & \xrightarrow{\pi} & M \\ {\scriptstyle \pi''}\downarrow & & \downarrow \\ P' & \xrightarrow{\pi'} & M/I^2M . \end{array}$$

L'idéal I étant nilpotent, l'homomorphisme π est surjectif comme les homomorphismes π' et π''. Le A-module P est projectif. Enfin si l'homomorphisme $\pi \circ f$ est défini et surjectif, l'homomorphisme $\pi' \circ \pi'' \circ f$ est surjectif, donc l'homomorphisme $\pi'' \circ f$ est surjectif, puisque π' est une enveloppe projective, et l'homomorphisme f est surjectif, puisque π'' est une enveloppe projective. Par conséquent π est une enveloppe projective du A-module M.

Proposition 21. *Soit un homomorphisme surjectif d'un anneau A sur un anneau B, de noyau nilpotent I. Alors il existe une $\tilde{A}$-algèbre modèle $\tilde{B}$ fortement au-dessus de la A-algèbre B si le B-module I/I^2 est projectif.*

Démonstration. L'idéal I est nilpotent et le A-module I donne un B-module projectif

$$I \otimes_A B \cong I/I^2 .$$

D'après la proposition 20, le A-module I possède une enveloppe projective. D'après le lemme 18, il existe donc un homomorphisme π d'un A-module projectif P dans le A-module I donnant un isomorphisme

$$\pi \otimes_A B : P \otimes_A B \to I \otimes_A B .$$

Cela étant, la démonstration est celle de la proposition 13.

XII. Algèbres symétriques

Démonstration d'un critère cohomologique pour que l'anneau gradué associé à un anneau et à un idéal soit une algèbre symétrique. Compléments sur le complexe de Koszul.

a) Résultats. Considérons un homomorphisme surjectif d'un anneau A sur un anneau B de noyau I. La somme directe des B-modules I^k/I^{k+1} a une structure naturelle de B-algèbre graduée. Nous allons voir quand il s'agit d'une algèbre symétrique.

Définition 1. Le monomorphisme naturel du B-module I/I^2 dans la somme directe des B-modules I^k/I^{k+1} se prolonge en un homomorphisme de B-algèbres

$$\sigma : \mathrm{S}_B I/I^2 \to \sum_{k \geqslant 0} I^k/I^{k+1}.$$

Pour tout entier $k \geqslant 0$, on a donc un épimorphisme de B-modules (définition 3.37)

$$\sigma^k : \mathrm{S}_B^k I/I^2 \to I^k/I^{k+1}.$$

La B-algèbre graduée $\sum I^k/I^{k+1}$ est dite être une *algèbre symétrique* si et seulement si l'homomorphisme σ est un isomorphisme, autrement dit si et seulement si tous les homomorphismes σ^k sont des isomorphismes.

Voici le résultat principal concernant les algèbres symétriques. Le théorème 20.30 en est une généralisation qui n'est pas démontrée dans ce livre.

Théorème 2. *Soit un homomorphisme surjectif d'un anneau A sur un anneau B, de noyau I. Alors les trois conditions suivantes sont équivalentes*

1) *le module* $\varinjlim H^2(A/I^k, B, W)$ *est nul pour tout B-module W,*

2) *la B-algèbre* $\sum I^k/I^{k+1}$ *est symétrique et le B-module I/I^2 est projectif,*

3) *le module* $\varinjlim H^n(A/I^k, B, W)$ *est nul pour tout B-module W et pour tout entier $n \neq 1$.*

Démonstration. Considérons une suite exacte de B-modules

$$0 \to W' \to W \to W'' \to 0$$

et la suite exacte correspondante du lemme 3.22 pour tout $k \geqslant 2$

$$H^1(A/I^k, B, W) \to H^1(A/I^k, B, W'') \to H^2(A/I^k, B, W').$$

D'après la proposition 6.1, il s'agit d'une suite exacte

$$\mathrm{Hom}_B(I/I^2, W) \to \mathrm{Hom}_B(I/I^2, W'') \to H^2(A/I^k, B, W').$$

En laissant k varier, on obtient une suite exacte

$$\mathrm{Hom}_B(I/I^2, W) \to \mathrm{Hom}_B(I/I^2, W'') \to \varinjlim H^2(A/I^k, B, W').$$

Si la première condition du théorème est satisfaite, le foncteur $\mathrm{Hom}_B(I/I^2, \cdot)$ est donc exact, autrement dit le B-module I/I^2 est projectif.

Il reste à démontrer le théorème en supposant le B-module I/I^2 projectif, ce à quoi ce chapitre est consacré. Voir la proposition 11. Le cas particulier d'une A-algèbre modèle B est traité ci-dessous (voir lemmes 5 et 6) et joue un rôle essentiel dans la démonstration du cas général.

Corollaire 3. *Soit un homomorphisme surjectif d'un anneau A sur un anneau B, de noyau I. Alors la B-algèbre $\sum I^k/I^{k+1}$ est symétrique si le B-module I/I^2 est projectif et si le module $H_2(A, B, B)$ est nul.*

Démonstration. Par rapport à W, le foncteur suivant est exact, puisque le B-module I/I^2 est projectif

$$H^1(A, B, W) \cong \mathrm{Hom}_B(I/I^2, W).$$

Le lemme 3.21 donne donc un isomorphisme

$$H^2(A,B,W) \cong \mathrm{Hom}_B(H_2(A,B,B), W).$$

Par conséquent tous les modules $H^2(A,B,W)$ sont nuls. Le lemme 10.7 établit alors la première condition du théorème 2

$$\varinjlim H^2(A/I^k, B, W) \cong 0.$$

La deuxième condition de ce théorème démontre le corollaire.

Un exemple concernant le théorème 2 est traité dans le corollaire 16.16. Utilisons maintenant la notion de module d'Artin-Rees (proposition 10.10) pour écrire le théorème 2 d'une manière plus simple et pour généraliser le théorème 6.25 consacré aux suites régulières.

Théorème 4. *Soit un homomorphisme surjectif d'un anneau A sur un anneau B, de noyau I, le A-module B étant un module d'Artin-Rees pour* *la topologie I-adique, par exemple si l'anneau A est noethérien. Alors les cinq conditions suivantes sont équivalentes*

1) *le module* $H^2(A,B,W)$ *est nul pour tout B-module W,*

2) *le module* $H_2(A,B,B)$ *est nul et le B-module* I/I^2 *est projectif,*

3) *la B-algèbre* $\sum I^k/I^{k+1}$ *est symétrique et le B-module* I/I^2 *est projectif,*

4) *le module* $H^n(A,B,W)$ *est nul pour tout B-module W et pour tout entier* $n \neq 1$,

5) *le module* $H_n(A,B,W)$ *est nul pour tout B-module W et pour tout entier* $n \neq 1$ *et le B-module* I/I^2 *est projectif.*

Démonstration. D'après le théorème 10.14, la première condition est équivalente à la condition 1 du théorème 2 et la quatrième condition est équivalente à la condition 3 du théorème 2. Par conséquent, les conditions 1, 3 et 4 du théorème sont équivalentes. Trivialement, la condition 5 implique la condition 2. Par le corollaire 3, la condition 2 implique la condition 3. Il reste à démontrer que la quatrième condition implique la cinquième condition.

Utilisons le lemme 3.21 avec $n \geqslant 2$. Le foncteur $H^n(A,B,\cdot)$ est nul et par conséquent le foncteur $H^{n-1}(A,B,\cdot)$ est exact à droite. L'isomorphisme du lemme démontre alors que le module $H_n(A,B,B)$ est nul. En outre on sait par la condition 3, équivalente à la condition 4, que le B-module I/I^2, isomorphe à $H_1(A,B,B)$, est projectif. Cela étant, démontrons par induction sur $n \geqslant 2$ et grâce au lemme 3.20 que le foncteur $H_n(A,B,\cdot)$ doit être nul. Par l'hypothèse d'induction (ou par la projectivité de I/I^2 si $n=2$) on sait que le foncteur $H_{n-1}(A,B,\cdot)$ est exact à gauche. L'isomorphisme du lemme démontre alors que le module $H_n(A,B,W)$ est nul. Le théorème est démontré puisque la quatrième condition implique la cinquième.

Démontrons maintenant le théorème 2 dans le cas particulier d'une algèbre modèle.

Lemme 5. *Soient une A-algèbre modèle B, de noyau I, et un B-module W. Alors les modules suivants sont nuls*

$$\varinjlim H^n(A/I^k,B,W) \cong 0, \qquad n \neq 1.$$

Démonstration. Le théorème 10.14 et le lemme 5.4 donnent les isomorphismes suivants pour $n \neq 1$

$$\varinjlim H^n(A/I^k,B,W) \cong H^n(A,B,W) \cong 0$$

puisque le A-module B est un module d'Artin-Rees pour la topologie I-adique d'après le lemme 15.

En fait, on a le résultat plus précis suivant.

Lemme 6. *Soient une A-algèbre modèle B, de noyau I, et un B-module W. Alors les homomorphismes suivants sont nuls pour* $n \neq 1$

$$H_n(A/I^{m+n-1}, B, W) \to H_n(A/I^m, B, W) \text{ et}$$
$$H^n(A/I^m, B, W) \to H^n(A/I^{m+n-1}, B, W).$$

Démonstration. D'après le lemme 15, on peut appliquer le corollaire 10.13 avec les nombres

$$k_i = n + m - i, \qquad 0 \leqslant i \leqslant n.$$

Les homomorphismes suivants sont donc nuls

$$H_n(A, A/I^{m+n}, W) \to H_n(A, A/I^m, W) \text{ et}$$
$$H^n(A, A/I^m, W) \to H^n(A, A/I^{m+n}, W).$$

La nullité des homomorphismes précédents implique celle des homomorphismes du lemme par l'intermédiaire des suites exactes de Jacobi-Zariski pour $n \neq 1$

$$0 \cong H_n(A, B, W) \to H_n(A/I^k, B, W) \to H_{n-1}(A, A/I^k, W),$$
$$H^{n-1}(A, A/I^k, W) \to H^n(A/I^k, B, W) \to H^n(A, B, W) \cong 0$$

les modules nuls l'étant grâce au lemme 5.4.

b) Démonstrations. La proposition 11.21 va être utilisée ci-dessous. L'hypothèse d'un noyau nilpotent serait gênante sans le lemme simple suivant.

Lemme 7. *Soit un homomorphisme surjectif d'un anneau A sur un anneau B, de noyau I. Soit un B-module W avec l'égalité*

$$\varinjlim H^2(A/I^k, B, W) \cong 0.$$

Alors pour tout entier $n \geqslant 2$, *il existe un isomorphisme naturel*

$$\mathrm{Hom}_B(I^n/I^{n+1}, W) \cong H^2(A/I^n, B, W)$$

qui ne dépend que de l'anneau A/I^{n+1} *et de l'idéal* I/I^{n+1}.

Démonstration. Pour tout entier $k > n$, considérons la A/I^k-algèbre A/I^n, la A/I^n-algèbre B et la suite exacte de Jacobi-Zariski

$$H^1(A/I^k, B, W) \to H^1(A/I^k, A/I^n, W) \to H^2(A/I^n, B, W) \to H^2(A/I^k, B, W).$$

La proposition 6.1 donne les isomorphismes suivants

$$H^1(A/I^k, B, W) \cong \mathrm{Hom}_B(I/I^2, W) \text{ et}$$
$$H^1(A/I^k, A/I^n, W) \cong \mathrm{Hom}_B(I^n/I^{n+1}, W).$$

Le premier homomorphisme de la suite exacte est donc nul puisque l'entier n est au moins égal à 2. Le deuxième homomorphisme de la suite exacte est aussi indépendant de l'entier k, car il relie deux modules qui ne dépendent pas de k et car la suite exacte de Jacobi-Zariski est naturelle. Par conséquent on a une suite exacte

$$0 \to \mathrm{Hom}_B(I^n/I^{n+1}, W) \to H^2(A/I^n, B, W) \to \varinjlim H^2(A/I^k, B, W)$$

dont l'homomorphisme central est complètement déterminé par la A/I^{n+1}-algèbre A/I^n et la A/I^n-algèbre B, autrement dit par l'anneau A/I^{n+1} et l'idéal I/I^{n+1}. Compte tenu de l'hypothèse du lemme, cet homomorphisme est un isomorphisme et le lemme est démontré.

Les algèbres modèles au-dessus d'autres algèbres (définition 11.8) vont être utilisées sous la forme suivante.

Définition 8. Avec une $\tilde{A}$-algèbre modèle $\tilde{B}$ au-dessus d'une A-algèbre B, on peut considérer l'homomorphisme suivant pour tout entier $k \geqslant 0$

$$\mu^k : (\tilde{I}^k/\tilde{I}^{k+1}) \otimes_{\tilde{B}} B \to I^k/I^{k+1}.$$

Pour $k=0$, il s'agit d'un isomorphisme et pour $k=1$, il s'agit de l'homomorphisme de la condition 11.10.

Lemme 9. *Soit une $\tilde{A}$-algèbre modèle $\tilde{B}$ fortement au-dessus d'une A-algèbre B. Alors l'homomorphisme σ^k (définition 1) est un isomorphisme si et seulement si l'homomorphisme μ^k (définition 8) est un isomorphisme.*

Démonstration. Considérons le diagramme commutatif

$$\begin{array}{ccc} (S^k_{\tilde{B}} \tilde{I}/\tilde{I}^2) \otimes_{\tilde{B}} B & \xrightarrow[\tilde{\sigma}^k \otimes_{\tilde{B}} B]{} & (\tilde{I}^k/\tilde{I}^{k+1}) \otimes_{\tilde{B}} B \\ \downarrow \lambda^k & & \downarrow \mu^k \\ S^k_B I/I^2 & \xrightarrow{\sigma^k} & I^k/I^{k+1}. \end{array}$$

L'homomorphisme λ^k est le suivant. L'homomorphisme

$$\tilde{I}/\tilde{I}^2 \to I/I^2$$

donne un homomorphisme

$$S^k_{\tilde{B}} \tilde{I}/\tilde{I}^2 \to S^k_B I/I^2$$

qui donne l'homomorphisme λ^k. On peut aussi obtenir λ^k en composant l'isomorphisme naturel

$$(S^k_{\tilde{B}} \tilde{I}/\tilde{I}^2) \otimes_{\tilde{B}} B \cong S^k_B(\tilde{I}/\tilde{I}^2 \otimes_{\tilde{B}} B)$$

et l'homomorphisme suivant

$$S^k_B(\mu^1) : S^k_B(\tilde{I}/\tilde{I}^2 \otimes_{\tilde{B}} B) \to S^k_B(I/I^2)$$

qui est un isomorphisme puisque la condition 11.10 est satisfaite. L'homomorphisme λ^k est donc un isomorphisme. Pour la $\tilde{A}$-algèbre modèle $\tilde{B}$, l'homomorphisme $\tilde{\sigma}^k$ est un isomorphisme. L'homomorphisme $\tilde{\sigma}^k \otimes_{\tilde{B}} B$ est donc un isomorphisme. Il existe donc un isomorphisme ω^k avec

$$\sigma^k = \mu^k \circ \omega^k$$

ce qui démontre le lemme.

Lemme 10. *Soient une $\tilde{A}$-algèbre modèle $\tilde{B}$ au-dessus d'une A-algèbre B, un B-module W et deux entiers m et n. Alors les homomorphismes suivants sont des isomorphismes*

$$H_m(\tilde{A}/\tilde{I}^n, \tilde{B}, W) \to H_m(A/I^n, B, W) \quad \text{et} \quad H^m(A/I^n, B, W) \to H^m(\tilde{A}/\tilde{I}^n, \tilde{B}, W)$$

si les homomorphismes μ^k sont des isomorphismes pour $0 \leqslant k < n$.

Démonstration. Considérons les $\tilde{A}/\tilde{I}^n$-algèbres $\tilde{B}$ et A/I^n. On peut supposer $n \geqslant 2$. La condition 11.10 est donc satisfaite et la remarque 11.11 s'exprime sous la forme d'un isomorphisme

$$\tilde{B} \otimes_{\tilde{A}/\tilde{I}^n} (A/I^n) \cong B\,.$$

Le lemme 13 donne les égalités suivantes

$$\mathrm{Tor}_i^{\tilde{A}/\tilde{I}^n}(\tilde{B}, A/I^n) \cong 0, \qquad i \neq 0.$$

On peut alors appliquer la proposition 4.54 qui donne les isomorphismes du lemme pour tout entier m.

Le théorème 2 est équivalent à la proposition suivante.

Proposition 11. *Soit un homomorphisme surjectif d'un anneau A sur un anneau B, de noyau I, le B-module I/I^2 étant projectif. Alors les trois conditions suivantes sont équivalentes*

1) *le module* $\varinjlim H^2(A/I^k, B, W)$ *est nul pour tout B-module W,*

2) *l'homomorphisme* σ^k *(définition 1) est un isomorphisme pour tout* $k \geqslant 0$,

3) *le module* $\varinjlim H^n(A/I^k, B, W)$ *est nul pour tout B-module W et pour tout entier* $n \neq 1$.

Démonstration. En premier lieu, supposons la première condition satisfaite et démontrons la deuxième par induction sur k. Le cas $k=1$ est trivial. D'après la proposition 11.21, il existe une $\tilde{A}$-algèbre modèle $\tilde{B}$ fortement au-dessus de la A/I^{k+1}-algèbre B. Considérons l'isomorphisme dû au lemme 7 et à la première condition de la proposition

$$\mathrm{Hom}_B(I^k/I^{k+1}, W) \cong H^2(A/I^k, B, W)$$

et l'isomorphisme dû au lemme 7 et au lemme 5

$$\mathrm{Hom}_{\tilde{B}}(\tilde{I}^k/\tilde{I}^{k+1}, W) \cong H^2(\tilde{A}/\tilde{I}^k, \tilde{B}, W).$$

D'après le lemme 7, le premier homomorphisme ne dépend que de la A/I^{k+1}-algèbre B et le second que de la $\tilde{A}/\tilde{I}^{k+1}$-algèbre $\tilde{B}$. L'homomorphisme de l'anneau $\tilde{A}$ sur l'anneau A/I^{k+1} donne un carré commutatif

$$\begin{array}{ccc} \tilde{A}/\tilde{I}^{k+1} & \longrightarrow & \tilde{B} \\ \downarrow & & \downarrow \\ A/I^{k+1} & \longrightarrow & B. \end{array}$$

Considérons maintenant le diagramme commutatif qui en découle

$$\begin{array}{ccc} \mathrm{Hom}_B(I^k/I^{k+1}, W) & \longrightarrow & H^2(A/I^k, B, W) \\ \downarrow & & \downarrow \\ \mathrm{Hom}_{\tilde{B}}(\tilde{I}^k/\tilde{I}^{k+1}, W) & \longrightarrow & H^2(\tilde{A}/\tilde{I}^k, \tilde{B}, W). \end{array}$$

Par l'hypothèse d'induction, pour tout $0 \leqslant i < k$, les homomorphismes σ^i sont des isomorphismes pour l'anneau A et l'idéal I, autrement dit les homomorphismes σ^i sont des isomorphismes pour l'anneau A/I^{k+1} et l'idéal I/I^{k+1}. D'après le lemme 9, pour tout $0 \leqslant i < k$, les homomorphismes μ^i sont des isomorphismes pour la $\tilde{A}$-algèbre modèle $\tilde{B}$ fortement au-dessus de la A/I^{k+1}-algèbre B. Le lemme 10 donne alors un isomorphisme

$$H^2(A/I^k, B, W) \cong H^2(\tilde{A}/\tilde{I}^k, \tilde{B}, W).$$

Le diagramme commutatif ci-dessus est formé de trois isomorphismes et d'un homomorphisme, qui ne peut être qu'un isomorphisme

$$\mathrm{Hom}_B(I^k/I^{k+1}, W) \cong \mathrm{Hom}_B(\tilde{I}^k/\tilde{I}^{k+1} \otimes_{\tilde{B}} B, W).$$

En d'autres termes, l'homomorphisme μ^k est un isomorphisme pour la $\tilde{A}$-algèbre modèle $\tilde{B}$ fortement au-dessus de la A/I^{k+1}-algèbre B. D'après le lemme 9, l'homomorphisme σ^k est donc un isomorphisme pour l'anneau A/I^{k+1} et l'idéal I/I^{k+1}, autrement dit pour l'anneau A et l'idéal I. La première condition de la proposition implique donc la deuxième condition.

Il faut encore démontrer que la deuxième condition implique la troisième. Pour cela fixons l'entier $n \neq 1$ et démontrons que l'homomorphisme

$$H^n(A/I^k, B, W) \to H^n(A/I^{k+n-1}, B, W)$$

est nul pour tout entier k. D'après la proposition 11.21, il existe une $\tilde{A}$-algèbre modèle $\tilde{B}$ fortement au-dessus de la A/I^{k+n}-algèbre B. Par hypothèse, pour tout entier $0 \leqslant i < k+n$, l'homomorphisme σ^i est un isomorphisme pour l'anneau A et l'idéal I, autrement dit pour l'anneau

A/I^{k+n} et l'idéal I/I^{k+n}. D'après le lemme 9, pour tout $0 \leqslant i < k+n$, les homomorphismes μ^i sont des isomorphismes pour la $\tilde{A}$-algèbre modèle $\tilde{B}$ fortement au-dessus de la A/I^{k+n}-algèbre B. Le lemme 10 donne ainsi deux isomorphismes

$$H^n(A/I^k, B, W) \cong H^n(\tilde{A}/\tilde{I}^k, \tilde{B}, W) \text{ et}$$

$$H^n(A/I^{k+n-1}, B, W) \cong H^n(\tilde{A}/\tilde{I}^{k+n-1}, \tilde{B}, W).$$

Le lemme 6 démontre alors que l'homomorphisme considéré ci-dessus est nul. La deuxième condition de la proposition implique donc la troisième condition. La proposition est ainsi démontrée.

Ce qui vient d'être fait pour les modules de cohomologie peut l'être pour les modules d'homologie.

Remarque 12. Considérons un homomorphisme surjectif d'un anneau A sur un anneau B de noyau I et supposons que les trois conditions équivalentes du théorème 2 sont satisfaites. Alors les homomorphismes suivants sont nuls

$$H_n(A/I^{k+n-1}, B, W) \to H_n(A/I^k, B, W) \text{ et}$$

$$H^n(A/I^k, B, W) \to H^n(A/I^{k+n-1}, B, W)$$

pour $n \neq 1$ et pour $k \geqslant 1$. Rappelons que tous les résultats précédents se généralisent grâce au théorème 20.30.

c) Complexes de Koszul. Il s'agit maintenant de terminer la démonstration du théorème 2 (lemmes 13 et 15).

Lemme 13. *Soit une $\tilde{A}$-algèbre modèle $\tilde{B}$ au-dessus d'une A-algèbre B. Alors les modules suivants sont nuls*

$$\mathrm{Tor}_i^{\tilde{A}/\tilde{I}^n}(\tilde{B}, A/I^n) \cong 0, \quad i \neq 0$$

si les homomorphismes μ^k sont des isomorphismes pour $0 \leqslant k < n$.

Démonstration. Pour $k < n$, considérons le diagramme commutatif suivant dont les lignes forment des suites exactes

$$\begin{array}{ccccccc}
(\tilde{I}^k/\tilde{I}^{k+1}) \otimes_{\tilde{A}/\tilde{I}^n} (A/I^n) & \longrightarrow & (\tilde{I}/\tilde{I}^{k+1}) \otimes_{\tilde{A}/\tilde{I}^n} (A/I^n) & \longrightarrow & (\tilde{I}/\tilde{I}^k) \otimes_{\tilde{A}/\tilde{I}^n} (A/I^n) & \longrightarrow & 0 \\
\downarrow{\scriptstyle \alpha^k} & & \downarrow{\scriptstyle \beta^{k+1}} & & \downarrow{\scriptstyle \beta^k} & & \\
0 \longrightarrow I^k/I^{k+1} & \longrightarrow & I/I^{k+1} & \longrightarrow & I/I^k. & &
\end{array}$$

On peut supposer $n \geqslant 2$. La condition 11.10 est donc satisfaite et la remarque 11.11 permet d'identifier les homomorphismes α^k et μ^k

$$(\tilde{I}^k/\tilde{I}^{k+1}) \otimes_{\tilde{A}/\tilde{I}^n} (A/I^n) \cong \tilde{I}^k/\tilde{I}^{k+1} \otimes_{\tilde{B}} B.$$

L'homomorphisme α^k étant ainsi un isomorphisme, l'homomorphisme β^{k+1} en est un si l'homomorphisme β^k en est un. On a donc un isomorphisme non seulement avec β^1 mais encore avec β^n

$$(\tilde{I}/\tilde{I}^n)\otimes_{\tilde{A}/\tilde{I}^n}(A/I^n) \to I/I^n$$

ou encore un monomorphisme

$$(\tilde{I}/\tilde{I}^n)\otimes_{\tilde{A}/\tilde{I}^n}(A/I^n) \to (\tilde{A}/\tilde{I}^n)\otimes_{\tilde{A}/\tilde{I}^n}(A/I^n).$$

Autrement dit, le module suivant est nul

$$\operatorname{Tor}_1^{\tilde{A}/\tilde{I}^n}(\tilde{B}, A/I^n) \cong 0.$$

Terminons la démonstration par induction sur i.

La $\tilde{A}$-algèbre $\tilde{B}$ étant une algèbre modèle, non seulement le $\tilde{B}$-module $\tilde{I}/\tilde{I}^2$, mais encore les $\tilde{B}$-modules $\tilde{I}^k/\tilde{I}^{k+1}$ sont projectifs. On a donc les isomorphismes suivantes

$$\operatorname{Tor}_i^{\tilde{A}/\tilde{I}^n}(\tilde{I}^k/\tilde{I}^{k+1}, A/I^n) \cong (\tilde{I}^k/\tilde{I}^{k+1})\otimes_{\tilde{B}}\operatorname{Tor}_i^{\tilde{A}/\tilde{I}^n}(\tilde{B}, A/I^n).$$

Supposons maintenant que le module suivant est nul

$$\operatorname{Tor}_i^{\tilde{A}/\tilde{I}^n}(\tilde{B}, A/I^n) \cong 0.$$

Pour $k<n$, considérons la suite exacte

$$\operatorname{Tor}_i^{\tilde{A}/\tilde{I}^n}(\tilde{I}^k/\tilde{I}^{k+1}, A/I^n) \to \operatorname{Tor}_i^{\tilde{A}/\tilde{I}^n}(\tilde{I}/\tilde{I}^{k+1}, A/I^n) \to \operatorname{Tor}_i^{\tilde{A}/\tilde{I}^n}(\tilde{I}/\tilde{I}^k, A/I^n).$$

Le premier module y est nul, et le deuxième module y est nul si le troisième module y est nul. Par conséquent, le module suivant est nul

$$\operatorname{Tor}_i^{\tilde{A}/\tilde{I}^n}(\tilde{I}/\tilde{I}^n, A/I^n) \cong \operatorname{Tor}_{i+1}^{\tilde{A}/\tilde{I}^n}(\tilde{B}, A/I^n)$$

ce qui démontre bien le lemme par induction.

Venons-en maintenant au complexe de Koszul (définition 11.1).

Remarque 14. Considérons un B-module P, l'anneau gradué $S_B P$ et un $S_B P$-module gradué W

$$S_B^i P \cdot W_k \subset W_{i+k}.$$

Alors chacun des modules du complexe $K_*(P, W)$ est aussi muni d'une graduation naturelle

$$K_n(P, W)_k = (\Lambda_B^n P)\otimes_B W_k.$$

L'homomorphisme d_n envoie le module $K_n(P, W)_k$ dans le module $K_{n-1}(P, W)_{k+1}$. Par conséquent les modules d'homologie sont eux aussi gradués

$$\mathscr{H}_n[K_*(P, W)] = \sum_{k \geqslant 0} \mathscr{H}_n[P, W]_k.$$

Le module $\mathscr{H}_n[P,W]_k$ est complètement déterminé par les modules W_{k-1}, W_k, W_{k+1} et par les homomorphismes

$$P \otimes_B W_{k-1} \to W_k \quad \text{et} \quad P \otimes_B W_k \to W_{k+1}.$$

Lemme 15. *Soit une A-algèbre modèle B, de noyau I. Alors pour tout entier* $m \neq 0$, *les homomorphismes suivants sont nuls*

$$\mathrm{Tor}_m^A(B, A/I^n) \to \mathrm{Tor}_m^A(B, A/I^{n-1}).$$

Démonstration. Ecrivons l'anneau A sous la forme $S_B P$ de la définition 5.3 et considérons les $S_B P$-modules gradués

$$V = \sum_{k \geqslant 0} S_B^k P = A,$$

$$W = \sum_{k \geqslant 0} S_B^k P \Big/ \sum_{k \geqslant n} S_B^k P \cong \sum_{k<n} S_B^k P \cong A/I^n.$$

Par la remarque 14, on a les isomorphismes suivants

$$\mathscr{H}_m[P,W]_k \cong \mathscr{H}_m[P,V]_k, \qquad k<n-1.$$

Le module $\mathscr{H}_m[P,W]_k$ est nul si $k>n-1$. L'égalité 11.3 démontre que le module $\mathscr{H}_m[P,V]_k$ est nul si $m \neq 0$ et établit l'isomorphisme suivant

$$\mathrm{Tor}_m^A(B, A/I^n) \cong \mathscr{H}_m[K_*(P,W)].$$

En résumé, du choix du B-module P découle une graduation naturelle

$$\mathrm{Tor}_m^A(B, A/I^n) = \sum_{k \geqslant 0} \mathrm{Tor}_m^A(B, A/I^n)_k$$

et ces modules sont nuls sauf pour $k=n-1$. L'homomorphisme du lemme respectant cette graduation ne peut être que nul.

Le théorème 2 est donc complètement démontré maintenant. Le lemme précédent sera aussi utilisé sous la forme suivante.

Lemme 16. *Soit une A-algèbre modèle B, de noyau I. Alors il existe une suite exacte naturelle de B-modules projectifs*

$$0 \to \mathrm{Tor}_{m+1}^A(B, A/I^{n-1}) \to \mathrm{Tor}_m^A(B, I^{n-1}/I^n) \to \mathrm{Tor}_m^A(B, A/I^n) \to 0$$

pour tout $m>0$ *et pour tout* $n>0$.

Démonstration. L'existence de cette suite exacte est un corollaire du lemme 15. La A-algèbre B étant une algèbre modèle, non seulement le B-module I/I^2, mais encore les B-modules I^k/I^{k+1} sont projectifs. Par conséquent, les B-modules suivants sont projectifs

$$\mathrm{Tor}_1^A(B, A/I^k) \cong I^k/I^{k+1}$$

et les B-modules suivants sont isomorphes

$$\mathrm{Tor}_m^A(B, I^k/I^{k+1}) \cong \mathrm{Tor}_m^A(B, A/I) \otimes_B I^k/I^{k+1}.$$

Grâce à la suite exacte du lemme, cela suffit pour démontrer par induction sur m que tous les modules

$$\mathrm{Tor}_m^A(B, A/I^n) \quad \text{et} \quad \mathrm{Tor}_m^A(B, I^{n-1}/I^n)$$

sont projectifs. Le lemme est démontré.

Le complexe de Koszul démontre encore le résultat élémentaire suivant.

Lemme 17. *Soient une A-algèbre modèle B, de noyau I, et un B-module W. Alors pour tout entier n, il existe un isomorphisme naturel de B-modules*

$$\mathrm{Tor}_n^A(B, W) \cong (\Lambda_B^n I/I^2) \otimes_B W.$$

Démonstration. Ecrivons l'anneau A sous la forme $S_B P$, les B-modules P et I/I^2 étant isomorphes. Considérons les modules de la définition 11.1. Puisque l'anneau B est le quotient de l'anneau $S_B P$ par l'idéal que P y engendre, le module $P.W$ est nul et tous les homomorphismes suivants sont nuls

$$d_n\colon K_n(P, W) \to K_{n-1}(P, W).$$

De l'égalité 11.3 découlent donc les isomorphismes suivants

$$\mathrm{Tor}_n^A(B, W) \cong \mathscr{H}_n[K_*(P, W)] \cong K_n(P, W) \cong (\Lambda_B^n P) \otimes_B W.$$

Le lemme est démontré.

Les algèbres modèles au-dessus d'autres algèbres (définition 11.8) seront encore utilisées sous la forme suivante.

Définition 18. Avec une $\tilde{A}$-algèbre modèle $\tilde{B}$ au-dessus d'une A-algèbre B, on peut considérer l'homomorphisme suivant pour tout entier $k \geqslant 0$

$$v^k\colon \mathrm{Tor}_k^{\tilde{A}}(\tilde{B}, B) \to \mathrm{Tor}_k^A(B, B).$$

Pour $k=0$, il s'agit d'un isomorphisme et pour $k=1$, il s'agit de l'homomorphisme de la condition 11.10. Remarquons que le lemme 17 donne les isomorphismes suivants.

Remarque 19. Avec une $\tilde{A}$-algèbre modèle $\tilde{B}$ fortement au-dessus d'une A-algèbre B, on peut considérer les isomorphismes naturels suivants, pour tout entier $k \geqslant 0$

$$\begin{aligned}\mathrm{Tor}_k^{\tilde{A}}(\tilde{B}, B) &\cong \mathrm{Tor}_k^{\tilde{A}}(\tilde{B}, \tilde{B}) \otimes_{\tilde{B}} B \cong (\Lambda_{\tilde{B}}^k \tilde{I}/\tilde{I}^2) \otimes_{\tilde{B}} B \\ &\cong \Lambda_B^k(\tilde{I}/\tilde{I}^2 \otimes_{\tilde{B}} B) \cong \Lambda_B^k(I/I^2).\end{aligned}$$

Cette remarque conduit à la généralisation suivante du lemme 15.

Lemme 20. *Soit une $\tilde{A}$-algèbre modèle $\tilde{B}$ au-dessus d'une A-algèbre B. Supposons que tous les homomorphismes μ^k (définition 8) et v^k (définition 18) sont des isomorphismes. Alors pour tout entier $m \neq 0$, les homomorphismes suivants sont nuls*

$$\operatorname{Tor}_m^A(B, A/I^n) \to \operatorname{Tor}_m^A(B, A/I^{n-1}).$$

Démonstration. Puisque l'homomorphisme μ^n est un isomorphisme, le B-module I^n/I^{n+1} est projectif et il existe un isomorphisme naturel de B-modules

$$\operatorname{Tor}_m^A(B, I^n/I^{n+1}) \cong \operatorname{Tor}_m^A(B, B) \otimes_B I^n/I^{n+1}.$$

Du lemme 17 découle l'isomorphisme suivant

$$\operatorname{Tor}_m^{\tilde{A}}(\tilde{B}, \tilde{I}^n/\tilde{I}^{n+1}) \otimes_{\tilde{B}} B \cong \operatorname{Tor}_m^{\tilde{A}}(\tilde{B}, B) \otimes_B (\tilde{I}^n/\tilde{I}^{n+1} \otimes_{\tilde{B}} B).$$

Mais les homomorphismes v^m et μ^n sont des isomorphismes. Par conséquent l'homomorphisme naturel suivant est un isomorphisme

$$\lambda_{m,n}: \operatorname{Tor}_m^{\tilde{A}}(\tilde{B}, \tilde{I}^n/\tilde{I}^{n+1}) \otimes_{\tilde{B}} B \to \operatorname{Tor}_m^A(B, I^n/I^{n+1})$$

pour tout m et pour tout n. Considérons en outre les homomorphismes naturels suivants

$$\phi_{m,n}: \operatorname{Tor}_m^{\tilde{A}}(\tilde{B}, \tilde{A}/\tilde{I}^n) \otimes_{\tilde{B}} B \to \operatorname{Tor}_m^A(B, A/I^n)$$

et les homomorphismes du lemme

$$g_{m,n}: \operatorname{Tor}_m^A(B, A/I^n) \to \operatorname{Tor}_m^A(B, A/I^{n-1}).$$

Le lemme sera démontré par induction sur n pour $m \neq 1$, le cas $m=1$ étant immédiat.

Considérons le diagramme commutatif et la suite exacte que voici

$$\begin{array}{ccccc}
\operatorname{Tor}_m^{\tilde{A}}(\tilde{B}, \tilde{I}^{n-1}/\tilde{I}^n) \otimes_{\tilde{B}} B & \longrightarrow & \operatorname{Tor}_m^{\tilde{A}}(\tilde{B}, \tilde{A}/\tilde{I}^n) \otimes_{\tilde{B}} B & & \\
\downarrow{\scriptstyle \lambda_{m,n-1}} & & \downarrow{\scriptstyle \phi_{m,n}} & & \\
\operatorname{Tor}_m^A(B, I^{n-1}/I^n) & \xrightarrow{r} & \operatorname{Tor}_m^A(B, A/I^n) & \xrightarrow{g_{m,n}} & \operatorname{Tor}_m^A(B, A/I^{n-1}).
\end{array}$$

Si $g_{m,n}$ est nul, alors l'homomorphisme r est surjectif. Par conséquent $\phi_{m,n}$ est surjectif, puisque $\lambda_{m,n-1}$ est surjectif. Considérons aussi le diagramme commutatif et la suite exacte que voici

$$\begin{array}{ccccc}
 & & \operatorname{Tor}_m^{\tilde{A}}(\tilde{B}, \tilde{A}/\tilde{I}^{n-1}) \otimes_{\tilde{B}} B & \xrightarrow{\ t\ } & \operatorname{Tor}_{m-1}^{\tilde{A}}(\tilde{B}, \tilde{I}^{n-1}/\tilde{I}^{n}) \otimes_{\tilde{B}} B \\
 & & \Big\downarrow {\scriptstyle \phi_{m,n-1}} & & \Big\downarrow {\scriptstyle \lambda_{m-1,n-1}} \\
\operatorname{Tor}_m^{A}(B, A/I^{n}) & \xrightarrow{\ g_{m,n}\ } & \operatorname{Tor}_m^{A}(B, A/I^{n-1}) & \xrightarrow{\ s\ } & \operatorname{Tor}_{m-1}^{A}(B, I^{n-1}/I^{n}) .
\end{array}$$

L'homomorphisme t est un monomorphisme d'après le lemme 16. Si $\phi_{m,n-1}$ est surjectif, alors l'homomorphisme s est un monomorphisme, puisque les homomorphismes t et $\lambda_{m-1,n-1}$ sont des monomorphismes. Mais alors $g_{m,n}$ est nul. En résumé, l'homomorphisme $g_{m,n}$ est nul si l'homomorphisme $g_{m,n-1}$ est nul, comme on le voit par l'intermédiaire de $\phi_{m,n-1}$. Le lemme se démontre donc par induction sur l'entier n.

XIII. Convergence

Préliminaires pour le chapitre suivant. Sur l'homologie des puissances d'un idéal simplicial (théorème de convergence de Quillen). Algèbre ayant l'homologie d'une algèbre modèle.

a) Un résultat de Quillen. Il va s'agir d'un théorème de convergence qui est une conséquence de l'égalité 11.6, du lemme 8.18 et du lemme suivant qui utilise les définitions de la remarque 8.12 et de l'exemple 4.11.

Lemme 1. *Soit un homomorphisme surjectif d'une A-algèbre simpliciale A_* sur la A-algèbre simpliciale triviale $\bar{A}$ avec l'idéal simplicial K_* comme noyau. Alors les modules suivants sont nuls*

$$\mathscr{H}_k[\mathrm{Tor}_q^{A_*}(\bar{A}, A_*/K_*^m)] \cong 0, \qquad k<m \quad et\ q \neq 0$$

si toutes les A_n-algèbres A sont des algèbres modèles et si l'idéal K_0 est nul.

Démonstration. La démonstration se fait par induction sur k. Si k est nul, le résultat est immédiat grâce à l'égalité

$$\mathrm{Tor}_q^{A_0}(A, A_0/K_0^m) \cong \mathrm{Tor}_q^A(A, A) \cong 0 .$$

La A_n-algèbre modèle A de noyau K_n donne les isomorphismes suivants

$$\mathrm{Tor}_q^{A_n}(A, K_n^{m-1}/K_n^m) \cong \mathrm{Tor}_q^{A_n}(A, A_n/K_n) \otimes_A (K_n^{m-1}/K_n^m)$$

puisque le A-module K_n^{m-1}/K_n^m est projectif. Le A-module simplicial K_*^{m-1}/K_*^m est donc projectif et son homologie a la propriété suivante, compte tenu de l'hypothèse d'induction,

$$\mathscr{H}_j[K_*^{m-1}/K_*^m] \cong \mathscr{H}_j[\mathrm{Tor}_1^{A_*}(\bar{A}, A_*/K_*^{m-1})] \cong 0, \qquad j \leqslant k-1 .$$

Par l'hypothèse d'induction, le module suivant est nul

$$\mathscr{H}_i[\mathrm{Tor}_q^{A_*}(\bar{A}, A_*/K_*)] \cong 0, \qquad i \leqslant 0 .$$

Appliquons le lemme 8.18 au module simplicial

$$\mathrm{Tor}_q^{A_*}(\bar{A}, K_*^{m-1}/K_*^m) \cong \mathrm{Tor}_q^{A_*}(\bar{A}, A_*/K_*) \bar{\otimes}_A (K_*^{m-1}/K_*^m) .$$

L'égalité suivante est alors satisfaite

$$\mathscr{H}_k[\mathrm{Tor}_q^{A*}(\bar{A}, K_*^{m-1}/K_*^m)] \cong 0, \qquad k \leqslant m-1 .$$

Il reste à interpréter ce résultat.

Chacune des A_n-algèbres A est une algèbre modèle de noyau K_n, le lemme 12.16 donne donc une suite exacte de A-modules simpliciaux

$$0 \to \mathrm{Tor}_{q+1}^{A*}(\bar{A}, A_*/K_*^{m-1}) \to \mathrm{Tor}_q^{A*}(\bar{A}, K_*^{m-1}/K_*^m) \to \mathrm{Tor}_q^{A*}(\bar{A}, A_*/K_*^m) \to 0$$

et par conséquent une suite exacte de modules

$$\mathscr{H}_k[\mathrm{Tor}_q^{A*}(\bar{A}, K_*^{m-1}/K_*^m)] \to \mathscr{H}_k[\mathrm{Tor}_q^{A*}(\bar{A}, A_*/K_*^m)] \\ \to \mathscr{H}_{k-1}[\mathrm{Tor}_{q+1}^{A*}(\bar{A}, A_*/K_*^{m-1})] .$$

Le premier module est nul d'après ce qui précède, autrement dit par l'hypothèse d'induction. Le troisième module est nul par l'hypothèse d'induction, car $k-1$ est inférieur à $m-1$. Le deuxième module est donc nul. Cette assertion achève la démonstration par induction.

Lemme 2. *Soit un homomorphisme surjectif d'une A-algèbre simpliciale A_* sur la A-algèbre simpliciale triviale $\bar{A}$ avec l'idéal simplicial K_* comme noyau. Alors les modules suivants sont nuls*

$$\mathscr{H}_k[\mathrm{Tor}_q^{A*}(K_*, K_*^m)] \cong 0 \cong \mathscr{H}_k[\mathrm{Tor}_q^{A*}(\bar{A}, K_*^m)] \quad \text{avec } k<m \quad \text{et } q \neq 0$$

si toutes les A_n-algèbres A sont des algèbres modèles et si l'idéal K_0 est nul.

Démonstration. Les isomorphismes suivants (avec $q \neq 0$ pour le premier et $q \neq -1$ pour le second)

$$\mathrm{Tor}_q^{A*}(K_*, K_*^m) \cong \mathrm{Tor}_{q+1}^{A*}(\bar{A}, K_*^m) \cong \mathrm{Tor}_{q+2}^{A*}(\bar{A}, A_*/K_*^m)$$

font du lemme un corollaire du lemme 1.

Proposition 3. *Soit un homomorphisme surjectif d'une A-algèbre simpliciale A_* sur la A-algèbre simpliciale triviale $\bar{A}$ avec l'idéal simplicial K_* comme noyau. Alors les modules suivants sont nuls*

$$\mathscr{H}_i[K_*^m] \cong 0, \qquad i<m$$

si toutes les A_n-algèbres A sont des algèbres modèles et si l'idéal K_0 est nul.

Démonstration. La démonstration se fait par induction sur m. Si m est égal à 1, donc si i est nul, le résultat est immédiat puisque K_0 est nul. Pour faire le passage de m à $m+1$, considérons l'homomorphisme de A-modules simpliciaux donné par la définition 11.4

$$d_n : (\bar{\otimes}_A^{n+1} K_*) \bar{\otimes}_A K_*^m \to (\bar{\otimes}_A^n K_*) \bar{\otimes}_A K_*^m .$$

Appelons P_*^n son noyau et Q_*^n son image.

L'égalité 11.6 donne une suite exacte de A-modules simpliciaux

$$0 \to Q_*^{n+1} \to P_*^n \to \operatorname{Tor}_n^{A_*}(K_*, K_*^m) \to 0$$

et par conséquent une suite exacte de modules

$$\mathcal{H}_k[Q_*^{n+1}] \to \mathcal{H}_k[P_*^n] \to \mathcal{H}_k[\operatorname{Tor}_n^{A_*}(K_*, K_*^m)] .$$

Le troisième module est nul pour $k<m$ d'après le lemme 2. L'homomorphisme

$$\mathcal{H}_k[Q_*^{n+1}] \to \mathcal{H}_k[P_*^n]$$

est ainsi un épimorphisme pour $k<m$ et $n \neq 0$.

Considérons maintenant la suite exacte de A-modules simpliciaux

$$0 \to P_*^n \to (\bar{\otimes}_A^{n+1} K_*) \bar{\otimes}_A K_*^m \to Q_*^n \to 0$$

et la suite exacte de modules

$$\mathcal{H}_{k+1}[(\bar{\otimes}_A^{n+1} K_*) \bar{\otimes}_A K_*^m] \to \mathcal{H}_{k+1}[Q_*^n] \to \mathcal{H}_k[P_*^n] .$$

Le module $\mathcal{H}_0[\bar{\otimes}_A^{n+1} K_*]$ est nul, puisque l'idéal K_0 est nul et le module $\mathcal{H}_j[K_*^m]$ est nul pour $j<m$ par l'hypothèse d'induction. D'après le lemme 8.18, l'égalité suivante est alors satisfaite

$$\mathcal{H}_{k+1}[(\bar{\otimes}_A^{n+1} K_*) \bar{\otimes}_A K_*^m] \cong 0, \qquad k<m .$$

Par conséquent l'homomorphisme

$$\mathcal{H}_{k+1}[Q_*^n] \to \mathcal{H}_k[P_*^n]$$

est un monomorphisme pour $k<m$.

En résumé, le module $\mathcal{H}_{k+1}[Q_*^n]$ est nul si le module $\mathcal{H}_k[Q_*^{n+1}]$ est nul, avec $k<m$ et $n \neq 0$. Par conséquent, non seulement le module $\mathcal{H}_0[Q_*^{i+1}]$ est nul, mais encore le module $\mathcal{H}_i[Q_*^1]$ est nul pour $i \leqslant m$.

L'égalité 11.6 donne une suite exacte de A-modules simpliciaux

$$0 \to Q_*^1 \to K_* \bar{\otimes}_A K_*^m \to K_* \otimes_{A_*} K_*^m \to 0$$

et par conséquent une suite exacte de modules

$$\mathcal{H}_i[K_* \bar{\otimes}_A K_*^m] \to \mathcal{H}_i[K_* \otimes_{A_*} K_*^m] \to \mathcal{H}_{i-1}[Q_*^1] .$$

Le premier module est nul pour $i \leqslant m$ d'après le lemme 8.18 et l'hypothèse d'induction. Le troisième module est nul pour $i \leqslant m$ d'après ce qui précède. Le deuxième module de la suite exacte est donc nul pour $i \leqslant m$.

Considérons enfin la suite exacte de A-modules simpliciaux

$$0 \to \operatorname{Tor}_1^{A_*}(\bar{A}, K_*^m) \to K_* \otimes_{A_*} K_*^m \to K_*^{m+1} \to 0$$

et la suite exacte de modules

$$\mathscr{H}_i[K_* \otimes_{A_*} K_*^m] \to \mathscr{H}_i[K_*^{m+1}] \to \mathscr{H}_{i-1}[\mathrm{Tor}_1^{A_*}(\bar{A}, K_*^m)].$$

Le troisième module est nul pour $i \leqslant m$ d'après le lemme 2. Le premier module est nul pour $i \leqslant m$ d'après ce qui précède. Le deuxième module de la suite exacte est donc nul

$$\mathscr{H}_i[K_*^{m+1}] \cong 0, \quad i \leqslant m.$$

La démonstration par induction est ainsi achevée.

Le résultat précédent sera utilisé dans la deuxième partie de ce chapitre et sinon sous la forme suivante.

Corollaire 4. *Soit une résolution simpliciale B_* de la A-algèbre B dont la A-algèbre B_0 est égale à la A-algèbre A (théorème* 4.45). *Alors l'idéal simplicial de la suite exacte (suite* 4.37)

$$0 \to J_* \to B_* \otimes_A B \to \bar{B} \to 0$$

jouit de la propriété suivante pour tout B-module W

$$\mathscr{H}_k[J_*^m \otimes_B W] \cong 0, \quad k < m.$$

Démonstration. Chacune des $B_n \otimes_A B$-algèbres B est une algèbre modèle et l'idéal J_0 est nul. On sait alors que le module $\mathscr{H}_k[J_*^m]$ est nul pour $k < m$, d'après la proposition. Cela démontre le corollaire non seulement pour le B-module B, mais encore pour un B-module W quelconque grâce au lemme 2.18.

b) Isomorphismes et algèbres symétriques. La proposition 3 a encore le corollaire suivant.

Lemme 5. *Pour un A-module simplicial projectif M_*, les modules suivants sont nuls*

$$\mathscr{H}_k[\mathrm{S}_A^n M_*] \cong 0, \quad k < n$$

si le module M_0 est nul.

Démonstration. Considérons l'homomorphisme surjectif de la A-algèbre simpliciale A_* égale à $\mathrm{S}_A M_*$ sur la A-algèbre simpliciale triviale $\bar{A}$, homomorphisme qui correspond à l'homomorphisme du A-module simplicial M_* sur le A-module simplicial nul. Voici le noyau de cet homomorphisme

$$K_* = \sum_{n>0} \mathrm{S}_A^n M_*.$$

Le module suivant est nul

$$K_0 = \sum_{n>0} S_A^n M_0 = \sum_{n>0} S_A^n 0 = 0$$

et les $S_A M_n$-algèbres A sont des algèbres modèles. La proposition 3 s'applique et donne donc les isomorphismes suivants

$$\mathscr{H}_k[K_*^m] \cong \mathscr{H}_k\Big[\sum_{n\geqslant m} S_A^n M_*\Big] \cong \sum_{n\geqslant m} \mathscr{H}_k[S_A^n M_*] \cong 0$$

pour $k<m$, isomorphismes qui démontrent le lemme.

On peut compléter ce résultat par le lemme suivant dû à la proposition 8.24.

Lemme 6. *Pour un A-module simplicial projectif M_*, les modules suivants sont nuls*

$$\mathscr{H}_k[S_A^n M_*] \cong 0, \quad n \neq 0$$

si le module M_0 est nul et si tous les modules $\mathscr{H}_i[M_*]$ sont nuls.

Démonstration. Pour $k=0$, il s'agit d'un cas particulier du lemme précédent et pour $k\neq 0$, il s'agit de la proposition 8.24 pour le foncteur L égal à S_A^n. On a utilisé la proposition 8.5.

L'idée de la démonstration de la proposition ci-dessous est contenue dans le lemme élémentaire suivant.

Lemme 7. *Soit une suite exacte de A-modules projectifs*

$$0 \to L \to M \to N \to 0\,.$$

Pour tout entier n, considérons l'idéal G^n de l'anneau $S_A M$

$$G^n = (S_A^n L)\cdot(S_A M)\,.$$

Alors il existe un isomorphisme naturel de A-modules

$$G^m/G^{m+1} \cong (S_A^m L)\otimes_A (S_A N)$$

pour tout entier m.

Démonstration. Une fois choisi un relèvement de l'épimorphisme de M sur N, on peut écrire les isomorphismes suivants

$$M \cong L \oplus N \quad \text{et} \quad S_A M \cong (S_A L)\otimes_A (S_A N)\,.$$

On peut alors identifier l'idéal G^n de $S_A M$ à l'idéal

$$\sum_{k\geqslant n} (S_A^k L)\otimes_A (S_A N)\,.$$

On obtient donc un isomorphisme de A-modules

$$G^m/G^{m+1} \cong (S_A^m L)\otimes_A (S_A N)\,.$$

Il faut encore vérifier qu'il ne dépend pas du choix du relèvement. Il suffit de remarquer que l'idéal $G^i \cdot G^j$ est égal à l'idéal G^{i+j} et que l'inclusion suivante a lieu

$$(\mathrm{S}_A r - \mathrm{S}_A s)(\mathrm{S}_A N) \subset G^1 \subset \mathrm{S}_A M$$

pour deux relèvements quelconques r et s.

Proposition 8. *Soit une suite exacte de A-modules simpliciaux projectifs*

$$0 \to L_* \to M_* \to N_* \to 0$$

le module M_0 étant nul. Si tous les homomorphismes

$$\mathscr{H}_m[L_*] \to \mathscr{H}_m[M_*], \quad m \geqslant 0$$

sont des isomorphismes, alors tous les homomorphismes

$$\mathscr{H}_n[\mathrm{S}_A L_*] \to \mathscr{H}_n[\mathrm{S}_A M_*], \quad n \geqslant 0$$

sont des isomorphismes.

Démonstration. Dans l'anneau simplicial $\mathrm{S}_A L_*$, on utilisera les idéaux simpliciaux

$$F_*^i = \sum_{n \geqslant i} \mathrm{S}_A^n L_*, \quad i \geqslant 0$$

avec les égalités du lemme 5 (le module L_0 est nul)

$$\mathscr{H}_k[F_*^i] \cong 0, \quad k < i.$$

Dans l'anneau simplicial $\mathrm{S}_A M_*$, on utilisera les idéaux simpliciaux

$$G_*^i = (\mathrm{S}_A^i L_*) \cdot (\mathrm{S}_A M_*), \quad i \geqslant 0$$

dans l'esprit du lemme 7. On a l'inclusion suivante

$$G_*^i \subset \sum_{n \geqslant i} \mathrm{S}_A^n M_*.$$

Le module M_0 étant nul, le lemme 5 démontre que les homomorphismes suivants sont nuls

$$\mathscr{H}_k[G_*^i] \to \mathscr{H}_k[\mathrm{S}_A M_*], \quad k < i.$$

Tous les modules $\mathscr{H}_m[N_*]$ sont nuls d'après l'hypothèse de la proposition.

Utilisons maintenant l'égalité suivante due au lemme 6 (le module N_0 est nul)

$$\mathscr{H}_k\Big[\sum_{n>0} \mathrm{S}_A^n N_*\Big] \cong 0, \quad k \geqslant 0.$$

D'après le lemme 8.18, les égalités suivantes sont satisfaites

$$\mathscr{H}_k\Big[(\mathrm{S}_A^i L_*)\bar{\otimes}_A\Big(\sum_{n>0} \mathrm{S}_A^n N_*\Big)\Big] \cong 0$$

pour tout entier k et pour tout entier i. Autrement dit tous les homomorphismes canoniques

$$\mathscr{H}_k[\mathrm{S}_A^i L_*] \to \mathscr{H}_k[(\mathrm{S}_A^i L_*)\bar{\otimes}_A(\mathrm{S}_A N_*)]$$

sont des isomorphismes. D'après le lemme 7, ce résultat peut s'exprimer de la manière suivante. Les homomorphismes canoniques

$$\mathscr{H}_k[F_*^i/F_*^{i+1}] \to \mathscr{H}_k[G_*^i/G_*^{i+1}]$$

sont tous des isomorphismes.

Démontrons maintenant que les homomorphismes suivants sont des monomorphismes

$$\mathscr{H}_k[F_*^i] \to \mathscr{H}_k[G_*^i]$$

et cela par induction sur i décroissant. Pour i supérieur à k, on a un monomorphisme car le module $\mathscr{H}_k[F_*^i]$ est nul. Le passage de $i+1$ à i se fait à l'aide du diagramme commutatif suivant dont les lignes forment des suites exactes

$$\begin{array}{ccccccc}
\mathscr{H}_{k+1}[F_*^i/F_*^{i+1}] & \longrightarrow & \mathscr{H}_k[F_*^{i+1}] & \longrightarrow & \mathscr{H}_k[F_*^i] & \longrightarrow & \mathscr{H}_k[F_*^i/F^{i+1}] \\
\downarrow{\scriptstyle\alpha} & & \downarrow{\scriptstyle\beta} & & \downarrow{\scriptstyle\gamma} & & \downarrow{\scriptstyle\delta} \\
\mathscr{H}_{k+1}[G_*^i/G_*^{i+1}] & \longrightarrow & \mathscr{H}_k[G_*^{i+1}] & \longrightarrow & \mathscr{H}_k[G_*^i] & \longrightarrow & \mathscr{H}_k[G_*^i/G_*^{i+1}].
\end{array}$$

L'homomorphisme α est un épimorphisme et l'homomorphisme δ est un momomorphisme d'après ce qui précède. L'homomorphisme β est un monomorphisme par l'hypothèse d'induction. Par conséquent l'homomorphisme γ est un monomorphisme

$$\mathscr{H}_k[F_*^i] \to \mathscr{H}_k[G_*^i].$$

En particulier $(i=0)$ l'homomorphisme

$$\mathscr{H}_k[\mathrm{S}_A L_*] \to \mathscr{H}_k[\mathrm{S}_A M_*]$$

est un monomorphisme pour tout entier k.

Considérons enfin le diagramme commutatif suivant dont les lignes forment des suites exactes

$$\begin{array}{ccccccc}
\mathscr{H}_k[F_*^{i+1}] & \longrightarrow & \mathscr{H}_k[F_*^i] & \longrightarrow & \mathscr{H}_k[F_*^i/F_*^{i+1}] & \longrightarrow & \mathscr{H}_{k-1}[F_*^{i+1}] \\
\downarrow{\scriptstyle\alpha} & & \downarrow{\scriptstyle\beta} & & \downarrow{\scriptstyle\gamma} & & \downarrow{\scriptstyle\delta} \\
\mathscr{H}_k[G_*^{i+1}] & \longrightarrow & \mathscr{H}_k[G_*^i] & \longrightarrow & \mathscr{H}_k[G_*^i/G_*^{i+1}] & \longrightarrow & \mathscr{H}_{k-1}[G_*^{i+1}].
\end{array}$$

L'homomorphisme γ est un épimorphisme et l'homomorphisme δ, un monomorphisme d'après ce qui précède. Par conséquent le module $\mathscr{H}_k[G_*^i]$ est la somme des images des modules $\mathscr{H}_k[F_*^i]$ et $\mathscr{H}_k[G_*^{i+1}]$. En laissant varier i, on aboutit au résultat suivant. Le module $\mathscr{H}_k[G_*^0]$ est la somme des images des modules $\mathscr{H}_k[F_*^0]$ et $\mathscr{H}_k[G_*^{k+1}]$. Comme indiqué en début de démonstration, cette seconde image est nulle. Par conséquent l'homomorphisme

$$\mathscr{H}_k[S_A L_*] \to \mathscr{H}_k[S_A M_*]$$

est un épimorphisme pour tout entier k. On sait déjà qu'il s'agit d'un monomorphisme.

c) Isomorphismes et modules Tor. Il s'agit de savoir quand les homomorphismes de la définition 12.18 sont des isomorphismes.

Lemme 9. *Soit une $\tilde{A}$-algèbre modèle $\tilde{B}$ fortement au-dessus d'une A-algèbre B. Alors tous les homomorphismes*

$$H_m(\tilde{A},\tilde{B},B) \to H_m(A,B,B), \quad m \geqslant 0$$

sont des isomorphismes si et seulement si tous les modules $H_n(A,B,B)$ sont nuls sauf pour $n=1$.

Démonstration. L'isomorphisme de la condition 11.10

$$\tilde{I}/\tilde{I}^2 \otimes_{\tilde{B}} B \cong I/I^2$$

peut être remplacé par l'isomorphisme

$$H_1(\tilde{A},\tilde{B},B) \cong H_1(A,B,B)$$

selon la proposition 6.1. Tous les autres modules $H_n(\tilde{A},\tilde{B},B)$ sont nuls d'après le lemme 5.4.

La situation décrite ci-dessous et due au corollaire 9.38 sera utilisée dans la démonstration de la proposition 18 (avec la condition forte 11.10) et dans la démonstration du lemme 15.4 (avec la condition faible 11.9).

Lemme 10. *Soit une $\tilde{A}$-algèbre modèle $\tilde{B}$ au-dessus d'une A-algèbre B. Alors il existe une résolution simpliciale $\tilde{B}_*$ de la première algèbre avec $\tilde{B}_0=\tilde{A}$ et une résolution simpliciale B_* de la seconde algèbre avec $B_0=A$, résolutions simpliciales liées par une inclusion*

$$\tilde{B}_* \otimes_{\tilde{A}} A \subset B_*$$

où chacune des $\tilde{B}_n \otimes_{\tilde{A}} A$-algèbres B_n est libre.

Démonstration. C'est un cas particulier du corollaire 9.38.

Remarque 11. Lorsque la condition faible est satisfaite, on peut avoir encore l'égalité suivante d'après le corollaire 9.38

$$\tilde{B}_1 \otimes_{\tilde{A}} A = B_1 .$$

Il s'agit maintenant d'utiliser la situation décrite dans le lemme 10. Commençons par quelques rappels concernant les suites 4.37. Le B-module W est quelconque. Avec la première résolution, considérons non seulement l'idéal simplicial décrit par le suite exacte

$$0 \to \tilde{J}_* \to \tilde{B}_* \otimes_{\tilde{A}} \tilde{B} \to \bar{\tilde{B}} \to 0$$

mais encore l'idéal simplicial décrit par la suite exacte

$$0 \to I_* \to \tilde{B}_* \otimes_{\tilde{A}} B \to \bar{B} \to 0$$

l'idéal I_0 est nul et chacune des $\tilde{B}_n \otimes_{\tilde{A}} B$-algèbres B est une algèbre modèle. Avec la seconde résolution, considérons l'idéal simplicial décrit par la suite exacte

$$0 \to J_* \to B_* \otimes_A B \to \bar{B} \to 0$$

l'idéal J_0 est nul et chacune des $B_n \otimes_A B$-algèbres B est une algèbre modèle. On remarque encore l'isomorphisme $I_*^m \cong \tilde{J}_*^m \otimes_{\tilde{B}} B$. Le corollaire 4 donne une première égalité.

Egalité 12. $\mathscr{H}_k[I_*^m \otimes_B W] \cong 0 \cong \mathscr{H}_k[J_*^m \otimes_B W]$ si $k < m$.

Puis le lemme 4.49 donne les isomorphismes suivants pour $n \neq 0$.

Egalité 13. $\mathscr{H}_n[I_* \otimes_B W] \cong \mathrm{Tor}_n^{\tilde{A}}(\tilde{B}, W)$ et $\mathscr{H}_n[J_* \otimes_B W] \cong \mathrm{Tor}_n^A(B, W)$.

On peut donc remplacer les homomorphismes naturels

$$\mathrm{Tor}_n^{\tilde{A}}(\tilde{B}, W) \to \mathrm{Tor}_n^A(B, W)$$

par les homomorphismes

$$\mathscr{H}_n[I_* \otimes_B W] \to \mathscr{H}_n[J_* \otimes_B W].$$

Enfin, le théorème 4.43 donne les isomorphismes suivants

Egalité 14. $\mathscr{H}_n[I_*/I_*^2 \otimes_B W] \cong H_n(\tilde{A}, \tilde{B}, W)$ et

$$\mathscr{H}_n[J_*/J_*^2 \otimes_B W] \cong H_n(A, B, W).$$

On peut donc remplacer les homomorphismes naturels

$$H_n(\tilde{A}, \tilde{B}, W) \to H_n(A, B, W)$$

par les homomorphismes

$$\mathscr{H}_n[I_*/I_*^2 \otimes_B W] \to \mathscr{H}_n[J_*/J_*^2 \otimes_B W].$$

En résumé, on peut utiliser de manière équivalente l'un ou l'autre des deux diagrammes ci-dessous (définition 4.52).

Diagramme 15. Les diagrammes commutatifs suivants sont équivalents (pour tout $n \neq 1$, un module est nul dans chaque diagramme)

$$\begin{array}{ccc} \mathrm{Tor}_n^{\tilde{A}}(\tilde{B},W) & \longrightarrow & \mathrm{Tor}_n^A(B,W) \\ \downarrow & & \downarrow \\ H_n(\tilde{A},\tilde{B},W) & \longrightarrow & H_n(A,B,W), \end{array} \qquad \begin{array}{ccc} \mathscr{H}_n[I_*\otimes_B W] & \longrightarrow & \mathscr{H}_n[J_*\otimes_B W] \\ \downarrow & & \downarrow \\ \mathscr{H}_n[I_*/I_*^2\otimes_B W] & \longrightarrow & \mathscr{H}_n[J_*/J_*^2\otimes_B W]. \end{array}$$

Comme pour toute algèbre modèle, on a les isomorphismes suivants.

Egalité 16. $S_B^n(I_*/I_*^2)\cong I_*^n/I_*^{n+1}$ et $S_B^n(J_*/J_*^2)\cong J_*^n/J_*^{n+1}$.

Enfin, il faut noter le résultat suivant pour la démonstration de la proposition 18.

Lemme 17. *L'homomorphisme de I_*/I_*^2 dans J_*/J_*^2 correspondant à la situation décrite dans le lemme* 10 *est le monomorphisme d'une suite exacte de B-modules simpliciaux projectifs*

$$0 \to L_* \to M_* \to N_* \to 0.$$

Démonstration. En effet, pour chaque degré n, on a l'isomorphisme suivant dû au lemme 1.13

$$L_n \cong I_n/I_n^2 \cong \mathrm{Dif}(\tilde{A},\tilde{B}_n,B) \cong \mathrm{Dif}(A,\tilde{B}_n\otimes_{\tilde{A}}A,B)$$

et l'isomorphisme suivant

$$M_n \cong J_n/J_n^2 \cong \mathrm{Dif}(A,B_n,B).$$

En outre, pour chaque degré n, on a une suite exacte de B-modules libres

$$0 \to \mathrm{Dif}(A,\tilde{B}_n\otimes_{\tilde{A}}A,B) \to \mathrm{Dif}(A,B_n,B) \to \mathrm{Dif}(\tilde{B}_n\otimes_{\tilde{A}}A,B_n,B) \to 0$$

d'après le lemme 1.22. On sait en effet que la $\tilde{B}_n\otimes_{\tilde{A}}A$-algèbre B_n est libre.

Lorsque la condition faible est satisfaite, les idéaux I_1 et J_1 sont égaux d'après la remarque 11 et lorsque la condition forte est satisfaite, on démontre le résultat suivant.

Proposition 18. *Soit une $\tilde{A}$-algèbre modèle $\tilde{B}$ fortement au-dessus d'une A-algèbre B. Alors tous les homomorphismes*

$$v^k\colon \mathrm{Tor}_k^{\tilde{A}}(\tilde{B},B) \to \mathrm{Tor}_k^A(B,B), \qquad k\geqslant 0$$

sont des isomorphismes si tous les modules $H_n(A,B,B)$ sont nuls, sauf pour $n=1$.

Démonstration. Utilisons les notations et les remarques concernant le lemme 10. D'après le lemme 9, tous les homomorphismes

$$H_n(\tilde{A},\tilde{B},B) \to H_n(A,B,B)$$

c'est-à-dire tous les homomorphismes

$$\mathcal{H}_n[I_*/I_*^2] \to \mathcal{H}_n[J_*/J_*^2]$$

sont des isomorphismes. D'après le lemme 17, on peut utiliser la proposition 8. Par conséquent, tous les homomorphismes

$$\mathcal{H}_n[\mathrm{S}_B^k(I_*/I_*^2)] \to \mathcal{H}_n[\mathrm{S}_B^k(J_*/J_*^2)]$$

c'est-à-dire tous les homomorphismes

$$\mathcal{H}_n[I_*^k/I_*^{k+1}] \to \mathcal{H}_n[J_*^k/J_*^{k+1}]$$

sont des isomorphismes. En considérant les diagrammes commutatifs suivants dont les lignes forment des suites exactes

$$\begin{array}{ccccccccc}
\mathcal{H}_{n+1}[I_*/I_*^k] & \to & \mathcal{H}_n[I_*^k/I_*^{k+1}] & \to & \mathcal{H}_n[I_*/I_*^{k+1}] & \to & \mathcal{H}_n[I_*/I_*^k] & \to & \mathcal{H}_{n-1}[I_*^k/I_*^{k+1}] \\
\downarrow & & \downarrow & & \downarrow & & \downarrow & & \downarrow \\
\mathcal{H}_{n+1}[J_*/J_*^k] & \to & \mathcal{H}_n[J_*^k/J_*^{k+1}] & \to & \mathcal{H}_n[J_*/J_*^{k+1}] & \to & \mathcal{H}_n[J_*/J_*^k] & \to & \mathcal{H}_{n-1}[J_*^k/J_*^{k+1}]
\end{array}$$

on démontre par induction sur k que tous les homomorphismes

$$\mathcal{H}_n[I_*/I_*^k] \to \mathcal{H}_n[J_*/J_*^k]$$

sont des isomorphismes. Pour $k>n$, les modules du corollaire 4 sont nuls, à savoir $\mathcal{H}_n[I_*^k]$ et $\mathcal{H}_{n-1}[I_*^k]$ d'une part et $\mathcal{H}_n[J_*^k]$ et $\mathcal{H}_{n-1}[J_*^k]$ d'autre part. Ci-dessus, il s'agit donc de l'homomorphisme

$$\mathcal{H}_n[I_*] \to \mathcal{H}_n[J_*]$$

autrement dit de l'homomorphisme

$$\mathrm{Tor}_n^{\tilde{A}}(\tilde{B}, B) \to \mathrm{Tor}_n^A(B, B)$$

qui est ainsi un isomorphisme.

XIV. Algèbres extérieures

Algèbres anticommutatives. Structure multiplicative des modules Tor. Démonstration d'un critère homologique pour qu'une algèbre Tor associée à un anneau et à un idéal soit une algèbre extérieure. Homomorphismes d'Eilenberg-MacLane.

a) Définitions. Les algèbres considérées jusqu'à maintenant étaient commutatives, dans le cas non gradué et aussi dans le cas gradué. Il va falloir dorénavant considérer des algèbres graduées d'un autre type, les algèbres anticommutatives.

Définition 1. Une A-algèbre *anticommutative* C_* est une A-algèbre graduée, associative et unitaire,

$$C_* = \sum_{n \geqslant 0} C_n, \qquad C_i \cdot C_j \subset C_{i+j}$$

qui satisfait aux deux égalités suivantes.

Egalité 2. $x \cdot y = (-1)^{ij} y \cdot x$ si $x \in C_i$ et $y \in C_j$.

Egalité 3. $x \cdot x = 0$ si $x \in C_{2k+1}$.

Les homomorphismes d'algèbres anticommutatives sont supposés préserver les degrés.

Exemple 4. Considérons un A-module M. Alors $\Lambda_A M$ dénote la A-algèbre extérieure associée à ce module

$$\Lambda_A M = \sum_{n \geqslant 0} \Lambda_A^n M$$

avec la multiplication naturelle

$$(m_1 \Lambda \ldots \Lambda m_p) \cdot (n_1 \Lambda \ldots \Lambda n_q) = m_1 \Lambda \ldots \Lambda m_p \Lambda n_1 \Lambda \ldots \Lambda n_q .$$

Il s'agit d'une A-algèbre anticommutative par définition même.

Les algèbres extérieures sont caractérisées par la propriété suivante.

Egalité 5. Pour un A-module M et pour une A-algèbre anticommutative C_*, il existe une bijection naturelle

$$\mathrm{Alg}_A(\Lambda_A M, C_*) \cong \mathrm{Hom}_A(M, C_1).$$

Nous allons voir que $\mathrm{Tor}_*^A(B, B)$ est une B-algèbre anticommutative et que, dans certains cas, il s'agit d'une algèbre extérieure, la A-algèbre B étant donnée. La définition du produit de l'algèbre Tor est basée sur le lemme élémentaire suivant (définition 2.21).

Lemme 6. *Soit une A-algèbre B et soient trois résolutions projectives P_*, Q_*, R_* du A-module B, avec les homomorphismes d'augmentation p, q, r. Alors il existe un homomorphisme de complexes de A-modules*

$$\lambda_*: P_* \underline{\otimes}_A Q_* \to R_*$$

qui donne lieu au diagramme commutatif suivant

$$\begin{array}{ccc} P_0 \otimes_A Q_0 & \xrightarrow{\lambda_0} & R_0 \\ {\scriptstyle p\otimes q}\downarrow & & \downarrow{\scriptstyle r} \\ B \otimes_A B & \xrightarrow{\pi} & B \end{array}$$

l'homomorphisme π étant l'homomorphisme produit.

Démonstration. Le complexe augmenté R_* est acyclique et chacun des modules

$$(P_* \underline{\otimes}\, Q_*)_n = \sum_{i+j=n} P_i \otimes_A Q_j$$

est projectif.

Remarque 7. L'homomorphisme λ_* du lemme 6 est déterminé à une homotopie près. Autrement dit, pour deux tels homomorphismes λ'_* et λ''_*, il existe des homomorphismes

$$s_n: (P_* \underline{\otimes}_A Q_*)_n \to R_{n+1}, \quad n \geqslant 0$$

qui donnent lieu aux égalités suivantes

$$\lambda'_n - \lambda''_n = s_{n-1} \circ d_n + d_{n+1} \circ s_n, \quad n \geqslant 0$$

(avec s_{-1} égal à 0).

Définition 8. Considérons une A-algèbre B et trois résolutions projectives P_*, Q_*, R_* du A-module B. Pour tout $i \geqslant 0$ et pour tout $j \geqslant 0$, l'homomorphisme $\phi_{i,j}$ est défini par le diagramme commutatif suivant

$$\begin{array}{ccc} \mathscr{H}_i[P_* \otimes_A B] \otimes_B \mathscr{H}_j[Q_* \otimes_A B] & \xrightarrow{\phi_{i,j}} & \mathscr{H}_{i+j}[R_* \otimes_A B] \\ \downarrow{\scriptstyle a_{i,j}} & & \uparrow{\scriptstyle c_{i+j}} \\ \mathscr{H}_{i+j}[(P_* \otimes_A B) \underline{\otimes}_B (Q_* \otimes_A B)] & \xrightarrow{b_{i+j}} & \mathscr{H}_{i+j}[(P_* \underline{\otimes}_A Q_*) \otimes_A B]. \end{array}$$

Par l'homomorphisme $a_{i,j}$, l'élément représenté par le cycle $x \otimes y$ correspond à l'élément représenté par le cycle x et à l'élément représenté par le cycle y. L'homomorphisme b_{i+j} est dû à l'isomorphisme naturel

$$(P_* \otimes_A B) \underline{\otimes}_B (Q_* \otimes_A B) \cong (P_* \underline{\otimes}_A Q_*) \otimes_A B .$$

L'homomorphisme c_{i+j} est dû à l'homomorphisme λ_* du lemme 6. D'après la remarque 7, cet homomorphisme c_{i+j} est donc indépendant de λ_*. En résumé, l'homomorphisme $\phi_{i,j}$ est déterminé par les trois résolutions projectives.

Remarque 9. Les homomorphismes $\phi_{i,j}$ de la définition précédente sont naturels dans le sens suivant. Considérons une A-algèbre B et trois homomorphismes p_*, q_*, r_* de résolutions projectives du A-module B. Alors le diagramme suivant est commutatif

$$\begin{array}{ccc} \mathscr{H}_i[P'_* \otimes_A B] \otimes_B \mathscr{H}_j[Q'_* \otimes_A B] & \xrightarrow{\phi'_{i,j}} & \mathscr{H}_{i+j}[R'_* \otimes_A B] \\ \downarrow & & \downarrow \\ \mathscr{H}_i[P''_* \otimes_A B] \otimes_B \mathscr{H}_j[Q''_* \otimes_A B] & \xrightarrow{\phi''_{i,j}} & \mathscr{H}_{i+j}[R''_* \otimes_A B]. \end{array}$$

En effet les homomorphismes $a_{i,j}$ et b_{i+j} sont naturels de manière évidente et l'homomorphisme c_{i+j} est naturel grâce à la remarque suivante. Parmi les homomorphismes λ_* décrits dans le lemme 6 pour les résolutions projectives P'_*, Q'_* et R''_* se trouvent les homomorphismes

$$r_* \circ \lambda'_* \quad \text{et} \quad \lambda''_* \circ (p_* \underline{\otimes} q_*).$$

Cela étant, on a la définition finale suivante.

Définition 10. Sur le B-module gradué $\mathrm{Tor}_*^A(B,B)$, les homomorphismes de la définition 8

$$\phi_{i,j}: \mathrm{Tor}_i^A(B,B) \otimes_B \mathrm{Tor}_j^A(B,B) \to \mathrm{Tor}_{i+j}^A(B,B)$$

définissent une structure naturelle de B-algèbre graduée non commutative.

Remarque 11. Dans les applications, l'anneau B sera un quotient de l'anneau A; il est donc inutile de préciser si l'anneau B opère sur les modules $\mathrm{Tor}_n^A(B,B)$ par l'intermédiaire de la première ou de la seconde variable.

Les résolutions projectives du A-module B peuvent être des résolutions simpliciales de la A-algèbre B. Ce sera le cas dans le chapitre 18 et aussi dans la démonstration du lemme suivant impliquant l'anticommutativité de l'algèbre Tor.

Lemme 12. *Pour une A-algèbre B, il existe une résolution projective P_* du A-module B, un élément ω de P_0 et un homomorphisme λ_* de complexes* (*voir le lemme* 6)

$$\lambda_*: P_* \underline{\otimes}_A P_* \to P_*$$

satisfaisant aux égalités suivantes

1) $\lambda_{i+j+k}(x \otimes \lambda_{j+k}(y \otimes z)) = \lambda_{i+j+k}(\lambda_{i+j}(x \otimes y) \otimes z)$,
2) $\lambda_k(\omega \otimes z) = z = \lambda_k(z \otimes \omega)$,
3) $\lambda_{i+j}(x \otimes y) = (-1)^{ij} \lambda_{i+j}(y \otimes x)$,
4) $\lambda_{2k}(z \otimes z) = 0$ *si k est impair,*

pour les éléments quelconques x de P_i, y de P_j et z de P_k.

Démonstration. Voir la proposition 38.

Proposition 13. *Soit une A-algèbre B. Alors avec le produit introduit dans la définition* 10, *le B-module gradué* $\mathrm{Tor}_*^A(B, B)$ *est une B-algèbre anticommutative.*

Démonstration. Pour la démonstration utilisons la situation décrite dans le lemme 12. La première égalité de ce lemme démontre immédiatement que l'algèbre est associative

$$\phi_{i,j+k} \circ (\mathrm{Id} \otimes \phi_{j,k}) = \phi_{i+j,k}(\phi_{i,j} \otimes \mathrm{Id}).$$

Vérifions maintenant que l'algèbre est unitaire grâce à l'élément

$$1 \otimes 1 \in B \otimes_A B \cong \mathrm{Tor}_0^A(B, B).$$

La deuxième égalité du lemme avec $k=0$ démontre que l'élément ω de P_0 est au-dessus de l'élément 1 de B. Par conséquent l'élément $1 \otimes 1$ ci-dessus est représenté par l'élément $\omega \otimes 1$ de $P_0 \otimes_A B$. Mais alors la deuxième égalité du lemme 12 démontre immédiatement que l'algèbre est unitaire

$$\phi_{0,n}((1 \otimes 1) \otimes h) = h = \phi_{n,0}(h \otimes (1 \otimes 1)) \quad \text{avec } h \in \mathrm{Tor}_n^A(B, B).$$

La troisième égalité du lemme 12 démontre immédiatement l'égalité 2 (anticommutativité)

$$\phi_{j,i} \circ \underline{\tau} = \phi_{i,j} \qquad \text{(définition 2.22).}$$

Quant à l'égalité 3, elle se vérifie de la manière suivante. Il faut considérer un élément de $P_n \otimes_A B$ avec n impair

$$\sum x_i \otimes b_i \in P_n \otimes_A B$$

puis l'élément suivant

$$\sum x_i \otimes x_j \otimes b_i b_j \in P_n \otimes_A P_n \otimes_A B$$

et il suffit de savoir que son image dans $P_n \otimes_A B$ est nulle. Cela découle des deux dernières égalités du lemme 12 si l'on écrit l'élément ci-dessus comme suit

$$\sum_{i<j} (x_i \otimes x_j + x_j \otimes x_i) \otimes b_i b_j + \sum (x_i \otimes x_i) \otimes b_i b_i .$$

La proposition est démontrée.

Définition 14. Considérons un B-module P. Alors $\Lambda_B P$ est une B-algèbre anticommutative (exemple 4). Par conséquent le C-module gradué $K_*(P, C)$ de la définition 11.1 est une C-algèbre anticommutative pour toute $\mathrm{S}_B P$-algèbre C. On le voit grâce à l'isomorphisme naturel

$$K_i(P, C) \otimes_C K_j(P, C) \cong (\Lambda_B^i P) \otimes_B (\Lambda_B^j P) \otimes_B C .$$

En fait il s'agit encore d'une algébre extérieure

$$K_*(P, C) \cong \Lambda_C(P \otimes_B C).$$

Lemme 15. *Soit un B-module projectif P. Considérons la résolution projective $K_*(P, \mathrm{S}_B P)$ du $\mathrm{S}_B P$-module B (lemme 11.2) et l'homomorphisme produit (définition 14)*

$$\lambda_*\colon K_*(P, \mathrm{S}_B P) \underline{\otimes}_{\mathrm{S}_B P} K_*(P, \mathrm{S}_B P) \to K_*(P, \mathrm{S}_B P).$$

Alors l'homomorphisme λ_* est un des homomorphismes du lemme 6.

Démonstration. En effet λ_* est un homomorphisme de complexes de $\mathrm{S}_B P$-modules, comme le démontre l'égalité suivante facile à vérifier (définition 2.21)

$$\lambda_{i+j-1}(d_i(x) \otimes y + (-1)^i x \otimes d_j(y)) = d_{i+j}(\lambda_{i+j}(x \otimes y))$$

pour un élément x de degré i et un élément y de degré j. En outre, l'homomorphisme

$$\lambda_0\colon K_0(P, \mathrm{S}_B P) \otimes_{\mathrm{S}_B P} K_0(P, \mathrm{S}_B P) \to K_0(P, \mathrm{S}_B P)$$

correspond à l'isomorphisme naturel

$$(\mathrm{S}_B P) \otimes_{\mathrm{S}_B P} (\mathrm{S}_B P) \to \mathrm{S}_B P$$

ce qui permet de vérifier la commutativité du diagramme du lemme 6.

Utilisons le lemme précédent pour compléter le lemme 12.17.

Lemme 16. *Soit une A-algèbre modèle B, de noyau I. Alors il existe un isomorphisme naturel de B-algèbres anticommutatives*

$$\mathrm{Tor}_*^A(B, B) \cong \Lambda_B I/I^2 .$$

Démonstration. Ecrivons l'anneau A sous la forme $\mathrm{S}_B P$, les B-modules P et I/I^2 étant isomorphes. Utilisons les isomorphismes

$$\operatorname{Tor}_n^A(B,B) \cong \mathscr{H}_n[K_*(P,\mathrm{S}_B P)\otimes_{\mathrm{S}_B P} B] \cong \mathscr{H}_n[K_*(P,B)].$$

D'après le lemme 15, l'homomorphisme $\phi_{i,j}$ s'obtient par l'intermédiaire du diagramme de la définition 8 et de l'homomorphisme produit λ_* de $K_*(P,\mathrm{S}_B P)$. Autrement dit, l'homomorphisme $\phi_{i,j}$ s'obtient directement par l'intermédiaire de l'homomorphisme produit λ_* de $K_*(P,B)$. Les isomorphismes déjà vus dans la démonstration du lemme 12.17

$$\mathscr{H}_n[K_*(P,B)] \cong K_n(P,B) \cong \Lambda_B^n P \cong \Lambda_B^n I/I^2$$

terminent la démonstration du lemme.

Terminons par une généralisation des définitions 8 et 10 et de la proposition 13.

Définition 17. Considérons une A-algèbre B, un B-module W et trois résolutions projectives P_*, Q_*, R_* du A-module B. Alors le diagramme commutatif suivant construit à l'aide d'un des homomorphismes λ_* du lemme 6 définit des homomorphismes $\phi_{i,j}$

$$\begin{array}{ccc}
\mathscr{H}_i[P_*\otimes_A B]\otimes_B \mathscr{H}_j[Q_*\otimes_A W] & \xrightarrow{\phi_{i,j}} & \mathscr{H}_{i+j}[R_*\otimes_A W] \\
\downarrow a_{i,j} & & \uparrow c_{i+j} \\
\mathscr{H}_{i+j}[(P_*\otimes_A B)\otimes_B (Q_*\otimes_A W)] & \xrightarrow{b_{i+j}} & \mathscr{H}_{i+j}[P_*\underline{\otimes}_A Q_*\otimes_A W]
\end{array}$$

autrement dit des homomorphismes

$$\operatorname{Tor}_i^A(B,B)\otimes_B \operatorname{Tor}_j^A(B,W) \to \operatorname{Tor}_{i+j}^A(B,W).$$

Proposition 18. *Soient une A-algèbre B et un B-module W. Alors l'algèbre graduée $\operatorname{Tor}_*^A(B,B)$ opère sur le module gradué $\operatorname{Tor}_*^A(B,W)$ de manière naturelle (définition 17).*

Démonstration. En effet, la première égalité du lemme 12 démontre l'égalité suivante

$$(ab)s = a(bs), \quad a\in \operatorname{Tor}_i^A(B,B), \quad b\in \operatorname{Tor}_j^A(B,B), \quad s\in \operatorname{Tor}_k^A(B,W),$$

et la deuxième égalité du lemme 12 démontre l'égalité suivante

$$ct = t, \quad c = 1\otimes 1 \in B\otimes_A B \cong \operatorname{Tor}_0^A(B,B), \quad t\in \operatorname{Tor}_n^A(B,W),$$

comme dans la démonstration de la proposition 13.

Dans le chapitre 15, il sera fait usage du $\operatorname{Tor}_*^A(B,B)$-module $\operatorname{Tor}_*^A(B,W)$ en particulier en degré 2. On utilisera le lemme suivant.

Lemme 19. *Pour une A-algèbre modèle B et un B-module W, l'égalité*

$$\operatorname{Tor}_2^A(B,W) = \operatorname{Tor}_1^A(B,B)\cdot \operatorname{Tor}_1^A(B,W)$$

est toujours satisfaite.

Démonstration. D'après le lemme 12.17, il existe un isomorphisme

$$\mathrm{Tor}_i^A(B, W) \cong \mathrm{Tor}_i^A(B, B) \otimes_B W.$$

Il suffit donc de démontrer le résultat pour W égal à B. Il s'agit alors d'une conséquence du lemme 16

$$\Lambda_B^2 I/I^2 = (\Lambda_B^1 I/I^2) \cdot (\Lambda_B^1 I/I^2).$$

Le lemme est démontré.

b) Résultats. Considérons un homomorphisme surjectif d'un anneau A sur un anneau B de noyau I. La somme directe des B-modules $\mathrm{Tor}_k^A(B,B)$ a une structure naturelle de B-algèbre anticommutative (définition 1 et proposition 13). Nous allons voir quand il s'agit d'une algèbre extérieure (exemple 4 et égalité 5).

Définition 20. L'isomorphisme naturel du B-module I/I^2 sur le B-module $\mathrm{Tor}_1^A(B,B)$ se prolonge en un homomorphisme de B-algèbres anticommutatives

$$\tau: \Lambda_B I/I^2 \to \mathrm{Tor}_*^A(B,B).$$

Pour tout entier $k \geqslant 0$, on a donc un homomorphisme de B-modules

$$\tau^k: \Lambda_B^k I/I^2 \to \mathrm{Tor}_k^A(B,B).$$

La B-algèbre anticommutative $\mathrm{Tor}_*^A(B,B)$ est dite être une *algèbre extérieure* si et seulement si l'homomorphisme τ est un isomorphisme, autrement dit si et seulement si tous les homomorphismes τ^k sont des isomorphismes.

Lemme 21. *Pour une A-algèbre modèle B, la B-algèbre anticommutative* $\mathrm{Tor}_*^A(B,B)$ *est une algèbre extérieure.*

Démonstration. C'est une autre façon d'écrire le lemme 16.

Voici le théorème principal concernant les algèbres extérieures. Le théorème 20.31 en est une généralisation qui n'est pas démontrée dans ce livre.

Théorème 22. *Soit un homomorphisme surjectif d'un anneau A sur un anneau B, de noyau I, le B-module I/I^2 étant projectif. Alors les trois conditions suivantes sont équivalentes*

1) *la B-algèbre anticommutative* $\mathrm{Tor}_*^A(B,B)$ *est une algèbre extérieure* (*définition* 20),

2) *la B-algèbre graduée* $\sum I^k/I^{k+1}$ *est une algèbre symétrique* (*définition* 12.1) *et le A-module B est un module d'Artin-Rees pour la topologie I-adique* (*proposition* 10.10),

3) *les modules* $H_n(A,B,B)$ *sont tous nuls sauf pour* $n=1$.

Démonstration. La première condition implique l'égalité

$$\mathrm{Tor}_2^A(B,B) = \mathrm{Tor}_1^A(B,B) \cdot \mathrm{Tor}_1^A(B,B)$$

c'est-à-dire d'après le théorème 15.8 l'égalité

$$H_2(A,B,B) \cong 0.$$

D'après le corollaire 12.3, le B-module I/I^2 étant projectif, la B-algèbre graduée $\sum I^k/I^{k+1}$ est une algèbre symétrique. Le lemme 28 démontre que la première condition implique non seulement la première partie mais encore la seconde partie de la deuxième condition.

D'après le théorème 12.4, la deuxième condition implique la troisième condition. Enfin, le lemme 29 démontre que la troisième condition implique la première condition.

Voici un exemple dû à *G. Hochschild, B. Kostant, A. Rosenberg*. En fait grâce au théorème 30 du supplément il existe un résultat beaucoup plus général.

Proposition 23. *Soit une extension de corps $K \subset L$. Alors les trois conditions équivalentes du théorème 22 sont satisfaites pour la $L \otimes_K L$-algèbre L si et seulement si l'extension est séparable.*

Démonstration. On a donc la situation suivante

$$A = L \otimes_K L \quad \text{et } B = L$$

et le B-module I/I^2 est évidemment projectif. Il reste à connaître les modules

$$H_n(A,B,B) = H_n(L \otimes_K L, L, L).$$

La proposition 5.21 donne des isomorphismes

$$H_n(L \otimes_K L, L, L) \cong H_{n-1}(K,L,L).$$

Les trois conditions équivalentes du théorème sont dont satisfaites si et seulement si tous les modules $H_k(K,L,L)$ sont nuls sauf pour $k=0$. D'après la proposition 7.4 et la définition 7.11, cela a lieu si et seulement si l'extension est séparable.

Avant de terminer la démonstration du théorème 22, prenons note des résultats élémentaires suivants.

Lemme 24. *Soit une $\tilde{A}$-algèbre modèle $\tilde{B}$ fortement au-dessus d'une A-algèbre B. Alors l'homomorphisme τ^k (définition 20) est un isomorphisme si et seulement si l'homomorphisme ν^k (définition 12.18) est un isomorphisme.*

Démonstration. Considérons le diagramme commutatif

$$\begin{array}{ccc}(\Lambda^k_{\tilde{B}}\tilde{I}/\tilde{I}^2)\otimes_{\tilde{B}}B & \xrightarrow{\tilde{\tau}^k\otimes_{\tilde{B}}B} & \mathrm{Tor}_k^{\tilde{A}}(\tilde{B},\tilde{B})\otimes_{\tilde{B}}B \\ \downarrow{\scriptstyle\lambda^k} & & \downarrow{\scriptstyle\nu^k} \\ \Lambda^k_B I/I^2 & \xrightarrow{\tau^k} & \mathrm{Tor}_k^A(B,B).\end{array}$$

D'après la fin de la remarque 12.19, l'homomorphisme λ^k est un isomorphisme, la condition forte étant satisfaite

$$\tilde{I}/\tilde{I}^2\otimes_{\tilde{B}}B \cong I/I^2.$$

Pour la $\tilde{A}$-algèbre modèle $\tilde{B}$, l'homomorphisme $\tilde{\tau}^k$ est un isomorphisme d'après le lemme 21. L'homomorphisme $\tilde{\tau}^k\otimes_{\tilde{B}}B$ est donc un isomorphisme. Il existe donc un isomorphisme ω^k avec

$$\tau^k = \nu^k \circ \omega^k$$

ce qui démontre le lemme.

La propriété universelle des algèbres extérieures (égalité 5) permet d'obtenir le résultat suivant.

Egalité 25. Pour un A-module M et pour un ensemble multiplicativement clos S de A

$$S^{-1}(\Lambda^k_A M) \cong \Lambda^k_{S^{-1}A}(S^{-1}M).$$

Egalité 26. Pour deux A-modules P et Q et pour un ensemble multiplicativement clos S de A

$$S^{-1}(\mathrm{Tor}_k^A(P,Q)) \cong \mathrm{Tor}_k^{S^{-1}A}(S^{-1}P, S^{-1}Q).$$

En effet si P_* est une résolution projective du A-module P, alors $S^{-1}P_*$ est une résolution projective du $S^{-1}A$-module $S^{-1}P$. On a alors les isomorphismes suivants

$$S^{-1}\mathscr{H}_k[P_*\otimes_A Q] \cong \mathscr{H}_k[S^{-1}(P_*\otimes_A Q)] \cong \mathscr{H}_k[(S^{-1}P_*)\otimes_{S^{-1}A}(S^{-1}Q)].$$

Remarque 27. Avec un homomorphisme surjectif d'un anneau A sur un anneau B de noyau I, on peut considérer l'homomorphisme surjectif de l'anneau $S^{-1}A$ sur l'anneau $S^{-1}B$ de noyau $S^{-1}I$, pour tout ensemble multiplicativement clos S de A, en particulier lorsque S est le complément dans A de l'image réciproque d'un idéal premier P de l'anneau B. On peut alors identifier $S^{-1}W$ et W_P pour tout B-module W (notation 2.46). En outre, le B-module W est nul si et seulement si tous les B_P-modules W_P sont nuls.

Lemme 28. *Soit un homomorphisme surjectif d'un anneau A sur un anneau B, de noyau I, le B-module I/I^2 étant projectif. Alors pour tout entier $m\neq 0$, l'homomorphisme suivant est nul*

$$\operatorname{Tor}_m^A(B, A/I^n) \to \operatorname{Tor}_m^A(B, A/I^{n-1})$$

si la B-algèbre anticommutative $\operatorname{Tor}_*^A(B,B)$ *est une algèbre extérieure.*

Démonstration. Commençons par le cas particulier d'un anneau local B. D'après la proposition 11.16, le B-module I/I^2 est un module libre. D'après la proposition 11.13, il existe donc une $\tilde{A}$-algèbre modèle $\tilde{B}$ fortement au-dessus de la A-algèbre B. Par hypothèse, les homomorphismes τ^k de la définition 20 sont des isomorphismes. D'après le lemme 24, les homomorphismes ν^k de la définition 12.18 sont donc des isomorphismes. En outre, les homomorphismes σ^k de la définition 12.1 sont des isomorphismes, d'après le début de la démonstration du théorème 22. D'après le lemme 12.9, les homomorphismes μ^k de la définition 12.8 sont donc des isomorphismes. Le lemme 12.20 démontre donc le lemme dans le cas particulier d'un anneau local B.

Utilisons maintenant la situation décrite dans la remarque 27. D'après les égalités 25 et 26 la $S^{-1}B$-algèbre anticommutative $\operatorname{Tor}_*^{S^{-1}A}(S^{-1}B, S^{-1}B)$ est une algèbre extérieure. En outre, le $S^{-1}B$-module $S^{-1}(I/I^2)$, isomorphe au quotient de l'idéal $S^{-1}I$ par son carré, est projectif. L'anneau $S^{-1}B$ égal à l'anneau B_P est local. D'après ce qui précède, les homomorphismes suivants sont nuls pour $m \neq 0$

$$\operatorname{Tor}_m^{S^{-1}A}(S^{-1}B, S^{-1}(A/I^n)) \to \operatorname{Tor}_m^{S^{-1}A}(S^{-1}B, S^{-1}(A/I^{n-1}))$$

autrement dit les homomorphismes suivants sont nuls

$$\operatorname{Tor}_m^A(B, A/I^n)_P \to \operatorname{Tor}_m^A(B, A/I^{n-1})_P$$

d'après l'égalité 26. Cela étant vrai pour tout idéal premier P de l'anneau B, l'homomorphisme

$$\operatorname{Tor}_m^A(B, A/I^n) \to \operatorname{Tor}_m^A(B, A/I^{n-1})$$

ne peut être que nul pour tout $m \neq 0$.

Lemme 29. *Soit un homomorphisme surjectif d'un anneau A sur un anneau B, de noyau I, le B-module* I/I^2 *étant projectif. Alors la B-algèbre anticommutative* $\operatorname{Tor}_*^A(B,B)$ *est une algèbre extérieure si pour tout entier* $m \neq 1$ *le module* $H_m(A,B,B)$ *est nul.*

Démonstration. Commençons par le cas particulier d'un anneau local B. D'après la proposition 11.16, le B-module I/I^2 est un module libre. D'après la proposition 11.13, il existe donc une $\tilde{A}$-algèbre modèle $\tilde{B}$ fortement au-dessus de la A-algèbre B. D'après la proposition 13.18, les homomorphismes ν^k sont des isomorphismes. D'après le lemme 24, les homomorphismes τ^k sont donc des isomorphismes. Le lemme est ainsi démontré dans le cas particulier d'un anneau local B.

Utilisons maintenant la situation décrite dans la remarque 27. D'après les corollaires 4.59 et 5.27, le module $H_m(S^{-1}A, S^{-1}B, S^{-1}B)$ est nul pour $m \neq 1$. En outre, le $S^{-1}B$-module $S^{-1}(I/I^2)$, isomorphe au quotient de l'idéal $S^{-1}I$ par son carré, est projectif. L'anneau $S^{-1}B$ égal à l'anneau B_P est local. D'après ce qui précède, les homomorphismes suivants sont des isomorphismes

$$\Lambda^k_{S^{-1}B}(S^{-1}I/I^2) \to \mathrm{Tor}_k^{S^{-1}A}(S^{-1}B, S^{-1}B)$$

autrement dit les homomorphismes suivants sont des isomorphismes

$$(\Lambda^k_B I/I^2)_P \to \mathrm{Tor}_k^A(B,B)_P$$

d'après les égalités 25 et 26. Cela étant vrai pour tout idéal premier P de l'anneau B, l'homomorphisme τ^k

$$\Lambda^k_B I/I^2 \to \mathrm{Tor}_k^A(B,B)$$

ne peut être qu'un isomorphisme pour tout k.

Ainsi la démonstration du théorème 22 est complète, une fois démontré le théorème 15.8. Rappelons que tous les résultats précédents se généralisent grâce au théorème 20.31.

c) Homomorphismes d'Eilenberg-MacLane. Il s'agit de démontrer le lemme 12 et en même temps de préparer le chapitre 18.

Définition 30. L'ensemble $\langle i,j \rangle$ est formé des paires (a, b) d'applications croissantes et surjectives

$$a\colon [i+j] \to [i] \quad \text{et} \quad b\colon [i+j] \to [j]$$

liées par la condition suivante

$$a + b = \mathrm{Id}\colon [i+j] \to [i+j].$$

A chaque paire (a, b) on associe un nombre

$$h(a,b) = \sum_{0 \leqslant x \leqslant i+j} a(x) + i(i+1)/2 + ij$$

à prendre modulo 2.

Exemple 31. L'ensemble $\langle 0,n \rangle$ est formé d'une seule paire (a, b) où a est l'unique application de $[n]$ dans $[0]$ et où b est l'application identité de $[n]$ dans $[n]$. Le nombre $h(a,b)$ est alors nul.

Dans la définition précédente, l'application croissante et surjective a détermine l'application croissante et surjective b. En outre, l'application a est caractérisée par la propriété suivante

$$a(x+1) - a(x) \leqslant 1, \qquad 0 \leqslant x < i+j.$$

La dissymétrie dans la définition du nombre $h(a,b)$ n'est qu'apparente, car il est facile de vérifier l'égalité suivante.

Egalité 32. Pour un élément (a,b) de l'ensemble $\langle i,j\rangle$

$$h(a,b)+h(b,a)=ij, \quad \bmod 2.$$

Voilà en ce qui concerne «la commutativité» de la définition. En ce qui concerne «l'associativité», il faut connaître le résultat suivant.

Lemme 33. *Il existe une bijection naturelle entre les deux produits cartésiens*

$$\langle i,j\rangle \times \langle i+j,k\rangle \quad et \quad \langle i,j+k\rangle \times \langle j,k\rangle .$$

Le premier élément ci-dessous appartenant au premier produit cartésien ci-dessus correspond au second élément ci-dessous appartenant au second produit cartésien ci-dessus

$$(a',b')\times(u,c) \quad et \quad (a,v)\times(b'',c'')$$

si et seulement si les égalités suivantes sont satisfaites

$$a=a'\circ u, \qquad b'\circ u=b=b''\circ v, \qquad c''\circ v=c.$$

Dans ce cas l'égalité suivante est satisfaite modulo 2

$$h(a',b')+h(u,c)+h(a,v)+h(b'',c'')=0.$$

Démonstration. Il faut considérer l'ensemble $\langle i,j,k\rangle$ des triplets (a,b,c) d'applications croissantes et surjectives

$$a\colon[i+j+k]\to[i], \qquad b\colon[i+j+k]\to[j], \qquad c\colon[i+j+k]\to[k]$$

liées par la condition suivante

$$a+b+c=\mathrm{Id}\colon[i+j+k]\to[i+j+k].$$

Il existe alors une bijection naturelle entre les deux ensembles

$$\langle i,j\rangle\times\langle i+j,k\rangle \quad \text{et} \quad \langle i,j,k\rangle$$

par laquelle les deux éléments

$$(a',b')\times(u,c) \quad \text{et} \quad (a,b,c)$$

se correspondent avec les égalités suivantes

$$a=a'\circ u, \qquad b=b'\circ u, \qquad u=a+b.$$

De même il existe une bijection naturelle entre les deux ensembles

$$\langle i,j+k\rangle\times\langle j,k\rangle \quad \text{et} \quad \langle i,j,k\rangle$$

par laquelle les deux éléments

$$(a,v)\times(b'',c'') \quad \text{et} \quad (a,b,c)$$

se correspondent avec les égalités suivantes

$$b=b''\circ v, \qquad c=c''\circ v, \qquad v=b+c.$$

De ces deux bijections découle la bijection du lemme.

Compte tenu de l'égalité 32, il s'agit maintenant d'additionner les nombres suivants à prendre modulo 2

$$\begin{aligned} h(a',b') &= \sum b'(y)+j(j+1)/2, \\ h(u,c) &= \sum c(x)+k(k+1)/2, \\ h(a,v) &= \sum a(x)+i(i+1)/2+i(j+k), \\ h(b'',c'') &= \sum b''(z)+j(j+1)/2+jk, \end{aligned}$$

l'élément x parcourt l'ensemble $[i+j+k]$, l'élément y parcourt l'ensemble $[i+j]$ et l'élément z parcourt l'ensemble $[j+k]$. On peut écrire cette somme sous la forme suivante (toujours modulo 2)

$$\begin{aligned} \sum[a(x)+b(x)+c(x)] &+ (i+j+k)(i+j+k+1)/2 \\ &+ \sum b(x) + \sum b'(y) + \sum b''(z) + j(j+1)/2. \end{aligned}$$

L'élément $a(x)+b(x)+c(x)$ étant toujours égal à x, il reste à démontrer le résultat suivant

$$\sum b(x) + \sum b'(y) + \sum b''(z) = j(j+1)/2, \quad \text{mod } 2.$$

Utilisons les deux égalités suivantes

$$\sum b'(y) = \sum b(x)\,[u(x)-u(x-1)] \quad \text{et} \quad \sum b''(z) = \sum b(x)\,[v(x)-v(x-1)].$$

Il faut donc connaître

$$\sum b(x) + \sum b'(y) + \sum b''(z) = \sum b(x)\,[u(x)+v(x)+1-u(x-1)-v(x-1)].$$

Modulo 2, il s'agit en fait du nombre suivant

$$\sum b(x)\,[b(x)-b(x-1)] = \sum b(t)$$

l'élément t appartient à l'ensemble $[i+j+k]$ et satisfait à la condition

$$b(t) \neq b(t-1).$$

L'égalité suivante, l'application b étant surjective,

$$\sum b(t) = 0+1+\cdots+j-1+j = j(j+1)/2$$

termine alors la démonstration.

Voici maintenant la définition de l'*homomorphisme d'Eilenberg-MacLane*, définition qui fait usage des définitions 2.21 et 4.18, du lemme 9.9 et de la définition 30.

Définition 34. Pour toute paire de A-modules simpliciaux K_* et L_*, l'homomorphisme de complexes de A-modules

$$\nabla_*: K_* \underline{\otimes}_A L_* \to K_* \overline{\otimes} L_*$$

est défini par l'égalité suivante

$$\nabla_{i+j}(x \otimes y) = \sum_{(a,b) \in \langle i,j \rangle} (-1)^{h(a,b)} x_a \otimes y_b$$

pour un élément x de K_i et un élément y de L_j.

Remarque 35. Il s'agit d'un homomorphisme de complexes car l'égalité suivante est satisfaite pour tout i et pour tout j

$$\sum_{0 \leqslant r \leqslant i+j} (-1)^r (\varepsilon^r_{i+j} \otimes \varepsilon^r_{i+j}) \circ \nabla_{i+j}$$
$$= \nabla_{i+j-1} \circ \Big(\sum_{0 \leqslant s \leqslant i} (-1)^s \varepsilon^s_i \otimes \mathrm{Id} + \sum_{0 \leqslant t \leqslant j} (-1)^{i+t} \mathrm{Id} \otimes \varepsilon^t_j \Big).$$

La vérification de cette formule bien connue n'est pas faite ici. Consulter à ce sujet l'article original de S. Eilenberg – S. MacLane.

Utilisons maintenant les définitions 2.22 et 4.19 et l'égalité 32.

Lemme 36. *Soient deux A-modules simpliciaux K_* et L_*. Alors les deux homomorphismes suivants sont égaux*

$$\nabla_* \circ \underline{\tau} = \overline{\tau} \circ \nabla_* : K_* \underline{\otimes}_A L_* \to L_* \overline{\otimes}_A K_*.$$

Démonstration. L'égalité 32 donne l'égalité suivante

$$\nabla_{i+j} \circ \underline{\tau}(x \otimes y) = \sum_{(b,a) \in \langle j,i \rangle} (-1)^{h(b,a)+ij} y_b \otimes x_a$$
$$= \sum_{(a,b) \in \langle i,j \rangle} (-1)^{h(a,b)} y_b \otimes x_a = \overline{\tau} \circ \nabla_{i+j}(x \otimes y)$$

qui est l'égalité du lemme.

Lemme 37. *Soient trois A-modules simpliciaux K_*, L_*, M_*. Alors le diagramme suivant est commutatif*

$$\begin{array}{ccc} K_* \underline{\otimes}_A L_* \underline{\otimes}_A M_* & \xrightarrow{\mathrm{Id} \underline{\otimes} \nabla_*} & K_* \underline{\otimes}_A (L_* \overline{\otimes}_A M_*) \\ \downarrow \nabla_* \underline{\otimes} \mathrm{Id} & & \downarrow \nabla_* \\ (K_* \overline{\otimes}_A L_*) \underline{\otimes}_A M_* & \xrightarrow{\nabla_*} & K_* \overline{\otimes}_A L_* \overline{\otimes}_A M_*. \end{array}$$

Démonstration. Le lemme 33 permet d'écrire les égalités suivantes

$$\begin{aligned}
&\nabla_{i+j+k}\circ(\nabla_{i+j}\otimes \mathrm{Id})(x\otimes y\otimes z)\\
&= \sum_{(u,c)\in\langle i+j,k\rangle}(-1)^{h(u,c)}\sum_{(a',b')\in\langle i,j\rangle}(-1)^{h(a',b')}x_{a'\circ u}\otimes y_{b'\circ u}\otimes z_c\\
&= \sum_{(a,v)\in\langle i,j+k\rangle}(-1)^{h(a,v)}\sum_{(b'',c'')\in\langle j,k\rangle}(-1)^{h(b'',c'')}x_a\otimes y_{b''\circ v}\otimes z_{c''\circ v}\\
&= \nabla_{i+j+k}\circ(\mathrm{Id}\otimes \nabla_{j+k})(x\otimes y\otimes z).
\end{aligned}$$

Ces égalités démontrent évidemment le lemme.

D'après le lemme 4.35, on sait qu'une résolution simpliciale B_* d'une A-algèbre B peut être utilisée comme résolution projective du A-module B. Ce qui précède permet alors de démontrer le lemme 12.

Proposition 38. *Soit une résolution simpliciale B_* d'une A-algèbre B. Considérons l'homomorphisme d'Eilenberg-MacLane correspondant et l'homomorphisme produit correspondant*

$$\nabla_*: B_*\underline{\otimes}_A B_* \to B_*\overline{\otimes}_A B_* \quad et \quad \pi_*: B_*\overline{\otimes}_A B_* \to B_*.$$

Alors l'homomorphisme λ_* égal à $\pi_*\circ\nabla_*$ et décrit par l'égalité

$$\lambda_{i+j}(x\otimes y) = \sum_{(a,b)\in\langle i,j\rangle}(-1)^{h(a,b)}x_a y_b \quad avec\ x\in B_i \quad et\ y\in B_j$$

satisfait aux égalités du lemme 12 et peut être utilisé pour définir la structure multiplicative de l'algèbre graduée

$$\mathrm{Tor}_*^A(B,B)\cong \mathscr{H}_*[B_*\otimes_A B].$$

Démonstration. La première égalité du lemme 12 est une conséquence du lemme 37 ou encore de manière plus explicite: on a les égalités suivantes qui sont dues au lemme 33

$$\begin{aligned}
\lambda_{i+j+k}(\lambda_{i+j}(x\otimes y)\otimes z) &= \sum(-1)^{h(u,c)+h(a',b')}x_{a'\circ u}y_{b'\circ u}z_c\\
&= \sum(-1)^{h(a,v)+h(b'',c'')}x_a y_{b''\circ v}z_{c''\circ v}\\
&= \lambda_{i+j+k}(x\otimes \lambda_{j+k}(y\otimes z)).
\end{aligned}$$

Considérons maintenant l'élément $\omega=1$ de B_0. La deuxième égalité du lemme 12 est une conséquence de l'exemple 31, les égalités suivantes étant évidentes

$$\lambda_n(1\otimes z) = 1_a\cdot z_{\mathrm{Id}} = z = z_{\mathrm{Id}}\cdot 1_b = \lambda_n(z\otimes 1).$$

La troisième égalité du lemme 12 est une conséquence du lemme 36 ou encore de manière plus explicite: on a les égalités suivantes qui sont dues à l'égalité 32

$$\lambda_{i+j}(x\otimes y) = \sum(-1)^{h(a,b)}x_a y_b = \sum(-1)^{h(b,a)+ij}y_b x_a = (-1)^{ij}\lambda_{i+j}(y\otimes x).$$

La quatrième égalité du lemme 12 est une conséquence de l'égalité 32. L'entier k étant impair, on a en effet les égalités suivantes

$$\begin{aligned}\lambda_{2k}(z\otimes z) &= \sum(-1)^{h(a,b)} z_a z_b \\ &= \sum_{a(1)=0,b(1)=1}(-1)^{h(a,b)} z_a z_b + \sum_{a(1)=1,b(1)=0}(-1)^{h(a,b)} z_a z_b \\ &= \sum_{a(1)=0,b(1)=1}[(-1)^{h(a,b)}+(-1)^{h(b,a)}] z_a z_b \\ &= \sum_{a(1)=0,b(1)=1}[0] z_a z_b = 0.\end{aligned}$$

La proposition est ainsi démontrée.

XV. Deuxièmes modules d'homologie

Trois manières de calculer explicitement les deuxièmes modules d'homologie. Une suite exacte qui conduit à la caractérisation homologique des algèbres absolument plates dans le cas noethérien.

a) Préliminaires. Le lemme élémentaire suivant permet le calcul explicite des deuxièmes modules d'homologie.

Lemme 1. *Soit un homomorphisme surjectif d'une A-algèbre simpliciale A_* sur la A-algèbre simpliciale triviale $\bar{A}$ avec l'idéal simplicial J_* comme noyau. Alors les égalités suivantes sont satisfaites*

$$J_1^2 = d_2(J_2^2) \quad \textit{et} \quad J_2^2 = d_3(J_3^2) + \sigma_1^0(J_1)\cdot\sigma_1^1(J_1)$$

si l'idéal J_0 est nul.

Démonstration. La première égalité est une conséquence de l'égalité simple suivante

$$-x\cdot y = (\varepsilon_2^0 - \varepsilon_2^1 + \varepsilon_2^2)\,(\sigma_1^0(x)\cdot\sigma_1^1(y)).$$

Il s'agit de la remarque 6.2.

Pour toute paire d'éléments x et y de J_2, on a l'égalité suivante

$$(\varepsilon_3^0 - \varepsilon_3^1 + \varepsilon_3^2 - \varepsilon_3^3)\,(\sigma_2^0(x)\cdot\sigma_2^1(y))$$
$$= x\cdot(\sigma_1^0\circ\varepsilon_2^0)\,(y) - x\cdot y + (\sigma_1^0\circ\varepsilon_2^1)\,(x)\cdot y - (\sigma_1^0\circ\varepsilon_2^2)\,(x)\cdot(\sigma_1^1\circ\varepsilon_2^2)\,(y).$$

Elle démontre l'égalité suivante

$$J_2^2 = d_3(J_3^2) + J_2\cdot\sigma_1^0(J_1).$$

De manière analogue, on a l'égalité suivante

$$(\varepsilon_3^0 - \varepsilon_3^1 + \varepsilon_3^2 - \varepsilon_3^3)\,(\sigma_2^1(x)\cdot\sigma_2^2(y))$$
$$= (\sigma_1^0\circ\varepsilon_2^0)\,(x)\cdot(\sigma_1^1\circ\varepsilon_2^0)\,(y) - x\cdot(\sigma_1^1\circ\varepsilon_2^1)\,(y) + x\cdot y - (\sigma_1^1\circ\varepsilon_2^2)\,(x)\cdot y.$$

Si x est égal à $\sigma_1^0(z)$, l'élément suivant est nul

$$(\sigma_1^1\circ\varepsilon_2^2)\,(x) = (\sigma_1^1\circ\varepsilon_2^2\circ\sigma_1^0)\,(z) = (\sigma_1^1\circ\sigma_0^0\circ\varepsilon_1^1)\,(z)$$

puisque l'idéal J_0 est nul. L'égalité précédente prend alors la forme suivante

$$(\varepsilon_3^0-\varepsilon_3^1+\varepsilon_3^2-\varepsilon_3^3)(\sigma_2^1(x)\cdot\sigma_2^2(y))$$
$$=(\sigma_1^0\circ\varepsilon_2^0)(x)\cdot(\sigma_1^1\circ\varepsilon_2^0)(y)-\sigma_1^0(z)\cdot(\sigma_1^1\circ\varepsilon_2^1)(y)+x\cdot y.$$

Elle établit l'inclusion suivante

$$J_2\cdot\sigma_1^0(J_1)\subset d_3(J_3^2)+\sigma_1^0(J_1)\cdot\sigma_1^1(J_1).$$

On a donc bien la deuxième égalité du lemme.

Considérons maintenant une $\tilde{A}$-algèbre modèle $\tilde{B}$ faiblement au-dessus d'une A-algèbre B (définition 11.8 et condition 11.9). D'après le lemme 13.10 et la remarque 13.11, il existe une résolution simpliciale $\tilde{B}_*$ de la première algèbre et une résolution simpliciale B_* de la deuxième algèbre avec un homomorphisme de la première résolution dans la deuxième résolution donnant lieu aux deux isomorphismes suivants

$$\tilde{B}_0\otimes_{\tilde{A}}A\cong B_0\cong A \quad \text{et } \tilde{B}_1\otimes_{\tilde{A}}A\cong B_1.$$

Avec la première résolution, considérons l'idéal simplicial décrit par la suite exacte

$$0\to I_*\to\tilde{B}_*\otimes_{\tilde{A}}B\to\overline{B}\to 0$$

et avec la seconde résolution, considérons l'idéal simplicial décrit par la suite exacte

$$0\to J_*\to B_*\otimes_A B\to\overline{B}\to 0.$$

On a un homomorphisme de B-algèbres simpliciales

$$\tilde{B}_*\otimes_{\tilde{A}}B\to B_*\otimes_A B$$

qui envoie l'idéal simplicial I_* dans l'idéal simplicial J_* avec les isomorphismes suivants

$$I_0\cong J_0\cong 0 \quad \text{et } I_1\cong J_1.$$

Diagramme 2. Pour tout B-module W, il existe un diagramme commutatif dont les deux lignes sont des suites exactes

$$\begin{array}{ccccccc}
\mathscr{H}_2[I_*^2\otimes_B W] & \xrightarrow{\beta} & \mathscr{H}_2[I_*\otimes_B W] & \longrightarrow & \mathscr{H}_2[I_*/I_*^2\otimes_B W] & \longrightarrow & \mathscr{H}_1[I_*^2\otimes_B W]\\
\downarrow{\scriptstyle\alpha} & & \downarrow & & \downarrow & & \downarrow\\
\mathscr{H}_2[J_*^2\otimes_B W] & \longrightarrow & \mathscr{H}_2[J_*\otimes_B W] & \xrightarrow{\gamma} & \mathscr{H}_2[J_*/J_*^2\otimes_B W] & \longrightarrow & \mathscr{H}_1[J_*^2\otimes_B W].
\end{array}$$

Lemme 3. *Le diagramme 2 donne lieu à une suite exacte*

$$\mathscr{H}_2[I_*\otimes_B W]\to\mathscr{H}_2[J_*\otimes_B W]\to\mathscr{H}_2[J_*/J_*^2\otimes_B W]\to 0.$$

Démonstration. Il suffit de démontrer que les trois homomorphismes α,β,γ sont des épimorphismes.

D'après la première partie du lemme 1, l'homomorphisme d_2 de $J_2^2 \otimes_B W$ dans $J_1^2 \otimes_B W$ est une surjection. On a donc l'égalité suivante

$$\mathcal{H}_1[J_*^2 \otimes_B W] \cong 0$$

qui démontre que l'homomorphisme γ est un épimorphisme. L'égalité 13.14 et le lemme 5.4 donnent les isomorphismes suivants

$$\mathcal{H}_2[I_*/I_*^2 \otimes_B W] \cong H_2(\tilde{A}, \tilde{B}, W) \cong 0$$

qui démontre que l'homomorphisme β est un épimorphisme.

Considérons maintenant le diagramme commutatif suivant

$$\begin{array}{ccccc} I_3^2 \otimes_B W & \xrightarrow{d_3} & I_2^2 \otimes_B W & \xrightarrow{d_2} & I_1^2 \otimes_B W \\ \downarrow p & & \downarrow q & & \downarrow r \\ J_3^2 \otimes_B W & \xrightarrow{d_3} & J_2^2 \otimes_B W & \xrightarrow{d_2} & J_1^2 \otimes_B W \end{array}$$

d'où découle l'homomorphisme α. Puisque l'image de I_1 dans J_1 est égale à J_1, l'homomorphisme

$$(\sigma_1^0(J_1) \cdot \sigma_1^1(J_1)) \otimes_B W \to J_2^2 \otimes_B W$$

a une image qui est contenue dans celle de l'homomorphisme q. La deuxième partie du lemme 1 devient ainsi l'égalité suivante

$$J_2^2 \otimes_B W = \operatorname{Im} d_3 + \operatorname{Im} q.$$

Soit x un cycle de $J_2^2 \otimes_B W$ qui a donc la forme

$$x = d_3(y) + q(z).$$

Puisque r est un isomorphisme, l'élément z est un cycle de $I_2^2 \otimes_B W$. Par conséquent, l'homomorphisme α est un épimorphisme et le lemme est démontré.

On peut écrire le lemme précédent de la manière suivante.

Lemme 4. *Soit une $\tilde{A}$-algèbre modèle $\tilde{B}$ faiblement au-dessus d'une A-algèbre B. Alors il existe une suite exacte naturelle de B-modules*

$$\operatorname{Tor}_2^{\tilde{A}}(\tilde{B}, W) \to \operatorname{Tor}_2^A(B, W) \to H_2(A, B, W) \to 0$$

pour tout B-module W.

Démonstration. Les isomorphismes des égalités 13.13 et 13.14

$$\mathcal{H}_2[I_* \otimes_B W] \cong \operatorname{Tor}_2^{\tilde{A}}(\tilde{B}, W) \quad \text{et} \quad \mathcal{H}_2[J_* \otimes_B W] \cong \operatorname{Tor}_2^A(B, W)$$
$$\mathcal{H}_2[J_*/J_*^2 \otimes_B W] \cong H_2(A, B, W)$$

permettent de donner à la suite exacte du lemme 3 la forme souhaitée.

Le lemme précédent sera utilisé sous la forme suivante et cela de trois manières différentes.

Lemme 5. *Soit une $\tilde{A}$-algèbre modèle $\tilde{B}$ faiblement au-dessus d'une A-algèbre B et soit un épimorphisme d'un $\tilde{B}$-module $\tilde{W}$ sur un B-module W. Considérons un diagramme commutatif d'homomorphismes de modules ($\tilde{A}$-modules pour la ligne supérieure et A-modules pour la ligne inférieure)*

$$\begin{array}{ccccc} \tilde{P} & \xrightarrow{\tilde{\alpha}} & \tilde{Q} & \xrightarrow{\tilde{\beta}} & \tilde{R} \\ \downarrow{\scriptstyle p} & & \downarrow{\scriptstyle q} & & \downarrow{\scriptstyle r} \\ P & \xrightarrow{\alpha} & Q & \xrightarrow{\beta} & R \end{array}$$

jouissant des trois propriétés suivantes

1) *les deux homomorphismes suivants peuvent être identifiés*

$$\operatorname{Ker}\tilde{\beta} \to \operatorname{Ker}\beta \quad \textit{et} \quad \operatorname{Tor}_2^{\tilde{A}}(\tilde{B},\tilde{W}) \to \operatorname{Tor}_2^{A}(B,W),$$

2) *l'homomorphisme p est un épimorphisme,*

3) *les modules $\operatorname{Im}\tilde{\alpha}$ et $\operatorname{Ker}\tilde{\beta}$ sont égaux.*

Alors il existe un isomorphisme de B-modules

$$\operatorname{Ker}\beta/\operatorname{Im}\alpha \cong H_2(A,B,W).$$

Démonstration. D'après le lemme 12.17, l'homomorphisme

$$\operatorname{Tor}_2^{\tilde{A}}(\tilde{B},\tilde{W}) \to \operatorname{Tor}_2^{\tilde{A}}(\tilde{B},W)$$

est un épimorphisme. D'après le lemme 4, on a donc une suite exacte

$$\operatorname{Tor}_2^{\tilde{A}}(\tilde{B},\tilde{W}) \to \operatorname{Tor}_2^{A}(B,W) \to H_2(A,B,W) \to 0.$$

La propriété 1 du lemme permet alors de considérer l'isomorphisme suivant

$$\operatorname{Ker}\beta/q(\operatorname{Ker}\tilde{\beta}) \cong H_2(A,B,W).$$

Les deux dernières propriétés du lemme donnent les égalités suivantes

$$q(\operatorname{Ker}\tilde{\beta}) = q(\operatorname{Im}\tilde{\alpha}) = \operatorname{Im}(q\circ\tilde{\alpha}) = \operatorname{Im}(\alpha\circ p) = \operatorname{Im}\alpha$$

qui permettent de conclure.

Remarque 6. On sait que pour tout homomorphisme surjectif d'un anneau A sur un anneau B, il existe une $\tilde{A}$-algèbre modèle $\tilde{B}$ faiblement au-dessus de la A-algèbre B. Selon la démonstration du lemme 11.12, il faut choisir un épimorphisme π d'un A-module projectif P sur le A-module I et considérer

$$\tilde{A} = S_A P \quad \text{et} \quad \tilde{B} = A$$

avec l'homomorphisme de $S_A P$ dans A qui prolonge π. En particulier si un épimorphisme d'un A-module F sur le A-module I est donné, on peut choisir π de manière à avoir un diagramme commutatif

$$\begin{array}{ccc} & & P \\ & \swarrow^{\phi} & \downarrow \pi \\ F & \longrightarrow & I \end{array}$$

où l'homomorphisme ϕ est surjectif lui aussi.

D'après le lemme 11.2, on peut encore faire la remarque suivante.

Remarque 7. Considérons un A-module projectif P. Alors il existe une suite exacte de A-modules

$$P \otimes_A P \otimes_A S_A P \xrightarrow{u} P \otimes_A S_A P \xrightarrow{v} S_A P$$

où les homomorphismes sont définis par les égalités

$$u(x \otimes y \otimes \omega) = x \otimes y\omega - y \otimes x\omega \quad \text{et} \quad v(x \otimes \omega) = x\omega .$$

b) Résultats. Voici trois manières différentes de calculer les deuxièmes modules d'homologie d'une A-algèbre B. D'après le corollaire 5.2, il suffit de traiter le cas où l'anneau B est un quotient de l'anneau A.

Théorème 8. *Soient un homomorphisme surjectif d'un anneau A sur un anneau B et un B-module W. Alors il existe un isomorphisme naturel de B-modules*

$$H_2(A,B,W) \cong \mathrm{Tor}_2^A(B,W)/\mathrm{Tor}_1^A(B,B) \cdot \mathrm{Tor}_1^A(B,W).$$

Démonstration. Il s'agit du produit de la définition 14.17. Considérons une $\tilde{A}$-algèbre modèle $\tilde{B}$ faiblement au-dessus de la A-algèbre B (lemme 11.12)

$$\tilde{B} = \tilde{A}/\tilde{I} \quad \text{et} \quad B \cong A/I .$$

Appliquons le lemme 5 avec le diagramme commutatif suivant

$$\begin{array}{ccccc} \mathrm{Tor}_1^{\tilde{A}}(\tilde{B},\tilde{B}) \otimes_{\tilde{B}} \mathrm{Tor}_1^{\tilde{A}}(\tilde{B},W) & \longrightarrow & \mathrm{Tor}_2^{\tilde{A}}(\tilde{B},W) & \longrightarrow & 0 \\ \downarrow p & & \downarrow q & & \downarrow r \\ \mathrm{Tor}_1^A(B,B) \otimes_B \mathrm{Tor}_1^A(B,W) & \longrightarrow & \mathrm{Tor}_2^A(B,W) & \longrightarrow & 0. \end{array}$$

La première propriété du lemme 5 est vérifiée de manière triviale. La troisième propriété du lemme 5 est vérifiée d'après le lemme 14.19. La deuxième propriété du lemme 5 est vérifiée car l'homomorphisme

$$\mathrm{Tor}_1^{\tilde{A}}(\tilde{B},\tilde{B}) \cong \tilde{I}/\tilde{I}^2 \to \mathrm{Tor}_1^A(B,B) \cong I/I^2$$

est surjectif et car l'homomorphisme

$$\mathrm{Tor}_1^{\tilde{A}}(\tilde{B}, W) \cong \tilde{I}/\tilde{I}^2 \otimes_{\tilde{B}} W \to \mathrm{Tor}_1^A(B, W) \cong I/I^2 \otimes_B W$$

est surjectif. Le lemme 5 et le diagramme ci-dessus démontrent donc le théorème.

Proposition 9. *Soient un homomorphisme surjectif d'un anneau A sur un anneau B, de noyau I, un B-module W et une suite exacte de A-modules*

$$0 \to M \to L \to W \to 0$$

où le A-module L est plat. Considérons les homomorphismes de A-modules

$$I \otimes_A I \otimes_A L \xrightarrow{\alpha} I \otimes_A M \xrightarrow{\beta} I \otimes_A L$$

définis par les égalités suivantes

$$\alpha(x \otimes y \otimes \omega) = x \otimes y\omega - y \otimes x\omega \quad \text{et} \quad \beta(x \otimes \omega) = x \otimes \omega .$$

Alors l'homomorphisme $\beta \circ \alpha$ est nul et il existe un isomorphisme naturel de B-modules

$$H_2(A, B, W) \cong \mathrm{Ker}\,\beta/\mathrm{Im}\,\alpha .$$

Démonstration. L'homomorphisme $\beta \circ \alpha$ est nul à cause des égalités suivantes

$$(\beta \circ \alpha)(x \otimes y \otimes \omega) = x \otimes y\omega - y \otimes x\omega = xy \otimes \omega - yx \otimes \omega = 0 .$$

En outre le A-module $\mathrm{Ker}\,\beta$ est un B-module pour la raison simple suivante. Considérons les éléments

$$x \in I \quad \text{et} \quad \sum y_i \otimes \omega_i \in \mathrm{Ker}\,\beta \subset I \otimes_A M .$$

Les égalités suivantes

$$x\left(\sum y_i \otimes \omega_i\right) = \sum x y_i \otimes \omega_i = x \otimes \sum y_i \omega_i = x \otimes 0 = 0$$

démontrent que $I \,.\, \mathrm{Ker}\,\beta$ est nul.

Considérons une $\tilde{A}$-algèbre modèle $\tilde{B}$ faiblement au-dessus de la A-algèbre B (lemme 11.12) et un épimorphisme λ d'un $\tilde{A}$-module libre $\tilde{L}$ sur le A-module L. On va utiliser le diagramme suivant

$$\begin{array}{ccccccccc} 0 & \longrightarrow & \tilde{M} & \longrightarrow & \tilde{L} & \longrightarrow & \tilde{W} & \longrightarrow & 0 \\ & & \downarrow{\scriptstyle \mu} & & \downarrow{\scriptstyle \lambda} & & \downarrow{\scriptstyle \omega} & & \\ 0 & \longrightarrow & M & \longrightarrow & L & \longrightarrow & W & \longrightarrow & 0 \end{array}$$

où le $\tilde{A}$-module $\tilde{M}$ est égal à $\tilde{I}\tilde{L}$ et où le $\tilde{B}$-module $\tilde{W}$ est égal à $\tilde{L}/\tilde{I}\tilde{L}$, l'idéal $\tilde{I}$ étant le noyau de l'algèbre modèle. Appliquons le lemme 5 avec le diagramme commutatif suivant

$$\begin{array}{ccccc}\tilde{I}\otimes_{\tilde{A}}\tilde{I}\otimes_{\tilde{A}}\tilde{L} & \xrightarrow{\tilde{\alpha}} & \tilde{I}\otimes_{\tilde{A}}\tilde{M} & \xrightarrow{\tilde{\beta}} & \tilde{I}\otimes_{\tilde{A}}\tilde{L} \\ \downarrow p & & \downarrow q & & \downarrow r \\ I\otimes_A I\otimes_A L & \xrightarrow{\alpha} & I\otimes_A M & \xrightarrow{\beta} & I\otimes_A L.\end{array}$$

La première condition du lemme 5 est vérifiée à cause des isomorphismes suivants

$$\operatorname{Ker}\tilde{\beta} \cong \operatorname{Tor}_1^{\tilde{A}}(\tilde{I},\tilde{W}) \cong \operatorname{Tor}_2^{\tilde{A}}(\tilde{B},\tilde{W}),$$

$$\operatorname{Ker}\beta \cong \operatorname{Tor}_1^{A}(I,W) \cong \operatorname{Tor}_2^{A}(B,W).$$

La deuxième condition du lemme 5 est vérifiée car les deux homomorphismes suivants sont surjectifs

$$\tilde{I} \to I \quad \text{et} \quad \tilde{L} \to L.$$

Pour vérifier la troisième condition du lemme 5 et par conséquent pour démontrer la proposition, il faut contrôler l'exactitude de la suite

$$I\otimes_A I\otimes_A L \xrightarrow{\alpha} I\otimes_A IL \xrightarrow{\beta} I\otimes_A L$$

pour une A-algèbre modèle B de noyau I et un B-module libre L. Par sommation directe, on se ramène au cas de rang un qui est traité dans la remarque 11 ci-dessous. La proposition est démontrée.

Corollaire 10. *Soit un homomorphisme surjectif d'un anneau A sur un anneau B, de noyau I. Considérons les homomorphismes de A-modules*

$$I\otimes_A I \xrightarrow{\alpha} I\otimes_A I \xrightarrow{\beta} I$$

définis par les égalités suivantes

$$\alpha(x\otimes y) = x\otimes y - y\otimes x \quad \textit{et} \quad \beta(x\otimes y) = xy.$$

Alors l'homomorphisme $\beta\circ\alpha$ est nul et il existe un isomorphisme naturel de B-modules

$$H_2(A,B,B) \cong \operatorname{Ker}\beta/\operatorname{Im}\alpha.$$

Démonstration. C'est le cas particulier de la proposition 9 où la suite exacte de A-modules est la suivante

$$0 \to M = I \to L = A \to W = B \to 0.$$

Remarque 11. La démonstration de la proposition 9 repose sur la démonstration de l'égalité

$$\operatorname{Ker}\beta = \operatorname{Im}\alpha$$

du corollaire 10 dans le cas d'une A-algèbre modèle B. On peut procéder de la manière suivante. Ecrivons l'anneau A sous la forme $S_B P$, les idéaux $P S_B P$ et I étant égaux. Faisons apparaître les homomorphismes de la remarque 7 et du corollaire 10 dans un diagramme commutatif

$$\begin{array}{ccccc} P\otimes_B P\otimes_B S_B P & \xrightarrow{u} & P\otimes_B P S_B P & \xrightarrow{v} & P S_B P \\ \downarrow a & & \downarrow b & & \downarrow c \\ I\otimes_A I & \xrightarrow{\alpha} & I\otimes_A I & \xrightarrow{\beta} & I \end{array}$$

où les homomorphismes a, b, c sont définis par les égalités suivantes

$$a(x\otimes y\otimes\omega) = x\otimes y\omega, \quad b(x\otimes\omega) = x\otimes\omega, \quad c(\omega) = \omega.$$

La vérification de la commutativité du diagramme est immédiate. L'homomorphisme b est un épimorphisme et les homomorphismes u et v forment une suite exacte d'après la remarque 7. Par conséquent, les homomorphismes α et β forment une suite exacte. Le corollaire 10 est donc démontré dans le cas d'une algèbre modèle. La proposition 9 est maintenant démontrée de manière complète.

Proposition 12. *Soient un homomorphisme surjectif d'un anneau A sur un anneau B, de noyau I, un B-module W et une suite exacte de A-modules*

$$0 \to U \to F \to I \to 0$$

où le A-module F est plat. Considérons le sous-module V du module F engendré par les éléments de F de la forme $\bar{x}y - \bar{y}x$, l'élément x de F étant au-dessus de l'élément $\bar{x}$ de I et l'élément y de F étant au-dessus de l'élément $\bar{y}$ de I. Alors les inclusions suivantes

$$IU \subset V \subset U \cap IF$$

définissent un homomorphisme de B-modules

$$\gamma: (U/V)\otimes_B W \to (F/IF)\otimes_B W$$

dont le noyau est isomorphe au B-module $H_2(A, B, W)$.

Démonstration. Il est immédiat de vérifier les inclusions et de définir l'homomorphisme γ. Considérons les homomorphismes de A-modules

$$F\otimes_A F\otimes_A W \xrightarrow{\alpha} U\otimes_A W \xrightarrow{\beta} F\otimes_A W$$

définis par les égalités suivantes

$$\alpha(x\otimes y\otimes\omega) = (\bar{y}x - \bar{x}y)\otimes\omega \quad \text{et} \quad \beta(x\otimes\omega) = x\otimes\omega\,.$$

Les isomorphismes suivants

$$U\otimes_A W/\operatorname{Im}\alpha \cong (U/V)\otimes_B W \quad \text{et} \quad F\otimes_A W \cong (F/IF)\otimes_B W$$

permettent de considérer l'isomorphisme suivant

$$\operatorname{Ker}\gamma \cong \operatorname{Ker}\beta/\operatorname{Im}\alpha\,.$$

Il s'agit maintenant d'établir un isomorphisme

$$H_2(A,B,W) \cong \operatorname{Ker}\beta/\operatorname{Im}\alpha$$

en utilisant le lemme 5.

Choisissons maintenant une $\tilde{A}$-algèbre modèle $\tilde{B}$ faiblement au-dessus de la A-algèbre B selon les indications de la remarque 6. L'épimorphisme π du A-module projectif P sur le A-module I découle donc d'un épimorphisme ϕ du A-module P sur le A-module F. Avec la situation habituelle

$$\tilde{A} = \mathrm{S}_A P \quad \text{et} \quad \tilde{B} = A$$

considérons une suite exacte de $\tilde{A}$-modules

$$0 \to \tilde{U} \to \tilde{F} \to \tilde{I} \to 0$$

décrits par les égalités suivantes

$$\tilde{F} = P \otimes_A \mathrm{S}_A P \quad \text{et} \quad \tilde{I} = P\,\mathrm{S}_A P.$$

Finalement considérons le diagramme commutatif

$$\begin{array}{ccccccccc} 0 & \longrightarrow & \tilde{U} & \longrightarrow & \tilde{F} & \longrightarrow & \tilde{I} & \longrightarrow & 0 \\ & & \downarrow{\scriptstyle u} & & \downarrow{\scriptstyle f} & & \downarrow{\scriptstyle i} & & \\ 0 & \longrightarrow & U & \longrightarrow & F & \longrightarrow & I & \longrightarrow & 0 \end{array}$$

l'homomorphisme f du $\tilde{A}$-module projectif $\tilde{F}$ dans le A-module plat F prolongeant l'homomorphisme ϕ mentionné ci-dessus. Par ailleurs on choisit un épimorphisme d'un $\tilde{B}$-module libre $\tilde{W}$ sur le B-module W.

Appliquons le lemme 5 avec le diagramme commutatif suivant

$$\begin{array}{ccccc} \tilde{F} \otimes_{\tilde{A}} \tilde{F} \otimes_{\tilde{A}} \tilde{W} & \xrightarrow{\tilde{\alpha}} & \tilde{U} \otimes_{\tilde{A}} \tilde{W} & \xrightarrow{\tilde{\beta}} & \tilde{F} \otimes_{\tilde{A}} \tilde{W} \\ \downarrow{\scriptstyle p} & & \downarrow{\scriptstyle q} & & \downarrow{\scriptstyle r} \\ F \otimes_A F \otimes_A W & \xrightarrow{\alpha} & U \otimes_A W & \xrightarrow{\beta} & F \otimes_A W. \end{array}$$

La première condition du lemme 5 est vérifiée à cause des isomorphismes suivants

$$\operatorname{Ker}\tilde{\beta} \cong \operatorname{Tor}_1^{\tilde{A}}(\tilde{I}, \tilde{W}) \cong \operatorname{Tor}_2^{\tilde{A}}(\tilde{B}, \tilde{W}),$$

$$\operatorname{Ker}\beta \cong \operatorname{Tor}_1^{A}(I, W) \cong \operatorname{Tor}_2^{A}(B, W).$$

La deuxième condition du lemme 5 est vérifiée car les deux homomorphismes suivants sont surjectifs

$$\tilde{F} \to F \quad \text{et} \quad \tilde{W} \to W.$$

Pour vérifier la troisième condition du lemme 5 et par conséquent pour démontrer la proposition, il faut contrôler l'exactitude de la suite

$$\tilde{F} \otimes_{\tilde{A}} \tilde{F} \otimes_{\tilde{A}} \tilde{W} \xrightarrow{\tilde{\alpha}} \tilde{U} \otimes_{\tilde{A}} \tilde{W} \xrightarrow{\tilde{\beta}} \tilde{F} \otimes_{\tilde{A}} \tilde{W}.$$

Il s'agit d'un cas particulier de la proposition à démontrer, cas particulier traité dans la remarque suivante. La proposition est alors démontrée.

Remarque 13. Considérons une A-algèbre modèle B écrite sous la forme $A = S_B P$, un B-module libre W et la suite exacte de A-modules

$$0 \to U \to F \to I \to 0$$

avec les égalités suivantes

$$F = P \otimes_B S_B P \quad \text{et} \quad I = P S_B P.$$

La remarque 7 donne un épimorphisme

$$P \otimes_B P \otimes_B A \to U.$$

Il en découle donc un épimorphisme

$$P \otimes_B P \otimes_B W \to U \otimes_A W.$$

Il est alors clair que dans la suite

$$F \otimes_A F \otimes_A W \xrightarrow{\alpha} U \otimes_A W \xrightarrow{\beta} F \otimes_A W$$

l'homomorphisme α est un épimorphisme, ce qui assure l'exactitude de cette suite. La proposition 12 est démontrée maintenant de manière complète.

C'est sous la forme décrite par la proposition 12 que les modules $H_2(A, B, W)$ ont été définis pour la première fois par *S. Lichtenbaum et M. Schlessinger.*

c) Une suite exacte. Le cas particulier de la proposition 9.31 où k est égal à 2 peut être généralisé sous la forme d'une suite exacte. Avant d'utiliser l'isomorphisme du théorème 8, commençons par énoncer quelques lemmes élémentaires.

Lemme 14. *Soient deux A-algèbres B et C et un C-module W. Alors il existe une suite exacte naturelle*

$$\mathrm{Tor}_1^A(B, C) \otimes_C W \to \mathrm{Tor}_1^A(B, W) \to \mathrm{Tor}_1^C(B \otimes_A C, W) \to 0.$$

Démonstration. Considérons une suite exacte de C-modules

$$Q \to P \to W \to 0$$

où les C-modules P et Q sont libres et dénotons par V le noyau de l'épimorphisme de P sur W. Considérons la suite exacte

$$\mathrm{Tor}_1^A(B, V) \to \mathrm{Tor}_1^A(B, P) \to \mathrm{Tor}_1^A(B, W) \to \mathrm{Tor}_0^A(B, V) \to \mathrm{Tor}_0^A(B, P).$$

Les isomorphismes suivants

$$\mathrm{Tor}_1^A(B,Q) \cong \mathrm{Tor}_1^A(B,C) \otimes_C Q \quad \text{et} \quad \mathrm{Tor}_1^A(B,P) \cong \mathrm{Tor}_1^A(B,C) \otimes_C P$$

donnent une suite exacte

$$\mathrm{Tor}_1^A(B,Q) \to \mathrm{Tor}_1^A(B,P) \to \mathrm{Tor}_1^A(B,C) \otimes_C W \to 0 .$$

Les isomorphismes suivants

$$\mathrm{Tor}_0^A(B,V) \cong (B \otimes_A C) \otimes_C V \quad \text{et} \quad \mathrm{Tor}_0^A(B,P) \cong (B \otimes_A C) \otimes_C P$$

donnent une suite exacte

$$0 \to \mathrm{Tor}_1^C(B \otimes_A C, W) \to \mathrm{Tor}_0^A(B,V) \to \mathrm{Tor}_0^A(B,P) .$$

Les trois suites exactes précédentes donnent la suite exacte du lemme.

Lemme 15. *Soient deux A-algèbres B et C et un C-module W. Alors l'homomorphisme canonique suivant est un épimorphisme*

$$\mathrm{Tor}_1^A(B,B) \otimes_A \mathrm{Tor}_1^A(B,W) \to \mathrm{Tor}_1^C(B \otimes_A C, B \otimes_A C) \otimes_C \mathrm{Tor}_1^C(B \otimes_A C, W)$$

si l'homomorphisme canonique de l'anneau A dans l'anneau B est une surjection.

Démonstration. En effet le lemme 14 donne un premier épimorphisme

$$\mathrm{Tor}_1^A(B,W) \to \mathrm{Tor}_1^C(B \otimes_A C, W)$$

un deuxième épimorphisme

$$\mathrm{Tor}_1^A(B, B \otimes_A C) \to \mathrm{Tor}_1^C(B \otimes_A C, B \otimes_A C)$$

et un troisième épimorphisme

$$\mathrm{Tor}_1^A(B,B) \otimes_A C \to \mathrm{Tor}_1^A(B, B \otimes_A C) .$$

Pour le troisième épimorphisme, on utilise les deux A-algèbres B et B et le B-module $B \otimes_A C$ ainsi que l'isomorphisme des anneaux B et $B \otimes_A B$. Ces trois épimorphismes démontrent le lemme.

Remarque 16. A un diagramme commutatif formé de suites exactes de modules du type suivant

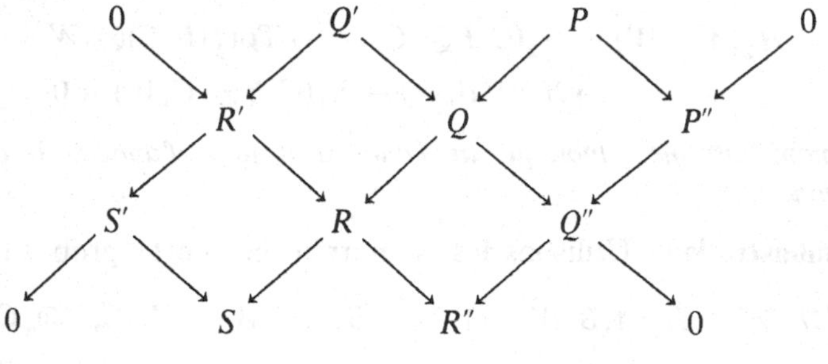

il correspond une suite exacte de modules

$$P \to P'' \to S' \to S.$$

Lemme 17. *Soient deux A-algèbres B et C et un C-module W. Alors il existe une suite exacte naturelle*

$$\begin{aligned}\mathrm{Tor}_2^A(B,W) &\to \mathrm{Tor}_2^C(B\otimes_A C, W) \to \mathrm{Tor}_1^A(B,C)\otimes_C W\\ &\to \mathrm{Tor}_1^A(B,W) \to \mathrm{Tor}_1^C(B\otimes_A C, W) \to 0.\end{aligned}$$

Démonstration. Considérons une suite exacte de C-modules

$$0 \to M \to L \to W \to 0$$

où le C-module L est libre. Appliquons la remarque 16 avec les modules suivants

$$\begin{aligned}
P &= \mathrm{Tor}_2^A(B,W), & P'' &= \mathrm{Tor}_2^C(B\otimes_A C, W),\\
Q' &= \mathrm{Tor}_1^A(B,C)\otimes_C M, & Q &= \mathrm{Tor}_1^A(B,M),\\
Q'' &= \mathrm{Tor}_1^C(B\otimes_A C, M), & R' &= \mathrm{Tor}_1^A(B,C)\otimes_C L,\\
R &= \mathrm{Tor}_1^A(B,L), & R'' &= \mathrm{Tor}_1^C(B\otimes_A C, L),\\
S' &= \mathrm{Tor}_1^A(B,C)\otimes_C W, & S &= \mathrm{Tor}_1^A(B,W).
\end{aligned}$$

Grâce au lemme 14 on a bien des suites exactes. La remarque 16 donne la première partie de la suite exacte du lemme

$$\mathrm{Tor}_2^A(B,W) \to \mathrm{Tor}_2^C(B\otimes_A C, W) \to \mathrm{Tor}_1^A(B,C)\otimes_C W \to \mathrm{Tor}_1^A(B,W)$$

et le lemme 14 donne la seconde partie de la suite exacte du lemme

$$\mathrm{Tor}_1^A(B,C)\otimes_C W \to \mathrm{Tor}_1^A(B,W) \to \mathrm{Tor}_1^C(B\otimes_A C, W) \to 0.$$

Le lemme est ainsi démontré.

Proposition 18. *Soient deux A-algèbres B et C et un $B\otimes_A C$-module W. Alors il existe une suite exacte naturelle*

$$\begin{aligned}H_2(A,B,W) &\to H_2(C, B\otimes_A C, W) \to \mathrm{Tor}_1^A(B,C)\otimes_C W\\ &\to H_1(A,B,W) \to H_1(C, B\otimes_A C, W) \to 0\end{aligned}$$

si l'homomorphisme canonique de l'anneau A dans l'anneau B est une surjection.

Démonstration. Utilisons les isomorphismes de la proposition 6.1

$$\mathrm{Tor}_1^A(B,W) \cong H_1(A,B,W) \quad \text{et} \quad \mathrm{Tor}_1^C(B\otimes_A C, W) \cong H_1(C, B\otimes_A C, W)$$

et les isomorphismes du théorème 8

$$H_2(A,B,W) \cong \mathrm{Tor}_2^A(B,W)/\mathrm{Tor}_1^A(B,B)\cdot \mathrm{Tor}_1^A(B,W),$$

$$H_2(C,B\otimes_A C,W) \cong \mathrm{Tor}_2^C(B\otimes_A C,W)/\mathrm{Tor}_1^C(B\otimes_A C,B\otimes_A C)\cdot \mathrm{Tor}_1^C(B\otimes_A C,W)$$

ainsi que l'épimorphisme du lemme 15

$$\mathrm{Tor}_1^A(B,B)\otimes_A \mathrm{Tor}_1^A(B,W) \to \mathrm{Tor}_1^C(B\otimes_A C,B\otimes_A C)\otimes_C \mathrm{Tor}_1^C(B\otimes_A C,W).$$

La suite exacte du lemme 17 donne alors la suite exacte du lemme.

Voici un résultat qui, sous une autre forme (théorème 16.18), est dû à *A. Grothendieck*.

Proposition 19. *Soient un anneau A, local et noethérien, d'idéal maximal I, et une A-algèbre B, locale et noethérienne, d'idéal maximal J, contenant IB. Alors les trois conditions suivantes sont équivalentes*

1) *le module* $H_1(A,B,B/J)$ *est nul,*
2) *le module* $H_1(A/I,B/IB,B/J)$ *est nul et le A-module B est plat,*
3) *les modules* $H_n(A,B,W)$ *et* $H^n(A,B,W)$ *sont nuls pour tout entier n non nul et pour tout B/J-module W.*

Démonstration. La première condition implique la deuxième. En effet d'après la proposition 9.31 non seulement le module $H_1(A,B,B/J)$ est nul, mais encore on a l'égalité

$$H_1(A/I,B/IB,B/J) \cong 0.$$

D'après la remarque 7.28, on a alors un momomorphisme

$$H_1(A,A/I,B/J) \to H_1(B,B/IB,B/J)$$

et un épimorphisme

$$H_2(A,A/I,B/J) \to H_2(B,B/IB,B/J)$$

autrement dit, d'après la proposition 18, une égalité

$$\mathrm{Tor}_1^A(A/I,B)\otimes_B B/J \cong 0.$$

D'après le lemme 2.56, le B-module $\mathrm{Tor}_1^A(A/I,B)$ est de type fini et le lemme de Nakayama donne l'égalité

$$\mathrm{Tor}_1^A(A/I,B) \cong 0.$$

Le A-module B est donc plat d'après le lemme 2.58.

La deuxième condition implique la troisième. D'après la proposition 7.23 et la première partie de la condition 2, on a les égalités suivantes

$$H_n(A/I,B/IB,W) \cong 0 \cong H^n(A/I,B/IB,W)$$

pour tout entier $n \neq 0$ et pour tout B/J-module W. Grâce aux isomorphismes de la proposition 4.54, on a en fait les égalités suivantes (le A-module B étant plat)

$$H_n(A,B,W) \cong 0 \cong H^n(A,B,W).$$

La proposition est ainsi démontrée.

Corollaire 20. *Soit une A-algèbre B, les deux anneaux A et B étant noethériens. Si le module $H_1(A,B,B/J)$ est nul pour tout idéal maximal J de l'anneau B, alors le A-module B est plat.*

Démonstration. Considérons un idéal maximal J de l'anneau B et l'idéal premier I de l'anneau A qui est l'image réciproque de l'idéal J. D'après le corollaire 5.27, l'égalité suivante est satisfaite

$$H_1(A_I, B_J, B/J) \cong 0.$$

D'après la proposition 19, le A_I-module B_J est plat et par conséquent le A-module B_J est plat. Cela étant vrai pour tout idéal maximal J de l'anneau B, le A-module B est lui aussi plat.

Enfin voici une réciproque de la proposition 5.25.

Proposition 21. *Soit une A-algèbre B, les trois anneaux A, B et $B \otimes_A B$ étant noethériens. Alors les cinq conditions suivantes sont équivalentes*

1) *la A-algèbre B est absolument plate* (*définition* 5.24),

2) *les modules $H_0(A,B,B/J)$ et $H_1(A,B,B/J)$ sont nuls pour tout idéal maximal J de l'anneau B,*

3) *les modules $H^0(A,B,B/J)$ et $H^1(A,B,B/J)$ sont nuls pour tout idéal maximal J de l'anneau B,*

4) *les modules $H_n(A,B,W)$ sont nuls pour tout entier n et pour tout B-module W,*

5) *les modules $H^n(A,B,W)$ sont nuls pour tout entier n et pour tout B-module W.*

Démonstration. D'après la proposition 5.25, la première condition implique la quatrième (qui implique la deuxième) et la cinquième (qui implique la troisième). La troisième condition est équivalente à la deuxième d'après le lemme 3.21. Enfin la deuxième condition implique la première comme nous allons le voir.

D'après le corollaire 20, la nullité des modules $H_1(A,B,B/J)$ implique la platitude du A-module B. La proposition 5.21 donne l'isomorphisme suivant

$$H_0(A,B,B/J) \cong H_1(B \otimes_A B, B, B/J).$$

La nullité des modules $H_1(B\otimes_A B, B, B/J)$ implique la platitude du $B\otimes_A B$-module B. La A-algèbre B est donc absolument plate.

Remarque 22. Pour qui connaît la théorie des algèbres *étales*, en particulier le théorème de structure dont la démonstration repose sur le théorème principal de Zariski, il n'est pas difficile de constater que les propositions 19 et 21 sont encore valables en supposant l'anneau A quelconque et l'algèbre B essentiellement de présentation finie.

XVI. Extensions d'algèbres

Classification des homomorphismes surjectifs d'algèbres à noyau de carré nul à l'aide des premiers modules de cohomologie. Les algèbres lisses: définitions et résultats. Démonstration du théorème de Cohen sur les anneaux complets.

a) Définitions et résultats. Il s'agit d'étudier la notion définie ci-dessous.

Définition 1. Une *extension* de la A-algèbre B par le B-module W est formée d'une A-algèbre X et d'une suite exacte de A-modules

$$0 \longrightarrow W \xrightarrow{\ i\ } X \xrightarrow{\ p\ } B \longrightarrow 0$$

où l'homomorphisme p est un homomorphisme de A-algèbres et qui donne lieu à l'égalité suivante

$$x \cdot i(w) = i(p(x) \cdot w), \qquad x \in X \quad \text{et} \quad w \in W.$$

Cette égalité démontre en particulier que le noyau $i(W)$ de l'homomorphisme p est un idéal de carré nul.

Remarque 2. Inversément un homomorphisme p d'une A-algèbre X sur la A-algèbre B donne une extension de la A-algèbre B par un B-module W si le noyau de l'homomorphisme est un idéal de carré nul. En effet on peut considérer le X-module W que forme ce noyau et constater qu'il s'agit même d'un B-module W.

Définition 3. Deux extensions X et X' de la même A-algèbre B par le même B-module W sont dites *équivalentes* s'il existe un isomorphisme des A-algèbres X et X' donnant lieu au diagramme commutatif suivant

$$\begin{array}{ccccccc} & & & X & & & \\ & & \overset{i}{\nearrow} & & \overset{p}{\searrow} & & \\ 0 \longrightarrow & W & & \downarrow \xi & & B & \longrightarrow 0. \\ & & \underset{i'}{\searrow} & & \underset{p'}{\nearrow} & & \\ & & & X' & & & \end{array}$$

On dénote par $\mathrm{Ex}(A,B,W)$ l'ensemble des classes d'équivalence des extensions de la A-algèbre B par le B-module W.

Définition 4. Une extension de la A-algèbre B par le B-module W

$$0 \longrightarrow W \xrightarrow{i} X \xrightarrow{p} B \longrightarrow 0$$

est dite *triviale* s'il existe un homomorphisme g de A-algèbres satisfaisant à l'égalité suivante

$$g\colon B \to X \quad \text{avec } p \circ g = \mathrm{Id}.$$

Lemme 5. *Soient une A-algèbre B et un B-module W. Alors, à équivalence près, il existe une et une seule extension triviale de la A-algèbre B par le B-module W.*

Démonstration. Considérons le A-module suivant pour démontrer l'existence d'une extension triviale

$$X = B \oplus W.$$

On lui donne une structure de A-algèbre

$$(b,w)\cdot(b',w') = (b\,b', b\,w' + b'\,w).$$

Mais alors la suite exacte canonique

$$0 \to W \to B \oplus W \to B \to 0$$

est une extension triviale de la A-algèbre B par le B-module W.

Pour démontrer la propriété d'unicité, considérons deux extensions triviales avec deux relèvements (définition 4)

$$0 \longrightarrow W \xrightarrow{i} X \xrightarrow{p} B \longrightarrow 0 \quad \text{avec } g\colon B \to X,$$

$$0 \longrightarrow W \xrightarrow{i'} X' \xrightarrow{p'} B \longrightarrow 0 \quad \text{avec } g'\colon B \to X'.$$

Alors il existe un et un seul homomorphisme ξ de la A-algèbre X dans la A-algèbre X' qui envoie l'élément $i(w)$ sur l'élément $i'(w)$ et l'élément $g(b)$ sur l'élément $g'(b)$. Il s'agit d'un des isomorphismes de la définition 3. Le lemme est ainsi démontré.

Nous allons voir maintenant que l'ensemble $\mathrm{Ex}(A,B,W)$ a le même comportement fonctoriel que les modules $H^n(A,B,W)$.

Lemme 6. *Soient un carré commutatif d'homomorphismes d'anneaux, une B-algèbre C et un homomorphisme ω de C-modules*

$$\begin{array}{ccc} A' & \longrightarrow & B' \\ {\scriptstyle\alpha}\downarrow & & \downarrow{\scriptstyle\beta}, \\ A & \longrightarrow & B \end{array} \qquad B \to C, \qquad \omega\colon W \to W'.$$

Alors il existe une application naturelle

$$\mathrm{Ex}(\alpha,\beta,\omega)\colon \mathrm{Ex}(A,B,W) \to \mathrm{Ex}(A',B',W').$$

Démonstration. Considérons une extension de la A-algèbre B par le B-module W

$$0 \longrightarrow W \xrightarrow{i} X \xrightarrow{p} B \longrightarrow 0$$

et de manière auxiliaire l'extension triviale de la A'-algèbre B' par le B'-module W'

$$0 \longrightarrow W' \xrightarrow{j} T \xrightarrow{q} B' \longrightarrow 0.$$

Il s'agit de construire de manière naturelle une extension de la A'-algèbre B' par le B'-module W'

$$0 \longrightarrow W' \xrightarrow{i'} X' \xrightarrow{p'} B' \longrightarrow 0$$

en utilisant les homomorphismes α, β et ω.

L'homomorphisme α permet de considérer la A'-algèbre X avec la A'-algèbre T et aussi la A'-algèbre somme directe $X\oplus T$. L'homomorphisme β permet de définir une sous-algèbre F de l'algèbre $X\oplus T$. Elle est formée des éléments du type suivant

$$(x,t) \quad \text{avec } p(x)=\beta(q(t)).$$

L'homomorphisme ω permet de définir un idéal K de l'algèbre F. Il est formé des éléments du type suivant

$$(x,t) \quad \text{avec } x=-i(w) \quad \text{et } t=j(\omega(w)).$$

Finalement considérons la A'-algèbre quotient

$$X'=F/K$$

qui dépend donc naturellement des homomorphismes α, β et ω.

Cela étant, on peut considérer l'homomorphisme i' du A'-module W' dans le A'-module X' qui envoie l'élément w' sur l'élément représenté par $(0,j(w'))$ et aussi l'homomorphisme p' de la A'-algèbre X' dans la A'-algèbre B' qui envoie l'élément représenté par (x,t) sur l'élément $q(t)$. Mais alors on peut considérer la suite exacte de A'-modules

$$0 \longrightarrow W' \xrightarrow{i'} X' \xrightarrow{p'} B' \longrightarrow 0$$

qui satisfait à l'égalité de la définition 1 et le lemme est démontré.

On peut illustrer cette construction par les remarques suivantes.

Remarque 7. Considérons une A-algèbre B, une B-algèbre C et un C-module W. Alors l'application naturelle

$$\mathrm{Ex}(B,C,W) \to \mathrm{Ex}(A,C,W)$$

peut être caractérisée de la manière suivante. A l'extension de la B-algèbre C par le C-module W

$$0 \longrightarrow W \xrightarrow{i} X \xrightarrow{p} C \longrightarrow 0$$

correspond l'extension de la A-algèbre C par le C-module W

$$0 \longrightarrow W \xrightarrow{i'} X' \xrightarrow{p'} C \longrightarrow 0$$

que l'on obtient en considérant $X' = X$, c'est-à-dire non plus la B-algèbre X, mais la A-algèbre X. En effet, en utilisant les notations de la démonstration du lemme 6 et un relèvement g de l'extension triviale auxiliaire

$$0 \longrightarrow W \xrightarrow{j} T \xrightarrow{q} C \longrightarrow 0$$

on constate qu'il existe un isomorphisme de A-algèbres

$$X \cong F/K$$

qui associe à l'élément x de X l'élément du quotient représenté par l'élément $(x, g(p(x)))$.

Remarque 8. Considérons une A-algèbre B, une B-algèbre C et un C-module W. Alors l'application naturelle

$$\operatorname{Ex}(A, C, W) \to \operatorname{Ex}(A, B, W)$$

peut être caractérisée de la manière suivante. A l'extension de la A-algèbre C par le C-module W

$$0 \longrightarrow W \xrightarrow{i} X \xrightarrow{p} C \longrightarrow 0$$

correspond l'extension de la A-algèbre B par le B-module W

$$0 \longrightarrow W \xrightarrow{i'} X' \xrightarrow{p'} B \longrightarrow 0$$

que l'on obtient en considérant $X' = Y$, défini dans l'algèbre somme directe $X \oplus B$ comme étant la sous-algèbre des éléments (x, b) pour lesquels les deux composantes x et b ont la même image dans C. En effet, en utilisant les notations de la démonstration du lemme 6 et un relèvement g de l'extension triviale auxiliaire

$$0 \longrightarrow W \xrightarrow{j} T \xrightarrow{q} B \longrightarrow 0$$

on constate qu'il existe un isomorphisme de A-algèbres

$$Y \cong F/K$$

qui associe à l'élément (x, b) de Y l'élément du quotient représenté par l'élément $(x, g(b))$.

Remarque 9. Considérons une A-algèbre B et un homomorphisme d'un B-module V dans un B-module W. Alors l'application naturelle

$$\mathrm{Ex}(A,B,V) \to \mathrm{Ex}(A,B,W)$$

peut être caractérisée de la manière suivante. A l'extension de la A-algèbre B par le B-module V

$$0 \longrightarrow V \xrightarrow{i} X \xrightarrow{p} B \longrightarrow 0$$

correspond l'extension de la A-algèbre B par le B-module W

$$0 \longrightarrow W \xrightarrow{i'} X' \xrightarrow{p'} B \longrightarrow 0$$

que l'on obtient en considérant $X' = Z$ défini comme étant le quotient de la A-algèbre $X \oplus W$ (de l'extension triviale de la A-algèbre X par le X-module W) par l'idéal des éléments (x, w) pour lesquels les deux composantes x et w sont les images d'un même élément de V, avec des signes opposés. En effet, en utilisant les notations de la démonstration du lemme 6 et un relèvement g de l'extension triviale auxiliaire

$$0 \longrightarrow W \xrightarrow{j} T \xrightarrow{q} B \longrightarrow 0$$

on constate qu'il existe un isomorphisme de A-algèbres

$$F/K \cong Z$$

qui associe à l'élément du quotient représenté par l'élément (x, t) l'élément de Z représenté par l'élément (x, w) avec l'égalité

$$j(w) = t - g(p(x)).$$

En résumé les deux extensions rencontrées ci-dessus sont liées l'une à l'autre par le diagramme commutatif suivant

$$\begin{array}{ccccccccc} 0 & \to & V & \to & X & \to & B & \to & 0 \\ & & \downarrow & & \downarrow & & \downarrow & & \\ 0 & \to & W & \to & X' & \to & B & \to & 0. \end{array}$$

Lemme 10. *Soient un homomorphisme surjectif d'un anneau A sur un anneau B, de noyau I, et un B-module W. Alors il existe une bijection naturelle entre les ensembles suivants*

$$\mathrm{Ex}(A,B,W) \cong \mathrm{Hom}_B(I/I^2, W).$$

Démonstration. Il faut utiliser l'extension suivante de la A-algèbre B par le B-module I/I^2

$$0 \to I/I^2 \to A/I^2 \to B \to 0.$$

Considérons une extension de la A-algèbre B par le B-module W

$$0 \longrightarrow W \xrightarrow{i} X \xrightarrow{p} B \longrightarrow 0.$$

L'homomorphisme de l'anneau A dans l'anneau X envoie l'idéal I dans l'idéal $i(W)$ et l'idéal I^2 dans l'idéal nul. A l'extension en question, on peut donc associer un homomorphisme du B-module I/I^2 dans le B-module W. On obtient même un diagramme commutatif

$$\begin{array}{ccccccccc} 0 & \longrightarrow & I/I^2 & \longrightarrow & A/I^2 & \longrightarrow & B & \longrightarrow & 0 \\ & & \downarrow & & \downarrow & & \downarrow & & \\ 0 & \longrightarrow & W & \longrightarrow & X & \longrightarrow & B & \longrightarrow & 0. \end{array}$$

On a donc défini une application naturelle d'ensembles

$$\mathrm{Ex}(A,B,W) \to \mathrm{Hom}_B(I/I^2, W).$$

Il s'agit d'une injection grâce au diagramme ci-dessus qui permet de retrouver l'algèbre X à partir de l'homomorphisme de I/I^2 dans W. Il s'agit d'une surjection grâce à la construction décrite dans la remarque 9. Le lemme est alors démontré.

Lemme 11. *Soient une A-algèbre B, un B-module W et une A-algèbre libre A' dont B est un quotient. Considérons l'homomorphisme canonique α de A dans A', le premier homomorphisme i de A' dans $A' \otimes_A A'$, le deuxième homomorphisme j de A' dans $A' \otimes_A A'$ et la $A' \otimes_A A'$-algèbre B. Alors l'application naturelle*

$$\mathrm{Ex}(\alpha,B,W)\colon \mathrm{Ex}(A',B,W) \to \mathrm{Ex}(A,B,W)$$

est une surjection. En outre pour deux éléments

$$x \quad et \; y \in \mathrm{Ex}(A',B,W)$$

l'égalité suivante est satisfaite

$$\mathrm{Ex}(\alpha,B,W)(x) = \mathrm{Ex}(\alpha,B,W)(y)$$

si et seulement s'il existe un élément

$$z \in \mathrm{Ex}(A' \otimes_A A', B, W)$$

donnant lieu aux égalités suivantes

$$\mathrm{Ex}(i,B,W)(z) = x \quad et \quad \mathrm{Ex}(j,B,W)(z) = y.$$

Démonstration. Commençons par démontrer que $\mathrm{Ex}(\alpha,B,W)$ est une surjection. Considérons une extension de la A-algèbre B par le B-module W

$$0 \longrightarrow W \xrightarrow{i} X \xrightarrow{p} B \longrightarrow 0.$$

L'élément de $\mathrm{Ex}(A, B, W)$ représenté par cette extension est un élément de l'image de $\mathrm{Ex}(A', B, W)$ s'il est possible de donner à X une structure de A'-algèbre de telle sorte que p soit un homomorphisme de A'-algèbres. En d'autres termes, il faut trouver un homomorphisme η de la A-algèbre A' dans la A-algèbre X tel que l'homomorphisme $p \circ \eta$ soit égal à l'homomorphisme canonique de A' dans B. Mais cela est immédiat car la A-algèbre A' est libre et l'homomorphisme p surjectif. Par conséquent $\mathrm{Ex}(\alpha, B, W)$ est une surjection.

A cause des égalités suivantes, la condition de la seconde partie du lemme est nécessaire

$$\begin{aligned}\mathrm{Ex}(\alpha, B, W) \circ \mathrm{Ex}(i, B, W) = \mathrm{Ex}(i \circ \alpha, B, W) &= \mathrm{Ex}(j \circ \alpha, B, W) \\ &= \mathrm{Ex}(\alpha, B, W) \circ \mathrm{Ex}(j, B, W).\end{aligned}$$

Démontrons la suffisance de cette condition. L'élément x est représenté par l'extension suivante

$$0 \to W \to X \to B \to 0$$

et l'élément y est représenté par l'extension suivante

$$0 \to W \to Y \to B \to 0.$$

Dire que x et y ont la même image dans $\mathrm{Ex}(A, B, W)$ équivaut à dire qu'il existe un diagramme commutatif

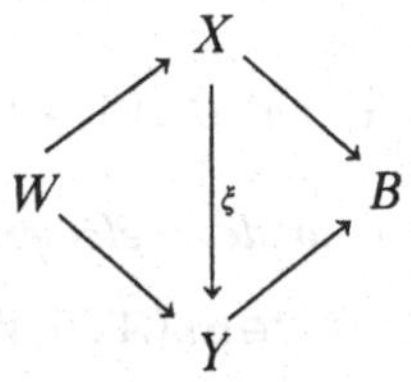

où l'isomorphisme ξ est seulement un isomorphisme de A-algèbres. On est donc amené à considérer une extension de la A-algèbre B par le B-module W

$$0 \longrightarrow W \xrightarrow{\ i\ } Z \xrightarrow{\ p\ } B \longrightarrow 0$$

et deux homomorphismes β et γ de la A-algèbre A' dans la A-algèbre Z tels que $p \circ \beta$ et $p \circ \gamma$ soient égaux à l'homomorphisme canonique de A' dans B. L'extension Z avec l'homomorphisme β, respectivement γ, représente l'élément x, respectivement y. Les homomorphismes β et γ donnent un homomorphisme δ de la A-algèbre $A' \otimes_A A'$ dans la A-algèbre Z. L'extension Z avec l'homomorphisme δ représente un élément z de $\mathrm{Ex}(A' \otimes_A A', B, W)$. Mais alors les applications $\mathrm{Ex}(i, B, W)$ et $\mathrm{Ex}(j, B, W)$ envoient cet élément sur les éléments x et y puisque

$\delta \circ i$ et $\delta \circ j$ sont égaux à β et γ. Le lemme est ainsi démontré, en particulier grâce à la remarque 7.

Proposition 12. *Soient une A-algèbre B et un B-module W. Alors il existe une bijection naturelle entre les ensembles suivants*

$$\mathrm{Ex}(A,B,W) \cong H^1(A,B,W).$$

Démonstration. Lorsque l'anneau B est un quotient de l'anneau A, la bijection de la proposition est obtenue en combinant la bijection du lemme 10 et l'isomorphisme de la proposition 6.1

$$\mathrm{Ex}(A,B,W) \cong \mathrm{Hom}_B(I/I^2, W) \cong H^1(A,B,W).$$

De ce cas particulier va découler le cas général.

Considérons une A-algèbre libre A' dont B est un quotient. D'après ce qui précède, il existe deux bijections naturelles

$$\mathrm{Ex}(A' \otimes_A A', B, W) \cong H^1(A' \otimes_A A', B, W),$$
$$\mathrm{Ex}(A', B, W) \cong H^1(A', B, W)$$

l'application $\mathrm{Ex}(i,B,W)$, respectivement $\mathrm{Ex}(j,B,W)$, correspondant à l'application $H^1(i,B,W)$, respectivement $H^1(j,B,W)$, avec les notations du lemme 11. Le lemme 6.5 et le lemme 11 permettent de déduire des bijections précédentes, une nouvelle bijection

$$\mathrm{Ex}(A,B,W) \cong H^1(A,B,W).$$

On démontre facilement qu'elle ne dépend pas du choix de la A-algèbre libre A'.

b) Algèbres lisses. C'est sous la forme de la proposition suivante et de la définition suivante que nous allons utiliser les résultats de la première partie de ce chapitre.

Proposition 13. *Soit un carré commutatif d'homomorphismes d'anneaux*

$$\begin{array}{ccc} A & \xrightarrow{\alpha} & X \\ {\scriptstyle p}\downarrow & & \downarrow{\scriptstyle q} \\ B & \xrightarrow{\beta} & Y \end{array}$$

l'homomorphisme q étant surjectif et son noyau étant un idéal de carré nul. Alors le noyau W de l'homomorphisme q a une structure naturelle de B-module. En outre si le module $H^1(A,B,W)$ est nul, le carré commutatif possède une diagonale, c'est-à-dire un homomorphisme d'anneaux satisfaisant aux égalités suivantes

$$\rho: B \to X \quad \textit{avec } \beta = q \circ \rho \quad \textit{et } \alpha = \rho \circ p.$$

Démonstration. D'après la remarque 2, le noyau W est un Y-module et il s'agit d'un B-module grâce à l'homomorphisme β. Supposons maintenant que le module $H^1(A,B,W)$ est nul. Par conséquent toutes les extensions de la A-algèbre B par le B-module W sont triviales d'après la proposition 12 et le lemme 5. L'extension de la A-algèbre Y par la Y-module W décrite par l'homomorphisme q

$$0 \to W \to X \to Y \to 0$$

représente un élément de $\operatorname{Ex}(A,Y,W)$. L'image dans $\operatorname{Ex}(A,B,W)$ de cet élément est représentée par l'extension triviale. Utilisons maintenant la remarque 8. Il existe donc un homomorphisme r de la A-algèbre B dans la A-algèbre somme directe $X \oplus B$ ayant la forme suivante et satisfaisant à la condition suivante pour tout élément b de l'anneau B

$$r(b) = (\rho(b), b) \quad \text{et} \quad q(\rho(b)) = \beta(b).$$

L'homomorphisme ρ démontre la proposition.

Définition 14. Une A-algèbre B est dite *J-lisse*, ou *lisse pour l'idéal J* de l'anneau B, si l'égalité suivante est satisfaite pour tout B/J-module W

$$\varinjlim H^1(A, B/J^k, W) \cong 0.$$

On parle d'algèbres formellement lisses dans la terminologie classique. Si l'idéal J est nul, on a simplement l'égalité

$$H^1(A,B,W) \cong 0$$

pour tout B-module W. Les extensions séparables de corps donnent des exemples d'algèbres 0-lisses (définition 7.11).

Proposition 15. *Soient une A-algèbre B, un idéal J de l'anneau B et un B/J-module W. Alors il existe un isomorphisme naturel*

$$\varinjlim H^1(A, B/J^k, W) \cong \varinjlim H^2(B/J^k, B/J, W)$$

si la A-algèbre B/J est lisse pour l'idéal nul.

Démonstration. On démontre que l'on a des isomorphismes naturels

$$H^1(A, B/J^k, W) \cong H^2(B/J^k, B/J, W)$$

en considérant la suite exacte de Jacobi-Zariski

$$H^1(A,B/J,W) \to H^1(A,B/J^k,W) \to H^2(B/J^k,B/J,W)$$
$$\to H^2(A,B/J,W) \to H^2(A,B/J^k,W).$$

Le premier module y est nul par hypothèse et il reste à démontrer que le dernier homomorphisme y est un monomorphisme.

On peut appliquer la proposition 13 à des carrés commutatifs du type suivant

$$\begin{array}{ccc} A & \longrightarrow & B/J^{n+1} \\ \downarrow & & \downarrow \\ B/J & \longrightarrow & B/J^n. \end{array}$$

Puisque le module $H^1(A,B/J,J^n/J^{n+1})$ est nul par hypothèse, un homomorphisme de la A-algèbre B/J dans la A-algèbre B/J^n peut être relevé en un homomorphisme de la A-algèbre B/J dans la A-algèbre B/J^{n+1}. Avec l'homomorphisme p de la A-algèbre B/J^k sur la A-algèbre B/J, on peut donc considérer un homomorphisme q de la A-algèbre B/J dans la A-algèbre B/J^k avec $p \circ q$ égal à l'identité. Mais alors l'égalité

$$H^2(A,q,W) \circ H^2(A,p,W) = \mathrm{Id}$$

démontre que le dernier homomorphisme de la suite exacte, c'est-à-dire $H^2(A,p,W)$, est un monomorphisme. La proposition est démontrée. Son corollaire est dû à *A. Grothendieck*.

Corollaire 16. *Soient une A-algèbre B et un idéal J de l'anneau B, la A-algèbre B/J étant supposée lisse pour l'idéal nul. Alors les deux conditions suivantes sont équivalentes*

1) *la A-algèbre B est lisse pour l'idéal J,*

2) *le B/J-module J/J^2 est projectif et la B/J-algèbre $\sum J^k/J^{k+1}$ est symétrique.*

Démonstration. D'après la définition 14, la première condition est la suivante

$$\varinjlim H^1(A,B/J^k,W) \cong 0$$

pour tout B/J-module W. D'après le théorème 12.2, la seconde condition est la suivante

$$\varinjlim H^2(B/J^k,B/J,W) \cong 0$$

pour tout B/J-module W. La proposition 15 démontre donc l'équivalence des deux conditions.

Proposition 17. *Soient une A-algèbre noethérienne B et un idéal J de l'anneau B. Alors la A-algèbre B est J-lisse si et seulement si le module $H^1(A,B,W)$ est nul pour tout B/J-module W.*

Démonstration. La suite exacte de Jacobi-Zariski

$$H^1(B,B/J^k,W) \to H^1(A,B/J^k,W) \to H^1(A,B,W) \to H^2(B,B/J^k,W)$$

donne un isomorphisme qui démontre la proposition

$$\varinjlim H^1(A,B/J^k,W) \cong H^1(A,B,W)$$

car les modules suivants sont nuls

$$\varinjlim H^1(B,B/J^k,W) \quad \text{et} \quad \varinjlim H^2(B,B/J^k,W)$$

vu l'isomorphisme du corollaire 10.15.

Théorème 18. *Soient un anneau A, local et noethérien, d'idéal maximal I, et une A-algèbre B, locale et noethérienne, d'idéal maximal J, contenant IB. Alors les deux conditions suivantes sont équivalentes*

1) *la A-algèbre B est lisse pour l'idéal J,*

2) *le A-module B est plat et la A/I-algèbre B/IB est géométriquement régulière.*

Démonstration. D'après la proposition 17, la première condition est la suivante

$$H^1(A,B,W) \cong 0$$

pour tout B/J-module W. D'après le corollaire 7.27, la deuxième condition est la suivante

$$H^1(A/I,B/IB,W) \cong 0$$

pour tout B/J-module W, avec un A-module B qui est plat. La proposition 15.19 démontre l'équivalence de ces deux conditions. Ce théorème est dû à *A. Grothendieck*.

c) Théorème de Cohen. Il s'agit de démontrer le théorème 10.21. Pour cela, il va falloir considérer des homomorphismes d'algèbres (noethériennes ou non)

$$(\varphi,f)\colon (A,K) \to (B,L)$$

satisfaisant aux conditions suivantes.

Condition 19. Le A-module B est plat.

Condition 20. L'anneau A est local avec K comme corps résiduel et I comme idéal maximal.

Condition 21. L'anneau B est local avec L comme corps résiduel et J comme idéal maximal.

Condition 22. Les idéaux suivants de B sont égaux

$$J = B \cdot \varphi(I).$$

Condition 23. Les idéaux suivants de B sont égaux

$$\bigcap_{k \geqslant 0} J^k = B \cdot \varphi\Big(\bigcap_{k \geqslant 0} I^k\Big).$$

Condition 24. Les idéaux suivants de A sont égaux

$$I^k = \varphi^{-1}(J^k), \qquad k \geqslant 0.$$

Lemme 25. *Soient un anneau local A de corps résiduel K et un homomorphisme f de K dans L qui est une extension algébrique monogène. Alors il existe un homomorphisme φ satisfaisant aux conditions* 19–24.

Démonstration. Considérons l'anneau $A[X]$ des polynômes à une variable et à coefficients dans A et l'anneau $K[X]$ des polynômes à une variable et à coefficients dans K. Considérons le polynôme minimal de l'extension algébrique

$$P = X^n + p_{n-1}X^{n-1} + \cdots + p_0 \in K[X]$$

et un polynôme à coefficients dans A au-dessus du précédent

$$Q = X^n + q_{n-1}X^{n-1} + \cdots + q_0 \in A[X].$$

Les isomorphismes suivants

$$L \cong K[X]/PK[X] \quad \text{et} \quad B \cong A[X]/QA[X]$$

vont démontrer le lemme.

Le A-module B est libre et peut être écrit de la manière suivante

$$B = A \oplus AX \oplus \cdots \oplus AX^{n-1}.$$

Avec l'idéal maximal I de l'anneau A, on définit un idéal J de l'anneau B

$$J = I \oplus IX \oplus \cdots \oplus IX^{n-1}.$$

Puisque le A-module B est de type fini, tout idéal maximal de l'anneau B est au-dessus de l'idéal maximal de l'anneau A. Autrement dit tout idéal maximal de B contient l'idéal J. L'isomorphisme des anneaux B/J et L démontre qu'il s'agit d'un idéal maximal. L'idéal J est donc l'unique idéal maximal de B et la condition 21 est satisfaite. Les égalités suivantes pour tout entier k

$$J^k = I^k \oplus I^k X \oplus \cdots \oplus I^k X^{n-1}$$

permettent de vérifier les deux dernières conditions.

Lemme 26. *Soient un anneau local A de corps résiduel K et un homomorphisme f de K dans L qui est une extension transcendante monogène. Alors il existe un homomorphisme φ satisfaisant aux conditions* 19–24.

Démonstration. Considérons l'anneau $A[X]$ des polynômes à une variable et à coefficients dans A et l'anneau $K[X]$ des polynômes à une variable et à coefficients dans K. Considérons l'idéal nul P de l'anneau $K[X]$ et l'idéal premier suivant de l'anneau $A[X]$

$$Q = I \cdot A[X].$$

Les isomorphismes suivants

$$L \cong K[X]_P \quad \text{et} \quad B \cong A[X]_Q$$

vont démontrer le lemme.

Le A-module $A[X]$ est plat et le $A[X]$-module $A[X]_Q$ est plat. Par conséquent le A-module B est plat. Par définition même, l'anneau B est local. Son idéal maximal est le suivant

$$J = QB$$

et son corps résiduel est isomorphe au corps des quotients de l'anneau intègre

$$A[X]/Q \cong K[X]$$

c'est-à-dire au corps L. La condition 21 est donc satisfaite. Les égalités suivantes établissent la condition 22

$$Q = I \cdot A[X] \quad \text{et} \quad J = Q \cdot A[X]_Q.$$

Pour vérifier les deux dernières conditions, il suffit de vérifier les conditions analogues pour les deux homomorphismes d'anneaux

$$\alpha: A \to A[X] \quad \text{et} \quad \beta: A[X] \to A[X]_Q.$$

En raisonnant par composantes, il est immédiat de vérifier les égalités suivantes

$$\bigcap Q^k = A[X] \cdot \alpha(\bigcap I^k) \quad \text{et} \quad I^k = \alpha^{-1}(Q^k).$$

Si f et g sont des polynômes à coefficients dans A et si fg est un polynôme à coefficients dans I^k ou bien tous les coefficients de f appartiennent à I ou bien tous les coefficients de g appartiennent à I^k. En d'autres termes l'égalité suivante est satisfaite

$$Q^k = \beta^{-1}(J^k).$$

Considérons enfin un élément x de $\bigcap J^k$. Il existe un élément inversible y de $A[X]_Q$ pour lequel xy est un élément de l'image de β. Mais alors pour chaque k, on a d'après ce qui précède la situation suivante

$$xy = \beta(z) \quad \text{avec } z \in Q^k$$

qui démontre que l'élément xy appartient à l'image de $\bigcap Q^k$ par l'homomorphisme β. L'élément x appartient donc à l'idéal qu'engendre cette image. On a obtenu ainsi une dernière égalité

$$\bigcap J^k = A[X]_Q \cdot \beta(\bigcap Q^k)$$

qui démontre le lemme.

Lemme 27. *Soient un anneau local A de corps résiduel K et un homomorphisme f de K dans L qui est une extension de corps. Alors il existe un homomorphisme φ satisfaisant aux conditions* 19–24.

Démonstration. Considérons un ensemble de corps F_i compris entre K et L, ensemble bien ordonné pour l'inclusion et jouissant des propriétés suivantes

1) les corps K et L appartiennent à l'ensemble des corps F_i,

2) pour un élément j ayant un prédécesseur i, l'extension $F_i \subset F_j$ est monogène,

3) pour un élément j n'ayant pas de prédécesseur, le corps F_j est la réunion des corps F_i, avec i strictement plus petit que j.

Il s'agit maintenant de construire par induction transfinie des anneaux locaux C_i de corps résiduels F_i et des homomorphismes cohérents entre eux

$$(\varphi_{ij}, f_{ij}):(C_i, F_i) \to (C_j, F_j), \qquad i<j$$

satisfaisant aux conditions 19–24. L'un des homomorphismes φ_{ij} est alors l'homomorphisme φ du lemme d'après la première propriété mentionnée ci-dessus.

Considérons donc la situation suivante. Les anneaux et les homomorphismes suivants sont définis

$$C_i \quad \text{pour } i<k \quad \text{et } \varphi_{ij} \quad \text{pour } i<j<k.$$

Il s'agit de définir l'anneau C_k et les homomorphismes

$$\varphi_{ik}: C_i \to C_k \quad \text{pour } i<k.$$

Lorsque l'élément k a un prédécesseur h, on obtient l'anneau C_k et l'homomorphisme φ_{hk}, dont tous les autres homomorphismes φ_{ik} découlent, en appliquant le lemme 25 ou le lemme 26 à l'anneau local C_h et à l'extension monogène $F_h \subset F_k$. Lorsque l'élément k n'a pas de prédécesseur, on considère l'anneau

$$C_k = \varinjlim C_j$$

et les homomorphismes canoniques

$$\varphi_{ik}: C_i \to \varinjlim C_j = C_k.$$

Dans les deux cas, il est alors élémentaire de vérifier les conditions 19–24 pour tous les homomorphismes nouvellement construits φ_{ik}. En particulier la partie déjà acquise de la condition 24 sert à établir la partie nouvelle de la condition 23.

Lemme 28. *Soit un homomorphisme $\varphi: B \to C$ d'anneaux locaux et noethériens dont découle un isomorphisme des corps résiduels. Alors l'anneau C est isomorphe au quotient d'un anneau régulier si l'anneau B est régulier et l'anneau C complet.*

Démonstration. Considérons le corps résiduel commun L des deux anneaux locaux, puis l'idéal maximal J de l'anneau local C et enfin un système de générateurs de cet idéal de type fini

$$j_1, j_2, \ldots, j_n \in J\,.$$

Nous allons considérer maintenant un diagramme commutatif auxiliaire

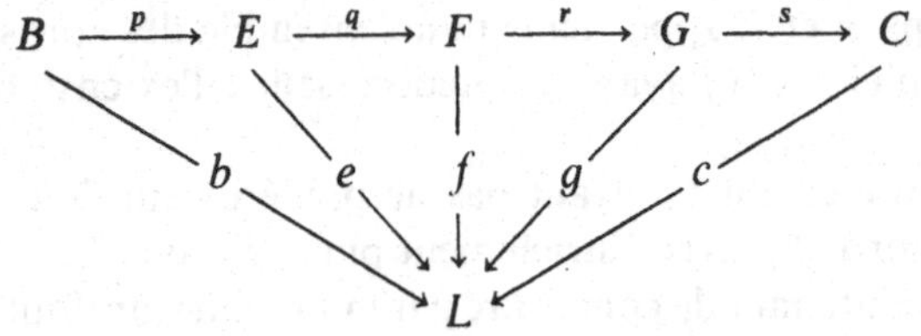

La B-algèbre E est libre avec les générateurs

$$x_1, x_2, \ldots, x_n \in \operatorname{Ker} e\,.$$

Il s'agit d'un anneau noethérien. L'anneau F est local et noethérien, égal à l'anneau E_P pour l'idéal premier $P = \operatorname{Ker} e$. L'anneau G est local et noethérien, égal à l'anneau $\hat{F}$ selon la définition 10.16 et la remarque 10.17. En outre on suppose avoir les égalités suivantes

$$(s \circ r \circ q)(x_i) = j_i, \quad 1 \leqslant i \leqslant n\,.$$

Les homomorphismes sont construits dans l'ordre suivant

$$s \circ r \circ q \quad \text{puis} \quad s \circ r \quad \text{enfin} \quad s$$

en partant de l'homomorphisme $\varphi = s \circ r \circ q \circ p$. Pour l'idéal maximal I de l'anneau local G, on a l'égalité suivante

$$J = C \cdot s(I)$$

Le corollaire 5.2, le corollare 5.27 et la proposition 10.18 donnent les isomorphismes suivants

$$H_2(B, L, L) \cong H_2(E, L, L) \cong H_2(F, L, L) \cong H_2(G, L, L)\,.$$

Ils démontrent d'après la proposition 6.26 que non seulement l'anneau B est régulier, mais encore l'anneau G est régulier. Il reste à démontrer que l'homomorphisme s est surjectif, ce qui constitue la remarque suivante.

Remarque 29. Considérons un homomorphisme φ entre deux anneaux locaux noethériens B et C qui sont complets avec I et J comme idéaux maximaux. Si les deux conditions suivantes sont satisfaites

$$B/I \cong C/J \quad \text{et} \quad C \cdot \varphi(I) = J$$

alors l'homomorphisme φ est surjectif.

Voici enfin la démonstration du théorème 10.21 *(I. Cohen).*

Théorème 30. *Un anneau local et noethérien qui est complet est isomorphe au quotient d'un anneau régulier.*

Démonstration. Considérons les deux diagrammes commutatifs suivants

$$\begin{array}{ccc} A & \xrightarrow{\beta} & B \\ \downarrow & & \downarrow \\ K & \xrightarrow{f} & L \end{array} \qquad \text{et} \qquad \begin{array}{ccc} A & \xrightarrow{\gamma} & C \\ \downarrow & & \downarrow \\ K & \xrightarrow{f} & L \end{array} .$$

L'anneau C est l'anneau local noethérien complet du théorème et l'anneau L est son corps résiduel, de caractéristique n. L'anneau A est l'anneau des entiers rationnels localisé par l'idéal premier que le nombre n engendre et l'anneau K est le corps premier de L. L'existence et l'unicité de l'homomorphisme γ sont évidentes. L'anneau B et l'homomorphisme β sont donnés par le lemme 27. Prenons note de la platitude du A-module B et de l'isomorphisme de la condition 22

$$B \otimes_A K \cong L .$$

L'idéal maximal I de l'anneau local B est engendré par l'élément n et l'égalité de la condition 23

$$\bigcap_{k \geqslant 0} I^k = 0$$

démontre que les seuls idéaux de l'anneau B sont ceux engendrés par les éléments n^k. L'anneau B est donc noethérien.

Les propositions 4.54 et 6.26 donnent les isomorphismes suivants

$$H_2(B, L, L) \cong H_2(A, K, L) \cong 0$$

qui démontrent que l'anneau B est régulier. Les propositions 4.54 et 7.22 donnent les isomorphismes suivants

$$H^1(A, B, W) \cong H^1(K, L, W) \cong 0$$

pour tout L-module W. Cela va permettre d'utiliser la proposition 13. On peut l'appliquer à des carrés commutatifs du type suivant

$$\begin{array}{ccc} A & \longrightarrow & C/J^{n+1} \\ \downarrow & & \downarrow \\ B & \longrightarrow & C/J^n \end{array}$$

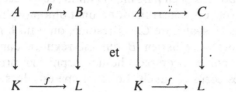

J étant l'idéal maximal de l'anneau local C. Le noyau J^n/J^{n+1} est en effet non seulement un B-module mais encore un B/I-module. Ainsi un homomorphisme de la A-algèbre B dans la A-algèbre C/J^n peut être relevé en un homomorphisme de la A-algèbre B dans la A-algèbre C/J^{n+1}. En partant de l'homomorphisme canonique de la A-algèbre B dans la A-algèbre C/J et en passant à la limite, ce qui est possible l'anneau C étant complet, on construit donc un homomorphisme φ de la A-algèbre B dans la A-algèbre C. En résumé, on a un homomorphisme φ de l'anneau local noethérien B qui est régulier dans l'anneau local noethérien C qui est complet, homomorphisme produisant un isomorphisme des corps résiduels. Le théorème est alors une conséquence du lemme 28.

XVII. Dimension homologique

Définition de la dimension homologique. Relations avec les deuxièmes modules d'homologie dans le cas noethérien. Compléments sur les anneaux réguliers et les intersections complètes.

a) Un résultat de Gulliksen. Dans la troisième partie de ce chapitre sera démontré le résultat suivant dû à *T. Gulliksen*.

Lemme 1. *Soient un homomorphisme surjectif d'un anneau A sur un anneau B, un B-module M et un A-module N. En outre soient un complexe M_* de A-modules libres*

$$\cdots \xrightarrow{d} M_n \xrightarrow{d} M_{n-1} \xrightarrow{d} \cdots \xrightarrow{d} M_1 \xrightarrow{d} M_0 \xrightarrow{d} 0$$

et un homomorphisme s de degré +1

$$0 \xrightarrow{s} M_0 \xrightarrow{s} M_1 \xrightarrow{s} \cdots \xrightarrow{s} M_{n-1} \xrightarrow{s} M_n \xrightarrow{s} \cdots$$

satisfaisant aux conditions suivantes

1) *l'homomorphisme $s \circ d + d \circ s$ de M_i dans M_i est nul pour chaque entier $i \geqslant 0$,*

2) *l'homomorphisme $s \circ s$ de M_i dans M_{i+2} est nul pour chaque entier $i \geqslant 0$,*

3) *le A-module $\mathscr{H}_0[M_*]$ est un B-module isomorphe au B-module M,*

4) *le A-module $\mathscr{H}_1[M_*]$ est un B-module et de l'homomorphisme s découle un monomorphisme*

$$\sigma: M_0 \otimes_A B \to \mathscr{H}_1[M_*]$$

dont le conoyau est un B-module libre,

5) *de l'homomorphisme s découle l'homomorphisme nul*

$$0: M_0 \otimes_A N \to M_1 \otimes_A N .$$

Alors le module $M \otimes_A N$ est nul, si le module $\mathrm{Tor}_k^A(M,N)$ est nul pour un entier pair k.

Démonstration. Voir la démonstration 24.

Le lemme précédent sera utilisé sous la forme suivante, résultat dont la démonstration fait intervenir le complexe de Koszul (définition 11.1).

Proposition 2. *Soient un anneau A, local et noethérien, de corps résiduel K et un anneau B, quotient de A par un idéal I. Alors le module $H_2(A,B,W)$ est nul pour tout B-module W, si d'une part le module* $\operatorname{Tor}_k^A(B,K)$ *est nul pour un entier pair k et si d'autre part le foncteur $H_2(A,B,\cdot)$ est exact à gauche.*

Démonstration. Après les quelques remarques suivantes, il s'agira d'un corollaire du lemme précédent. Voir la démonstration 7.

Remarque 3. D'après *D. Ferrand* et *W. Vasconcelos*, il existe un résultat analogue où l'hypothèse d'exactitude à gauche du foncteur $H_2(A,B,\cdot)$ est à remplacer par l'hypothèse d'exactitude à droite du foncteur $H_2(A,B,\cdot)$. Cette hypothèse est réalisée si et seulement si le A/I-module I/I^2 est libre. Le lemme 3.22, la proposition 6.1 et le lemme 2.59 démontrent cette dernière équivalence. Le résultat avec l'exactitude à droite découle du lemme 24 du supplément.

Remarque 4. On va utiliser une $\tilde{A}$-algèbre modèle $\tilde{B}$, de noyau $\tilde{I}$, faiblement au-dessus de la A-algèbre B. D'après le lemme 11.12, la construction se fait de la manière suivante. On choisit un épimorphisme π d'un A-module projectif P sur le A-module I, puis on considère les deux anneaux suivants avec l'homomorphisme qui prolonge π

$$\tilde{A}=\mathrm{S}_A P \quad \text{et} \quad \tilde{B}=A \quad \text{avec } \alpha\colon \tilde{A}=\mathrm{S}_A P \to A\,.$$

La condition 11.9 donne l'isomorphisme suivant

$$\tilde{B}\otimes_{\tilde{A}} A \cong B\,.$$

On supposera le A-module P libre de type fini avec la propriété suivante: les bases du A-module libre P sont envoyées sur les systèmes minimaux de générateurs du A-module I. Autrement dit on supposera que de l'épimorphisme π découle un isomorphisme

$$P\otimes_A K \cong I\otimes_A K\,.$$

On va utiliser le A-module $\operatorname{Tor}_1^{\tilde{A}}(\tilde{B},A)$ qui est en fait un B-module à cause de la condition 11.9.

Remarque 5. Avec la situation de la remarque 4, on peut considérer la suite exacte de la proposition 15.18

$$H_2(\tilde{A},\tilde{B},W) \quad H_2(A,B,W) \to \operatorname{Tor}_1^{\tilde{A}}(\tilde{B},A)\otimes_B W \to H_1(\tilde{A},\tilde{B},W)$$

pour tout B-module W. Le premier module y est toujours nul d'après le lemme 5.4 et le foncteur $H_1(\tilde{A}, \tilde{B}, \cdot)$ est exact à gauche d'après la proposition 6.1. Pour démontrer que le module $H_2(A, B, W)$ est toujours nul, il suffit donc de démontrer que le module $\mathrm{Tor}_1^{\tilde{A}}(\tilde{B}, A)$ est nul. Par ailleurs grâce à la suite exacte ci-dessus concernant les deux foncteurs suivants

$$H_2(A, B, \cdot) \quad \text{et} \quad \mathrm{Tor}_1^{\tilde{A}}(\tilde{B}, A) \otimes_B \cdot$$

l'exactitude à gauche du premier implique l'exactitude à gauche du second. Mais alors le B-module $\mathrm{Tor}_1^{\tilde{A}}(\tilde{B}, A)$ est plat, et même libre d'après les lemmes 2.56 et 2.59.

En résumé, dans la proposition 2, il s'agit de démontrer que le B-module $\mathrm{Tor}_1^{\tilde{A}}(\tilde{B}, A)$ est nul si d'une part il est libre et si d'autre part le module $\mathrm{Tor}_k^A(B, K)$ est nul pour un entier pair k.

Remarque 6. D'après la définition 11.1, une fois fait le choix décrit dans la remarque 4, on peut considérer le complexe M_* qui est formé des A-modules libres

$$M_i = \Lambda_A^i P, \quad i \geqslant 0$$

dont la différentielle est définie par les égalités

$$d(p_1 \wedge \ldots \wedge p_i) = \sum_{1 \leqslant n \leqslant i} (-1)^n \pi(p_n) p_1 \wedge \ldots \wedge p_{n-1} \wedge p_{n+1} \wedge \ldots \wedge p_i$$

et qui donne lieu aux isomorphismes

$$\mathscr{H}_i[M_*] \cong \mathrm{Tor}_i^{\tilde{A}}(\tilde{B}, A), \quad i \geqslant 0$$

d'après l'égalité 11.3.

Démonstration 7. D'après la remarque 5, il suffit pour démontrer la proposition 2 d'aboutir à une contradiction en supposant non nul le B-module libre $\mathrm{Tor}_1^{\tilde{A}}(\tilde{B}, A)$. Appliquons le lemme 1 au B-module $M = B$ et au A-module $N = K$. Considérons le complexe M_* de la remarque 6. Choisissons un élément w d'une base du B-module libre supposé non nul

$$\mathscr{H}_1[M_*] \cong \mathrm{Tor}_1^{\tilde{A}}(\tilde{B}, A)$$

et choisissons un représentant p de cet élément w

$$p \in P = M_1 \quad \text{avec} \quad \pi(p) = d(p) = 0\,.$$

Considérons enfin l'homomorphisme s de degré $+1$, défini par les égalités suivantes

$$s(p_1 \wedge \ldots \wedge p_i) = p \wedge p_1 \wedge \ldots \wedge p_i, \quad i \geqslant 0\,.$$

Vérifions maintenant les cinq conditions du lemme 1.

La première condition découle de l'égalité suivante due à la nullité de l'élément $\pi(p)$

$$d(p\Lambda p_1\Lambda\ldots\Lambda p_i) = -\sum_{1\leqslant n\leqslant i}(-1)^n\pi(p_n)p\Lambda p_1\Lambda\ldots\Lambda p_{n-1}\Lambda p_{n+1}\Lambda\ldots\Lambda p_i\,.$$

La deuxième condition est vérifiée de manière évidente

$$p\Lambda p\Lambda p_1\Lambda\ldots\Lambda p_i = 0\,.$$

Les isomorphismes des remarques 4 et 6 établissent la troisième condition

$$\mathscr{H}_0[M_*]\cong\tilde{B}\otimes_{\tilde{A}}A\cong B\,.$$

L'homomorphisme σ de la quatrième condition

$$\sigma: B\cong M_0\otimes_A B\to\mathscr{H}_1[M_*]\cong\mathrm{Tor}_1^{\tilde{A}}(\tilde{B},A)$$

envoie l'élément b sur l'élément bw. Il s'agit d'un monomorphisme à conoyau libre car l'élément w fait partie d'une base. Enfin l'élément $p\otimes 1$ est nul car il appartient au noyau de l'isomorphisme de la remarque 4

$$\pi\otimes_A K: P\otimes_A K\to I\otimes_A K\,.$$

En d'autres termes, l'homomorphisme de la cinquième condition

$$K\cong M_0\otimes_A K\to M_1\otimes_A K\cong P\otimes_A K$$

qui envoie l'élément x sur l'élément $p\otimes x$ est nul.

Les cinq conditions du lemme 1 sont donc satisfaites. Par ailleurs le module suivant est nul

$$\mathrm{Tor}_k^A(M,N)\cong\mathrm{Tor}_k^A(B,K)$$

pour un entier pair k. Par conséquent, le module suivant est nul

$$M\otimes_A N\cong B\otimes_A K\cong K$$

ce qui est une contradiction. Autrement dit l'élément w ne peut pas exister et le module $\mathrm{Tor}_1^{\tilde{A}}(\tilde{B},A)$ doit être nul. D'après la remarque 5, la proposition 2 est donc démontrée.

b) Dimension homologique. Les résultats des théorèmes 6.25 et 14.22 vont être complétés par l'étude de la notion suivante.

Définition 8. Un A-module M possédant une résolution projective P_* du type suivant

$$\cdots\to 0\to P_n\to P_{n-1}\to\cdots\to P_1\to P_0$$

est dit avoir une *dimension homologique finie* au plus égale à n.

Lemme 9. *Le A -module M a une dimension homologique finie au plus égale à n si et seulement si le foncteur* $\mathrm{Ext}_A^{n+1}(M,\cdot)$ *est nul.*

Démonstration. Considérons une résolution projective P_* du A-module M et l'image Q_n du A-module P_n dans le A-module P_{n-1}. Pour tout A-module W, le module

$$\mathrm{Ext}_A^1(Q_n, W) \cong \mathrm{Ext}_A^{n+1}(M, W)$$

est nul et par conséquent le A-module Q_n est projectif. Mais alors la résolution projective suivante du A-module M

$$\cdots \to 0 \to Q_n \to P_{n-1} \to \cdots \to P_1 \to P_0$$

démontre le lemme.

Lemme 10. *Soient un anneau A, local et noethérien, de corps résiduel K, et un A-module M de type fini. Alors le A-module M a une dimension homologique finie au plus égale à n si et seulement si le module* $\mathrm{Tor}_{n+1}^A(M,K)$ *est nul.*

Démonstration. Considérons d'après le lemme 2.55 une résolution projective P_* du A-module M formée de A-modules P_k de type fini. Pour l'image Q_n du A-module P_n dans le A-module P_{n-1}, le module

$$\mathrm{Tor}_1^A(Q_n, K) \cong \mathrm{Tor}_{n+1}^A(M, K)$$

est nul. Le A-module Q_n est donc plat d'après le lemme 2.58 et même libre d'après le lemme 2.59. Mais alors la résolution projective suivante du A-module M

$$\cdots \to 0 \to Q_n \to P_{n-1} \to \cdots \to P_1 \to P_0$$

démontre le lemme.

Voici maintenant la manière la plus élémentaire de constater que les conditions équivalentes des théorèmes 6.25 et 14.22 sont satisfaites.

Théorème 11. *Soient un anneau A, local et noethérien, de corps résiduel K, et un anneau B, quotient de A par un idéal I. Alors l'idéal I est engendré par une suite régulière si et seulement si le A-module B a une dimension homologique finie d'une part et le foncteur* $H_2(A,B,\cdot)$ *est exact à gauche d'autre part.*

Démonstration. Si la dimension homologique du A-module B est finie, le module $\mathrm{Tor}_k^A(B,K)$ est nul pour un entier pair k. Mais alors d'après la proposition 2, le module $H_2(A,B,K)$ est nul. D'après le théorème 6.25, l'idéal I est donc engendré par une suite régulière.

Réciproquement si l'idéal I est engendré par une suite régulière, le théorème 6.25 démontre le résultat suivant

$$H_n(A,B,W) \cong 0, \quad n \neq 1.$$

En particulier le foncteur $H_2(A,B,\cdot)$ est exact à gauche de manière triviale. D'après le lemme 3.22, le foncteur $H_1(A,B,\cdot)$ est lui aussi exact à gauche. D'après la proposition 6.1, le B-module I/I^2 est plat et même libre d'après le lemme 2.59. On peut donc appliquer le théorème 14.22. Les isomorphismes

$$\mathrm{Tor}_k^A(B.B) \cong \Lambda_B^k I/I^2$$

démontrent que les B-modules $\mathrm{Tor}_k^A(B,B)$ sont tous libres et même nuls pour k assez grand. Les modules précédents étant libres, ils apparaissent dans des isomorphismes du type suivant pour tout B-module W

$$\mathrm{Tor}_k^A(B,W) \cong \mathrm{Tor}_k^A(B,B) \otimes_B W$$

comme le démontre le lemme 2.18 par induction sur k. En particulier le module $\mathrm{Tor}_k^A(B,K)$ est nul pour k assez grand et la dimension homologique du A-module B est finie d'après le lemme 10. Le théorème est ainsi démontré.

Théorème 12. *Soit un anneau A, local et noethérien, de corps résiduel K. Dénotons par n le nombre d'éléments d'un système minimal de générateurs de l'idéal maximal I. Alors les trois conditions suivantes sont équivalentes*

1) *le A-module K a une dimension homologique finie,*
2) *l'anneau A est régulier,*
3) *tout A-module a une dimension homologique finie.*

En outre si les trois conditions équivalentes sont satisfaites, la dimension homologique d'un A-module quelconque est au plus égale à n et la dimension homologique du A-module K est égale à n.

Démonstration. Puisque K est un corps, le foncteur $H_2(A,K,\cdot)$ est exact de manière évidente. Le théorème 11 avec $B=K$ démontre l'équivalence des deux premières conditions. Les isomorphismes du théorème 14.22

$$\mathrm{Tor}_k^A(K.K) \cong \Lambda_K^k\, I/I^2$$

et le lemme 10 démontrent que la dimension homologique du A-module K est exactement n.

Mais alors le module $\mathrm{Tor}_{n+1}^A(M,K)$ est nul pour tout A-module M de type fini. D'après les lemmes 9 et 10, le module $\mathrm{Ext}_A^{n+1}(M,N)$ est nul pour tout A-module M de type fini et pour tout A-module N. Le lemme 2.60 démontre alors l'égalité

$$\mathrm{Ext}_A^{n+1}(M,N) \cong 0$$

pour toute paire de A-modules M et N. D'après le lemme 9, cela suffit pour affirmer que le A-module quelconque M a une dimension homologique au plus égale à n. Le théorème est ainsi démontré. Il est dû à *D. Hilbert* et *J.-P. Serre*.

Voici maintenant un complément à la proposition 6.27 et au corollaire 10.20. Ce résultat est dû à *T. Gulliksen.*

Théorème 13. *Soit un anneau A, local et noethérien, de corps résiduel K. Alors le module* $H_3(A,K,K)$ *est nul si et seulement si le module* $H_4(A,K,K)$ *est nul.*

Démonstration. La condition est nécessaire d'après le corollaire 10.20. Démontrons-en la suffisance. L'isomorphisme

$$H_n(A,K,K)\cong H_n(\hat{A},K,K)$$

de la proposition 10.18 permet de se ramener au cas d'un anneau complet. D'après le théorème 16.30, on peut donc supposer que l'anneau A est le quotient d'un anneau régulier R. Utilisons les isomorphismes du début de la démonstration de la proposition 6.27

$$H_n(A,K,K)\cong H_{n-1}(R,A,K),\quad n\geqslant 3\,.$$

Supposons donc le module $H_3(R,A,K)$ nul et démontrons que le module $H_2(R,A,K)$ est nul.

L'anneau R étant régulier, le R-module A a une dimension homologique finie d'après le théorème 12. Le module $H_3(R,A,K)$ étant nul, le foncteur $H_3(R,A,\cdot)$ est nul d'après la proposition 4.57. D'après le lemme 3.22, le foncteur $H_2(R,A,\cdot)$ est exact à gauche. Il est même nul d'après les théorèmes 11 et 6.25. Autrement dit le théorème est démontré.

c) Démonstration. Avec un homomorphisme surjectif d'un anneau A sur un anneau B de noyau I, considérons un complexe M_* de A-modules libres et un homomorphisme s de degré $+1$ satisfaisant aux conditions suivantes.

Condition 14. L'homomorphisme $s\circ d+d\circ s$ de M_n dans M_n est toujours nul.

Condition 15. L'homomorphisme $s\circ s$ de M_n dans M_{n+2} est toujours nul.

Condition 16. Le A-module $\mathcal{H}_0[M_*]$ est un B-module M.

Condition 17. Le A-module $\mathcal{H}_1[M_*]$ est un B-module et de l'homomorphisme s découle un monomorphisme

$$\sigma\colon M_0\otimes_A B\to\mathcal{H}_1[M_*]$$

dont le conoyau est un B-module libre.

Avec le complexe M_* de A-modules libres, on peut considérer le complexe K_* de A-modules libres qui est défini ci-dessous.

Définition 18. Le A-module libre K_n est égal à la somme directe suivante

$$K_n = M_n \oplus M_{n-2} \oplus M_{n-4} \oplus \cdots.$$

L'homomorphisme δ de K_n dans K_{n-1} est défini par l'égalité suivante

$$\delta(m_n + m_{n-2} + m_{n-4} + \cdots)$$
$$= d(m_n) + s(m_{n-2}) + d(m_{n-2}) + s(m_{n-4}) + d(m_{n-4}) + \cdots.$$

Grâce aux conditions 14 et 15, l'homomorphisme $\delta \circ \delta$ est toujours nul et le complexe K_* de A-modules libres est bien défini.

Grâce aux égalités suivantes, il est évident que le module $\mathscr{H}_0[K_*]$ est isomorphe au module M de la condition 16 et que le module $\mathscr{H}_1[K_*]$ est isomorphe au conoyau de l'homomorphisme σ de la condition 17

$$K_0 = M_0 \quad \text{puis} \quad K_1 = M_1 \quad \text{enfin} \quad K_2 = M_0 \oplus M_2.$$

En particulier $\mathscr{H}_1[K_*]$ est un B-module libre.

Remarque 19. Appliquons maintenant le lemme 2.12 avec $n=0$ au complexe K_* de A-modules libres pour obtenir une résolution libre L_* du A-module M. On dénote encore par δ la différentielle du complexe L_*. On a les égalités particulières

$$L_0 = K_0 = M_0 \quad \text{et} \quad L_1 = K_1 = M_1$$

et l'égalité générale

$$L_n = K_n \oplus P_n, \quad n \geqslant 2$$

où le A-module P_n est à choisir selon la méthode décrite dans la démonstration du lemme 2.12. Tous ces A-modules P_n sont libres. Pour la suite, seul le module P_2 de l'égalité

$$L_2 = K_2 \oplus P_2 = M_0 \oplus M_2 \oplus P_2$$

doit être choisi avec un soin particulier. Pour cela on utilise les éléments d'une base du B-module libre $\mathscr{H}_1[K_*]$

$$\omega_j \in \mathscr{H}_1[K_*] \quad \text{avec } j \in J$$

avec des représentants de ces éléments

$$c_j \in K_1 = M_1 \quad \text{avec } \delta(c_j) = d(c_j) = 0.$$

Alors le A-module libre P_2 est choisi avec la base suivante

$$p_j \in P_2 \quad \text{avec } j \in J$$

et l'homomorphisme δ de L_2 dans L_1 est caractérisé par l'égalité

$$\delta(p_j) = c_j, \quad j \in J.$$

Le module L_2 jouit alors de la propriété suivante.

Isomorphisme 20. De l'homomorphisme δ de P_2 dans K_1 découle un isomorphisme de B-modules

$$P_2 \otimes_A B \cong \mathscr{H}_1[K_*].$$

Lemme 21. *Soit t un élément du noyau de l'homomorphisme δ de L_2 dans L_1 écrit sous la forme suivante*

$$t = x + y + z, \quad x \in M_0, \quad y \in M_2, \quad z \in P_2.$$

Alors x appartient à l'image de l'homomorphisme d de M_1 dans M_0.

Démonstration. L'élément $\delta(t)$ étant nul, l'égalité suivante

$$\delta(z) = -\delta(x+y)$$

et l'isomorphisme 20 montrent que z est un élément de IP_2. Dénotons par C le noyau de l'homomorphisme d de M_1 dans M_0. Les A-modules $\mathscr{H}_0[M_*]$ et $\mathscr{H}_1[M_*]$ étant des B-modules, on a les inclusions suivantes

$$IM_0 \subset d(M_1) \quad \text{et} \quad IC \subset d(M_2).$$

Par construction même, le module $\delta(P_2)$ est un sous-module du noyau de l'homomorphisme δ de L_1 dans L_0, c'est-à-dire du noyau de l'homomorphisme d de M_1 dans M_0. Par conséquent $\delta(z)$ est un élément de IC et donc de $d(M_2)$. De manière évidente $\delta(y)$ est aussi un élément de $d(M_2)$. Par conséquent l'élément

$$\delta(x) = s(x) \in M_1$$

est un élément de $d(M_2)$. Le fait que l'homomorphisme σ de la condition 17 est un monomorphisme démontre alors que l'élément x appartient à IM_0 c'est-à-dire à $d(M_1)$, comme il fallait le démontrer.

Définition 22. Pour tout entier $n \geqslant 0$, considérons l'homomorphisme μ de K_{n+2} dans K_n décrit par l'égalité suivante

$$\mu(m_{n+2} + m_n + m_{n-2} + \cdots) = m_n + m_{n-2} + \cdots.$$

Il est élémentaire de vérifier l'égalité suivante

$$\mu \circ \delta = \delta \circ \mu.$$

Lemme 23. *L'homomorphisme μ de degré -2 du complexe K_* peut être prolongé en un homomorphisme μ de degré -2 du complexe L_* de manière à satisfaire encore à l'égalité*

$$\mu \circ \delta = \delta \circ \mu.$$

Démonstration. L'extension μ est construite par induction sur le degré. On commence l'induction en considérant l'homomorphisme

$$\mu: L_2 = K_2 \oplus P_2 \to L_0 = K_0 \quad \text{avec } \mu(P_2) = 0\,.$$

Voici le pas général. Les homomorphismes suivants sont déjà définis et satisfont aux égalités correspondantes

$$\mu: L_{k+2} \to L_k \quad \text{avec } k = 0, \quad 1, \ldots, n-1\,.$$

Il s'agit maintenant de construire un homomorphisme

$$\mu: P_{n+2} \to L_n$$

qui apparaisse dans un diagramme commutatif

$$\begin{array}{ccc} P_{n+2} & \xrightarrow{\mu} & L_n \\ \Big\downarrow{\scriptstyle\delta} & & \Big\downarrow{\scriptstyle\delta} \\ L_{n+1} & \xrightarrow{\mu} & L_{n-1}\,. \end{array}$$

Pour démontrer l'existence d'un tel homomorphisme μ en degré n, il suffit de remarquer que le A-module P_{n+2} est libre et que l'inclusion suivante est satisfaite

$$(\mu \circ \delta)(P_{n+2}) \subset \delta(L_n)\,.$$

Dans le cas où n est égal à 1, l'inclusion est due au lemme 21. En effet, par construction l'image par δ de P_3 est contenue dans le noyau de l'homomorphisme δ de L_2 dans L_1. De plus, l'élément t du lemme 21 donne lieu à l'égalité

$$\mu(t) = \mu(x) + \mu(y) + \mu(z) = x\,.$$

Dans le cas où n est supérieur à 1, l'inclusion est due à l'acyclicité du complexe L_* et à l'égalité suivante

$$(\delta \circ \mu \circ \delta)(P_{n+2}) = (\mu \circ \delta \circ \delta)(P_{n+2}) = 0\,.$$

C'est ainsi que l'on démontre l'existence de μ par induction.

Voici maintenant la démonstration du lemme 1.

Démonstration 24. Utilisons la résolution projective L_* de la remarque 19 sous la forme d'un isomorphisme

$$\mathscr{H}_k[L_* \otimes_A N] \cong \operatorname{Tor}_k^A(M, N)\,.$$

L'entier k étant pair et le module M_0 étant un sous-module de L_k, à un élément α de $M_0 \otimes_A N$ correspond un élément β de $L_k \otimes_A N$ satisfaisant à l'égalité suivante pour l'homomorphisme μ du lemme 23

$$(\mu^{k/2} \otimes_A N)(\beta) = \alpha\,.$$

Les quatre premières conditions du lemme 1 ont été utilisées pour la construction de L_* et de μ. La cinquième condition de ce lemme démontre que l'élément β ci-dessus appartient au noyau de l'homomorphisme

$$\delta \otimes_A N : L_k \otimes_A N \to L_{k-1} \otimes_A N .$$

Le module $\mathrm{Tor}_k^A(M,N)$ est supposé nul, donc l'élément β appartient à l'image de l'homomorphisme

$$\delta \otimes_A N : L_{k+1} \otimes_A N \to L_k \otimes_A N .$$

Mais alors l'égalité du lemme 23 et l'égalité ci-dessus concernant $\mu^{k/2}$ démontrent que l'élément α appartient à l'image de l'homomorphisme

$$\delta \otimes_A N : L_1 \otimes_A N \to L_0 \otimes_A N$$

c'est-à-dire à l'image de l'homomorphisme

$$\delta \otimes_A N : M_1 \otimes_A N \to M_0 \otimes_A N .$$

L'homomorphisme précédent est donc surjectif puisque l'élément α est quelconque. On a donc bien l'égalité

$$M \otimes_A N \cong 0$$

qui démontre le lemme 1 et par suite tous les résultats de ce chapitre.

XVIII. Algèbre homologique

Chapitre consacré à l'étude du produit tensoriel en théorie simpliciale. Démonstration de quelques isomorphismes importants. Compléments sur les algèbres anticommutatives.

a) Quelques isomorphismes. Il va s'agir de modules simpliciaux (définition 8.10), d'homomorphismes de modules simpliciaux (définition 8.11) et de produits tensoriels de modules simpliciaux (remarque 8.12). En outre on peut généraliser la définition 8.6 de la manière suivante.

Définition 1. Un B_*-module simplicial M_* est dit *projectif* si chacun des B_n-module M_n est projectif. Le produit tensoriel de deux B_*-modules simpliciaux projectifs est un B_*-module simplicial projectif.

Lemme 2. *Soient une résolution simpliciale B_* d'une A-algèbre B, un B_*-module simplicial M_* qui est projectif et un B_*-module simplicial N_* dont l'homologie est nulle. Alors l'égalité suivante est satisfaite pour tout entier n*

$$\mathscr{H}_n[M_* \otimes_{B_*} N_*] \cong 0 .$$

Démonstration. Utilisons la suite exacte de modules simpliciaux qui apparaît déjà dans la deuxième partie du quatrième chapitre et qui est due à la définition 1.2

$$0 \to I_* \to B_* \overline{\otimes}_A B_* \to B_* \to 0 .$$

Le B_*-module simplicial B_* est projectif et le produit tensoriel à droite de la suite exacte précédente par le B_*-module N_* donne une première suite exacte

$$0 \to I_* \otimes_{B_*} N_* \to B_* \overline{\otimes}_A N_* \to N_* \to 0 .$$

Le B_*-module simplicial M_* est projectif et le produit tensoriel à gauche de la suite exacte précédente par le B_*-module M_* donne une seconde suite exacte

$$0 \to M_* \otimes_{B_*} I_* \otimes_{B_*} N_* \to M_* \overline{\otimes}_A N_* \to M_* \otimes_{B_*} N_* \to 0 .$$

Le A-module simplicial M_* est projectif et le A-module simplicial N_* a une homologie nulle. Les égalités suivantes dues au lemme 8.18

$$\mathscr{H}_n[M_* \overline{\otimes}_A N_*] \cong 0, \quad n \geqslant 0$$

démontrent donc l'existence des isomorphismes suivants

$$\mathscr{H}_n[M_* \otimes_{B_*} N_*] \cong \mathscr{H}_{n-1}[M_* \otimes_{B_*} I_* \otimes_{B_*} N_*].$$

Ces isomorphismes permettent de démontrer le lemme par induction sur n. En effet non seulement le B_*-module simplicial M_* mais encore le B_*-module simplicial $M_* \otimes_{B_*} I_*$ sont projectifs. On le constate à l'aide de la suite exacte suivante

$$0 \to M_* \otimes_{B_*} I_* \to M_* \overline{\otimes}_A B_* \to M_* \to 0$$

et de la remarque suivante. Le A-module simplicial M_* est projectif donc le B_*-module simplicial $M_* \overline{\otimes}_A B_*$ est projectif.

Proposition 3. *Soient une résolution simpliciale B_* d'une A-algèbre B et un B_*-module simplicial projectif M_*. Alors pour tout entier n, il existe un isomorphisme naturel*

$$\mathscr{H}_n[M_*] \cong \mathscr{H}_n[M_* \otimes_{B_*} \overline{B}].$$

Démonstration. Considérons le B_*-module simplicial N_* défini par la suite exacte suivante

$$0 \to N_* \to B_* \to \overline{B} \to 0.$$

D'après les conditions 4.32 et 4.33 son homologie est triviale. Le B_*-module simplicial M_* est projectif et le produit tensoriel à gauche de la suite exacte précédente par le B_*-module M_* donne une suite exacte

$$0 \to M_* \otimes_{B_*} N_* \to M_* \to M_* \otimes_{B_*} \overline{B} \to 0.$$

Les égalités suivantes dues au lemme 2

$$\mathscr{H}_n[M_* \otimes_{B_*} N_*] \cong 0, \quad n \geqslant 0$$

démontrent donc l'existence des isomorphismes de la proposition

$$\mathscr{H}_n[M_*] \cong \mathscr{H}_n[M_* \otimes_{B_*} \overline{B}].$$

Remarque 4. La proposition précédente démontre en particulier que $\mathscr{H}_n[M_*]$ est non seulement un A-module, mais encore un B-module.

Théorème 5. *Soit une résolution simpliciale B_* d'une A-algèbre B. Alors l'idéal simplicial I_* défini par la suite exacte canonique*

$$0 \to I_* \to B_* \overline{\otimes}_A B_* \to B_* \to 0$$

donne lieu à des isomorphismes de B-modules

$$H_n(A,B,B) \cong \mathscr{H}_n[I_*/I_*^2], \quad n \geqslant 0.$$

Démonstration. Il s'agit d'un cas particulier de la proposition 3, une fois faites les trois remarques suivantes. Le B_*-module simplicial I_*/I_*^2 est projectif d'après le lemme 1.15. La démonstration du lemme 4.40 fait apparaître l'isomorphisme suivant

$$I_*/I_*^2 \otimes_{B_*} \bar{B} \cong J_*/J_*^2$$

avec la notation de la suite 4.37. Le théorème 4.43 fait apparaître l'isomorphisme suivant

$$H_n(A,B,B) \cong \mathscr{H}_n[J_*/J_*^2].$$

L'isomorphisme de la proposition 3

$$\mathscr{H}_n[I_*/I_*^2] \cong \mathscr{H}_n[I_*/I_*^2 \otimes_{B_*} \bar{B}]$$

démontre ainsi le théorème.

Proposition 6. *Soit une résolution simpliciale B_* d'une A-algèbre B. Alors pour tout entier n, il existe un isomorphisme naturel de B-modules*

$$\mathrm{Tor}_n^A(B,B) \cong \mathscr{H}_n[B_* \bar{\otimes}_A B_*].$$

Démonstration. Il s'agit d'un cas particulier de la proposition 3, une fois faites les trois remarques suivantes. Le B_*-module simplicial $B_* \bar{\otimes}_A B_*$ (à droite) est projectif d'après le lemme 4.35. Il existe un isomorphisme naturel de modules simpliciaux

$$(B_* \bar{\otimes}_A B_*) \otimes_{B_*} \bar{B} \cong B_* \otimes_A B.$$

Le lemme 4.35 fait apparaître l'isomorphisme suivant

$$\mathrm{Tor}_n^A(B,B) \cong \mathscr{H}_n[B_* \otimes_A B].$$

Alors l'isomorphisme de la proposition 3

$$\mathscr{H}_n[B_* \bar{\otimes}_A B_*] \cong \mathscr{H}_n[(B_* \bar{\otimes}_A B_*) \otimes_{B_*} \bar{B}]$$

démontre le résultat (bien connu sous une forme plus générale).

Corollaire 7. *Soit une résolution simpliciale B_* d'une A-algèbre B. Alors l'idéal simplicial I_* défini par la suite exacte canonique*

$$0 \to I_* \to B_* \bar{\otimes}_A B_* \to B_* \to 0$$

donne lieu à des isomorphismes de B-modules

$$\mathrm{Tor}_n^A(B,B) \cong \mathscr{H}_n[I_*], \quad n > 0.$$

Démonstration. Il suffit de remarquer que le module $\mathscr{H}_n[B_*]$ est nul pour n différent de 0.

Remarque 8. L'isomorphisme de la proposition 3 est naturel. Par conséquent l'homomorphisme de la définition 4.52 pour $n \neq 0$

$$\mathrm{Tor}_n^A(B,B) \to H_n(A,B,B)$$

correspond, par les isomorphismes du théorème 5 et du corollaire 7, à l'homomorphisme canonique

$$\mathscr{H}_n[I_*] \to \mathscr{H}_n[I_*/I_*^2].$$

On dénote par η_n l'un et l'autre de ces homomorphismes.

Remarque 9. Par la suite, l'anneau B sera un quotient de l'anneau A. A cause des égalités

$$H_0(A,B,B) \cong 0 \cong \mathscr{H}_0[I_*]$$

on peut alors parler d'un homomorphisme η_0 qui est forcément nul.

b) Produits tensoriels. L'homomorphisme d'Eilenberg-MacLane ∇_* de la définition 14.34 permet de définir l'homomorphisme suivant.

Définition 10. Considérons deux A-modules simpliciaux K_* et L_*, l'homomorphisme canonique de modules gradués

$$\mathscr{H}_*[K_*] \underline{\otimes}_A \mathscr{H}_*[L_*] \to \mathscr{H}_*[K_* \underline{\otimes}_A L_*]$$

et l'homomorphisme naturel de modules gradués

$$\mathscr{H}_*[\nabla_*] : \mathscr{H}_*[K_* \underline{\otimes}_A L_*] \to \mathscr{H}_*[K_* \bar{\otimes}_A L_*].$$

Par composition, on obtient un homomorphisme naturel de A-modules gradués

$$\xi_* : \mathscr{H}_*[K_*] \underline{\otimes}_A \mathscr{H}_*[L_*] \to \mathscr{H}_*[K_* \bar{\otimes}_A L_*].$$

En particulier, il est intéressant de savoir quand tous les homomorphismes

$$\xi_n : \sum_{i+j=n} \mathscr{H}_i[K_*] \otimes_A \mathscr{H}_j[L_*] \to \mathscr{H}_n[K_* \bar{\otimes}_A L_*]$$

sont des isomorphismes. Voici quelques remarques préliminaires.

Lemme 11. *Soient deux A-modules simpliciaux K_* et L_*. Alors le diagramme suivant est commutatif*

$$\begin{array}{ccc}
\mathscr{H}_*[K_*] \underline{\otimes}_A \mathscr{H}_*[L_*] & \xrightarrow{\xi_*} & \mathscr{H}_*[K_* \bar{\otimes}_A L_*] \\
\downarrow \underline{\tau} & & \downarrow \mathscr{H}_*[\bar{\tau}] \\
\mathscr{H}_*[L_*] \underline{\otimes}_A \mathscr{H}_*[K_*] & \xrightarrow{\xi_*} & \mathscr{H}_*[L_* \bar{\otimes}_A K_*].
\end{array}$$

Démonstration. Il s'agit de l'isomorphisme $\underline{\tau}$ de la définition 2.22 et de l'isomorphisme $\bar{\tau}$ de la définition 4.19. Le lemme est une conséquence immédiate du lemme 14.36.

Lemme 12. *Soient un A-module simplicial K_* à droite, un A-module simplicial L_* à gauche et à droite et un A-module simplicial M_* à gauche. Alors le diagramme suivant est commutatif*

$$\begin{array}{ccc}
\mathscr{H}_*[K_*]\underline{\otimes}_A\mathscr{H}_*[L_*]\underline{\otimes}_A\mathscr{H}_*[M_*] & \xrightarrow{\mathrm{Id}\underline{\otimes}\xi_*} & \mathscr{H}_*[K_*]\underline{\otimes}_A\mathscr{H}_*[L_*\bar{\otimes}_A M_*] \\
\Big\downarrow{\scriptstyle \xi_*\underline{\otimes}\mathrm{Id}} & & \Big\downarrow{\scriptstyle \xi_*} \\
\mathscr{H}_*[K_*\bar{\otimes}_A L_*]\underline{\otimes}_A\mathscr{H}_*[M_*] & \xrightarrow{\xi_*} & \mathscr{H}_*[K_*\bar{\otimes}_A L_*\bar{\otimes}_A M_*].
\end{array}$$

Démonstration. C'est une conséquence immédiate du lemme 14.37.

Exemple 13. Considérons le cas particulier de la définition 10 où le A-module simplicial K_* est égal à $\bar{K}$ pour un A-module K (exemple 4.11 et remarque 4.14). Alors l'homomorphisme

$$\xi_n\colon K\otimes_A\mathscr{H}_n[L_*]\to\mathscr{H}_n[K\otimes_A L_*]$$

est égal, d'après l'exemple 14.31, à l'homomorphisme canonique qui envoie l'élément x de K et l'élément de $\mathscr{H}_n[L_*]$ représenté par l'élément y de L_n sur l'élément de $\mathscr{H}_n[K\otimes_A L_*]$ représenté par l'élément $x\otimes y$ de $K\otimes_A L_n$. Il s'agit évidemment d'un isomorphisme si le A-module K est plat.

Lemme 14. *Soient un corps A, une suite exacte de A-modules simpliciaux et un A-module simplicial L_**

$$0\to K'_*\to K_*\to K''_*\to 0.$$

Alors il existe un diagramme commutatif dont les lignes forment des suites exactes

$$\begin{array}{ccccc}
\cdots(\mathscr{H}_*[K'_*]\underline{\otimes}_A\mathscr{H}_*[L_*])_n & \to & (\mathscr{H}_*[K_*]\underline{\otimes}_A\mathscr{H}_*[L_*])_n & \to & (\mathscr{H}_*[K''_*]\underline{\otimes}_A\mathscr{H}_*[L_*])_n\cdots \\
\Big\downarrow{\scriptstyle \xi_{n'}} & & \Big\downarrow{\scriptstyle \xi_n} & & \Big\downarrow{\scriptstyle \xi_{n''}} \\
\cdots\to\mathscr{H}_n[K'_*\bar{\otimes}_A L_*] & \longrightarrow & \mathscr{H}_n[K_*\bar{\otimes}_A L_*] & \longrightarrow & \mathscr{H}_n[K''_*\bar{\otimes}_A L_*]\to\cdots.
\end{array}$$

Démonstration. La première suite exacte découle de la suite exacte

$$\cdots\to\mathscr{H}_m[K'_*]\to\mathscr{H}_m[K_*]\to\mathscr{H}_m[K''_*]\to\cdots$$

et la seconde suite exacte découle de la suite exacte

$$0\to K'_*\bar{\otimes}_A L_*\to K_*\bar{\otimes}_A L_*\to K''_*\bar{\otimes}_A L_*\to 0.$$

La démonstration est immédiate à partir de la définition 10 en faisant usage de la suite exacte intermédiaire

$$\cdots \to \mathscr{H}_n[K'_* \underline{\otimes}_A L_*] \to \mathscr{H}_n[K_* \underline{\otimes}_A L_*] \to \mathscr{H}_n[K''_* \underline{\otimes}_A L_*] \to \cdots$$

qui découle de la suite exacte

$$0 \to K'_* \underline{\otimes}_A L_* \to K_* \underline{\otimes}_A L_* \to K''_* \underline{\otimes}_A L_* \to 0\,.$$

Lemme 15. *Soient un corps A et deux A-modules simpliciaux E_* et L_*. Alors tous les homomorphismes*

$$\xi_n\colon \sum_{i+j=n} \mathscr{H}_i[E_*] \otimes_A \mathscr{H}_j[L_*] \to \mathscr{H}_n[E_* \bar{\otimes}_A L_*]$$

sont des isomorphismes.

Démonstration. Lorsque l'homologie du module simplicial E_* est nulle, l'homomorphisme ξ_n est un isomorphisme nul d'après le lemme 8.18 et lorsque le module simplicial E_* a la forme $\bar{E}$, l'homomorphisme ξ_n est un isomorphisme d'après l'exemple 13.

Considérons maintenant le cas un peu plus général où le module simplicial E_* jouit de la propriété suivante

$$\mathscr{H}_n[E_*] \cong 0 \quad \text{si } n \neq 0\,.$$

Autrement dit, d'après la remarque 4.17, il existe une suite exacte de A-modules simpliciaux

$$0 \to K'_* \to K_* \to K''_* \to 0$$

jouissant des propriétés suivantes

$$\mathscr{H}_m[K'_*] \cong 0 \quad \text{pour } m \geqslant 0, \qquad K_* = E_* \quad \text{et } K''_* = \bar{K}\,.$$

Utilisons maintenant la notation et le résultat du lemme 14. D'après le paragraphe précédent, les homomorphismes ξ'_n et ξ''_n sont tous des isomorphismes. Donc les homomorphismes ξ_n sont tous des isomorphismes, ce qu'il fallait démontrer dans ce cas particulier.

Démontrons maintenant le cas général par induction sur n. D'après la suite 8.13 et le lemme 8.14, il existe une suite exacte de A-modules simpliciaux

$$0 \to K'_* \to K_* \to K''_* \to 0$$

jouissant des propriétés suivantes

$$\mathscr{H}_m[K_*] \cong 0 \quad \text{pour } m > 0 \quad \text{et } K''_* = E_*\,.$$

Utilisons maintenant la notation et le résultat du lemme 14. Tous les homomorphismes ξ_m sont des isomorphismes. Par l'hypothèse d'induction, l'homomorphisme ξ'_{n-1} est un épimorphisme donc l'homomorphisme ξ''_n est un épimorphisme. Par conséquent tous les homomorphisme ξ_n du lemme à démontrer sont des épimorphismes. Par l'hypothèse d'induction, l'homomorphisme ξ'_{n-1} est un monomorphisme, donc l'homomorphisme ξ''_n est un monomorphisme. Par conséquent tous les homomorphismes ξ_n du lemme à démontrer sont des monomorphismes.

On peut généraliser les résultats précédents en utilisant la définition suivante.

Définition 16. Considérons une A-algèbre simpliciale B_*, deux B_*-modules simpliciaux K_* et L_*, l'homomorphisme naturel de modules gradués de la définition 10

$$\mathscr{H}_*[K_*]\underline{\otimes}_A \mathscr{H}_*[L_*] \to \mathscr{H}_*[K_* \bar{\otimes}_A L_*]$$

et l'homomorphisme canonique de modules gradués

$$\mathscr{H}_*[K_* \bar{\otimes}_A L_*] \to \mathscr{H}_*[K_* \otimes_{B_*} L_*] .$$

Par composition, on obtient un homomorphisme naturel de A-modules gradués

$$\xi_* : \mathscr{H}_*[K_*]\underline{\otimes}_A \mathscr{H}_*[L_*] \to \mathscr{H}_*[K_* \otimes_{B_*} L_*] .$$

Cet homomorphisme va jouer un certain rôle par la suite.

Remarque 17. A nouveau, il y a commutativité, comme dans le lemme 11. L'égalité suivante est toujours satisfaite

$$\xi_* \circ \underline{\tau} = \mathscr{H}_*[\tau_*] \circ \xi_*$$

avec l'isomorphisme simplicial

$$\tau_* : K_* \otimes_{B_*} L_* \to L_* \otimes_{B_*} K_*$$

défini par l'égalité suivante

$$\tau_n(x \otimes y) = y \otimes x, \quad x \in K_n \quad \text{et} \quad y \in L_n .$$

Remarque 18. A nouveau, il y a associativité, comme dans le lemme 12. L'égalité suivante est toujours satisfaite

$$\xi_* \circ (\mathrm{Id} \underline{\otimes}_A \xi_*) = \xi_* \circ (\xi_* \underline{\otimes}_A \mathrm{Id})$$

pour un B_*-module simplicial K_* à droite, pour un B_*-module simplicial L_* à gauche et à droite et pour un B_*-module simplicial M_* à gauche

$$\mathscr{H}_*[K_*]\underline{\otimes}_A \mathscr{H}_*[L_*]\underline{\otimes}_A \mathscr{H}_*[M_*] \to \mathscr{H}_*[K_* \otimes_{B_*} L_* \otimes_{B_*} M_*] .$$

Proposition 19. *Soient un anneau local A de corps résiduel B, une résolution simpliciale B_* de la A-algèbre B et deux B_*-modules simpliciaux* *projectifs K_* et L_*. Alors l'homomorphisme canonique de A-modules gradués*

$$\xi_*: \mathscr{H}_*[K_*]\underline{\otimes}_A\mathscr{H}_*[L_*] \to \mathscr{H}_*[K_*\otimes_{B_*}L_*]$$

est un isomorphisme.

Démonstration. Grâce à l'isomorphisme naturel

$$(K_*\otimes_{B_*}L_*)\otimes_{B_*}\overline{B} \cong (K_*\otimes_{B_*}\overline{B})\overline{\otimes}_B(L_*\otimes_{B_*}\overline{B})$$

il existe un diagramme commutatif

$$\begin{array}{ccc}
\mathscr{H}_*[K_*]\underline{\otimes}_A\mathscr{H}_*[L_*] & \xrightarrow{\xi_*} & \mathscr{H}_*[K_*\otimes_{B_*}L_*] \\
\Big\downarrow{\scriptstyle\alpha} & & \Big\downarrow{\scriptstyle\gamma} \\
\mathscr{H}_*[K_*\underline{\otimes}_{B_*}\overline{B}]\otimes_A\mathscr{H}_*[L_*\otimes_{B_*}\overline{B}] & \xrightarrow{\beta} & \mathscr{H}_*[(K_*\otimes_{B_*}L_*)\otimes_{B_*}\overline{B}]\,.
\end{array}$$

La proposition 3 démontre que les homomorphismes α et γ sont des isomorphismes. Le lemme 15 démontre que l'homomorphisme β est un isomorphisme.

Remarque 20. La remarque 4 démontre que l'isomorphisme ξ_* de la proposition est un homomorphisme de B-modules gradués

$$\mathscr{H}_*[K_*]\underline{\otimes}_B\mathscr{H}_*[L_*] \cong \mathscr{H}_*[K_*\otimes_{B_*}L_*]\,.$$

Voici les cas particuliers de cet isomorphisme qui nous intéressent.

Proposition 21. *Soient un anneau local A de corps résiduel B et une résolution simpliciale B_* de la A-algèbre B. Alors l'idéal simplicial I_* défini par la suite exacte canonique*

$$0 \to I_* \to B_*\overline{\otimes}_A B_* \to B_* \to 0$$

donne lieu à des isomorphismes naturels de B-modules

$$\sum_{i+j=n} H_i(A,B,B)\otimes_B H_j(A,B,B) \cong \mathscr{H}_n[I_*/I_*^2\otimes_{B_*}I_*/I_*^2]\,.$$

Démonstration. Il s'agit du cas particulier suivant de la proposition 19

$$M_* \cong I_*/I_*^2 \cong N_*$$

cas particulier exprimé à l'aide des isomorphismes du théorème 5

$$\mathscr{H}_k[I_*/I_*^2] \cong H_k(A,B,B)\,.$$

Proposition 22. *Soient un anneau local A de corps résiduel B et une résolution simpliciale B_* de la A-algèbre B. Alors il existe des isomorphismes naturels de B-modules*

$$\sum_{i+j=n} \mathrm{Tor}_i^A(B,B) \otimes_B \mathrm{Tor}_j^A(B,B) \cong \mathscr{H}_n[B_* \bar{\otimes}_A B_* \bar{\otimes}_A B_*].$$

Démonstration. Compte tenu de l'isomorphisme h_* qui généralise l'isomorphisme h de la remarque 1.33

$$(B_* \bar{\otimes}_A B_*) \otimes_{B_*} (B_* \bar{\otimes}_A B_*) \cong B_* \bar{\otimes}_A B_* \bar{\otimes}_A B_*$$

il s'agit du cas particulier suivant de la proposition 19

$$M_* \cong B_* \bar{\otimes}_A B_* \text{ (module à droite)} \quad \text{et} \quad N_* \cong B_* \bar{\otimes}_A B_* \text{ (module à gauche)}$$

cas particulier exprimé à l'aide des isomorphismes de la proposition 6

$$\mathscr{H}_k[B_* \bar{\otimes}_A B_*] \cong \mathrm{Tor}_k^A(B,B).$$

Proposition 23. *Soient un anneau local A de corps résiduel B et une résolution simpliciale B_* de la A-algèbre B. Alors l'idéal simplicial I_* défini par la suite exacte canonique*

$$0 \to I_* \to B_* \bar{\otimes}_A B_* \to B_* \to 0$$

donne lieu à des isomorphismes naturels de B-modules

$$\sum_{i+j=n,\, ij \neq 0} \mathrm{Tor}_i^A(B,B) \otimes_B \mathrm{Tor}_j^A(B,B) \cong \mathscr{H}_n[I_* \otimes_{B_*} I_*].$$

Démonstration. Il s'agit du cas particulier suivant de la proposition 19

$$M_* \cong I_* \text{ (module à droite)} \quad \text{et} \quad N_* \cong I_* \text{ (module à gauche)}$$

cas particulier exprimé à l'aide des isomorphismes du corollaire 7

$$\mathscr{H}_k[I_*] \cong \mathrm{Tor}_k^A(B,B), \qquad k \neq 0$$

le module $\mathscr{H}_0[I_*]$ étant nul.

Remarque 24. L'homomorphisme d'inclusion qui généralise celui de la remarque 1.33

$$I_* \otimes_{B_*} I_* \subset (B_* \bar{\otimes}_A B_*) \otimes_{B_*} (B_* \bar{\otimes}_A B_*) \cong B_* \bar{\otimes}_A B_* \bar{\otimes}_A B_*$$

donne un homomorphisme pour tout entier n

$$\mathscr{H}_n[I_* \otimes_{B_*} I_*] \to \mathscr{H}_n[B_* \bar{\otimes}_A B_* \bar{\otimes}_A B_*].$$

Cet homomorphisme correspond à l'homomorphisme canonique

$$\sum_{i+j=n,\, ij \neq 0} \mathrm{Tor}_i^A(B,B) \otimes_B \mathrm{Tor}_j^A(B,B) \to \sum_{i+j=n} \mathrm{Tor}_i^A(B,B) \otimes_B \mathrm{Tor}_j^A(B,B)$$

par les isomorphismes des propositions 22 et 23.

Remarque 25. On peut compléter la remarque 8 de la manière suivante. L'homomorphisme canonique

$$\mathscr{H}_*[I_*\otimes_{B_*}I_*]\to\mathscr{H}_*[I_*/I_*^2\otimes_{B_*}I_*/I_*^2]$$

correspond à l'homomorphisme $\eta_*\underline{\otimes}_B\eta_*$

$$\mathrm{Tor}_*^A(B,B)\underline{\otimes}_B\mathrm{Tor}_*^A(B,B)\to H_*(A,B,B)\underline{\otimes}_B H_*(A,B,B)$$

par les isomorphismes des propositions 21 et 23.

c) Algèbres anticommutatives. Il va s'agir d'algèbres anticommutatives (définition 14.1), autrement dit d'algèbres graduées satisfaisant à deux conditions (égalités 14.2 et 14.3).

Définition 26. Considérons deux A-algèbres anticommutatives K_* et L_*. Alors le produit tensoriel $K_*\underline{\otimes}_A L_*$ a une structure naturelle de A-algèbre anticommutative dont le produit est défini par l'égalité suivante

$$(a\otimes b)\cdot(c\otimes d)=(-1)^{qr}ac\otimes bd \quad \text{avec } b\in L_q \text{ et } c\in K_r.$$

Autrement dit le produit s'obtient en composant les homomorphismes suivants (le second étant dû aux produits)

$$K_*\underline{\otimes}_A L_*\underline{\otimes}_A K_*\underline{\otimes}_A L_* \xrightarrow{\mathrm{Id}\otimes\tau\otimes\mathrm{Id}} K_*\underline{\otimes}_A K_*\underline{\otimes}_A L_*\underline{\otimes}_A L_* \longrightarrow K_*\underline{\otimes}_A L_*.$$

Définition 27. Considérons une A-algèbre simpliciale K_*, l'homomorphisme canonique de la définition 10

$$\xi_*:\mathscr{H}_*[K_*]\underline{\otimes}_A\mathscr{H}_*[K_*]\to\mathscr{H}_*[K_*\bar{\otimes}_A K_*]$$

et l'homomorphisme dû au produit de K_*

$$\mathscr{H}_*[K_*\bar{\otimes}_A K_*]\to\mathscr{H}_*[K_*].$$

Par composition, on obtient un homomorphisme naturel de A-modules gradués

$$\Phi_*:\mathscr{H}_*[K_*]\underline{\otimes}_A\mathscr{H}_*[K_*]\to\mathscr{H}_*[K_*].$$

De manière explicite, en utilisant la définition 14.30 et le lemme 9.9, on a l'homomorphisme suivant. A l'élément α de $\mathscr{H}_i[K_*]$ représenté par l'élément x de K_i et à l'élément β de $\mathscr{H}_j[K_*]$ représenté par l'élément y de K_j correspond l'élément $\Phi_{i+j}(\alpha\otimes\beta)$ de $\mathscr{H}_{i+j}[K_*]$ représenté par l'élément suivant de K_{i+j}

$$\sum_{(a,b)\in\langle i,j\rangle}(-1)^{h(a,b)}x_a y_b.$$

Lemme 28. *Soit une A-algèbre simpliciale K_*. Alors le A-module gradué $\mathscr{H}_*[K_*]$ et l'homomorphisme Φ_* de la définition précédente forment une A-algèbre anticommutative.*

Démonstration. La propriété d'associativité du produit de K_* et le lemme 12 démontrent la propriété d'associativité du produit de $\mathscr{H}_*[K_*]$. La propriété de commutativité du produit de K_* et le lemme 11 démontrent la propriété de commutativité du produit $\mathscr{H}_*[K_*]$, à savoir l'égalité 14.2. Utilisons maintenant la description explicite de l'homomorphisme Φ_*. Pour démontrer l'égalité 14.3, il suffit de considérer un élément x de K_i avec i impair et de vérifier l'égalité suivante

$$\sum_{(a,b)\in\langle i,j\rangle} (-1)^{h(a,b)} x_a x_b = \sum_{a(1)=0,\, b(1)=1} [(-1)^{h(a,b)} + (-1)^{h(b,a)}] x_a x_b = 0$$

grâce à l'égalité 14.32. Enfin l'égalité suivante pour l'élément $x=1$ de K_0 et l'élément y de K_j

$$\sum_{(a,b)\in\langle 0,j\rangle} (-1)^{h(a,b)} x_a y_b = y$$

égalité due à l'exemple 14.31, démontre que l'algèbre en question est unitaire. Il a suffi de répéter la démonstration de la proposition 14.13.

Lemme 29. *Soient deux A-algèbres simpliciales K_* et L_*. Alors l'homomorphisme de A-modules gradués*

$$\xi_*: \mathscr{H}_*[K_*] \underline{\otimes}_A \mathscr{H}_*[L_*] \to \mathscr{H}_*[K_* \overline{\otimes}_A L_*]$$

est un homomorphisme de A-algèbres anticommutatives.

Démonstration. Les homomorphismes canoniques de A-algèbres simpliciales

$$K_* \to K_* \overline{\otimes}_A L_* \leftarrow L_*$$

donnent des homomorphismes de A-algèbres anticommutatives

$$\mathscr{H}_*[K_*] \xrightarrow{i_*} \mathscr{H}_*[K_* \overline{\otimes}_A L_*] \xleftarrow{j_*} \mathscr{H}_*[L_*].$$

Pour un élément α de $\mathscr{H}_p[K_*]$ et pour un élément β de $\mathscr{H}_q[L_*]$, on a l'égalité suivante démontrée ci-dessous

$$\xi_{p+q}(\alpha\otimes\beta) = i_p(\alpha)\cdot j_q(\beta).$$

Si l'élément α est représenté par l'élément x de K_p, l'élément $i_p(\alpha)$ est représenté par l'élément $x\otimes 1$ de $K_p \otimes_A L_p$ et si l'élément β est représenté par l'élément y de L_q, l'élément $j_q(\beta)$ est représenté par l'élément $1\otimes y$ de $K_q \otimes_A L_q$. Mais alors l'élément

$$i_p(\alpha)\cdot j_q(\beta) \in \mathscr{H}_{p+q}[K_* \overline{\otimes}_A L_*]$$

est représenté par l'élément suivant

$$\sum_{(a,b)\in\langle p,q\rangle} (-1)^{h(a,b)}(x\otimes 1)_a\cdot(1\otimes y)_b = \sum_{(a,b)\in\langle p,q\rangle} (-1)^{h(a,b)} x_a\otimes y_b$$

élément qui représente aussi l'élément

$$\xi_{p+q}(\alpha\otimes\beta)\in\mathscr{H}_{p+q}[K_*\overline{\otimes}_A L_*]\,.$$

L'égalité est donc démontrée. Les égalités suivantes

$$\begin{aligned}\xi_{p+q+r+s}&[(\alpha\otimes\beta)\cdot(\gamma\otimes\delta)]\\ &=(-1)^{qr}\xi_{p+q+r+s}(\alpha\gamma\otimes\beta\delta)=(-1)^{qr}i_{p+r}(\alpha\gamma)\cdot j_{q+s}(\beta\delta)\\ &=(-1)^{qr}i_p(\alpha)\cdot i_r(\gamma)\cdot j_q(\beta)\cdot j_s(\delta)=i_p(\alpha)\cdot j_q(\beta)\cdot i_r(\gamma)\cdot j_s(\delta)\\ &=\xi_{p+q}(\alpha\otimes\beta)\cdot\xi_{r+s}(\gamma\otimes\delta)\end{aligned}$$

démontrent le lemme.

Pour la suite, il nous faut savoir que les isomorphismes des deux premières parties du chapitre (propositions 3 et 19) sont des isomorphismes d'algèbres anticommutatives s'il y a lieu.

Lemme 30. *Soient une résolution simpliciale B_* d'une A-algèbre B et un homomorphisme de la A-algèbre simpliciale B_* dans une A-algèbre simpliciale M_*. Alors il existe un isomorphisme naturel de B-algèbres anticommutatives*

$$\mathscr{H}_*[M_*]\cong\mathscr{H}_*[M_*\otimes_{B_*}\overline{B}]$$

si le B_*-module simplicial M_* est projectif.

Démonstration. Vu la naturalité de la définition 27, l'isomorphisme de la proposition 3 ne peut être qu'un homomorphisme de A-algèbres anticommutatives et même de B-algèbres anticommutatives d'après la remarque 4.

Lemme 31. *Soient un anneau local A de corps résiduel B, une résolution simpliciale B_* de la A-algèbre B et deux homomorphismes de la A-algèbre simpliciale B_* dans deux A-algèbres simpliciales K_* et L_*. Alors l'homomorphisme ξ_* est un isomorphisme de B-algèbres anticommutatives*

$$\mathscr{H}_*[K_*]\underline{\otimes}_B\mathscr{H}_*[L_*]\cong\mathscr{H}_*[K_*\otimes_{B_*}L_*]$$

si les B_*-modules simpliciaux K_* et L_* sont projectifs.

Démonstration. L'énoncé du lemme fait usage de la remarque 20. Il s'agit de démontrer que l'isomorphisme de la proposition 19 est un homomorphisme de A-algèbres anticommutatives. C'est le cas, puisque l'homomorphisme du lemme 29 est de ce type

$$\mathscr{H}_*[K_*]\underline{\otimes}_B\mathscr{H}_*[L_*]\to\mathscr{H}_*[K_*\overline{\otimes}_A L_*]$$

et puisque l'homomorphisme naturel suivant est aussi de ce type

$$\mathscr{H}_*[K_* \bar{\otimes}_A L_*] \to \mathscr{H}_*[K_* \otimes_{B_*} L_*].$$

Le lemme est ainsi démontré.

Remarque 32. D'après la proposition 14.38, la structure de B-algèbre anticommutative de

$$\operatorname{Tor}_*^A(B, B) \cong \mathscr{H}_*[B_* \otimes_A B]$$

est un cas particulier de la définition 27: celui de la B-algèbre simpliciale $B_* \otimes_A B$. En outre d'après le lemme 30, l'isomorphisme de la proposition 6 est un isomorphisme de B-algèbres anticommutatives

$$\operatorname{Tor}_*^A(B, B) \cong \mathscr{H}_*[B_* \bar{\otimes}_A B_*]$$

pour une résolution simpliciale B_* de la A-algèbre B.

En utilisant les produits définis par les définitions 14.10, 26 et 27, il est possible de donner à la proposition 22 la forme plus complète qui suit.

Lemme 33. *Soient un anneau local A de corps résiduel B et une résolution simpliciale B_* de la A-algèbre B. Alors il existe un isomorphisme naturel de B-algèbres anticommutatives*

$$\operatorname{Tor}_*^A(B, B) \underline{\otimes}_B \operatorname{Tor}_*^A(B, B) \cong \mathscr{H}_*[B_* \bar{\otimes}_A B_* \bar{\otimes}_A B_*].$$

Démonstration. C'est le cas particulier suivant du lemme 31

$$K_* \cong B_* \bar{\otimes}_A B_* \quad \text{et } L_* \cong B_* \bar{\otimes}_A B_*$$

l'homomorphisme de B_* dans K_* (respectivement L_*) faisant intervenir le deuxième facteur (respectivement le premier) du produit tensoriel.

Voici maintenant un résultat qui généralise dans une certaine mesure l'isomorphisme du théorème 15.8

$$H_2(A, B, B) \cong \operatorname{Tor}_2^A(B, B)/\operatorname{Tor}_1^A(B, B) \cdot \operatorname{Tor}_1^A(B, B).$$

Proposition 34. *Soit un homomorphisme surjectif d'un anneau A sur un anneau B. Considérons les homomorphismes canoniques*

$$\eta_n : \operatorname{Tor}_n^A(B, B) \to H_n(A, B, B).$$

Alors l'égalité suivante est satisfaite pour $i \neq 0$ et $j \neq 0$

$$\eta_{i+j}(\operatorname{Tor}_i^A(B, B) \cdot \operatorname{Tor}_j^A(B, B)) = 0.$$

Démonstration. Utilisons une fois de plus la suite exacte

$$0 \to I_* \to B_* \bar{\otimes}_A B_* \to B_* \to 0$$

pour une résolution simpliciale B_* de la A-algèbre B. La définition 10 est naturelle et donne lieu au diagramme commutatif suivant

$$\begin{array}{ccc}
\mathscr{H}_i[I_*]\otimes_A \mathscr{H}_j[I_*] & \xrightarrow{\xi_{i+j}} & \mathscr{H}_{i+j}[I_*\overline{\otimes}_A I_*] \\
\downarrow & & \downarrow \\
\mathscr{H}_i[B_*\overline{\otimes}_A B_*]\otimes_A \mathscr{H}_j[B_*\overline{\otimes}_A B_*] & \xrightarrow{\xi_{i+j}} & \mathscr{H}_{i+j}[(B_*\overline{\otimes}_A B_*)\overline{\otimes}_A(B_*\overline{\otimes}_A B_*)]\,.
\end{array}$$

En outre le produit de $B_*\overline{\otimes}_A B_*$ donne le diagramme commutatif suivant

$$\begin{array}{ccc}
\mathscr{H}_{i+j}[I_*\overline{\otimes}_A I_*] & \longrightarrow & \mathscr{H}_{i+j}[I_*^2] \\
\downarrow & & \downarrow \\
\mathscr{H}_{i+j}[(B_*\overline{\otimes}_A B_*)\overline{\otimes}_A(B_*\overline{\otimes}_A B_*)] & \longrightarrow & \mathscr{H}_{i+j}[B_*\overline{\otimes}_A B_*]\,.
\end{array}$$

Autrement dit le produit de $\mathscr{H}_*[B_*\overline{\otimes}_A B_*]$ jouit de la propriété suivante. Le produit

$$\mathscr{H}_i[I_*]\cdot\mathscr{H}_j[I_*]$$

est contenu non seulement dans le module $H_{i+j}[I_*]$ mais encore dans le noyau de l'homomorphisme

$$\mathscr{H}_{i+j}[I_*]\to\mathscr{H}_{i+j}[I_*/I_*^2]\,.$$

D'après le corollaire 7 et la remarque 8, il s'agit du résultat de la proposition.

Finalement prenons note du résultat suivant qui sera utilisé dans la démonstration du lemme 19.6.

Remarque 35. Considérons un anneau local A de corps résiduel B et une résolution simpliciale B_* de la A-algèbre B. Alors le diagramme suivant est un diagramme commutatif dont tous les homomorphismes sont des isomorphismes

$$\begin{array}{ccc}
\mathscr{H}_*[B_*\overline{\otimes}_A B_*]\underline{\otimes}_B\mathscr{H}_*[B_*\overline{\otimes}_A B_*]\underline{\otimes}_B\mathscr{H}_*[B_*\overline{\otimes}_A B_*] & \xrightarrow{\xi_*\underline{\otimes}_B \mathrm{Id}} & \mathscr{H}_*[B_*\overline{\otimes}_A B_*\overline{\otimes}_A B_*]\underline{\otimes}_B\mathscr{H}_*[B_*\overline{\otimes}_A B_*] \\
\downarrow{\scriptstyle \mathrm{Id}\underline{\otimes}_B\xi_*} & & \downarrow{\scriptstyle \xi_*} \\
\mathscr{H}_*[B_*\overline{\otimes}_A B_*]\underline{\otimes}_B\mathscr{H}_*[B_*\overline{\otimes}_A B_*\overline{\otimes}_A B_*] & \xrightarrow{\xi_*} & \mathscr{H}_*[B_*\overline{\otimes}_A B_*\overline{\otimes}_A B_*\overline{\otimes}_A B_*]\,.
\end{array}$$

La commutativité du diagramme est due au cas particulier suivant de la remarque 18

$$K_* = B_* \bar{\otimes}_A B_*, \quad L = B_* \bar{\otimes}_A B_*, \quad M_* = B_* \bar{\otimes}_A B_* .$$

Les homomorphismes sont des isomorphismes grâce à la proposition 19. En effet les modules suivants

$$B_* \bar{\otimes}_A B_* \quad \text{et} \quad B_* \bar{\otimes}_A B_* \bar{\otimes}_A B_*$$

sont des B_*-modules simpliciaux projectifs, d'une part à gauche, d'autre part à droite.

XIX. Algèbres de Hopf

Dans le cas d'un anneau local, définition d'une structure de coalgèbre pour les modules d'homologie et d'une structure d'algèbre de Hopf pour les modules Tor. Relations entre ces deux structures dans le cas de caractéristique nulle.

a) Comultiplications. Il faut encore introduire une autre notion pour poursuivre l'étude des modules $\mathrm{Tor}_n^A(B, B)$ et $H_n(A, B, B)$ et de leurs relations dans le cas d'un anneau local.

Définition 1. Pour un B-module gradué C_*, un homomorphisme de B-modules gradués du type suivant

$$\mathfrak{c}: C_* \to C_* \underline{\otimes}_B C_*$$

est appelé un *coproduit.*

Définition 2. Un coproduit $\mathfrak{c}$ est dite *associatif* si l'égalité suivante est satisfaite

$$(\mathfrak{c} \underline{\otimes}_B \mathrm{Id}) \circ \mathfrak{c} = (\mathrm{Id} \underline{\otimes}_B \mathfrak{c}) \circ \mathfrak{c}\,.$$

Il sera question ci-dessous de deux exemples de coproduits.

D'après la définition 1.30, avec une A-algèbre B et avec le noyau I de l'homomorphisme de $B \otimes_A B$ sur B, on peut considérer un homomorphisme de A-modules

$$l: I/I^2 \to I/I^2 \otimes_B I/I^2$$

défini de manière naturelle.

Définition 3. Considérons un anneau local A de corps résiduel B et une résolution simpliciale B_* de la A-algèbre B. Alors l'homomorphisme de A-modules simpliciaux

$$l_*: I_*/I_*^2 \to I_*/I_*^2 \otimes_{B_*} I_*/I_*^2$$

qui accompagne la suite exacte canonique

$$0 \to I_* \to B_* \overline{\otimes}_A B_* \to B_* \to 0$$

donne un homomorphisme de A-modules gradués

$$\mathscr{H}_*[l_*]: \mathscr{H}_*[I_*/I_*^2] \to \mathscr{H}_*[I_*/I_*^2 \otimes_{B_*} I_*/I_*^2].$$

Par les isomorphismes du théorème 18.5 et de la proposition 18.21, il lui correspond un homomorphisme de B-modules gradués

$$\mathfrak{l}: H_*(A, B, B) \to H_*(A, B, B) \underline{\otimes}_B H_*(A, B, B).$$

Voilà donc le B-module gradué $H_*(A, B, B)$ muni d'un coproduit naturel.

Avec une A-algèbre B, on peut considérer l'homomorphisme de A-algèbres

$$r: B \otimes_A B \to B \otimes_A B \otimes_A B \quad \text{avec } r(x \otimes y) = x \otimes 1 \otimes y.$$

On va en déduire un deuxième exemple de coproduit.

Définition 4. Considérons un anneau local A de corps résiduel B et une résolution simpliciale B_* de la A-algèbre B. Alors l'homomorphisme de A-algèbres simpliciales

$$r_*: B_* \bar{\otimes}_A B_* \to B_* \bar{\otimes}_A B_* \bar{\otimes}_A B_*$$

donne un homomorphisme de A-modules gradués

$$\mathscr{H}_*[r_*]: \mathscr{H}_*[B_* \bar{\otimes}_A B_*] \to \mathscr{H}_*[B_* \bar{\otimes}_A B_* \bar{\otimes}_A B_*].$$

Par les isomorphismes des propositions 18.6 et 18.22, il lui correspond un homomorphisme de B-modules gradués

$$\mathfrak{r}: \operatorname{Tor}_*^A(B, B) \to \operatorname{Tor}_*^A(B, B) \underline{\otimes}_B \operatorname{Tor}_*^A(B, B).$$

Voilà donc le B-module gradué $\operatorname{Tor}_*^A(B, B)$ muni d'un coproduit naturel.

Remarque 5. L'homomorphisme $\mathscr{H}_*[r_*]$ est un homomorphisme d'algèbres anticommutatives définies selon la définition 18.27. L'isomorphisme de la proposition 18.6 (respectivement de la proposition 18.22) est un isomorphisme d'algèbres anticommutatives d'après la remarque 18.32 (respectivement d'après le lemme 18.33). Par conséquent le coproduit $\mathfrak{r}$ est un homomorphisme d'algèbres anticommutatives définies selon les définitions 14.10 et 18.26.

Lemme 6. *Soit un anneau local A de corps résiduel B. Alors le coproduit $\mathfrak{r}$ de $\operatorname{Tor}_*^A(B, B)$ est associatif.*

Démonstration. On utilise le diagramme commutatif

$$\begin{array}{ccc}
\mathscr{H}_*[B_* \bar{\otimes}_A B_*] & \xrightarrow{\ \mathfrak{r}\ } & \mathscr{H}_*[B_* \bar{\otimes}_A B_*] \underline{\otimes}_B \mathscr{H}_*[B_* \bar{\otimes}_A B_*] \\
& {\scriptstyle \mathscr{H}_*[r_*]} \searrow \quad \swarrow {\scriptstyle \xi_*} & \\
& \mathscr{H}_*[B_* \bar{\otimes}_A B_* \bar{\otimes}_A B_*]. &
\end{array}$$

La définition de r_* donne immédiatement l'égalité

$$(r_* \bar{\otimes}_A \mathrm{Id}) \circ r_* = (\mathrm{Id} \bar{\otimes}_A r_*) \circ r_* .$$

Par conséquent les égalités suivantes sont satisfaites

$$\mathscr{H}_*[r_* \bar{\otimes}_A \mathrm{Id}] \circ \mathscr{H}_*[r_*] = \mathscr{H}_*[\mathrm{Id} \bar{\otimes}_A r_*] \circ \mathscr{H}_*[r_*],$$

$$\mathscr{H}_*[r_* \bar{\otimes}_A \mathrm{Id}] \circ \xi_* \circ \mathrm{r} = \mathscr{H}_*[\mathrm{Id} \bar{\otimes}_A r_*] \circ \xi_* \circ \mathrm{r} .$$

Grâce à la naturalité de la définition 18.16, on a par suite les égalités

$$\xi_* \circ (\mathscr{H}_*[r_*] \underline{\otimes}_B \mathrm{Id}) \circ \mathrm{r} = \xi_* \circ (\mathrm{Id} \underline{\otimes}_B \mathscr{H}_*[r_*]) \circ \mathrm{r},$$

$$\xi_* \circ (\xi_* \underline{\otimes}_B \mathrm{Id}) \circ (\mathrm{r} \underline{\otimes}_B \mathrm{Id}) \circ \mathrm{r} = \xi_* \circ (\mathrm{Id} \underline{\otimes}_B \xi_*) \circ (\mathrm{Id} \underline{\otimes}_B \mathrm{r}) \circ \mathrm{r} .$$

Par la remarque 18.35, l'égalité précédente donne l'égalité suivante

$$(\mathrm{r} \underline{\otimes}_B \mathrm{Id}) \circ \mathrm{r} = (\mathrm{Id} \underline{\otimes}_B \mathrm{r}) \circ \mathrm{r} .$$

Le coproduit r est donc associatif.

Remarque 7. Le coproduit I de $H_*(A, B, B)$ n'est pas associatif en général. La proposition 12 le démontre. De manière plus précise, on peut démontrer le résultat suivant. Par dualité, le coproduit I de $H_*(A, B, B)$ détermine un produit

$$H^*(A, B, B) \underline{\otimes}_B H^*(A, B, B) \to H^*(A, B, B)$$

et alors $H^*(A, B, B)$ devient une B-algèbre de Lie graduée (exercice 20.10).

Avec une A-algèbre B, on peut considérer non seulement l'homomorphisme r, mais encore les homomorphismes

$$p, q, k \colon B \otimes_A B \to B \otimes_A B \otimes_A B$$

définis par les égalités suivantes

$$p(x \otimes y) = x \otimes y \otimes 1 \quad \text{et} \quad q(x \otimes y) = 1 \otimes x \otimes y ,$$

$$k(x \otimes y) = x \otimes 1 \otimes y - x \otimes y \otimes 1 - 1 \otimes x \otimes y .$$

En répétant le procédé de la définition 4, on va obtenir pour $\mathrm{Tor}_*^A(B, B)$ trois nouveaux coproduits utiles dans les démonstrations.

Définition 8. Considérons un anneau local A de corps résiduel B et une résolution simpliciale B_* de la A-algèbre B. Alors les homomorphismes de A-modules simpliciaux

$$p_*, q_* \quad \text{et} \quad k_* \colon B_* \bar{\otimes}_A B_* \to B_* \bar{\otimes}_A B_* \bar{\otimes}_A B_*$$

donnent des homomorphismes de A-modules gradués

$$\mathscr{H}_*[p_*], \mathscr{H}_*[q_*] \quad \text{et} \quad \mathscr{H}_*[k_*] .$$

Par les isomorphismes des propositions 18.6 et 18.22, il leur correspond des homomorphismes de B-modules gradués

$$\mathfrak{p},\ \mathfrak{q}\quad \text{et}\quad \mathfrak{k}: \mathrm{Tor}_*^A(B,B) \to \mathrm{Tor}_*^A(B,B) \underline{\otimes}_B \mathrm{Tor}_*^A(B,B)\,.$$

On va les utiliser à l'aide de l'égalité et des lemmes suivants.

Egalité 9. Le coproduit $\mathfrak{r}$ de $\mathrm{Tor}_*^A(B,B)$ se décompose de la manière suivante

$$\mathfrak{r} = \mathfrak{p} + \mathfrak{q} + \mathfrak{k}\,.$$

Lemme 10. *Soit un anneau local A de corps résiduel B. Alors les coproduits $\mathfrak{p}$ et $\mathfrak{q}$ de* $\mathrm{Tor}_*^A(B,B)$ *satisfont aux égalités suivantes*

$$\mathfrak{p}(z) = z \otimes 1 \quad \textit{et} \quad \mathfrak{q}(z) = 1 \otimes z \quad \textit{avec}\ z \in \mathrm{Tor}_n^A(B,B)\,.$$

Démonstration. Considérons le diagramme commutatif suivant dû à la naturalité de la définition 18.16

$$\begin{array}{ccc}
\mathscr{H}_*[B_* \bar{\otimes}_A B_*] \underline{\otimes}_A \mathscr{H}_*[B_* \bar{\otimes}_A \bar{A}] & \xrightarrow{\ \alpha\ } & \mathscr{H}_*[B_* \bar{\otimes}_A B_*] \underline{\otimes}_A \mathscr{H}_*[B_* \bar{\otimes}_A B_*] \\
\downarrow \xi_* & & \downarrow \xi_* \\
\mathscr{H}_*[B \bar{\otimes}_A B_* \bar{\otimes}_A \bar{A}] & \xrightarrow{\ \beta\ } & \mathscr{H}_*[B_* \bar{\otimes}_A B_* \bar{\otimes}_A B_*]\,.
\end{array}$$

Pour $m \neq 0$, les modules suivants sont nuls

$$\mathscr{H}_m[B_* \bar{\otimes}_A \bar{A}] \cong \mathscr{H}_m[B_*] \cong 0\,.$$

Par conséquent l'image de α est contenue dans le sous-module gradué

$$\mathscr{H}_*[B_* \bar{\otimes}_A B_*] \otimes_A \mathscr{H}_0[B_* \bar{\otimes}_A B_*]\,.$$

L'homomorphisme β correspond à l'homomorphisme $\mathscr{H}_*[p_*]$ par l'isomorphisme canonique

$$\mathscr{H}_*[B_* \bar{\otimes}_A B_* \bar{\otimes}_A \bar{A}] \cong \mathscr{H}_*[B_* \bar{\otimes}_A B_*]\,.$$

Les homomorphismes ξ_* étant des isomorphismes, on a alors l'inclusion suivante

$$\mathfrak{p}(\mathrm{Tor}_n^A(B,B)) \subset \mathrm{Tor}_n^A(B,B) \otimes_B \mathrm{Tor}_0^A(B,B)\,.$$

En outre l'isomorphisme du diagramme

$$\xi_*: \mathscr{H}_*[B_* \bar{\otimes}_A B_*] \underline{\otimes}_A \mathscr{H}_*[B_* \bar{\otimes}_A \bar{A}] \to \mathscr{H}_*[B_* \bar{\otimes}_A B_* \bar{\otimes}_A \bar{A}]$$

correspond à l'isomorphisme canonique

$$\mathscr{H}_*[B_* \bar{\otimes}_A B_*] \otimes_A B \to \mathscr{H}_*[B_* \bar{\otimes}_A B_*]$$

qui envoie $z\otimes 1$ sur z (voir l'exemple 18.13). Autrement dit $\mathfrak{p}(z)$ et $z\otimes 1$ sont égaux. On a une démonstration analogue pour le coproduit $\mathfrak{q}$.

Lemme 11. *Soit un anneau local A de corps résiduel B. Alors pour tout entier $n\neq 0$, le coproduit $\mathfrak{t}$ envoie le module* $\mathrm{Tor}_n^A(B,B)$ *dans le sous-module*

$$\sum_{i+j=n,\, ij\neq 0} \mathrm{Tor}_i^A(B,B)\otimes_B \mathrm{Tor}_j^A(B,B)\,.$$

Démonstration. D'après la remarque 1.33, non seulement I_* est un sous-module simplicial du A-module simplicial $B_*\bar{\otimes}_A B_*$, mais encore $I_*\otimes_{B_*} I_*$ est un sous-module simplicial du A-module simplicial $B_*\bar{\otimes}_A B_*\bar{\otimes}_A B_*$. Par le lemme 1.37, on sait que k_* envoie I_* dans $I_*\otimes_{B_*} I_*$. On a donc un diagramme commutatif

$$\begin{array}{ccc}
\mathscr{H}_*[I_*] & \longrightarrow & \mathscr{H}_*[I_*\otimes_{B_*} I_*] \\
\big\downarrow & & \big\downarrow \\
\mathscr{H}_*[B_*\bar{\otimes}_A B_*] & \xrightarrow{\mathscr{H}_*[k_*]} & \mathscr{H}_*[B_*\bar{\otimes}_A B_*\bar{\otimes}_A B_*]\,.
\end{array}$$

D'après le corollaire 18.7, la proposition 18.23 et la remarque 18.24, il s'agit pour tout entier $n\neq 0$ du diagramme commutatif suivant

$$\begin{array}{ccc}
\mathrm{Tor}_n^A(B,B) & \longrightarrow & \sum\limits_{i+j=n,\, ij\neq 0} \mathrm{Tor}_i^A(B,B)\otimes_B \mathrm{Tor}_j^A(B,B) \\
\big\downarrow & & \big\downarrow \\
\mathrm{Tor}_n^A(B,B) & \xrightarrow{\ \mathfrak{t}\ } & \sum\limits_{i+j=n} \mathrm{Tor}_i^A(B,B)\otimes_B \mathrm{Tor}_j^A(B,B)
\end{array}$$

qui démontre le lemme.

Proposition 12. *Soit un anneau local A de corps résiduel B. Alors le coproduit $\mathfrak{t}$ de* $\mathrm{Tor}_*^A(B,B)$, *le coproduit $\mathfrak{l}$ de $H_*(A,B,B)$ et l'homomorphisme canonique η_* de* $\mathrm{Tor}_*^A(B,B)$ *dans $H_*(A,B,B)$ sont liés par le diagramme commutatif suivant*

$$\begin{array}{ccccc}
\mathrm{Tor}_*^A(B,B) & \xrightarrow{\mathfrak{t}} & \mathrm{Tor}_*^A(B,B)\underline{\otimes}_B \mathrm{Tor}_*^A(B,B) & \xrightarrow{\underline{\mathfrak{t}}-\mathrm{Id}} & \mathrm{Tor}_*^A(B,B)\underline{\otimes}_B \mathrm{Tor}_*^A(B,B) \\
\big\downarrow{\scriptstyle \eta_*} & & & & \big\downarrow{\scriptstyle \eta_*\underline{\otimes}\eta_*} \\
H_*(A,B,B) & & \xrightarrow{\qquad\qquad \mathfrak{l} \qquad\qquad} & & H_*(A,B,B)\underline{\otimes}_B H_*(A,B,B)\,.
\end{array}$$

Démonstration. Il faut utiliser l'isomorphisme s_* de la définition 1.34 et les lemmes 1.35 et 1.37

$$s_*: B_*\overline{\otimes}_A B_*\overline{\otimes}_A B_* \to B_*\overline{\otimes}_A B_*\overline{\otimes}_A B_* \quad \text{avec } s_*(I_*\otimes_{B_*} I_*)\subset I_*\otimes_{B_*} I_*.$$

Grâce au lemme 1.37 on a un premier diagramme commutatif

$$\begin{array}{ccccc}
\mathscr{H}_*[I_*] & \xrightarrow{\mathscr{H}_*[k_*]} & \mathscr{H}_*[I_*\otimes_{B_*} I_*] & \xrightarrow{\mathscr{H}_*[s_*-\mathrm{Id}]} & \mathscr{H}_*[I_*\otimes_{B_*} I_*] \\
\downarrow & & & & \downarrow \\
\mathscr{H}_*[I_*/I_*^2] & & \xrightarrow{\qquad\mathscr{H}_*[l_*]\qquad} & & \mathscr{H}_*[I_*/I_*^2\otimes_{B_*} I_*/I_*^2].
\end{array}$$

Par le lemme 1.35, ce premier diagramme devient le diagramme commutatif suivant

$$\begin{array}{ccccc}
\mathscr{H}_*[I_*] & \xrightarrow{\mathscr{H}_*[k_*]} & \mathscr{H}_*[I_*\otimes_{B_*} I_*] & \longrightarrow & \mathscr{H}_*[I_*/I_*^2\otimes_{B_*} I_*/I_*^2] \\
\downarrow & & & & \downarrow{\scriptstyle \mathscr{H}_*[\tau_*-\mathrm{Id}]} \\
\mathscr{H}_*[I_*/I_*^2] & & \xrightarrow{\qquad\mathscr{H}_*[l_*]\qquad} & & \mathscr{H}_*[I_*/I_*^2\otimes_{B_*} I_*/I_*^2].
\end{array}$$

Utilisons maintenant le lemme 11, la remarque 18.17 et la remarque 18.25 et négligeons le degré nul. On peut alors considérer le diagramme commutatif suivant

$$\begin{array}{ccccc}
\mathrm{Tor}_*^A(B,B) & \xrightarrow{\mathfrak{t}} & \mathrm{Tor}_*^A(B,B)\underline{\otimes}_B \mathrm{Tor}_*^A(B,B) & \longrightarrow & H_*(A,B,B)\underline{\otimes}_B H_*(A,B,B) \\
\downarrow & & & & \downarrow{\scriptstyle \underline{\tau}-\mathrm{Id}} \\
H_*(A,B,B) & & \xrightarrow{\qquad\mathfrak{l}\qquad} & & H_*(A,B,B)\underline{\otimes}_B H_*(A,B,B)
\end{array}$$

c'est-à-dire le diagramme commutatif suivant

$$\begin{array}{ccccc}
\mathrm{Tor}_*^A(B,B) & \xrightarrow{\mathfrak{t}} & \mathrm{Tor}_*^A(B,B)\underline{\otimes}_B \mathrm{Tor}_*^A(B,B) & \xrightarrow{\underline{\tau}-\mathrm{Id}} & \mathrm{Tor}_*^A(B,B)\underline{\otimes}_B \mathrm{Tor}_*^A(B,B) \\
\downarrow & & & & \downarrow \\
H_*(A,B,B) & & \xrightarrow{\qquad\mathfrak{l}\qquad} & & H_*(A,B,B)\underline{\otimes}_B H_*(A,B,B).
\end{array}$$

Mais l'égalité 9 et l'égalité suivante due au lemme 10

$$(\underline{\tau}-\mathrm{Id})\circ(\mathfrak{p}+\mathfrak{q})=0$$

permettent de remplacer $\mathfrak{t}$ par $\mathfrak{r}$ dans le diagramme précédent, qui devient alors le diagramme commutatif de la proposition.

b) Algèbres de Hopf. Voici la dernière notion dont nous allons avoir besoin, celle d'algèbre de Hopf (on parle d'algèbre de Hopf connexe et commutative dans la terminologie classique).

Définition 13. Une B-algèbre anticommutative C_* (définition 14.1) et un coproduit $\mathfrak{c}$ (définition 1)

$$\mathfrak{c}: C_* \to C_* \underline{\otimes}_B C_*$$

forment une *algèbre de Hopf* si les quatre conditions suivantes sont satisfaites.

Condition 14. Les B-algèbres C_0 et B sont isomorphes.

Condition 15. Le coproduit $\mathfrak{c}$ est associatif (définition 2).

Condition 16. Le coproduit $\mathfrak{c}$ est un homomorphisme de B-algèbres anticommutatives (définition 18.26).

Condition 17. Pour $n \neq 0$, chaque élément x de C_n a la propriété suivante

$$[\mathfrak{c}(x) - x \otimes 1 - 1 \otimes x] \in \sum_{i+j=n,\, ij \neq 0} C_i \otimes_B C_j .$$

Voici l'exemple qui nous intéresse et qui est dû à *E. Assmus* (voir la définition 4).

Proposition 18. *Soit un anneau local A de corps résiduel B. Alors la B-algèbre anticommutative* $\operatorname{Tor}_*^A(B, B)$ *et son coproduit* $\mathfrak{r}$ *forment une algèbre de Hopf.*

Démonstration. La condition 14 est satisfaite de manière évidente

$$\operatorname{Tor}_0^A(B, B) \cong B \otimes_A B \cong B .$$

Le lemme 6 donne la condition 15 et la remarque 5 donne la condition 16. La condition 17

$$[\mathfrak{r}(x) - x \otimes 1 - 1 \otimes x] \in \sum_{i+j=n,\, ij \neq 0} \operatorname{Tor}_i^A(B, B) \otimes_B \operatorname{Tor}_j^A(B, B)$$

est une combinaison de l'égalité 9, du lemme 10 et du lemme 11.

Avec une algèbre de Hopf, il est utile de considérer quelques modules gradués et homomorphismes auxiliaires.

Définition 19. Pour une algèbre de Hopf C_*, on dénote par $C_*^{\cdot}$ le module gradué C_* privé de C_0

$$C_*^{\cdot} = \sum_{n \neq 0} C_n$$

et par L_* le module gradué nul en degré nul et défini par l'égalité suivante

$$L_n = C_n \Big/ \sum_{i+j=n,\, ij \neq 0} C_i \cdot C_j , \qquad n \neq 0 .$$

On désignera par π_* l'homomorphisme canonique de C_* sur L_*. Le B-module gradué L_* a un coproduit $\mathfrak{l}$ qui joue un rôle important dans la théorie des algèbres de Hopf.

Lemme 20. *Soit une B-algèbre de Hopf $(C_*, \mathfrak{c})$. Alors il existe un et un seul homomorphisme $\mathfrak{l}$ qui donne lieu au diagramme commutatif suivant*

$$\begin{array}{ccccc}
C_* & \xrightarrow{\ \mathfrak{c}\ } & C_* \underline{\otimes}_B C_* & \xrightarrow{\ \underline{\tau} - \mathrm{Id}\ } & C_* \underline{\otimes}_B C_* \\
\downarrow{\scriptstyle \pi_*} & & & & \downarrow{\scriptstyle \pi_* \underline{\otimes}_B \pi_*} \\
L_* & & \xrightarrow{\qquad \mathfrak{l} \qquad} & & L_* \underline{\otimes}_B L_* \, .
\end{array}$$

Démonstration. Il s'agit de démontrer que le noyau de l'homomorphisme π_* est contenu dans le noyau de l'homomorphisme

$$(\pi_* \underline{\otimes}_B \pi_*) \circ (\underline{\tau} - \mathrm{Id}) \circ \mathfrak{c} \, .$$

Pour le voir on utilise le diagramme commutatif suivant qui est un cas particulier du lemme 29 démontré ci-dessous

$$\begin{array}{ccccc}
\dot{C}_* \underline{\otimes}_B \dot{C}_* & \xrightarrow{\ \Phi_*\ } & C_* & \xrightarrow{\ \mathfrak{c}\ } & C_* \underline{\otimes}_B C_* \\
\downarrow{\scriptstyle \pi_* \underline{\otimes}_B \pi_*} & & & & \downarrow{\scriptstyle \pi_* \underline{\otimes}_B \pi_*} \\
L_* \underline{\otimes}_B L_* & & \xrightarrow{\qquad \mathrm{Id} + \underline{\tau} \qquad} & & L_* \underline{\otimes}_B L_* \, .
\end{array}$$

Les égalités suivantes démontrent le lemme

$$\begin{aligned}
&(\pi_* \underline{\otimes}_B \pi_*) \circ (\underline{\tau} - \mathrm{Id}) \circ \mathfrak{c} (\dot{C}_* \cdot \dot{C}_*) \\
&\qquad = (\underline{\tau} - \mathrm{Id}) \circ (\pi_* \underline{\otimes}_B \pi_*) \circ \mathfrak{c} \circ \Phi_* (\dot{C}_* \underline{\otimes}_B \dot{C}_*) \\
&\qquad = (\underline{\tau} - \mathrm{Id}) \circ (\underline{\tau} + \mathrm{Id}) \circ (\pi_* \underline{\otimes}_B \pi_*) (\dot{C}_* \underline{\otimes}_B \dot{C}_*) = 0
\end{aligned}$$

les homomorphismes $\underline{\tau}^2$ et Id étant égaux.

Voici maintenant un résultat qui concerne les homomorphismes η_n de la proposition 18.34

$$\eta_n \colon \mathrm{Tor}_n^A(B, B) \to H_n(A, B, B) \, .$$

Théorème 21. *Soit un anneau local A de corps résiduel B de caractéristique nulle. Alors pour tout $n \neq 0$, de l'homomorphisme η_n découle un isomorphisme de B-modules*

$$H_n(A, B, B) \cong \mathrm{Tor}_n^A(B, B) \Big/ \sum_{i+j=n,\, ij \neq 0} \mathrm{Tor}_i^A(B, B) \cdot \mathrm{Tor}_j^A(B, B) \, .$$

Démonstration. C'est le sujet de la troisième partie de ce chapitre (voir la démonstration 38). Ce théorème est dû à *D. Quillen*. Voir aussi la proposition 20.26.

Corollaire 22. *Soit un anneau local A de corps résiduel B de caractéristique nulle. Alors le coproduit de* $\mathrm{Tor}_*^A(B, B)$ *détermine complètement le coproduit de $H_*(A, B, B)$.*

Démonstration. Le théorème précédent permet d'identifier les B-modules gradués $H_*(A,B,B)$ et L_* (dû à l'algèbre de Hopf $\mathrm{Tor}_*^A(B,B)$). Mais alors le coproduit I du premier et le coproduit I du second se correspondent comme le montrent la proposition 12 et le lemme 20.

Remarque 23. *J. Milnor* et *J. Moore* ont démontré le résultat suivant pour les algèbres de Hopf sur un corps de caractéristique nulle. Le module gradué L_* de la définition 19 et le coproduit I du lemme 20 déterminent complètement et explicitement l'algèbre de Hopf. On a donc le résultat supplémentaire suivant pour un anneau local A de corps résiduel B de caractéristique nulle. Non seulement la B-algèbre anticommutative $\mathrm{Tor}_*^A(B, B)$ et le coproduit r déterminent le B-module gradué $H_*(A, B, B)$ et le coproduit I, mais encore le B-module gradué $H_*(A, B, B)$ et le coproduit I déterminent la B-algèbre anticommutative $\mathrm{Tor}_*^A(B, B)$ et le coproduit r. La proposition 40 est un résultat dans ce sens.

Pour terminer ce chapitre, on utilisera de manière élémentaire quelques représentations de groupes.

Remarque 24. D'une part on sait qu'à un groupe fini G et à un G-module M on peut associer un endomorphisme v de M (sans sa structure de G-module), endomorphisme défini par l'égalité suivante

$$v(m) = \sum_{g \in G} g(m), \qquad m \in M .$$

D'autre part on sait que le n-ème groupe symétrique S_n opère sur le n-ème produit tensoriel d'un A-module K quelconque, sous la forme de permutations.

$$\otimes_A^n K = K \otimes_A K \otimes_A \cdots \otimes_A K, \quad (n \text{ fois}) .$$

Cette remarque peut être généralisée de deux manières complémentaires.

Définition 25. A un A-module gradué K_*, on peut associer le A-module gradué

$$\underline{\otimes}_A^n K_* = K_* \underline{\otimes}_A K_* \underline{\otimes}_A \cdots \underline{\otimes}_A K_*$$

et y faire opérer le groupe S_n. Pour l'élément j de S_n égal à la permutation $(j_1, \ldots, j_n)$, on a l'égalité

$$j(x_1 \otimes \cdots \otimes x_n) = (-1)^\varepsilon x_{j_1} \otimes \cdots \otimes x_{j_n} \quad \text{avec } \varepsilon = \sum_{r<s,\, j_r > j_s} m_{j_r} m_{j_s}$$

l'élement x_i appartenant à K_{m_i}. En particulier l'endomorphisme v est bien défini

$$v(x_1 \otimes \cdots \otimes x_n) = \sum_{j \in S_n} (-1)^\varepsilon x_{j_1} \otimes \cdots \otimes x_{j_n}.$$

Définition 26. A un A-module simplicial K_*, on peut associer le A-module simplicial

$$\bar{\otimes}^n_A K_* = K_* \bar{\otimes}_A K_* \bar{\otimes}_A \cdots \bar{\otimes}_A K_*$$

et y faire opérer le groupe S_n. Pour l'élément j de S_n égal à la permutation $(j_1, \ldots, j_n)$, on a l'égalité

$$j(x_1 \otimes \cdots \otimes x_n) = x_{j_1} \otimes \cdots \otimes x_{j_n}$$

l'élément x_i appartenant à K_m. En particulier l'endomorphisme v est bien défini

$$v(x_1 \otimes \cdots \otimes x_n) = \sum_{j \in S_n} x_{j_1} \otimes \cdots \otimes x_{j_n}.$$

Lemme 27. *Soit un A-module simplicial K_*. Alors pour tout $n \geqslant 1$, il existe un homomorphisme de A-modules gradués*

$$\xi^n_* : \underline{\otimes}^n_A \mathscr{H}_*[K_*] \to \mathscr{H}_*[\bar{\otimes}^n_A K_*]$$

jouissant des propriétés suivantes

1) *l'homomorphisme ξ^1_* est égal à l'homomorphisme identité de $\mathscr{H}_*[K_*]$,*

2) *le diagramme suivant est commutatif pour tout $i \geqslant 1$ et pour tout $j \geqslant 1$*

$$\begin{array}{ccc}
(\underline{\otimes}^i_A \mathscr{H}_*[K_*]) \underline{\otimes}_A (\underline{\otimes}^j_A \mathscr{H}_*[K_*]) & \xrightarrow{\cong} & \underline{\otimes}^{i+j}_A \mathscr{H}_*[K_*] \\
\Big\downarrow {\scriptstyle \xi^i_* \underline{\otimes}_A \xi^j_*} & & \Big\downarrow {\scriptstyle \xi^{i+j}_*} \\
\mathscr{H}_*(\bar{\otimes}^i_A K_*) \underline{\otimes}_A \mathscr{H}_*[\bar{\otimes}^j_A K_*] & \xrightarrow{\xi_*} & \mathscr{H}_*[\bar{\otimes}^{i+j}_A K_*]
\end{array}$$

3) *l'homomorphisme ξ^n_* est un isomorphisme si l'anneau A est un corps,*

4) *l'homomorphisme ξ^n_* est un homomorphisme de S_n-modules.*

Démonstration. La construction des homomorphismes ξ^n_* se fait par induction sur l'entier n à partir des homomorphismes

$$\xi^1_* = \mathrm{Id} \quad \text{et} \quad \xi^2_* = \xi_*.$$

Supposons que les homomorphismes ξ_*^k sont déjà construits et satisfont à la deuxième condition pour $k<n$. Pour définir l'homomorphisme ξ_*^n sans ambiguité, il suffit de démontrer que l'homomorphisme

$$\xi_* \circ (\xi_*^i \underline{\otimes}_A \xi_*^j) \quad \text{avec } i+j=n$$

ne dépend que de n. C'est une conséquence des égalités suivantes concernant des entiers non nuls i et j dont la somme est égale à $n-1$

$$\begin{aligned}\xi_* \circ (\xi_*^{i+1} \underline{\otimes}_A \xi_*^j) &= \xi_* \circ (\xi_* \circ (\xi_*^i \underline{\otimes}_A \mathrm{Id}) \underline{\otimes}_A \xi_*^j) \\ &= \xi_* \circ (\xi_*^i \underline{\otimes}_A \xi_* \circ (\mathrm{Id} \underline{\otimes}_A \xi_*^j)) = \xi_* \circ (\xi_*^i \underline{\otimes}_A \xi_*^{j+1}).\end{aligned}$$

Ces égalités sont dues à l'hypothèse d'induction et au lemme 18.12. Voilà les homomorphismes ξ_*^n bien définis.

Les deux premières conditions sont satisfaites de manière évidente. On démontre la troisième condition par induction sur l'entier n. Par l'hypothèse d'induction l'homomorphisme ξ_*^{n-1} est un isomorphisme, par la première condition l'homomorphisme ξ_*^1 est un isomorphisme et par le lemme 18.15 l'homomorphisme ξ_* est un isomorphisme. Par conséquent l'homomorphisme

$$\xi_*^n = \xi_* \circ (\xi_*^{n-1} \underline{\otimes}_A \xi_*^1)$$

est lui aussi un isomorphisme. On démontre la quatrième condition en utilisant les générateurs suivants des groupes symétriques S_n

$$f_n^k = (1, \ldots, k-1, k+1, k, k+2, \ldots, n), \qquad 1 \leqslant k < n.$$

Il suffit de contrôler les égalités

$$f_n^k \circ \xi_*^n = \xi_*^n \circ f_n^k$$

pour que l'homomorphisme ξ_*^n soit un homomorphisme de S_n-modules. On procède par induction sur n, le cas $n=2$ étant un cas particulier du lemme 18.11. Pour n supérieur à 2, l'hypothèse d'induction et la deuxième condition donnent les égalités suivantes pour $k<n-1$

$$\begin{aligned}f_n^k \circ \xi_*^n &= f_n^k \circ \xi_* \circ (\xi_*^{n-1} \underline{\otimes}_A \xi_*^1) = \xi_* \circ (f_{n-1}^k \circ \xi_*^{n-1} \underline{\otimes}_A \xi_*^1) \\ &= \xi_* \circ (\xi_*^{n-1} \circ f_{n-1}^k \underline{\otimes}_A \xi_*^1) = \xi_* \circ (\xi_*^{n-1} \underline{\otimes}_A \xi_*^1) \circ f_n^k = \xi_*^n \circ f_n^k\end{aligned}$$

et les égalités suivantes pour $1<k$

$$\begin{aligned}f_n^k \circ \xi_*^n &= f_n^k \circ \xi_* \circ (\xi_*^1 \underline{\otimes}_A \xi_*^{n-1}) = \xi_* \circ (\xi_*^1 \underline{\otimes}_A f_{n-1}^{k-1} \circ \xi_*^{n-1}) \\ &= \xi_* \circ (\xi_*^1 \underline{\otimes}_A \xi_*^{n-1} \circ f_{n-1}^{k-1}) = \xi_* \circ (\xi_*^1 \underline{\otimes}_A \xi_*^{n-1}) \circ f_n^k = \xi_*^n \circ f_n^k.\end{aligned}$$

Le lemme est démontré.

Définition 28. Avec une B-algèbre de Hopf $(C_*, \mathfrak{c})$ il est utile de considérer pour tout $n>0$, d'une part l'homomorphisme de B-modules gradués défini par l'égalité suivante

$$\Phi^n_*\colon \underline{\otimes}^n_B C_* \to C_* \quad \text{avec} \quad \Phi^n_*(x_1 \otimes \cdots \otimes x_n) = x_1 \cdot \cdots \cdot x_n$$

et d'autre part l'homomorphisme de B-modules gradués défini par induction à partir de $\mathfrak{c}^1 = \mathrm{Id}$

$$\mathfrak{c}^n\colon C_* \to \underline{\otimes}^n_B C_* \quad \text{avec} \quad \mathfrak{c}^n = (\mathfrak{c} \underline{\otimes}_B \mathrm{Id}) \circ \mathfrak{c}^{n-1}.$$

Ces homomorphismes sont liés de la manière suivante.

Lemme 29. *Soit une B-algèbre de Hopf* C_*. *Alors le diagramme suivant est commutatif* (*définitions* 19, 25 *et* 28)

$$\begin{array}{ccccc}
\underline{\otimes}^n_B C^{\cdot}_* & \xrightarrow{\Phi^n_*} & C_* & \xrightarrow{\mathfrak{c}^n} & \underline{\otimes}^n_B C_* \\
\Big\downarrow {\scriptstyle \otimes^n_B \pi_*} & & & & \Big\downarrow {\scriptstyle \otimes^n_B \pi_*} \\
\underline{\otimes}^n_B L_* & & \xrightarrow{\quad \nu \quad} & & \underline{\otimes}^n_B L_* .
\end{array}$$

Démonstration. On dénote par F_* le module gradué $\underline{\otimes}^n_B C_*$ privé du module $\otimes^n_B C_0$. Il s'agit d'un idéal gradué de l'algèbre anticommutative $\underline{\otimes}^n_B C_*$. L'idéal gradué F^{n+1}_* ($n+1$-ème puissance de l'idéal gradué F_*) est contenu dans le noyau de l'homomorphisme $\underline{\otimes}^n_B \pi_*$. La condition 17 démontre que pour tout élément x de $C^{\cdot}_*$, l'élément suivant appartient à F^2_*

$$\mathfrak{c}^n(x) - x \otimes 1 \otimes \cdots \otimes 1 - 1 \otimes x \otimes \cdots \otimes 1 - \cdots - 1 \otimes 1 \otimes \cdots \otimes x .$$

Considérons maintenant n éléments x_i de $C^{\cdot}_*$. Remarquons que $\mathfrak{c}^n$ est un homomorphisme d'algèbres anticommutatives d'après la condition 16

$$(\mathfrak{c}^n \circ \Phi^n_*)(x_1 \otimes \cdots \otimes x_n) = \mathfrak{c}^n(x_1) \cdot \cdots \cdot \mathfrak{c}^n(x_n) .$$

D'après ce qui précède, le produit des n éléments $\mathfrak{c}^n(x_i)$ et le produit des n sommes

$$x_i \otimes 1 \otimes \cdots \otimes 1 + 1 \otimes x_i \otimes \cdots \otimes 1 + \cdots + 1 \otimes 1 \otimes \cdots \otimes x_i$$

ont la même image dans $\underline{\otimes}^n_B L_*$. Il reste à calculer l'image de ce second produit.

Par l'homomorphisme $\underline{\otimes}^n_B \pi_*$, on a la même image pour les deux éléments suivants: d'une part le produit des n sommes

$$x_i \otimes 1 \otimes \cdots \otimes 1 + 1 \otimes x_i \otimes \cdots \otimes 1 + \cdots + 1 \otimes 1 \otimes \cdots \otimes x_i$$

avec $i = 1, 2, \ldots, n$ et d'autre part la somme des $n!$ produits

$$\pm (x_{j_1} \otimes 1 \otimes \cdots \otimes 1) \cdot (1 \otimes x_{j_2} \otimes \cdots \otimes 1) \cdot \cdots \cdot (1 \otimes 1 \otimes \cdots \otimes x_{j_n})$$

avec j appartenant à S_n, le signe étant déterminé à l'aide de l'entier suivant pris modulo 2

$$\sum_{r < s,\, j_r > j_s} m_{j_r} \cdot m_{j_s} \quad \text{avec } x_i \in C_{m_i}$$

et cela parce que $\underline{\otimes}^n_B C_*$ est une algèbre anticommutative. Il s'agit ci-dessus de l'image de la somme des $n!$ éléments

$$j(x_1 \otimes x_2 \otimes \cdots \otimes x_n), \qquad j \in S_n$$

autrement dit de la somme des $n!$ images

$$j[\pi_{m_1}(x_1) \otimes \pi_{m_2}(x_2) \otimes \cdots \otimes \pi_{m_n}(x_n)]$$

ce qui démontre le lemme, d'après la définition 25.

c) Caractéristique nulle. Dans la démonstration du théorème 21, le fait que la caractéristique du corps est nulle intervient de la manière simple suivante.

Remarque 30. Lorsqu'un groupe fini G opère trivialement sur un B-module M, alors l'homomorphisme ν de la remarque 24 est un isomorphisme si l'anneau B est un corps de caractéristique nulle.

On va utiliser aussi la remarque simple suivante.

Remarque 31. Pour un B-module K quelconque, l'homomorphisme canonique du B-module $\otimes^n_B K$ de la remarque 24 sur le B-module $S^n_B K$ de la définition 3.37 apparaît dans un diagramme commutatif d'homomorphismes de B-modules

$$\begin{array}{ccc} \otimes^n_B K & \xrightarrow{\ \nu\ } & \otimes^n_B K \\ \Big\downarrow \beta & \overset{\rho}{\nearrow} & \Big\downarrow \beta \\ S^n_B K & \xrightarrow{\ \nu\ } & S^n_B K\,. \end{array}$$

Le n-ème groupe symétrique S_n opère trivialement sur le B-module $S^n_B K$ et l'homomorphisme ρ est unique et naturel.

Lemme 32. *Soit un B-module simplicial K_*. Alors l'homomorphisme composé suivant est surjectif*

$$\underline{\otimes}^n_B \mathcal{H}_*[K_*] \to \mathcal{H}_*[\bar{\otimes}^n_B K_*] \to \mathcal{H}_*[S^n_B K_*]$$

si l'anneau B est un corps de caractéristique nulle.

Démonstration. Le premier homomorphisme est l'homomorphisme ζ^n_* du lemme 27. Il s'agit d'un isomorphisme puisque l'anneau B est un corps. En outre, le diagramme commutatif de la remarque 31 donne un diagramme commutatif du type suivant

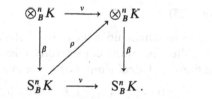

$$\begin{array}{ccc}
\mathscr{H}_*[\overline{\otimes}{}^n_B K_*] & \xrightarrow{\ \nu\ } & \mathscr{H}_*[\overline{\otimes}{}^n_B K_*] \\
\downarrow & \nearrow & \downarrow \\
\mathscr{H}_*[\mathrm{S}^n_B K_*] & \xrightarrow{\ \nu\ } & \mathscr{H}_*[\mathrm{S}^n_B K_*] .
\end{array}$$

D'après la remarque 30, l'homomorphisme suivant est surjectif

$$\mathscr{H}_*[\mathrm{S}^n_B K_*] \xrightarrow{\ \nu\ } \mathscr{H}_*[\mathrm{S}^n_B K_*] .$$

Par conséquent, l'homomorphisme suivant est surjectif

$$\mathscr{H}_*[\overline{\otimes}{}^n_B K_*] \to \mathscr{H}_*[\mathrm{S}^n_B K_*]$$

et le lemme est démontré.

Remarque 33. Le diagramme de la démonstration précédente démontre que le B-module gradué $\mathscr{H}_*[\mathrm{S}^n_B K_*]$ est isomorphe à l'image de l'homomorphisme

$$\nu \colon \mathscr{H}_*[\overline{\otimes}{}^n_B K_*] \to \mathscr{H}_*[\overline{\otimes}{}^n_B K_*] .$$

L'isomorphisme ξ^n_* étant un homomorphisme de S_n-modules d'après le lemme 27, il s'agit donc, à un isomorphisme près, de l'image de l'homomorphisme

$$\nu \colon \underline{\otimes}{}^n_B \mathscr{H}_*[K_*] \to \underline{\otimes}{}^n_B \mathscr{H}_*[K_*]$$

(voir la définition 25).

Considérons maintenant un anneau local A de corps résiduel B de caractéristique nulle. En outre considérons une résolution simpliciale B_* de la A-algèbre B et l'idéal simplicial J_* de la suite 4.37

$$0 \to J_* \to B_* \otimes_A B \to \overline{\overline{B}} \to 0 .$$

Pour $k \neq 0$, on utilisera évidemment les deux isomorphismes bien connus

$$H_k(A, B, B) \cong \mathscr{H}_k[J_*/J_*^2] \quad \text{et} \quad \mathrm{Tor}^A_k(B, B) \cong \mathscr{H}_k[J_*] .$$

Chacune des $B_k \otimes_A B$-algèbres B étant une algèbre modèle de noyau J_k, il existe un isomorphisme naturel de B-modules simpliciaux pour tout n

$$\mathrm{S}^n_B(J_*/J_*^2) \cong J_*^n/J_*^{n+1} .$$

Enfin l'égalité du corollaire 13.4 va jouer un rôle important

$$\mathscr{H}_k[J_*^m] \cong 0, \quad k < m .$$

Cela étant, l'idée initiale de la démonstration du théorème 21 est contenue dans la remarque suivante.

Remarque 34. L'homomorphisme obtenu en composant les deux homomorphismes suivants (lemme 27 et produit)

$$\underline{\otimes}_B^n \mathscr{H}_*[J_*] \to \mathscr{H}_*[\overline{\otimes}_B^n J_*] \to \mathscr{H}_*[J_*^n]$$

et l'homomorphisme obtenu en composant les deux homomorphismes suivants (lemme 27 et produit)

$$\underline{\otimes}_B^n \mathscr{H}_*[J_*/J_*^2] \to \mathscr{H}_*[\overline{\otimes}_B^n J_*/J_*^2] \to \mathscr{H}_*[J_*^n/J_*^{n+1}]$$

apparaissent dans un diagramme commutatif

$$\begin{array}{ccc} \underline{\otimes}_B^n \mathscr{H}_*[J_*] & \longrightarrow & \mathscr{H}_*[J_*^n] \\ \downarrow & & \downarrow \\ \underline{\otimes}_B^n \mathscr{H}_*[J_*/J_*^2] & \longrightarrow & \mathscr{H}_*[J_*^n/J_*^{n+1}] \end{array}$$

bien défini pour tout entier n.

Lemme 35. *Si les homomorphismes suivants sont des épimorphismes*

$$\mathscr{H}_i[J_*] \to \mathscr{H}_i[J_*/J_*^2], \qquad 0 \leqslant i \leqslant k$$

alors les homomorphismes suivants sont des épimorphismes

$$(\underline{\otimes}_B^n \mathscr{H}_*[J_*])_k \to \mathscr{H}_k[J_*^n], \qquad 1 \leqslant n\,.$$

Démonstration. D'après l'hypothèse du lemme, les homomorphismes suivants sont surjectifs

$$(\underline{\otimes}_B^n \mathscr{H}_*[J_*])_k \to (\underline{\otimes}_B^n \mathscr{H}_*[J_*/J_*^2])_k, \qquad 0 \leqslant n\,.$$

D'après le lemme 32, les homomorphismes suivants sont surjectifs

$$(\underline{\otimes}_B^n \mathscr{H}_*[J_*/J_*^2])_k \to \mathscr{H}_k[J_*^n/J_*^{n+1}], \qquad 0 \leqslant n\,.$$

Le diagramme de la remarque 34 démontre alors que le module $\mathscr{H}_k[J_*^n]$ est égal à la somme des images de l'homomorphisme

$$\mathscr{H}_k[J_*^{n+1}] \to \mathscr{H}_k[J_*^n]$$

d'une part et de l'homomorphisme

$$(\underline{\otimes}_B^n \mathscr{H}_*[J_*])_k \to \mathscr{H}_k[J_*^n]$$

d'autre part. De ce qui précède, avec l'entier n variable, découle alors le résultat suivant. Le module $\mathscr{H}_k[J_*^n]$ est égal à la somme des images de l'homomorphisme

$$\mathscr{H}_k[J_*^{n+k}] \to \mathscr{H}_k[J_*^n]$$

d'une part et de l'homomorphisme

$$(\underline{\otimes}_B^n \mathscr{H}_*[J_*])_k \to \mathscr{H}_k[J_*^n]$$

d'autre part. Comme le module $\mathscr{H}_k[J_*^{n+k}]$ est nul, le lemme est démontré.

Lemme 36. *Si les homomorphismes suivants sont des épimorphismes*

$$(\underline{\otimes}_B^n \mathscr{H}_*[J_*])_k \to \mathscr{H}_k[J_*^n], \quad 1 \leqslant n$$

alors les homomorphismes suivants sont des monomorphismes

$$\mathscr{H}_k[J_*^n] \to \mathscr{H}_k[J_*^0], \quad 1 \leqslant n.$$

Démonstration. Utilisons l'homomorphisme canonique

$$\mathscr{H}_*[J_*]/\mathscr{H}_*[J_*]\cdot\mathscr{H}_*[J_*] \to \mathscr{H}_*[J_*/J_*^2].$$

Le diagramme commutatif du lemme 29 appliqué à la situation décrite par la proposition 18 donne alors le diagramme commutatif suivant

$$\begin{array}{ccccc}
\underline{\otimes}_B^n \mathscr{H}_*[J_*] & \longrightarrow & \mathscr{H}_*[J_*^0] & \longrightarrow & \underline{\otimes}_B^n \mathscr{H}_*[J_*^0] \\
\downarrow & & & & \downarrow \\
\underline{\otimes}_B^n \mathscr{H}_*[J_*/J_*^2] & & \xrightarrow{\quad \nu \quad} & & \underline{\otimes}_B^n \mathscr{H}_*[J_*/J_*^2].
\end{array}$$

D'après la remarque 30, l'homomorphisme suivant est un isomorphisme

$$\nu: \mathscr{H}_*[J_*^n/J_*^{n+1}] \to \mathscr{H}_*[J_*^n/J_*^{n+1}].$$

Cette remarque, le diagramme précédent et le diagramme de la remarque 34 démontrent alors que le noyau de l'homomorphisme composé

$$\underline{\otimes}_B^n \mathscr{H}_*[J_*] \to \mathscr{H}_*[J_*^n] \to \mathscr{H}_*[J_*^0]$$

est contenu dans le noyau de l'homomorphisme composé

$$\underline{\otimes}_B^n \mathscr{H}_*[J_*] \to \mathscr{H}_*[J_*^n] \to \mathscr{H}_*[J_*^n/J_*^{n+1}].$$

L'hypothèse du lemme permet alors d'affirmer que le noyau de l'homomorphisme

$$\mathscr{H}_k[J_*^n] \to \mathscr{H}_k[J_*^0]$$

est contenu dans le noyau de l'homomorphisme

$$\mathscr{H}_k[J_*^n] \to \mathscr{H}_k[J_*^n/J_*^{n+1}].$$

De ce qui précède, avec l'entier n variable, découle alors le résultat suivant. Le noyau de l'homomorphisme

$$\mathscr{H}_k[J_*^n] \to \mathscr{H}_k[J_*^0]$$

est contenu dans l'image du noyau de l'homomorphisme

$$\mathscr{H}_k[J_*^{n+k}] \to \mathscr{H}_k[J_*^0].$$

Comme le module $\mathscr{H}_k[J_*^{n+k}]$ est nul, le lemme est démontré.

Proposition 37. *Soit un anneau local A de corps résiduel B de caractéristique nulle. Considérons une résolution simpliciale B_* de la A-algèbre B dont la A-algèbre B_0 est égale à la A-algèbre A (théorème 4.45). Alors l'idéal simplicial J_* de la suite exacte (suite 4.37)*

$$0 \to J_* \to B_* \otimes_A B \to \bar{B} \to 0$$

donne lieu à des suites exactes

$$0 \to \mathscr{H}_*[J_*^{n+1}] \to \mathscr{H}_*[J_*^n] \to \mathscr{H}_*[J_*^n/J_*^{n+1}] \to 0$$

et à des épimorphismes

$$\underline{\otimes}_B^n \mathscr{H}_*[J_*] \to \mathscr{H}_*[J_*^n]$$

pour tout entier n.

Démonstration. D'après le lemme 35, les suites en degré au plus égal à $k-1$ donnent les épimorphismes en degré égal à k et d'après le lemme 36, les épimorphismes en degré égal à k et les suites en degré égal à $k-1$ donnent les suites en degré égal à k.

Démonstration 38. Voici la démonstration du théorème 21. Par la proposition 37, on obtient une suite exacte

$$\mathscr{H}_*[J_*] \underline{\otimes}_B \mathscr{H}_*[J_*] \to \mathscr{H}_*[J_*] \to \mathscr{H}_*[J_*/J_*^2] \to 0$$

autrement dit la suite exacte du théorème 21. En effet il s'agit de la suite exacte

$$\sum_{i+j=n,\, ij\neq 0} \mathrm{Tor}_i^A(B,B) \otimes_B \mathrm{Tor}_j^A(B,B) \to \mathrm{Tor}_n^A(B,B) \to H_n(A,B,B) \to 0$$

pour tout entier n non nul.

Terminons ce chapitre par un complément qui concerne encore le cas local de caractéristique nulle. Pour le cas de caractéristique positive, voir la proposition 20.26.

Remarque 39. Considérons un corps B de caractéristique nulle et un B-module gradué L_* avec L_0 nul. D'après la définition 25, on sait faire opérer le n-ème groupe symétrique S_n sur le B-module gradué $\underline{\otimes}_B^n L_*$. Il est élémentaire de démontrer que l'image de l'homomorphisme

$$v\colon \underline{\otimes}_B^n L_* \to \underline{\otimes}_B^n L_*$$

est égale au sous-module gradué des éléments invariants par le groups S_n

$$\operatorname{Im} v = \operatorname{Inv}(\otimes_B^n L_*) .$$

En outre si chacun des espaces vectoriels L_k est de rang fini, dénoté par ε_k, alors toutes les sommes directes

$$\sum_{n \geqslant 0} \operatorname{Inv}(\otimes_B^n L_*)_k$$

sont des espaces vectoriels de rangs finis. Ces rangs finis β_k sont donnés par l'égalité suivante de séries formelles en la variable x

$$\sum_{k \geqslant 0} \beta_k x^k = (1+x)^{\varepsilon_1}(1-x^2)^{-\varepsilon_2}(1+x^3)^{\varepsilon_3}(1-x^4)^{-\varepsilon_4} \dots .$$

Proposition 40. *Soit un anneau local A de corps résiduel B de caractéristique nulle. Alors il existe un isomorphisme de B-modules gradués*

$$\operatorname{Tor}_*^A(\mathrm{B}, \mathrm{B}) \cong \sum_{n \geqslant 0} \operatorname{Inv}(\otimes_B^n H_*(A, B, B)) .$$

Démonstration. Compte tenu du corollaire 13.4, la proposition 37, la remarque 33 et la remarque 39 donnent les isomorphismes suivants de B-modules gradués

$$\mathscr{H}_*[J_*^0] \cong \sum_{n \geqslant 0} \mathscr{H}_*[J_*^n/J_*^{n+1}] \cong \sum_{n \geqslant 0} \mathscr{H}_*[\mathrm{S}_B^n J_*/J_*^2] \cong \sum_{n \geqslant 0} \operatorname{Inv}(\otimes_B^n \mathscr{H}_*[J_*/J_*^2]) .$$

Il en découle l'isomorphisme de la proposition.

Lorsque l'anneau A est noethérien en outre, on sait que le B-module $\operatorname{Tor}_k^A(B, B)$ est de type fini (lemme 2.56) et que le B-module $H_k(A, B, B)$ est de type fini (proposition 4.55).

Corollaire 41. *Soit un anneau A, local et noethérien, de corps résiduel B, de caractéristique nulle. Dénotons par β_k le rang du B-module* $\operatorname{Tor}_k^A(B, B)$ *et par ε_k le rang du B-module $H_k(A, B, B)$. Alors ces nombres entiers sont liés par l'égalité suivante de séries formelles*

$$\sum_{k \geqslant 0} \beta_k x^k = \frac{(1+x)^{\varepsilon_1}(1+x^3)^{\varepsilon_3}(1+x^5)^{\varepsilon_5} \dots}{(1-x^2)^{\varepsilon_2}(1-x^4)^{\varepsilon_4}(1-x^6)^{\varepsilon_6} \dots}$$

Démonstration. Voir la remarque 39 et la proposition 40.

XX. Compléments

Exercices. Remarques historiques. Quelques résultats sans démonstration. Généralisation de la notion de résolution simpliciale et préparation à l'appendice.

a) Exercices. Voici quelques compléments donnés sous la forme d'exercices de difficulté variable.

Exercice 1. Soient un anneau A et un groupe abélien G. Considérons l'algèbre de groupe $A[G]$. Démontrer que les modules $H_n(A, A[G], W)$ sont nuls pour n différent de 0 et de 1. Qu'obtient-on pour n égal à 0 ou à 1?

Exercice 2. Soient une A-algèbre B et un idéal J de l'anneau B. Donner des conditions suffisantes pour que l'homomorphisme naturel

$$\varinjlim H^1(A, B/J^k, W) \to H^1(A, B, W)$$

soit un isomorphisme. Interpréter un tel isomorphisme en termes d'extensions d'algèbres.

Exercice 3. Soit un anneau local et noethérien A de corps résiduel K. Considérons son séparé complété $\hat{A}$ pour la topologie due à l'idéal maximal. Utiliser le théorème 16.18 et l'isomorphisme de la proposition 10.18

$$H^n(\hat{A}, K, K) \cong H^n(A, K, K), \qquad n \geqslant 0$$

pour démontrer que le A-module $\hat{A}$ est plat.

Exercice 4. Considérons une A-algèbre B et supposons que les deux anneaux A et B sont réduits de caractéristique p, un nombre premier. Démontrer que l'homomorphisme naturel

$$H_n(A^p, B^p, W) \to H_n(A, B, W)$$

est nul pour tout entier n et pour tout B-module W. En déduire le résultat suivant dans le cas particulier où A est un anneau local et B son corps résiduel. Il existe une suite exacte naturelle

$$0 \to H_{n+1}(A, B, W) \to H_n(A^p, A, W) \to H_n(A, B, \bar{W}) \to 0$$

pour tout entier $n \geqslant 2$ et pour tout B-module W.

Exercice 5. Les éléments $a_1, \dots, a_n$ d'un anneau sont dits *indépendants au sens de Lech* si l'égalité

$$r_1 a_1 + \cdots + r_n a_n = 0$$

n'est possible qu'avec des éléments r_i de l'anneau appartenant à l'idéal engendré par les éléments a_j. Soient un anneau A et un idéal I engendré par des éléments $x_1, \dots, x_n$. Supposons que les n éléments

$$x_1^{h_1}, \dots, x_n^{h_n}$$

sont indépendants pour tous les entiers positifs $h_1, \dots, h_n$. Démontrer que l'homomorphisme canonique est alors nul

$$H_2(A, A/I, A/I) \to H_2(A/I^k, A/I, A/I)$$

pour tout entier k. Dans le cas particulier d'un anneau local A et de son idéal maximal I, déduire du résultat précédent qu'il ne peut s'agir que d'un anneau régulier. Utiliser ce résultat pour démontrer le théorème suivant dû à *E. Kunz*. Soit un anneau A, local, noethérien, de caractéristique p, un nombre premier. Alors l'anneau A est régulier si et seulement si l'anneau A est réduit et le A^p-module A, plat.

Exercice 6. Soient un anneau A, local et noethérien, d'idéal maximal I et un système minimal de générateurs $\alpha_1, \dots, \alpha_n$ de cet idéal. Supposons la condition suivante satisfaite: pour tout i, l'image de l'élément α_i dans le quotient

$$A/\alpha_{i+1} A + \cdots + \alpha_n A$$

a comme annulateur ou bien l'idéal nul (premier type de générateurs) ou bien l'idéal maximal (second type de générateurs). Démontrer que la somme des indices i pour lesquels les générateurs α_i sont du second type est égale à la dimension de l'espace vectoriel $H_2(A, K, K)$ sur le corps résiduel $K = A/I$. On peut utiliser la proposition 15.9 pour la démonstration.

Exercice 7. Soient une A-algèbre B et un idéal J de l'anneau B. Supposons la A-algèbre B lisse pour l'idéal J et la A-algèbre B/J lisse pour l'idéal nul. A l'aide de la proposition 16.15 et de la remarque 12.12, démontrer que l'homomorphisme naturel

$$H^1(A, B/J^k, W) \to H^1(A, B/J^{k+1}, W)$$

est nul pour tout entier k et pour tout B/J-module W. Exprimer ce résultat au moyen d'extensions d'algèbres. Que peut-on dire pour un B/J^n-module W?

Exercice 8. *(S. Lichtenbaum – M. Schlessinger.)* Soient trois anneaux locaux noethériens A, B, C et trois idéaux I, J, K donnant lieu à trois isomorphismes

$$B \cong A/I \quad \text{et} \quad A/J \cong C \cong B/K .$$

Supposons l'idéal K engendré par une suite régulière. Démontrer que l'idéal I est engendré par une suite régulière si et seulement si l'idéal J est engendré par une suite régulière. Généraliser ce résultat par l'intermédiaire du théorème 12.2.

Exercice 9. Considérons deux anneaux locaux noethériens A et B de corps résiduels K et L et un homomorphisme local de A dans B. Supposons le A-module B plat. Démontrer que l'anneau B est régulier si les anneaux A et $B \otimes_A K$ sont réguliers et que l'anneau A est régulier et l'anneau $B \otimes_A K$ une intersection complète si l'anneau B est régulier.

Exercice 10. Pour un anneau A, local et noethérien, de corps résiduel K, démontrer que l'espace vectoriel gradué $H^*(A, K, K)$ a une structure naturelle d'algèbre de Lie graduée. Il s'agit de dualiser la définition 19.3 et de démontrer l'identité de Jacobi.

Exercice 11. Par définition un B-module M est dit avoir la propriété $\#$ s'il existe un isomorphisme

$$M \oplus P \cong N \oplus Q$$

où N est un B-module de type fini et où P et Q sont des B-modules projectifs. Considérons une A-algèbre B, locale et noethérienne, et supposons que les B-modules $H_0(A, B, B)$ et $H_1(A, B, B)$ ont la propriété $\#$. En s'inspirant de la démonstration de la proposition 2.54, on démontrera le résultat suivant. La A-algèbre B est lisse pour l'idéal maximal si et seulement si la A-algèbre B est lisse pour l'idéal nul. Vérifier que la situation précédente se produit dans le cas suivant *(A. Grothendieck)*: l'anneau A est un corps et l'anneau B s'obtient en localisant une algèbre de type fini sur un surcorps de A.

Exercice 12. Considérons la A-algèbre B avec les générateurs suivants

$$t^\alpha \quad \alpha \text{ rationnel} \quad \text{et} \quad 0 < \alpha < 1$$

et avec les relations suivantes

$$t^\alpha t^\beta = t^{\alpha+\beta} \quad \text{si } \alpha+\beta < 1 \quad \text{et } 0 \quad \text{si } \alpha+\beta \geqslant 1 .$$

Soit I l'idéal engendré par les éléments t^α. Etablir les isomorphismes suivants pour tout B/I-module W

$$H_n(B, B/I, W) \cong 0 \quad \text{si } n \neq 2 \quad \text{et } W \quad \text{si } n = 2 .$$

Utiliser ce résultat pour compléter le corollaire 12.3.

Exercice 13. Démontrer la conjecture suivante de *A. Grothendieck*. Considérons deux homomorphismes locaux $A \to B \to C$ d'anneaux locaux noethériens, le second homomorphisme étant surjectif. Supposons les anneaux A et C réguliers. Alors la A-algèbre B est lisse pour l'idéal noyau de la surjection si et seulement si les trois conditions suivantes sont satisfaites

1) l'anneau B est régulier,
2) le C-module $H_0(A, B, C)$ est projectif,
3) l'homomorphisme naturel $H_1(A, C, C) \to H_1(B, C, C)$ est un monomorphisme.

Exercice 14. Etudier l'exemple suivant dû à *Y. Nakai*. Soit un corps K, non parfait, de caractéristique p et soit un élément a de ce corps n'appartenant pas à $K^{1/p}$. Considérons la K-algèbre R avec deux générateurs x et y et une relation

$$x^p + a y^p = 0$$

puis considérons l'idéal premier P engendré par les éléments x et y, enfin considérons l'anneau local A égal à R_P. Il s'agit d'un anneau intègre et appelons L son corps des fractions. Etablir les trois propriétés suivantes

1) le module des différentielles de la K-algèbre A est un A-module libre,
2) l'extension $K \subset L$ n'est pas séparable,
3) l'anneau A n'est pas régulier.

Mettre en relation ces propriétés avec la proposition 7.31.

Exercice 15. Soit un anneau A, local et noethérien, de corps résiduel K. Démontrer l'inégalité suivante

$$\dim A \geqslant \operatorname{rg} H_1(A, K, K) - \operatorname{rg} H_2(A, K, K)$$

où $\dim A$ désigne la dimension de Krull de l'anneau A. Démontrer que l'égalité a lieu si et seulement si l'anneau A est une intersection complète. On utilisera la remarque suivante. Pour un anneau régulier B et pour un idéal J engendré par des éléments $b_1, \ldots, b_k$, l'égalité suivante est satisfaite

$$\dim B = \dim B/J + k$$

si et seulement si les éléments b_i forment une suite régulière.

Exercice 16. *(J.-L. Koszul.)* Soient un anneau A et un idéal I engendré par un système R de n générateurs $r_1, \ldots, r_n$. Considérons le A-module libre P ayant un générateur x_i pour chaque élément r_i et le $S_A P$-module $W = A$ défini par les égalités

$$x_i a = r_i a, \quad 1 \leqslant i \leqslant n, \quad a \in A .$$

Cela étant, appliquons la définition 11.1 et considérons en premier lieu le complexe de A-modules

$$K_*\langle R\rangle = K_*(P, W)$$

et en second lieu le A-module gradué

$$H_*\langle R\rangle = \mathscr{H}_*[K_*(P, W)].$$

Démontrer que le complexe $K_*\langle R\rangle$ a une structure naturelle de A-algèbre différentielle graduée et que le module gradué $H_*\langle R\rangle$ a une structure naturelle de A/I-algèbre anticommutative (voir la définition 14.1).

Exercice 17. Soient un anneau A, local et noethérien, et un idéal I engendré par un système minimal R de n générateurs $r_1, \ldots, r_n$. Utiliser les notations de l'exercice 16, la notion d'algèbre modèle et la proposition 15.18. Démontrer qu'il existe une suite exacte

$$0 \to H_2(A, B, B) \to H_1\langle R\rangle \to L \to H_1(A, B, B) \to 0$$

où B est l'anneau quotient A/I et où L est un B-module libre de rang n. Sans utiliser la notion de suite régulière, démontrer que le module $H_1\langle R\rangle$ est nul si et seulement si le module $H_2(A, B, W)$ est nul pour tout B-module W.

Exercice 18. Soit un anneau A, local et noethérien, d'idéal maximal I et de corps résiduel K. Considérons un système minimal R de n générateurs $r_1, \ldots, r_n$ de l'idéal maximal et utilisons les notations de l'exercice 16. Démontrer que l'on a non seulement un isomorphisme

$$H_2(A, K, K) \cong H_1\langle R\rangle$$

(voir l'exercice 17) mais encore un isomorphisme

$$H_3(A, K, K) \cong H_2\langle R\rangle / H_1\langle R\rangle \cdot H_1\langle R\rangle.$$

Pour le voir on peut se ramener au cas où l'anneau local A est le quotient d'un anneau régulier B par un idéal contenu dans le carré de l'idéal maximal de B et utiliser les isomorphismes suivants

$$H_n(A, K, K) \cong H_{n-1}(B, A, K), \quad n \geqslant 2,$$
$$H_n\langle R\rangle \cong \mathrm{Tor}_n^B(A, K), \quad n \geqslant 0.$$

Déduire du résultat précédent une nouvelle caractérisation *(E. Assmus)* des intersections complètes.

Exercice 19. Soient un anneau A, local et noethérien, d'idéal maximal I, et une A-algèbre B, locale et noethérienne, d'idéal maximal J, contenant IB. Supposer la A-algèbre B de type fini et démontrer que tous les modules $H_n(A, B\ W)$ sont nuls si et seulement si les conditions suivantes sont satisfaites

1) le A-module B est plat,
2) les idéaux J et IB sont égaux,
3) l'extension $A/I \subset B/J$ est algébrique et séparable.

Exercice 20. Une A-algèbre B est dite *différentiellement lisse (A. Grothendieck)* si le noyau I de la surjection canonique de $B \otimes_A B$ sur B jouit des propriétés suivantes: d'une part le B-module I/I^2, égal à $H_0(A, B, B)$, est projectif, d'autre part la B-algèbre $\sum I^n/I^{n+1}$ est symétrique. Démontrer que la A-algèbre B est différentiellement lisse si et seulement si la B-algèbre $B \otimes_A B$ est lisse (pour l'idéal I). Démontrer *(A. Grothendieck)* que la A-algèbre B est différentiellement lisse si la A-algèbre B est lisse (pour l'idéal nul).

b) Compléments. Avant quelques résultats sans démonstration complète, voici quelques remarques historiques.

Remarque 21. *D. Harrison* fut le premier à définir et à étudier des groupes d'homologie en tous les degrés pour les algèbres commutatives. Sa théorie est une forme commutative de la théorie de Hochschild pour les algèbres associatives. Malheureusement la théorie de Harrison ne semble bien fonctionner que pour les algèbres plates de caractéristique nulle, cas où cette théorie est équivalente à celle développée dans ce livre. En fait, la théorie de Harrison, bien étudiée par *M. Barr* et *D. Quillen*, permet de calculer les modules d'homologie $H_n(A, B, W)$ dans certains cas particuliers.

Remarque 22. *S. Lichtenbaum* et *M. Schlessinger* furent les premiers à définir de bons groupes d'homologie non seulement en degré 0 et en degré 1, mais encore en degré 2. Le corollaire 5.2 et la proposition 15.12 démontrent que leurs deuxièmes modules d'homologie sont bien les modules $H_2(A, B, W)$.

Remarque 23. C'est pendant les années 1966–1968 que se développa la théorie complète de l'homologie des algèbres commutatives. Tout au moins au niveau des définitions, cette théorie a de nombreux liens avec d'autres théories de la géométrie algébrique et de la théorie des catégories. Il ne me semble pas nécessaire d'en donner la liste ici. Par contre la généralisation (due à *L. Illusie*) de notre théorie au domaine de la géométrie algébrique est beaucoup plus intéressante. L'appendice de ce livre lui est consacré. Enfin signalons au lecteur qu'il est peut-être temps pour lui de lire l'excellent résumé de *D. Quillen* (1970).

Nombreux sont les résultats de ce livre qui se généralisent sous la forme de suites spectrales. En voici deux dues à *D. Quillen* (1967) et *M. André* (1967) respectivement.

Proposition 24. *Soit un homomorphisme surjectif d'un anneau A sur un anneau B. Alors il existe une suite spectrale de B-modules*

$$E^2_{p,q} = \mathscr{H}_{p+q}[\mathrm{S}^q_B T_*(A,B)] \Longrightarrow \mathrm{Tor}^A_n(B,B)\,.$$

Il s'agit d'une suite spectrale du premier quadrant.

Démonstration. Considérons une résolution simpliciale B_* de la A-algèbre B et l'idéal simplicial J_* de la suite 4.37. Il existe alors une suite spectrale due aux différents idéaux J^n_*. On la décrit à l'aide des isomorphismes suivants

$$\mathscr{H}_n[J_*/J^2_*] \cong H_n(A,B,B) \cong \mathscr{H}_n[T_*(A,B)],$$

$$J^n_*/J^{n+1}_* \cong \mathrm{S}^n_B J_*/J^2_* \quad \text{et} \quad \mathscr{H}_n[J^0_*] \cong \mathrm{Tor}^A_n(B,B)\,.$$

La question de convergence est réglée par le corollaire 13.4.

Proposition 25. *Soient un anneau noethérien A, une A-algèbre B de type fini, un B-module W de type fini et un idéal I de l'anneau A. Munissons A, B, W des filtrations I-adiques et notons par GA, GB, GW les objects gradués associés. Alors il existe une suite spectrale convergente qui commence par des modules $E^1_{p,q}$ liés par la condition*

$$\sum_{p+q=n} E^1_{p,q} \cong H_n(GA, GB, GW)$$

et qui aboutit aux modules $H_n(A,B,W)$ munis de filtrations I-bonnes.

Démonstration. Il s'agit essentiellement de démontrer que l'on peut construire une résolution simpliciale B_* de la A-algèbre B tout en respectant les filtrations I-adiques, en un sens à préciser.

Dans le chapitre précédent, certains résultats comme le théorème 19.21 ont été démontrés en caractéristique nulle. Ils ne sont plus exacts en toute généralité en caractéristique positive. Pourtant on peut encore démontrer ce qui suit *(D. Quillen)*.

Proposition 26. *Soit un anneau local A de corps résiduel B de caractéristique positive p. Alors pour tout entier $0<n<2p$ il existe un isomorphisme naturel de B-modules*

$$H_n(A,B,B) \cong \mathrm{Tor}^A_n(B,B) \Big/ \sum_{i+j=n,\, ij\neq 0} \mathrm{Tor}^A_i(B,B)\cdot \mathrm{Tor}^A_j(B,B)\,.$$

Remarque 27. En degré supérieur, la situation se complique. Elle est intimement liée à la théorie des espaces d'Eilenberg-MacLane, et aussi à celle des algèbres de Hopf munies de puissances divisées. Voici ce qui se passe en degré $2p$, le premier degré intéressant en caractéristique positive. Le B-module $H_{2p}(A, B, B)$ est isomorphe au quotient du B-module $\mathrm{Tor}_{2p}^A(B, B)$ par le sous-module engendré non seulement par les éléments des produits

$$\mathrm{Tor}_i^A(B, B)\cdot\mathrm{Tor}_j^A(B, B), \quad i+j=2p, \quad ij\neq 0$$

mais encore par les p-èmes puissances divisées des éléments de $\mathrm{Tor}_2^A(B, B)$, la définition de ces puissances divisées n'étant pas donnée ici.

Nous le savons déjà (théorème 14.22) les modules $H_m(A, B, B)$ sont fort utiles dans l'étude des modules $\mathrm{Tor}_n^A(B,B)$ plus faciles à définir, et cela en particulier lorsque l'anneau A n'est pas noethérien. A ce sujet, on peut prendre note du résultat suivant, qui généralise un résultat bien connu concernant les intersections complètes (proposition 6.27).

Proposition 28. *Soit un anneau local A de corps résiduel B. Alors toutes les dimensions β_i des espaces vectoriels $\mathrm{Tor}_i^A(B, B)$ sont finies et apparaissent dans une égalité de séries formelles*

$$\sum_{i\geqslant 0} \beta_i x^i=(1+x)^r/(1-x^2)^s$$

si et seulement si toutes les dimensions ε_j des espaces vectoriels $H_j(A, B, B)$ sont finies et apparaissent dans une égalité de séries formelles

$$\sum_{j\geqslant 0} \varepsilon_j y^j=ry+sy^2 .$$

Remarque 29. Dans le cas noethérien, les entiers r et s de la proposition 28 sont liés par l'inégalité $r\geqslant s$. En effet, l'entier $r-s$ est égal à la dimension de l'anneau noethérien A. Dans le cas général, les entiers r et s peuvent prendre toutes les valeurs possibles. Grâce au produit tensoriel d'algèbres (corollaire 5.23) il suffit de le savoir pour la paire (1, 0), cas résolu avec une algèbre de valuation, et pour la paire (0, 1), cas résolu avec une algèbre de l'exercice 12.

Terminons par deux résultats qui généralisent les théorèmes 12.2 et 14.22. Leurs démonstrations utilisent une version nilpotente (non noethérienne) de la suite spectrale de la proposition 25 et aussi le fait (démontré par *D. Lazard*) que les modules plats sont exactement les limites inductives filtrantes des modules libres.

Théorème 30. *Soit un homomorphisme surjectif d'un anneau A sur un anneau B de noyau I. Alors les trois conditions suivantes sont équivalentes*

1) *l'homomorphisme $H_2(A/I^{k+m}, B, W)\to H_2(A/I^k, B, W)$ est nul pour un entier m suffisamment grand en fonction de l'entier quelconque k et du B-module quelconque W,*

2) *la B-algèbre graduée* $\sum I^k/I^{k+1}$ *est l'algèbre symétrique d'un module plat (à savoir le B-module* I/I^2*)*

3) *l'homomorphisme* $H_n(A/I^{k+n-1}, B, W) \to H_n(A/I^k, B, W)$ *est nul pour tout entier* $n \neq 1$, *pour tout entier* $k \geq 1$ *et pour tout B-module W.*

Théorème 31. *Soit un homomorphisme surjectif d'un anneau A sur un anneau B de noyau I. Alors les trois conditions suivantes sont équivalentes*

1) *la B-algèbre graduée* $\sum \mathrm{Tor}_k^A(B, B)$ *est l'algèbre extérieure d'un module plat (à savoir le B-module* I/I^2*),*

2) *la B-algèbre graduée* $\sum I^k/I^{k+1}$ *est l'algèbre symétrique d'un module plat (à savoir le B-module* I/I^2*) et le A-module B est un module d'Artin-Rees (pour la topologie I-adique),*

3) *le module* $H_n(A, B, W)$ *est nul pour tout entier* $n \neq 1$ *et pour tout B-module W.*

c) Généralisations. Avant de faire le passage de l'algèbre commutative à la géométrie algébrique, il est utile de généraliser la notion de résolution simpliciale (voir la définition 4.30).

Définition 32. Une *résolution simpliciale généralisée* B_* de la A-algèbre B est une A-algèbre simpliciale augmentée, qui est acyclique, dont l'homomorphisme d'augmentation a la A-algèbre B comme but et dont les A-algèbres B_n sont plates et ont une homologie triviale. De manière précise, une résolution simpliciale généralisée de la A-algèbre B est une A-algèbre simpliciale B_* satisfaisant aux quatre conditions suivantes, l'isomorphisme de la condition 34 étant donné explicitement.

Condition 33. Le module $\mathscr{H}_n[B_*]$ est nul pour tout $n > 0$.

Condition 34. La A-algèbre $\mathscr{H}_0[B_*]$ est isomorphe à la A-algèbre B.

Condition 35. Le A-module B_m est plat pour tout $m \geq 0$.

Condition 36. Le module $H_n(A, B_m, W)$ est nul pour tout $m \geq 0$, pour tout $n > 0$ et pour tout B_m-module W.

Remarque 37. Pour toute résolution simpliciale généralisée B_* de la A-algèbre B et pour tout module injectif W défini sur la B-algèbre C, le module $H^n(A, B_m, W)$ est nul pour tout $m \geq 0$ et pour tout $n > 0$ (voir le lemme 3.19).

Considérons maintenant une A-algèbre B avec une résolution simpliciale généralisée B_*, une B-algèbre C et un C-module W et généralisons la définition 4.41 et le théorème 4.43.

Définition 38. Le n-ème module d'homologie $D_n(A, B_*, W)$ est un C-module égal au n-ème module d'homologie du complexe de C-modules $R_*(A, B_*, W)$ pour lequel les modules $R_n(A, B_*, W)$ et $\mathrm{Dif}(A, B_n, W)$ sont isomorphes.

Proposition 39. *Soient une A-algèbre B, une B-algèbre C, un C-module W et une résolution simpliciale généralisée B_* de la A-algèbre B. Alors il existe des isomorphismes naturels de C-modules*

$$H_n(A, B, W) \cong D_n(A, B_*, W).$$

Démonstration. La démonstration se fait à l'aide du complexe double de C-modules généralisant celui de la définition 5.8

$$K_{i,j} = T_i(A, B_j, W).$$

La même démonstration que celle du lemme 5.12 démontre que le complexe augmenté de C-modules $T_n(A, B_*, W)$ qui aboutit au C-module $T_n(A, B, W)$ est acyclique. Autrement dit le module $\mathscr{H}''_{p,q}[K_{**}]$ est nul si q n'est pas nul et il est isomorphe à $T_p(A, B, W)$ si q est nul. Par conséquent, le module $\hat{\mathscr{H}}''_{p,q}[K_{**}]$ de la définition 2.32 est nul si q n'est pas nul et il est isomorphe à $H_p(A, B, W)$ si q est nul. De manière évidente, le module $\mathscr{H}'_{p,q}[K_{**}]$ est isomorphe au module $H_p(A, B_q, W)$. Il s'agit donc de 0 si p n'est pas nul et de $\mathrm{Dif}(A, B_q, W)$ si p est nul. Par conséquent, le module $\hat{\mathscr{H}}'_{p,q}[K_{**}]$ de la définition 2.31 est nul si p n'est pas nul et il est isomorphe à $D_q(A, B_*, W)$ si p est nul. Mais alors l'isomorphisme du théorème 2.39

$$H_n(A, B, W) \cong \hat{\mathscr{H}}''_{n,0}[K_{**}] \cong \hat{\mathscr{H}}'_{0,n}[K_{**}] \cong D_n(A, B_*, W)$$

démontre la proposition.

La condition 35 (les A-algèbres B_m n'étant pas forcément libres) complique la situation concernant les modules de cohomologie. Il faut alors considérer non seulement une A-algèbre B avec une résolution simpliciale généralisée B_*, mais encore un C-module W avec une résolution injective W^*.

Définition 40. Le n-ème module de cohomologie $D^n(A, B_*, W^*)$ est un C-module égal au n-ème module de cohomologie du cocomplexe simple associé au cocomplexe double $R^{**}(A, B_*, W^*)$ pour lequel les C-modules $R^{p,q}(A, B_*, W^*)$ et $\mathrm{Der}(A, B_p, W^q)$ sont isomorphes.

Remarque 41. De manière analogue, on peut définir le module $H^n(A, B, W^*)$ comme étant le n-ème module de cohomologie du cocomplexe simple associé au cocomplexe double $T^*(A, B, W^*)$, noté aussi K^{**}. Le complexe $T_*(A, B, C)$ est formé de C-modules libres (lemme 3.8) et apparaît dans un isomorphisme naturel (définition 3.12)

$$T^*(A, B, W^*) \cong \dot{\mathrm{Hom}}_C(T_*(A, B, C), W^*).$$

Mais alors le module $\mathscr{H}''^{p,q}[K^{**}]$ est nul si q n'est pas nul et il est isomorphe au module

$$T^p(A, B, W) \cong \mathrm{Hom}_C(T_p(A, B, C), W)$$

si q est nul. Par conséquent le module $\mathscr{H}_{\prime\prime}^{p,q}[K^{**}]$ est nul si q n'est pas nul et il est isomorphe au module $H^p(A, B, W)$ si q est nul. Le lemme 2.38 démontre maintenant qu'il existe un isomorphisme naturel de C-modules

$$H^n(A, B, W^*) \cong H^n(A, B, W).$$

Proposition 42. *Soient une A-algèbre B, une B-algèbre C, un C-module W, une résolution simpliciale généralisée B_* de la A-algèbre B et une résolution injective W^* du C-module W. Alors il existe des isomorphismes naturels de C-modules*

$$H^n(A, B, W) \cong D^n(A, B_*, W^*).$$

Démonstration. Il faut utiliser un cocomplexe triple de C-modules (voir ci-dessous pour les définitions et les résultats concernant les cocomplexes triples)

$$K^{i,j,k} = T^i(A, B_j, W^k).$$

D'après la remarque 37, le module $H^i(A, B_j, W^k)$ est nul si l'entier i n'est pas nul, puisque le C-module W^k est injectif. Par conséquent le module $\mathscr{H}_{\prime}^{i,j,k}[K^{***}]$ est nul si i n'est pas nul et il est isomorphe au module $\mathrm{Der}(A, B_j, W^k)$ si i est nul. Compte tenu de la définition 40, cela suffit pour établir un premier isomorphisme (voir le lemme 45)

$$\hat{\mathscr{H}}^n[K^{***}] \cong D^n(A, B_*, W^*).$$

Utilisons maintenant l'isomorphisme de la défintion 3.12

$$T^*(A, B_*, W^*) \cong \mathrm{Hom}_C(T_*(A, B_*, C), W^*).$$

Les complexes $T_i(A, B_*, C)$ sont acycliques (début de la démonstration de la proposition 39) et les modules W^k sont injectifs. Par conséquent le module $\mathscr{H}_{\prime\prime}^{i,j,k}[K^{***}]$ est nul si j n'est pas nul et il est isomorphe au module

$$T^i(A, B, W^k) \cong \mathrm{Hom}_C(T_i(A, B, C), W^k)$$

si j est nul. Compte tenu de la remarque 41, cela suffit pour établir un second isomorphisme (voir le lemme 45)

$$\hat{\mathscr{H}}^n[K^{***}] \cong H^n(A, B, W^*).$$

L'isomorphisme final

$$H^n(A, B, W^*) \cong D^n(A, B_*, W^*)$$

démontre alors la proposition grâce à l'isomorphisme terminant la remarque 41.

Définition 43. Comme pour les cocomplexes doubles, à un cocomplexe triple K^{***} on peut associer un cocomplexe simple $\hat{K}^{*}$ grâce à l'égalité

$$\hat{K}^{n}=\sum_{i+j+k=n} K^{i,j,k}.$$

On considère alors les modules de cohomologie

$$\hat{\mathscr{H}}^{n}[K^{***}]=\mathscr{H}^{n}[\hat{K}^{*}].$$

Définition 44. Considérons un cocomplexe triple K^{***}. Pour chaque i, on peut considérer le cocomplexe double $\mathscr{H}_{\prime}^{i**}[K^{***}]$ défini par les égalités suivantes

$$\mathscr{H}_{\prime}^{i,j,k}[K^{***}]=\mathscr{H}^{i}[K^{*,j,k}].$$

Pour chaque j, on peut considérer le cocomplexe double $\mathscr{H}_{\prime\prime}^{*j*}[K^{***}]$ défini par les égalités suivantes

$$\mathscr{H}_{\prime\prime}^{i,j,k}[K^{***}]=\mathscr{H}^{j}[K^{i,*,k}].$$

Pour chaque k, on peut considérer le cocomplexe double $\mathscr{H}_{\prime\prime\prime}^{**k}[K^{***}]$ défini par les égalités suivantes

$$\mathscr{H}_{\prime\prime\prime}^{i,j,k}[K^{***}]=\mathscr{H}^{k}[K^{i,j,*}].$$

Lemme 45. *Soient un cocomplexe triple K^{***} et un cocomplexe double K^{**}. Alors il existe un isomorphisme naturel pour tout n*

$$\hat{\mathscr{H}}^{n}[K^{***}]\cong\hat{\mathscr{H}}[K^{**}]$$

si l'une des trois conditions suivantes est satisfaite

1) *le cocomplexe double $\mathscr{H}_{\prime}^{i**}[K^{***}]$ est nul si i n'est pas nul et il est isomorphe à K^{**} si i est nul,*

2) *le cocomplexe double $\mathscr{H}_{\prime\prime}^{*j*}[K^{***}]$ est nul si j n'est pas nul et il est isomorphe à K^{**} si j est nul,*

3) *le cocomplexe double $\mathscr{H}_{\prime\prime\prime}^{**k}[K^{***}]$ est nul si k n'est pas nul et il est isomorphe à K^{**} si k est nul.*

Démonstration. On utilise les cocomplexes doubles $E_{\prime}^{**}$, puis $E_{\prime\prime}^{**}$ et enfin $E_{\prime\prime\prime}^{**}$, définis par les égalités suivantes

$$E_{\prime}^{p,q}=\sum_{j+k=q} K^{p,j,k},\qquad E_{\prime\prime}^{p,q}=\sum_{i+k=q} K^{i,p,k},\qquad E_{\prime\prime\prime}^{p,q}=\sum_{i+j=q} K^{i,j,p}$$

pour se ramener à la théorie des cocomplexes doubles.

Appendice. Géométrie algébrique

Points principaux de la généralisation aux espaces annelés de la théorie développée jusqu'ici dans le cadre de la catégorie des anneaux. Cette généralisation est due à *L. Illusie*. Pour plus de détails, on se reporte à ses travaux dont le degré de généralité est plus grand que celui de cet appendice et dont la présentation est différente de celle adoptée ci-dessous.

a) Faisceaux de modules. Voici quelques définitions, notations et résultats bien connus de la théorie des faisceaux.

Notation 1. Pour un faisceau F sur un espace topologique X et pour un élément x de cet espace topologique, on dénote par $F(x)$ l'ensemble des germes de sections en x du faisceau F

$$F(x) = \varinjlim_{x \in U} F(U) \qquad (U \text{ ouvert}).$$

Remarque 2. Pour un faisceau F *associé* à un préfaisceau P on a une égalité analogue

$$F(x) = \varinjlim_{x \in U} P(U) \qquad (U \text{ ouvert}).$$

Notation 3. Pour un faisceau F sur un espace topologique X et pour un ouvert U de cet espace topologique, on dénote par $F|U$ le faisceau induit sur l'espace topologique U. En outre $\mathrm{Hom}_X(F, G)$ dénote l'ensemble des homomorphismes du faisceau F dans le faisceau G, tous deux définis sur l'espace topologique X.

Définition 4. Considérons une application continue $f: X \to Y$ et un faisceau F sur X. Alors l'égalité suivante définit un faisceau $f_*(F)$ sur Y *(image directe)*

$$f_*(F)(V) = F(f^{-1}(V)) \qquad (V \text{ ouvert}).$$

Définition 5. Considérons une application continue $f: X \to Y$ et un faisceau G sur Y. Alors le problème universel décrit par l'égalité suivante a une solution qui est un faisceau $f^*(G)$ sur X *(image réciproque)*

$$\mathrm{Hom}_X(f^*(G), F) \cong \mathrm{Hom}_Y(G, f_*(F)).$$

Remarque 6. L'image réciproque d'un faisceau jouit en particulier de la propriété décrite par l'égalité suivante

$$f^*(G)(x) \cong G(f(x)), \qquad x \in X.$$

Définition 7. Un *Anneau* est un faisceau d'anneaux. Une *A-Algèbre* est un faisceau d'algèbres sur un faisceau d'anneaux A. Un *A-Module* est un faisceau de modules sur un faisceau d'anneaux A.

Remarque 8. Pour un Anneau A fixé, les A-Modules forment une catégorie abélienne. On dénote par $\mathrm{Hom}_A(M,N)$ le groupe abélien des homomorphismes du A-Module M dans le A-Module N. Une suite de A-Modules est exacte si et seulement si pour tout élément x de l'espace topologique X la suite correspondante de $A(x)$-modules est exacte.

Remarque 9. Considérons une application continue $f: X \to Y$, un Anneau A sur X et un Anneau B sur Y. Le foncteur image directe transforme un A-Module M en un $f_*(A)$-Module $f_*(M)$. Il s'agit là d'un foncteur exact à gauche. Le foncteur image réciproque transforme un B-Module N en un $f^*(B)$-Module $f^*(N)$. Il s'agit là d'un foncteur exact, comme le démontre la remarque 6.

Remarque 10. Dans le cas de Modules, l'isomorphisme de la définition 5 prend la forme suivante. Considérons une application continue $f: X \to Y$, un Anneau B sur Y, un B-Module G et un $f^*(B)$-Module F. Alors il existe un isomorphisme de groupes abéliens

$$\mathrm{Hom}_{f^*(B)}(f^*(G), F) \cong \mathrm{Hom}_B(G, f_*(F)).$$

Le Module $f_*(F)$ est défini non seulement sur l'Anneau $f_* f^*(B)$ mais encore sur l'Anneau B grâce à l'homomorphisme canonique du second dans le premier (voir la notation 46).

Remarque 11. La catégorie abélienne des A-Modules possède suffisamment d'objets injectifs. En effet tout A-Module peut être plongé dans un A-Module ayant la forme suivante. Pour chaque élément x de l'espace topologique X, on considère un $A(x)$-module injectif I_x, puis on définit un faisceau, qui est un A-Module injectif, par l'égalité suivante

$$I(U) = \prod_{x \in U} I_x \qquad (U \text{ ouvert}).$$

On a la notion de résolution injective d'un A-Module.

Définition 12. Un A-Module M est dit *plat* si chacun des $A(x)$-modules $M(x)$ est plat. On a la notion de résolution plate d'un A-Module. Les Modules plats sont à préférer aux Modules projectifs (souvent peu nombreux) à cause de la remarque suivante.

Remarque 13. Si pour tout ouvert U de X, le $A(U)$-module $M(U)$ est plat, alors le A-Module M est plat.

Définition 14. Deux A-Modules M et N sont dits Tor-*indépendants* si la condition suivante est satisfaite

$$\mathrm{Tor}_i^{A(x)}(M(x), N(x)) \cong 0$$

pour tout entier non nul i et pour tout élément x de l'espace topologique X.

Définition 15. A deux A-Modules M et N, on peut associer le A-Module $Hom_A(M,N)$ décrit par l'égalité suivante

$$Hom_A(M,N)(U) = \mathrm{Hom}_{A|U}(M|U, N|U).$$

Il s'agit là d'un foncteur exact à gauche en la variable M et en la variable N. Il y a exactitude si le A-Module N est injectif. Il suffit de le vérifier avec les A-Modules injectifs décrits dans la remarque 11.

Définition 16. A deux A-Modules M et N, on peut associer le A-Module $M \otimes_A N$ décrit par la remarque suivante. Il suffit de considérer le faisceau associé au préfaisceau qui à l'ouvert U fait correspondre le $A(U)$-module

$$M(U) \otimes_{A(U)} N(U).$$

Il s'agit là d'un foncteur exact à droite en la variable M et en la variable N. Il y a exactitude si le A-Module M ou N est plat. La remarque suivante permet de le démontrer.

Remarque 17. Le produit tensoriel de deux Modules donne lieu à l'isomorphisme suivant

$$(M \otimes_A N)(x) \cong M(x) \otimes_{A(x)} N(x)$$

qui découle de la remarque 2.

Lemme 18. *Soient trois A-Modules P, Q et R. Alors il existe un isomorphisme naturel de groupes abéliens*

$$\mathrm{Hom}_A(P \otimes_A Q, R) \cong \mathrm{Hom}_A(P, Hom_A(Q,R)).$$

Démonstration. Dans la démonstration, on peut remplacer le faisceau $P \otimes_A Q$ par le préfaisceau qui le définit. On peut alors utiliser la correspondance biunivoque entre les homomorphismes de $A(U)$-modules

$$P(U) \otimes_{A(U)} Q(U) \to R(U)$$

et les homomorphismes de $A(U)$-modules

$$P(U) \to \mathrm{Hom}_{A(U)}(Q(U), R(U)).$$

Définition 19. Un *espace annelé* $(X, \mathcal{O}_X)$ est formé d'un espace topologique X et d'un Anneau $\mathcal{O}_X$. Un morphisme d'espaces annelés

$$(f, \varphi): (X, \mathcal{O}_X) \to (Y, \mathcal{O}_Y)$$

est formé d'une application continue f de X dans Y et d'un homomorphisme φ de l'Anneau $\mathcal{O}_Y$ dans l'Anneau $f_*(\mathcal{O}_X)$ sur Y, autrement dit d'un homomorphisme de l'Anneau $f^*(\mathcal{O}_Y)$ dans l'Anneau $\mathcal{O}_X$ sur X.

b) Algèbre homologique. Par la suite il faudra considérer la situation suivante et la simplifier par l'intermédiaire de la proposition démontrée ci-dessous (proposition 28).

Définition 20. Sur un espace topologique X, considérons une A-Algèbre B, une B-Algèbre C, un complexe de A-Modules plats T_* et une résolution B-injective W^* d'un C-Module W. Il est alors possible de considérer le cocomplexe double de groupes abéliens $\mathrm{Hom}_A(T_*, W^*)$ et sa cohomologie totale (définition 2.34). Comme toujours en algèbre homologique, les groupes abéliens

$$\hat{\mathscr{H}}^n[\mathrm{Hom}_A(T_*, W^*)]$$

ne dépendent pas du choix de la résolution injective W^*, autrement dit ne dépendent que du complexe de A-Modules T_* et du B-Module W. Il va s'agir de démontrer que ces groupes de cohomologie ne dépendent pas de l'Anneau intermédiaire B.

Lemme 21. *Soient un A-Module plat M et un A-Module injectif N. Alors le A-Module $\mathrm{Hom}_A(M, N)$ est injectif.*

Démonstration. C'est une conséquence immédiate de l'isomorphisme du lemme 18

$$\mathrm{Hom}_A(P, \mathit{Hom}_A(M, N)) \cong \mathrm{Hom}_A(P \otimes_A M, N)$$

et de l'exactitude des deux foncteurs suivants

$$\mathrm{Hom}_A(\cdot, N) \quad \text{et} \quad \cdot \otimes_A M.$$

Lemme 22. *Soient un A-Module plat T, un A-Module M et un A-Module injectif N. Considérons le A-Module*

$$W \cong \mathit{Hom}_A(M, N).$$

Alors le groupe $\mathrm{Ext}^n_A(T, W)$ *est nul pour* $n \neq 0$.

Démonstration. Considérons une résolution plate M_* du A-Module M, résolution dont l'existence est assurée par la remarque 13 (pour le seul cas qui nous intéresse vraiment, celui d'une A-Algèbre, voir aussi la proposition 63).

D'après le lemme 21 et la propriété d'exactitude concernant la définition 15, le cocomplexe $Hom_A(M_*, N)$ est une résolution injective du A-Module $Hom_A(M,N)$. Il s'agit donc de calculer le groupe suivant

$$\mathrm{Ext}^n_A(T,W) \cong \mathscr{H}^n[\mathrm{Hom}_A(T, Hom_A(M_*, N))] \cong \mathscr{H}^n[\mathrm{Hom}_A(T \otimes_A M_*, N)]$$

d'après le lemme 18. Puisque le A-Module T est plat et que le A-Module N est injectif, il s'agit du groupe suivant

$$\mathrm{Hom}_A(T \otimes_A \mathscr{H}_n[M_*], N)$$

qui est bien nul si l'entier n n'est pas nul.

Remarque 23. Considérons une A-Algèbre B et un A-Module M. Alors le faisceau $Hom_A(B,M)$ de la définition 15 est non seulement un A-Module, mais encore un B-Module.

Lemme 24. *Soient une A-Algèbre B et un B-Module M. Alors il existe un monomorphisme naturel de B-Modules*

$$M \to Hom_A(B,M).$$

Démonstration. Il suffit de considérer l'isomorphisme naturel

$$M \cong Hom_B(B,M)$$

et de remarquer qu'un homomorphisme du $B|U$-Module $B|U$ dans le $B|U$-Module $M|U$ est aussi un homomorphisme du $A|U$-Module $B|U$ dans le $A|U$-Module $M|U$.

Lemme 25. *Soient une A-Algèbre B, un A-Module plat T et un B-Module injectif W. Alors le groupe* $\mathrm{Ext}^n_A(T,W)$ *est nul pour* $n \neq 0$.

Démonstration. Le A-Module W est un sous-Module d'un A-Module injectif N. On a une première inclusion de B-Modules due au lemme 24

$$W \to Hom_A(B,W)$$

et on a une seconde inclusion de B-Modules due à l'exactitude à gauche du foncteur Hom_A

$$Hom_A(B,W) \to Hom_A(B,N).$$

Puisque le B-Module W est injectif, il peut être identifié à un facteur direct du B-Module $Hom_A(B,N)$. Il suffit donc de démontrer l'égalité suivante pour $n \neq 0$

$$\mathrm{Ext}^n_A(T, Hom_A(B,N)) \cong 0.$$

Le lemme est donc une conséquence du lemme 22.

Définition 26. Une *résolution injective* d'un cocomplexe K^* de A-Modules est un cocomplexe double W^{**} qui est formé de A-Modules injectifs et dont le cocomplexe $\mathscr{H}_{II}^{*q}[W^{**}]$ est nul si l'entier q n'est pas nul et isomorphe au cocomplexe K^* si q est nul. Comme dans toute catégorie abélienne ayant suffisamment d'objets injectifs, tout cocomplexe de A-Modules possède une résolution injective.

Remarque 27. Considérons une résolution injective W^{**} d'un cocomplexe acyclique K^*. Alors le cocomplexe simple $\hat{W}^*$ associé au cocomplexe double W^{**} (voir la définition 2.33) est une résolution injective du A-Module $\mathscr{H}^0[K^*]$. C'est une conséquence immédiate du lemme 2.38 et de la propriété suivante: une somme directe finie de A-Modules injectifs est un A-Module injectif.

Proposition 28. *Soient une A-Algèbre B, un complexe de A-Modules plats T_* et une résolution B-injective W^* d'un B-Module W. Alors les groupes abéliens*

$$\hat{\mathscr{H}}^n[\mathrm{Hom}_A(T_*, W^*)]$$

ne dépendent que du complexe de A-Modules T_* et du A-Module W.

Démonstration. Considérons non seulement une résolution B-injective W^* du B-Module W, mais encore une résolution A-injective W^{**} du cocomplexe de A-Modules W^* (définition 26). On utilisera la résolution A-injective $\hat{W}^*$ du A-Module W donnée par la remarque 27. Il s'agit d'établir un isomorphisme

$$\hat{\mathscr{H}}^n[\mathrm{Hom}_A(T_*, W^*)] \cong \hat{\mathscr{H}}^n[\mathrm{Hom}_A(T_*, \hat{W}^*)].$$

Pour cela considérons le cocomplexe triple défini par l'égalité suivante

$$K^{i,j,k} = \mathrm{Hom}_A(T_i, W^{j,k})$$

et intéressons-nous à sa cohomologie totale (définition 20.43). L'isomorphisme évident

$$\hat{\mathscr{H}}^n[\mathrm{Hom}_A(T_*, W^{**})] \cong \hat{\mathscr{H}}^n[\mathrm{Hom}_A(T_*, \hat{W}^*)]$$

et la remarque 27 démontrent immédiatement que le groupe abélien $\hat{\mathscr{H}}^n[K^{***}]$ est isomorphe au n-ème groupe de cohomologie de la proposition calculé à l'aide d'une résolution A-injective. Considérons maintenant le groupe abélien de la définition 20.44

$$\mathscr{H}_{III}^{i,j,k}[K^{***}] \cong \mathrm{Ext}_A^k(T_i, W^j).$$

D'après le lemme 25, il s'agit de 0 sauf si k est nul. On peut donc appliquer le lemme 20.45

$$\hat{\mathscr{H}}^n[\mathrm{Hom}_A(T_*, W^{**})] \cong \hat{\mathscr{H}}^n[\mathrm{Hom}_A(T_*, W^*)].$$

Le groupe abélien $\hat{\mathscr{H}}^n[K^{***}]$ est donc isomorphe au n-ème groupe de cohomologie de la proposition calculé à l'aide d'une résolution B-injective. La proposition est ainsi démontrée.

c) Complexe cotangent. Voici maintenant la généralisation des définitions essentielles de ce livre. Il s'agit de généraliser à un espace topologique quelconque tout ce qui a été fait sans espace topologique, autrement dit pour un espace topologique ayant un seul élément.

Définition 29. Considérons une A-Algèbre B. Alors le *complexe cotangent* $T_*(A,B)$ est un complexe de B-Modules défini de la manière suivante. En degré n, il s'agit du faisceau associé au préfaisceau

$$U \to T_n(A(U), B(U)).$$

Lemme 30. *Soit une A-Algèbre B. Alors le complexe cotangent $T_*(A,B)$ est un complexe de B-Modules plats.*

Démonstration. C'est une conséquence immédiate du lemme 3.8 et de la remarque 13 généralisée aux préfaisceaux de modules.

Définition 31. Avec une A-Algèbre B et un B-Module W, on peut considérer le complexe de B-Modules

$$T_*(A,B,W) = T_*(A,B) \otimes_B W$$

et le cocomplexe de groupes abéliens

$$T^*(A,B,W) = \mathrm{Hom}_B(T_*(A,B), W).$$

Lemme 32. *Soient une A-Algèbre B et un B-Module W. Alors au préfaisceau*

$$U \to T_n(A(U), B(U), W(U))$$

est associé le faisceau $T_n(A,B,W)$.

Démonstration. Considérons d'une part le préfaisceau

$$U \to T_n(A(U), B(U)) \otimes_{B(U)} W(U)$$

et son faisceau associé et d'autre part le préfaisceau

$$U \to T_n(A,B)(U) \otimes_{B(U)} W(U)$$

et son faisceau associé $T_n(A,B,W)$. Les homomorphismes naturels

$$T_n(A(U), B(U)) \to T_n(A,B)(U)$$

définissent un homomorphisme du premier préfaisceau dans le second et par conséquent du premier faisceau dans le second. Il s'agit en fait d'un isomorphisme. En effet, d'après la remarque 2, en chaque point $x \in X$, on obtient l'isomorphisme identité du module

$$T_n(A,B)(x) \otimes_{B(x)} W(x).$$

Définition 33. Considérons une A-Algèbre B et un B-Module W. Il est alors possible de considérer les B-Modules

$$H_n(A,B,W) = \mathscr{H}_n[T_*(A,B,W)]$$

qui généralisent les modules de la définition 3.11.

Lemme 34. *Soient une A-Algèbre B et une suite exacte de B-Modules*

$$0 \to W' \to W \to W'' \to 0.$$

Alors il existe une suite exacte naturelle de B-Modules

$$\cdots \to H_n(A,B,W') \to H_n(A,B,W) \to H_n(A,B,W'')$$
$$\to H_{n-1}(A,B,W') \to \cdots \to H_0(A,B,W'') \to 0.$$

Démonstration. C'est une conséquence de l'existence de la suite exacte suivante de complexes de B-Modules

$$0 \to T_*(A,B,W') \to T_*(A,B,W) \to T_*(A,B,W'') \to 0.$$

Cette suite exacte est due au lemme 30.

Lemme 35. *Soient une A-Algèbre B et un B-Module W. Alors au préfaisceau*

$$U \to H_n(A(U),B(U),W(U))$$

est associé le faisceau $H_n(A,B,W)$.

Démonstration. C'est une conséquence immédiate du lemme 32.

Utilisons maintenant la proposition 28 et le lemme 30.

Définition 36. Considérons une A-Algèbre B et un B-Module W. Il est alors possible de considérer les groupes abéliens

$$H^n(A,B,W) = \mathscr{H}^n[T^*(A,B,W^*)].$$

Il s'agit du n-ème groupe de cohomologie du cocomplexe simple associé au cocomplexe double $T^*(A,B,W^*)$ où W^* est une résolution injective quelconque du B-Module W. D'après la remarque 20.41, il s'agit là d'une généralisation des modules de la définition 3.12. La nécessité d'utiliser une résolution injective dans la définition apparaît déjà dans la démonstration du lemme simple suivant.

Lemme 37. *Soient une A-Algèbre B et une suite exacte de B-Modules*

$$0 \to W' \to W \to W'' \to 0.$$

Alors il existe une suite exacte naturelle de groupes abéliens

$$0 \to H^0(A,B,W') \to \cdots \to H^{n-1}(A,B,W'')$$
$$\to H^n(A,B,W') \to H^n(A,B,W) \to H^n(A,B,W'') \to \cdots .$$

Démonstration. Considérons une résolution injective

$$0 \to W'^* \to W^* \to W''^* \to 0$$

de la suite exacte donnée de B-Modules, résolution choisie donc avec la propriété suivante: pour chaque n, la suite de B-Modules est une suite exacte fendue. Il existe alors une suite exacte de cocomplexes de groupes

$$0 \to T^*(A,B,W'^*) \to T^*(A,B,W^*) \to T^*(A,B,W''^*) \to 0$$

dont découle la suite exacte du lemme.

Proposition 38. *Soient une A-Algèbre B, une B-Algèbre C et une résolution C-injective W^* d'un C-Module W. Alors il existe un isomorphisme de groupes abéliens*

$$H^n(A,B,W) \cong \hat{\mathscr{H}}^n[T^*(A,B,W^*)] .$$

Démonstration. Le lemme 30 permet d'appliquer la proposition 28.

Remarque 39. Dans la proposition précédente, le cocomplexe double $T^*(A,B,W^*)$ peut être décrit de deux manières

$$\mathrm{Hom}_B(T_*(A,B,B), W^*) \cong \mathrm{Hom}_C(T_*(A, B, C), W^*) .$$

Remarque 40. Il est commode de noter $Dif(A,B)$ le B-Module $H_0(A,B,B)$ et de noter $Dif(A,B,W)$ le B-Module $H_0(A,B,W)$. Il s'agit du faisceau associé au préfaisceau

$$U \to \mathrm{Dif}(A(U), B(U), W(U))$$

ce qui généralise la définition 1.9.

Définition 41. Considérons une A-Algèbre B et un B-Module W. Une A-dérivation de B dans W est un homomorphisme du A-Module B dans le A-Module W qui donne, pour chaque ouvert U, une dérivation de l'anneau $B(U)$ dans le module $W(U)$. Les A-dérivations de B dans W forment un groupe abélien $\mathrm{Der}(A, B, W)$.

Lemme 42. *Soient une A-Algèbre B et un B-Module W. Alors il existe un isomorphisme naturel de groupes abéliens*

$$\mathrm{Der}(A,B,W) \cong H^0(A,B,W) .$$

Démonstration. La remarque 2.35 donne un isomorphisme

$$H^0(A,B,W) \cong \mathrm{Hom}_B(H_0(A,B,B), W) .$$

En remplaçant le faisceau $H_0(A,B,B)$ par le préfaisceau

$$U \to \mathrm{Dif}(A(U),B(U))$$

on aboutit à la conclusion.

d) Changement de base. Notons le résultat simple suivant, qui est important pour la suite. D'ailleurs il permet de démontrer le lemme 3.24, la proposition 3.35 et la proposition 5.30 (cette dernière de manière directe).

Lemme 43. *Soit un système inductif d'algèbres et de modules (A_i, B_i, W_i) sur un ensemble filtrant I. Alors il existe un isomorphisme naturel de complexes*

$$\varinjlim T_*(A_i,B_i,W_i) \cong T_*(\varinjlim A_i, \varinjlim B_i, \varinjlim W_i)\,.$$

Démonstration. Fixons le degré n et utilisons les lemmes 3.27, 3.30 et 3.34 pour écrire les isomorphismes suivants

$$\begin{aligned}
\varinjlim T_n(A_i,B_i,W_i) &\cong \varinjlim \sum_{k_0\geqslant 0\ldots k_n\geqslant 0} C(\mathrm{Alg}_{A_i}(A_i[k_n],A_i[k_{n-1}])\oplus\cdots,W_i^{k_n})\\
&\cong \sum_{k_0\geqslant 0\ldots k_n\geqslant 0} \varinjlim C(\mathrm{Alg}_{A_i}(A_i[k_n],A_i[k_{n-1}])\oplus\cdots,W_i^{k_n})\\
&\cong \sum_{k_0\geqslant 0\ldots k_n\geqslant 0} C(\varinjlim \mathrm{Alg}_{A_i}(A_i[k_n],A_i[k_{n-1}])\oplus\cdots,\varinjlim W_i^{k_n})\\
&\cong \sum_{k_0\geqslant 0\ldots k_n\geqslant 0} C(\mathrm{Alg}_{\varinjlim A_i}(\varinjlim A_i[k_n],\varinjlim A_i[k_{n-1}])\oplus\cdots,\varinjlim W_i^{k_n})\\
&\cong T_n(\varinjlim A_i,\varinjlim B_i,\varinjlim W_i)\,.
\end{aligned}$$

Proposition 44. *Soient une A-Algèbre B, un B-Module W et un élément x de l'espace topologique X. Alors il existe un isomorphisme naturel de complexes de $B(x)$-modules*

$$T_*(A(x),B(x),W(x)) \cong T_*(A,B,W)\,(x)\,.$$

Démonstration. On utilise la remarque 2 et le lemme 43 pour écrire les isomorphismes suivants

$$\begin{aligned}
T_*(A,B,W)\,(x) &\cong \varinjlim\nolimits_{x\in U} T_*(A(U),B(U),W(U))\\
&\cong T_*(\varinjlim\nolimits_{x\in U} A(U),\varinjlim\nolimits_{x\in U} B(U),\varinjlim\nolimits_{x\in U} W(U))\\
&\cong T_*(A(x),B(x),W(x))\,.
\end{aligned}$$

Corollaire 45. *Soient une A-Algèbre B, un B-Module W et un élément x de l'espace topologique X. Alors il existe un isomorphisme naturel de $B(x)$-modules pour tout $n\geqslant 0$*

$$H_n(A,B,W)\,(x) \cong H_n(A(x),B(x),W(x))\,.$$

Démonstration. On applique la remarque 8 et la proposition 44.

Notation 46. Considérons une application continue $f: X \to Y$ et utilisons l'isomorphisme de la définition 5. A la transformation naturelle $\mathrm{Id}: f^* \to f^*$ correspond une transformation naturelle

$$\alpha: \mathrm{Id} \to f_* f^*$$

et à la transformation naturelle $\mathrm{Id}: f_* \to f_*$ correspond une transformation naturelle

$$\omega: f^* f_* \to \mathrm{Id}.$$

Remarque 47. Considérons le cas particulier où l'espace topologique X a un seul élément qui est envoyé sur l'élément y de Y. Alors au faisceau F, le foncteur f^* associe l'ensemble $F(y)$ et à l'ensemble E, le foncteur f_* associe le faisceau qui est égal à l'ensemble E sur un ouvert contenant y et à l'ensemble à un seul élément sur un autre ouvert. Il est alors possible de décrire les transformations naturelles α et ω. Sur un faisceau F et sur un ouvert V contenant y, la transformation naturelle α est donnée par l'application canonique de $F(V)$ dans $F(y)$. La transformation naturelle ω est un isomorphisme.

Notation 48. Pour une A-Algèbre B et un B-Module W sur un espace topologique X avec une application continue $f: X \to Y$, on utilise les notations suivantes (pour démontrer le théorème 53)

$$T_* f_*(A, B, W) = T_* (f_*(A), f_*(B), f_*(W)),$$
$$f_* T_*(A, B, W) = f_*(T_*(A, B, W)).$$

Pour une A-Algèbre B et un B-Module W sur un espace topologique Y avec une application continue $f: X \to Y$, on utilise les notations suivantes (pour démontrer le théorème 53)

$$T_* f^*(A, B, W) = T_*(f^*(A), f^*(B), f^*(W)),$$
$$f^* T_*(A, B, W) = f^*(T_*(A, B, W)).$$

Définition 49. Considérons une A-Algèbre B et un B-Module W sur un espace topologique X avec une application continue $f: X \to Y$. Alors il existe un homomorphisme naturel de complexes de Modules

$$T_* f_*(A, B, W) \to f_* T_*(A, B, W).$$

Il s'agit simplement d'utiliser l'homomorphisme du complexe de préfaisceaux

$$V \to T_*(A(f^{-1} V), B(f^{-1} V), W(f^{-1} V))$$

dans le complexe de préfaisceaux

$$V \to T_*(A, B, W)(f^{-1} V)$$

homomorphisme qui est dû aux homomorphismes canoniques

$$T_*(A(f^{-1}V), B(f^{-1}V), W(f^{-1}V)) \to T_*(A,B,W)(f^{-1}V).$$

Remarque 50. Il est clair qu'il s'agit d'un isomorphisme dans le cas particulier où l'espace topologique X a un seul élément. En effet il y a déjà isomorphisme au niveau des préfaisceaux.

Définition 51. Considérons une A-Algèbre B et un B-Module W sur un espace topologique Y avec une application continue $f: X \to Y$. Alors il existe un homomorphisme naturel de complexes de Modules

$$f^* T_*(A,B,W) \to T_* f^*(A,B,W).$$

Il s'agit simplement de composer la transformation naturelle

$$f^* T_* \to f^* T_* f_* f^*$$

due à la transformation naturelle α, la transformation naturelle

$$f^* T_* f_* f^* \to f^* f_* T_* f^*$$

due à la transformation naturelle de la définition 49, et la transformation naturelle

$$f^* f_* T_* f^* \to T_* f^*$$

due à la transformation naturelle ω.

Lemme 52. *Soient deux applications continues $f: X \to Y$ et $g: Y \to Z$. Alors les transformations naturelles de la définition précédente donnent lieu au triangle commutatif suivant*

$$f^*(g^* T_*) = (g \circ f)^* T_* \to T_*(g \circ f)^* = (T_* f^*) g^*$$

$$\searrow \qquad \nearrow$$

$$f^*(T_* g^*) = (f^* T_*) g^*.$$

Démonstration. Longue et simple combinaison d'arguments de naturalité.

Théorème 53. *Soient une application continue $f: X \to Y$, une A-Algèbre B et un B-Module W sur l'espace topologique Y. Alors l'homomorphisme canonique de complexes de $f^*(B)$-Modules sur l'espace topologique X*

$$f^*(T_*(A,B,W)) \to T_*(f^*(A), f^*(B), f^*(W))$$

est un isomorphisme.

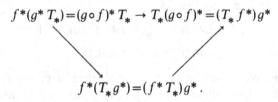

Démonstration. Considérons un élément x de X. Il s'agit de démontrer que l'on a un isomorphisme

$$f^* T_*(A,B,W)(x) \to T_* f^*(A,B,W)(x).$$

Pour cela, considérons un espace topologique ayant un seul élément et l'application h envoyant cet unique élément sur l'élément x à considérer. Il s'agit par conséquent de démontrer que l'on a un isomorphisme

$$h^* f^* T_* \to h^* T_* f^*.$$

D'après le lemme 52, il suffit de démontrer que l'on a des isomorphismes

$$(f\circ h)^* T_* \to T_*(f\circ h)^* \quad \text{et} \quad h^* T_* \to T_* h^*.$$

Autrement dit il suffit de démontrer le théorème dans le cas particulier où l'espace topologique X a un seul élément.

Soit donc X un espace topologique ayant un seul élément et soit y son image dans l'espace topologique Y. D'après la remarque 47, l'homomorphisme

$$f^* T_*(A,B,W) \to f^* T_* f_* f^*(A,B,W)$$

est égal à l'homomorphisme canonique

$$T_*(A,B,W)(y) \to T_*(A(y),B(y),W(y))$$

qui est un isomorphisme d'après la proposition 44. D'après la remarque 50, l'homomorphisme

$$f^* T_* f_* f^*(A,B,W) \to f^* f_* T_* f^*(A,B,W)$$

est un isomorphisme. D'après la remarque 47, l'homomorphisme

$$f^* f_* T_* f^*(A,B,W) \to T_* f^*(A,B,W)$$

est un isomorphisme. Par composition on obtient l'isomorphisme qui démontre le théorème.

Corollaire 54. *Soient une application continue $f: X \to Y$, une A-Algèbre B et un B-Module W sur Y. Alors pour tout entier n, il existe un isomorphisme naturel de $f^*(B)$-Modules sur X*

$$f^*(H_n(A,B,W)) \cong H_n(f^*(A), f^*(B), f^*(W)).$$

Démonstration. C'est une conséquence de l'isomorphisme du théorème, sachant que le foncteur f^* est exact.

Le théorème 53 a des conséquences non seulement pour l'homologie, mais encore pour la cohomologie; nous allons le voir grâce au lemme simple suivant.

Lemme 55. *Soient une application continue $f: X \to Y$, un Anneau B sur Y et un $f^*(B)$-Module injectif W sur X. Alors le B-Module $f_*(W)$ sur Y est injectif.*

Démonstration. C'est une conséquence immédiate de l'isomorphisme de la remarque 10

$$\mathrm{Hom}_{f^*(B)}(f^*(G), W) \cong \mathrm{Hom}_B(G, f_*(W))$$

et de l'exactitude du foncteur f^*.

Proposition 56. *Soient une application continue $f: X \to Y$, une A-Algèbre B sur Y et un $f^*(B)$-Module W sur X, satisfaisant à la condition suivante*

$$\mathrm{R}^k f_*(W) \cong 0, \quad k = 1, 2, \ldots$$

(il s'agit du k-ème dérivé à droite du foncteur f_*). *Alors pour tout entier n, il existe un isomorphisme naturel de groupes abéliens*

$$H^n(f^*(A), f^*(B), W) \cong H^n(A, B, f_*(W)).$$

Démonstration. Considérons une résolution injective W^* du $f^*(B)$-Module W et l'isomorphisme suivant de cocomplexes doubles de groupes abéliens

$$\mathrm{Hom}_{f^*(B)}(f^*(T_*(A, B)), W^*) \cong \mathrm{Hom}_B(T_*(A, B), f_*(W^*))$$

isomorphisme dû à la remarque 10. L'isomorphisme du théorème 53 permet de remplacer le premier cocomplexe double ci-dessus par le cocomplexe double suivant

$$\mathrm{Hom}_{f^*(B)}(T_*(f^*(A), f^*(B)), W^*) \cong T^*(f^*(A), f^*(B), W^*).$$

En passant à la cohomologie totale, on obtient un premier isomorphisme

$$\mathscr{H}^n[\mathrm{Hom}_{f^*(B)}(f^*(T_*(A, B)), W^*)] \cong H^n(f^*(A), f^*(B), W).$$

D'après le lemme 55, compte tenu de l'hypothèse d'exactitude de la proposition, $f_*(W^*)$ est une résolution injective du B-Module $f_*(W)$. On a donc un isomorphisme de cocomplexes doubles

$$\mathrm{Hom}_B(T_*(A, B), f_*(W^*)) \cong T^*(A, B, f_*(W^*))$$

qui permet d'obtenir un second isomorphisme en passant à la cohomologie totale

$$\mathscr{H}^n[\mathrm{Hom}_B(T_*(A, B), f_*(W^*))] \cong H^n(A, B, f_*(W)).$$

La proposition est alors démontrée.

e) Résolutions simpliciales. On connaît la notion de résolution simpliciale généralisée d'une algèbre (voir la définition 20.32). Notons à ce sujet le résultat simple suivant.

Lemme 57. *Soit un système inductif d'algèbres et de résolutions simpliciales généralisées* (A^i, B^i, B^i_*) *sur un ensemble filtrant* I. *Alors l'algèbre simpliciale augmentée* $\varinjlim B^i_*$ *est une résolution simpliciale généralisée de l'algèbre* $\varinjlim B^i$ *définie sur l'anneau* $\varinjlim A^i$.

Démonstration. De manière évidente, les conditions 20.33, puis 20.34, enfin 20.35 sont préservées par limite inductive. Il en va de même pour la condition 20.36 grâce aux propositions 3.35 et 5.30.

Définition 58. Une *résolution simpliciale* de la A-Algèbre B est une A-Algèbre simpliciale B_* satisfaisant aux quatre conditions suivantes, l'isomorphisme de la condition 60 étant donné explicitement.

Condition 59. Le Module $\mathscr{H}_n[B_*]$ est nul pour tout $n > 0$.

Condition 60. La A-Algèbre $\mathscr{H}_0[B_*]$ est isomorphe à la A-Algèbre B.

Condition 61. Le A-Module B_m est plat pour tout $m \geqslant 0$.

Condition 62. Le Module $H_n(A, B_m, W)$ est nul pour tout $m \geqslant 0$, pour tout $n > 0$ et pour tout B_m-Module W.

Proposition 63. *Soit une A-Algèbre simpliciale B_* avec une augmentation aboutissant à une A-Algèbre B. Alors B_* est une résolution simpliciale de la A-Algèbre B si et seulement si $B_*(x)$ est une résolution simpliciale généralisée de la $A(x)$-algèbre $B(x)$ pour chaque élément x de l'espace topologique de définition X.*

Démonstration. D'après la remarque 8, le Module $\mathscr{H}_n[B_*]$ est nul si et seulement si le module

$$\mathscr{H}_n[B_*](x) \cong \mathscr{H}_n[B_*(x)]$$

est nul pour tout x. D'après la remarque 8, les A-Algèbres $\mathscr{H}_0[B_*]$ et B sont isomorphes, de manière canonique, si et seulement si les $A(x)$-algèbres $\mathscr{H}_0[B_*(x)]$ et $B(x)$ sont isomorphes, de manière canonique, pour tout x. D'après le corollaire 45, le Module $H_n(A, B_m, W)$ est nul si et seulement si le module

$$H_n(A, B_m, W)(x) \cong H_n(A(x), B_m(x), W(x))$$

est nul pour tout x. On termine alors la démonstration par la remarque suivante. Pour tout $B_m(x)$-module V, il existe un B_m-Module W avec $W(x)$ égal à V.

Proposition 64. *Une A-Algèbre B sur un espace topologique X possède une résolution simpliciale B_*.*

Démonstration. Utilisons le théorème 9.26 et la remarque 9.34 pour construire de manière naturelle une résolution simpliciale $P_*(U)$ de la $A(U)$-algèbre $B(U)$ et cela pour chaque ouvert U de X. On obtient ainsi un préfaisceau simplicial augmenté P_* et on considère le faisceau simplicial augmenté B_* qui lui est associé. Il s'agit là d'une résolution simpliciale de la A-Algèbre B. En effet, d'après le lemme 57, non seulement les algèbres simpliciales $P_*(U)$ sont des résolutions simpliciales généralisées des $A(U)$-algèbres $B(U)$, mais encore les algèbres simpliciales suivantes sont des résolutions simpliciales généralisées des algèbres suivantes

$$\varinjlim_{x \in U} P_*(U) \quad \text{et} \quad \varinjlim_{x \in U} A(U) \to \varinjlim_{x \in U} B(U)\,.$$

Autrement dit, les algèbres simpliciales $B_*(x)$ sont des résolutions simpliciales généralisées des $A(x)$-algèbres $B(x)$ et par conséquent l'Algèbre simpliciale B_* est une résolution simpliciale de la A-Algèbre B d'après la proposition 63.

Remarque 65. Dans la démonstration précédente, chacun des homomorphismes d'Anneaux $A \to B_m$ est un monomorphisme.

Le résultat technique suivant (voir le lemme 5.12) sera utilisé plusieurs fois par la suite.

Lemme 66. *Soient une A-Algèbre B, un B-Module W et une A-Algèbre simpliciale augmentée et acyclique B_* aboutissant à la A-algèbre B. Alors pour tout entier n, le complexe augmenté de B-Modules $T_n(A, B_*, W)$ aboutissant au B-Module $T_n(A, B, W)$ est acyclique.*

Démonstration. Par hypothèse, la $A(x)$-algèbre simpliciale augmentée $B_*(x)$ qui aboutit à l'algèbre $B(x)$ est acyclique. Compte tenu de la proposition 44, il suffit d'établir la conclusion suivante. Le complexe augmenté de $B(x)$-modules

$$T_n(A, B_*, W)(x) \cong T_n(A(x), B_*(x), W(x))$$

qui aboutit au module

$$T_n(A, B, W)(x) \cong T_n(A(x), B(x), W(x))$$

est acyclique. Il s'agit d'une généralisation du lemme 5.12 déjà utilisée dans la démonstration de la proposition 20.39.

Considérons maintenant une A-Algèbre B avec une résolution simpliciale B_*, une B-Algèbre C et un C-Module W et généralisons la définition 20.38 et la proposition 20.39.

Définition 67. Le Module $D_n(A, B_*, W)$ est un C-Module égal au n-ème Module d'homologie du complexe de C-Modules $R_*(A, B_*, W)$ pour lequel les Modules $R_m(A, B_*, W)$ et $Dif(A, B_m, W)$ sont égaux (voir la remarque 40).

Proposition 68. *Soient une A-Algèbre B, une B-Algèbre C, un C-Module W et une résolution simpliciale B_* de la A-Algèbre B. Alors il existe des isomorphismes naturels de C-Modules*

$$H_n(A, B, W) \cong D_n(A, B_*, W).$$

Démonstration. La démonstration se fait à l'aide du complexe double de C-Modules généralisant celui de la démonstration de la proposition 20.39

$$K_{i,j} = T_i(A, B_j, W).$$

Mais alors, grâce à la condition 62, le Module $\mathscr{H}'_{i,j}[K_{**}]$ est nul sauf pour i nul, auquel cas il s'agit du Module $Dif(A, B_j, W)$. De plus, grâce au lemme 66, le Module $\mathscr{H}''_{i,j}[K_{**}]$ est nul sauf pour j nul, auquel cas il s'agit du Module $T_i(A, B, W)$. Cela permet de conclure par les isomorphismes suivants

$$D_n(A, B_*, W) \cong \hat{\mathscr{H}}'_{0,n}[K_{**}] \cong \hat{\mathscr{H}}''_{n,0}[K_{**}] \cong H_n(A, B, W).$$

La proposition 20.39 est donc généralisée.

Considérons maintenant une A-Algèbre B avec une résolution simpliciale B_*, une B-Algèbre C et un C-Module W avec une résolution injective W^* et généralisons la définition 20.40 et la proposition 20.42.

Définition 69. Le groupe $D^n(A, B_*, W^*)$ est égal au n-ème groupe de cohomologie du cocomplexe simple associé au cocomplexe double $R^{**}(A, B_*, W^*)$ pour lequel les groupes $R^{p,q}(A, B_*, W^*)$ et $\mathrm{Der}(A, B_p, W^q)$ sont égaux (voir la définition 41).

Proposition 70. *Soient une A-Algèbre B, une B-Algèbre C, un C-Module W, une résolution simpliciale B_* de la A-Algèbre B et une résolution injective W^* du C-Module W. Alors il existe des isomorphismes naturels de groupes abéliens*

$$H^n(A, B, W) \cong D^n(A, B_*, W^*).$$

Démonstration. La démonstration se fait à l'aide du cocomplexe triple de groupes abéliens généralisant celui de la démonstration de la proposition 20.42

$$K^{i,j,k} = T^i(A, B_j, W^k) \cong \mathrm{Hom}_C(T_i(A, B_j, C), W^k).$$

Mais grâce à la condition 62, le groupe abélien $\mathscr{H}'^{i,j,k}[K^{***}]$ est nul sauf pour i nul, auquel cas il s'agit du groupe abélien $\mathrm{Der}(A, B_j, W^k)$. Le lemme 20.45 donne par conséquent un premier isomorphisme

$$\hat{\mathscr{H}}^n[K^{***}] \cong D^n(A, B_*, W^*)$$

d'après la définition 69. De plus, grâce au lemme 66, le groupe abélien $\mathscr{H}_{''}^{i,j,k}[K^{***}]$ est nul sauf pour j nul, auquel cas il s'agit du groupe abélien $T^i(A,B,W^k)$. Le lemme 20.45 donne par conséquent un second isomorphisme

$$\hat{\mathscr{H}}^n[K^{***}] \cong H^n(A,B,W)$$

d'après la proposition 38. La proposition 20.42 est donc généralisée.

f) Suites de Jacobi-Zariski. Il va s'agir de généraliser les suites exactes du théorème 5.1 du cas ponctuel. De la suite exacte concernant les modules d'homologie, faisons découler le résultat simple suivant.

Lemme 71. *Soient une A-Algèbre B, une B-Algèbre C et un C-Module W avec la propriété suivante*

$$H_k(B,C,W) \cong 0, \quad k>0.$$

Alors les homomorphismes naturels de C-Modules

$$H_n(A,B,W) \to H_n(A,C,W)$$

sont des isomorphismes pour $n \neq 0$ et la suite naturelle de C-Modules

$$0 \to H_0(A,B,W) \to H_0(A,C,W) \to H_0(B,C,W) \to 0$$

est exacte.

Démonstration. Il suffit de vérifier les conclusions en chaque élément x de l'espace topologique X, ce qui est immédiat grâce à l'hypothèse

$$H_k(B,C,W)(x) \cong H_k(B(x),C(x),W(x)) \cong 0$$

et grâce au théorème 5.1.

Lemme 72. *Soient une A-Algèbre B, une B-Algèbre C et un C-Module W. Alors les homomorphismes naturels de C-Modules*

$$T_n(A,B,W) \to T_n(A,C,W)$$

sont des monomorphismes si l'homomorphisme de l'Anneau B dans l'Anneau C est un monomorphisme.

Démonstration. Par hypothèse, l'homomorphisme de l'anneau $B(x)$ dans l'anneau $C(x)$ est un monomorphisme et il s'agit de démontrer que l'homomorphisme du module

$$T_n(A,B,W)(x) \cong T_n(A(x),B(x),W(x))$$

dans le module

$$T_n(A,C,W)(x) \cong T_n(A(x),C(x),W(x))$$

est un monomorphisme. Il suffit donc de traiter le cas ponctuel qui est une conséquence immédiate du lemme 3.30.

Théorème 73. *Soient une A-Algèbre B, une B-Algèbre C et un C-Module W. Alors il existe une suite exacte naturelle de C-Modules*

$$\cdots \to H_n(A,B,W) \to H_n(A,C,W) \to H_n(B,C,W)$$
$$\to H_{n-1}(A,B,W) \to \cdots \to H_0(B,C,W) \to 0\,.$$

Démonstration. Considérons une résolution simpliciale C_* de la B-Algèbre C, résolution pour laquelle tous les homomorphismes de B dans C_m sont des monomorphismes (voir la remarque 65). Grâce au lemme 72, on peut considérer la suite exacte suivante de complexes doubles de C-Modules

$$0 \to K_{**} \to L_{**} \to M_{**} \to 0$$

définis par les deux égalités suivantes

$$K_{i,j} = T_i(A,B,W) \quad \text{et} \quad L_{i,j} = T_i(A,C_j,W)\,.$$

Notons l'isomorphisme suivant de C-Modules

$$\hat{\mathscr{H}}_n[K_{**}] \cong H_n(A,B,W)\,.$$

Par ailleurs le lemme 66 donne les isomorphismes suivants

$$\hat{\mathscr{H}}''_{p,q}[L_{**}] \cong T_p(A,C,W) \quad \text{si } q=0 \quad \text{et } 0 \quad \text{si } q \neq 0\,.$$

Par conséquent, on a l'isomorphisme suivant de C-Modules

$$\hat{\mathscr{H}}_n[L_{**}] \cong H_n(A,C,W)\,.$$

Compte tenu des isomorphismes suivants

$$\mathscr{H}'_{p,q}[K_{**}] \cong H_p(A,B,W) \quad \text{et} \quad \mathscr{H}'_{p,q}[L_{**}] \cong H_p(A,C_j,W)$$

le lemme 71 donne les isomorphismes suivants

$$\mathscr{H}'_{p,q}[M_{**}] \cong Dif(B,C_q,W) \quad \text{si } p=0 \quad \text{et } 0 \quad \text{si } p \neq 0\,.$$

Par conséquent, on a l'isomorphisme suivant de C-Modules

$$\hat{\mathscr{H}}_n[M_{**}] \cong D_n(B,C_*,W) \cong H_n(B,C,W)\,.$$

Mais alors la suite exacte de C-Modules

$$\cdots \to \hat{\mathscr{H}}_n[K_{**}] \to \hat{\mathscr{H}}_n[L_{**}] \to \hat{\mathscr{H}}_n[M_{**}] \to \cdots$$

donne la suite exacte du théorème, une fois faite la remarque généralisant la remarque 5.7.

Théorème 74. *Soient une A-Algèbre B, une B-Algèbre C et un C-Module W. Alors il existe une suite exacte naturelle de groupes abéliens*

$$0 \to H^0(B,C,W) \to \cdots \to H^{n-1}(A,B,W)$$
$$\to H^n(B,C,W) \to H^n(A,C,W) \to H^n(A,B,W) \to \cdots .$$

Démonstration. Considérons une résolution injective W^* du C-Module W et une résolution simpliciale C_* de la B-Algèbre C, résolution pour laquelle tous les homomorphismes de B dans C_m sont des monomorphismes (voir la remarque 65). Grâce au lemme 72, les C-Modules W^k étant injectifs, on peut considérer la suite exacte suivante de cocomplexes triples de groupes abéliens

$$0 \to M^{***} \to L^{***} \to K^{***} \to 0$$

définis par les deux égalités suivantes

$$K^{i,j,k} = T^i(A,B,W^k) \cong \mathrm{Hom}_C(T_i(A,B,C),W^k),$$
$$L^{i,j,k} = T^i(A,C_j,W^k) \cong \mathrm{Hom}_C(T_i(A,C_j,C),W^k).$$

Grâce à la proposition 38, il existe un premier isomorphisme

$$\hat{\mathscr{H}}^n[K^{***}] \cong H^n(A,B,W).$$

Les C-Modules W^k étant injectifs, le lemme 66 donne les isomorphismes suivants

$$\mathscr{H}_{''}^{i,j,k}[L^{***}] \cong T^i(A,C,W^k) \quad \text{si } j=0 \quad \text{et } 0 \quad \text{si } j \neq 0.$$

Mais alors, grâce au lemme 20.45, il existe un deuxième isomorphisme

$$\hat{\mathscr{H}}^n[L^{***}] \cong H^n(A,C,W).$$

Utilisons maintenant les isomorphismes suivants (proposition 38)

$$\mathscr{H}_{'}^{i,j,k}[K^{***}] \cong H^i(A,B,W^k) \quad \text{et} \quad \mathscr{H}_{'}^{i,j,k}[L^{***}] \cong H^i(A,C_j,W^k).$$

Les C-Modules W^k étant injectifs, le lemme 71 donne les isomorphismes suivants

$$\mathscr{H}_{'}^{i,j,k}[M^{***}] \cong \mathrm{Der}(B,C_j,W^k) \quad \text{si } i=0 \quad \text{et } 0 \quad \text{si } i \neq 0.$$

Mais alors, grâce au lemme 20.45, il existe un troisième isomorphisme

$$\hat{\mathscr{H}}^n[M^{***}] \cong D^n(B,C_*,W^*) \cong H^n(B,C,W).$$

Finalement la suite exacte de groupes abéliens

$$\cdots \to \hat{\mathscr{H}}^n[M^{***}] \to \hat{\mathscr{H}}^n[L^{***}] \to \hat{\mathscr{H}}^n[K^{***}] \to \cdots$$

donne la suite exacte du théorème, une fois généralisée la remarque 5.7.

A peu près tous les résultats du cas ponctuel concernant le produit tensoriel peuvent être généralisés. Prenons note de trois d'entre eux.

Lemme 75. *Soient une A-Algèbre B, un B-Module W et une B-Algèbre plate C. Alors il existe, pour tout n, un isomorphisme de C-Modules*

$$H_n(A,B,W)\otimes_B C \cong H_n(A,B,W\otimes_B C).$$

Démonstration. Il suffit de considérer l'homomorphisme naturel du Module de gauche dans le Module de droite et de démontrer qu'il s'agit d'un isomorphisme. Utilisons la remarque 17 et le corollaire 45. Il faut donc démontrer que l'homomorphisme naturel du module

$$(H_n(A,B,W)\otimes_B C)(x) \cong H_n(A(x),B(x),W(x))\otimes_{B(x)} C(x)$$

dans le module

$$H_n(A,B,W\otimes_B C)(x) \cong H_n(A(x),B(x),W(x)\otimes_{B(x)} C(x))$$

est un isomorphisme. C'est ce qu'affirme la proposition 4.58.

Proposition 76. *Soient deux A-Algèbres* Tor-*indépendantes B et C et un $B\otimes_A C$-Module W. Alors les homomorphismes naturels de Modules*

$$H_n(A,B,W) \to H_n(C,B\otimes_A C,W)$$

sont des isomorphismes et les homomorphismes naturels de groupes abéliens

$$H^n(C,B\otimes_A C,W) \to H^n(A,B,W)$$

sont des isomorphismes.

Démonstration. Utilisons la remarque 17 et le corollaire 45 pour la première partie de la démonstration. Il s'agit de démontrer que l'homomorphisme naturel du module

$$H_n(A,B,W)(x) \cong H_n(A(x),B(x),W(x))$$

dans le module

$$H_n(C,B\otimes_A C,W)(x) \cong H_n(C(x),B(x)\otimes_{A(x)} C(x),W(x))$$

est un isomorphisme. La proposition 4.54 le démontre. Utilisons une résolution injective du $B\otimes_A C$-Module W et la proposition 38 pour la seconde partie de la démonstration. Les isomorphismes naturels de $B\otimes_A C$-Modules

$$H_k(A,B,B\otimes_A C) \cong H_k(C,B\otimes_A C,B\otimes_A C)$$

suffisent alors pour démontrer que l'on a des isomorphismes naturels de groupes abéliens

$$H^n(C,B\otimes_A C,W) \cong H^n(A,B,W).$$

On peut aussi démontrer la proposition en généralisant la démonstration de la proposition 4.54, c'est-à-dire en utilisant une résolution simpliciale de la A-Algèbre B. On peut aussi généraliser la proposition 9.31.

Corollaire 77. *Soient un épimorphisme plat de l'Anneau A dans l'Anneau B et un B-Module W. Alors tous les Modules $H_n(A,B,W)$ sont nuls et tous les groupes $H^n(A,B,W)$ sont nuls.*

Démonstration. Il s'agit de la proposition précédente dans le cas particulier suivant

$$B \cong C \quad \text{et} \quad B \otimes_A B \cong B.$$

g) Extensions d'Algèbres. Il s'agit de généraliser la première partie du chapitre 16, autrement dit d'étudier les premiers groupes de cohomologie du cas général.

Proposition 78. *Soient une A-Algèbre B et un B-Module W. Alors il existe des isomorphismes naturels*

$$H_1(A,B,W) \cong I/I^2 \otimes_B W \quad et \quad H^1(A,B,W) \cong \mathrm{Hom}_B(I/I^2, W)$$

si l'Anneau B est le quotient de l'Anneau A par l'Idéal I.

Démonstration. Compte tenu du lemme 30 et de la définition 33 pour l'homologie et de la définition 36 pour la cohomologie, il suffit de construire un isomorphisme naturel de B-Modules

$$I/I^2 \cong H_1(A,B,B).$$

Pour chaque ouvert U, utilisons l'homomorphisme d'anneaux

$$A(U)/I(U) \to B(U)$$

et l'isomorphisme de la proposition 6.1

$$I(U)/I(U)^2 \cong H_1(A(U), A(U)/I(U), A(U)/I(U)).$$

On peut alors construire un homomorphisme du préfaisceau

$$U \to I(U)/I(U)^2$$

dans le préfaisceau

$$U \to H_1(A(U), B(U), B(U)).$$

Au premier préfaisceau correspond le faisceau I/I^2 et au second préfaisceau correspond le faisceau $H_1(A,B,B)$. Mais alors à l'homomorphisme précédent correspond un homomorphisme naturel de B-Modules

$$I/I^2 \to H_1(A,B,B).$$

Les isomorphismes du corollaire 45 et de la proposition 6.1

$$(I/I^2)(x) \cong I(x)/I(x)^2 \cong H_1(A(x), B(x), B(x)) \cong H_1(A, B, B)(x)$$

démontrent qu'il s'agit ci-dessus d'un isomorphisme de B-Modules. La proposition est ainsi démontrée.

Lemme 79. *Soient deux A-Algèbres B_1 et B_2, une $B_1 \otimes_A B_2$-Algèbre C et un C-Module W. Considérons les homomorphismes canoniques α_i de A dans B_i et les homomorphismes canoniques j_i de B_i dans $B_1 \otimes_A B_2$. Alors pour deux éléments*

$$r_i \in H^1(B_i, C, W)$$

l'égalité suivante est satisfaite

$$H^1(\alpha_1, C, W)(r_1) = H^1(\alpha_2, C, W)(r_2)$$

si et seulement s'il existe un élément

$$t \in H^1(B_1 \otimes_A B_2, C, W)$$

donnant lieu aux égalités suivantes

$$r_i = H^1(j_i, C, W)(t).$$

Démonstration. C'est immédiat à l'aide du diagramme commutatif

$$\begin{array}{ccccccc} H^0(B_1, B_1 \otimes_A B_2, W) & \to & H^1(B_1 \otimes_A B_2, C, W) & \to & H^1(B_1, C, W) & \to & H^1(B_1, B_1 \otimes_A B_2, W) \\ \downarrow & & \downarrow & & \downarrow & & \downarrow \\ H^0(A, B_2, W) & \longrightarrow & H^1(B_2, C, W) & \longrightarrow & H^1(A, C, W) & \longrightarrow & H^1(A, B_2, W) \end{array}$$

où les suites sont exactes, où le premier homomorphisme est un isomorphisme et où le dernier homomorphisme est un monomorphisme selon la proposition 9.31 généralisée. Le lemme est démontré.

Le lemme précédent est efficace grâce au lemme suivant.

Lemme 80. *Soient une A-Algèbre C, un C-Module W et un élément fixé*

$$r \in H^1(A, C, W).$$

Alors il existe une A-Algèbre B, dont la A-Algèbre C est un quotient et qui fait de r l'image d'un élément bien choisi

$$s \in H^1(B, C, W).$$

Démonstration. Il faut construire une A-Algèbre B ayant la A-Algèbre C comme quotient et donnant un homomorphisme

$$H^1(A, C, W) \to H^1(A, B, W)$$

par lequel l'élément r est envoyé sur l'élément nul. La A-Algèbre C est un quotient d'une A-Algèbre C' dont l'homologie est triviale (on peut choisir la A-Algèbre C' égale à la A-Algèbre B_0 de la proposition 64). En remplaçant l'élément r par son image dans $H^1(A,C',W)$ on peut donc introduire l'hypothèse supplémentaire suivante: le foncteur $H_1(A,C,\cdot)$ est nul.

Considérons maintenant une suite exacte courte de C-Modules, où W' est supposé injectif

$$0 \to W \to W' \to W'' \to 0.$$

On va utiliser un diagramme commutatif du type suivant

$$\begin{array}{ccccccc} H^0(A,C,W') & \longrightarrow & H^0(A,C,W'') & \longrightarrow & H^1(A,C,W) & \longrightarrow & H^1(A,C,W') \\ \downarrow & & \downarrow & & \downarrow & & \downarrow \\ H^0(A,B,W') & \longrightarrow & H^0(A,B,W'') & \longrightarrow & H^1(A,B,W) & \longrightarrow & H^1(A,B,W'). \end{array}$$

Comme le groupe abélien $H^1(A,C,W')$ est nul et comme on a des suites exactes, il s'agit de résoudre le problème suivant. Pour un élément fixé x de $H^0(A,C,W'')$, il faut trouver une A-Algèbre B dont la A-Algèbre C est un quotient et un élément y de $H^0(A,B,W')$ tel que les éléments x et y aient la même image dans $H^0(A,B,W'')$. Autrement dit il s'agit de résoudre le problème suivant. Pour une dérivation fixée x de la A-Algèbre C dans le C-Module W'', il faut trouver une A-Algèbre B dont la A-Algèbre C est un quotient et une dérivation y de la A-Algèbre B dans le B-Module W' tel que le diagramme suivant

$$\begin{array}{ccc} B & \xrightarrow{\;y\;} & W' \\ {\scriptstyle\pi}\downarrow & & \downarrow{\scriptstyle p} \\ C & \xrightarrow{\;x\;} & W'' \end{array}$$

soit un carré commutatif d'homomorphismes de A-Modules.

Considérons le A-Module P qui est le produit fibré des A-Modules C et W' au-dessus du A-Module W''. Puis considérons la A-Algèbre B qui est l'Algèbre symétrique du A-Module P. L'homomorphisme canonique du A-Module P dans le A-Module C se prolonge en un homomorphisme π de la A-Algèbre B dans la A-Algèbre C. La A-Algèbre C est un quotient de la A-Algèbre B, car le A-Module C est un quotient du A-Module P tout comme le A-Module W'' est un quotient du A-Module W'. Cela étant, on peut considérer W' et W'' comme étant des B-Modules. L'homomorphisme canonique du A-Module P dans le A-Module W' se prolonge en une dérivation y de la A-Algèbre B dans le B-Module W'. Enfin les deux dérivations $x \circ \pi$ et $p \circ y$ de la A-Algèbre B dans le B-Module W'' sont égales car toutes deux prolongent l'homomorphisme canonique du A-Module P dans le A-Module W''. Le lemme est ainsi démontré.

Définition 81. Une *extension* de la A-Algèbre B par le B-Module W est formée d'une A-Algèbre X et d'une suite exacte de A-Modules

$$0 \longrightarrow W \xrightarrow{i} X \xrightarrow{p} B \longrightarrow 0$$

jouissant des deux propriétés supplémentaires suivantes: d'une part l'homomorphisme p est un homomorphisme de A-Algèbres et d'autre part l'homomorphisme i est un homomorphisme de X-Modules (l'Anneau X opérant sur le Module W par l'intermédiaire de l'homomorphisme p).

Définition 82. Deux extensions X et X' de la même A-Algèbre B par le même B-Module W sont dites *équivalentes* s'il existe un isomorphisme des A-Algèbres X et X' donnant lieu au diagramme commutatif suivant

$$\begin{array}{ccccccc} & & & X & & & \\ & & \stackrel{i}{\nearrow} & \updownarrow & \stackrel{p}{\searrow} & & \\ 0 \longrightarrow & W & & & & B & \longrightarrow 0. \\ & & \underset{i'}{\searrow} & & \underset{p'}{\nearrow} & & \\ & & & X' & & & \end{array}$$

On dénote par $\mathrm{Ex}(A,B,W)$ l'ensemble des classes d'équivalence des extensions de la A-Algèbre B par le B-Module W. On généralise aussi les remarques 7, 8 et 9 du chapitre 16.

Lemme 83. *Soient un homomorphisme surjectif d'un Anneau A sur un Anneau B de noyau I et un B-Module W. Alors il existe une bijection naturelle entre les ensembles suivants*

$$\mathrm{Ex}(A,B,W) \cong \mathrm{Hom}_B(I/I^2, W).$$

Démonstration. On utilise des diagrammes commutatifs

$$\begin{array}{ccccccccc} 0 & \longrightarrow & I/I^2 & \longrightarrow & A/I^2 & \longrightarrow & B & \longrightarrow & 0 \\ & & \downarrow & & \downarrow & & \downarrow & & \\ 0 & \longrightarrow & W & \longrightarrow & X & \longrightarrow & B & \longrightarrow & 0 \end{array}$$

comme dans la démonstration du lemme 16.10.

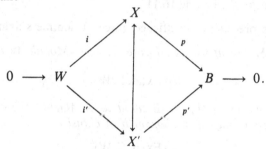

Lemme 84. *Soient deux A-Algèbres B_1 et B_2, une $B_1 \otimes_A B_2$-Algèbres C et un C-Module W. Considérons les homomorphismes canoniques α_i de A dans B_i et les homomorphismes canoniques j_i de B_i dans $B_1 \otimes_A B_2$. Alors pour deux éléments*

$$r_i \in \mathrm{Ex}(B_i, C, W)$$

l'égalité suivante est satisfaite

$$\mathrm{Ex}(\alpha_1, C, W)(r_1) = \mathrm{Ex}(\alpha_2, C, W)(r_2)$$

si et seulement s'il existe un élément

$$t \in \mathrm{Ex}(B_1 \otimes_A B_2, C, W)$$

donnant lieu aux égalités suivantes

$$r_i = \mathrm{Ex}(j_i, C, W)(t).$$

Démonstration. Généralisation immédiate de la seconde partie de la démonstration du lemme 16.11.

Le lemme précédent est efficace grâce au lemme suivant.

Lemme 85. *Soient une A-Algèbre C, un C-Module W et un élément fixé*

$$r \in \mathrm{Ex}(A, C, W).$$

Alors il existe une A-Algèbre B, dont la A-Algèbre C est un quotient et qui fait de r l'image d'un élément bien choisi

$$s \in \mathrm{Ex}(B, C, W).$$

Démonstration. L'élément r est représenté par l'extension suivante où X est une A-Algèbre

$$0 \to W \to X \to C \to 0.$$

On choisit la A-Algèbre B égale à la A-Algèbre X. Puis on choisit l'élément s représenté par la même extension où X est considéré comme une B-Algèbre.

Proposition 86. *Soient une A-Algèbre C et un C-Module W. Alors il existe une bijection naturelle entre les ensembles suivants*

$$\mathrm{Ex}(A, C, W) \cong H^1(A, C, W).$$

Démonstration. Lorsque l'Anneau C est un quotient de l'Anneau A, la bijection de la proposition est obtenue en composant la bijection du lemme 83 et l'isomorphisme de la proposition 78

$$\mathrm{Ex}(A, C, W) \cong \mathrm{Hom}_C(I/I^2, W) \cong H^1(A, C, W).$$

De ce cas particulier va découler le cas général. Deux éléments

$$r \in \mathrm{Ex}(A, C, W) \quad \text{et} \quad \rho \in H^1(A, C, W)$$

se correspondent s'il existe une A-Algèbre B, dont la A-Algèbre C est un quotient, avec deux éléments

$$s \in \mathrm{Ex}(B, C, W) \quad \text{et} \quad \sigma \in H^1(B, C, W)$$

qui se correspondent par la bijection décrite ci-dessus et qui ont respectivement r et ρ comme images. A un élément quelconque de $\mathrm{Ex}(A, C, W)$ correspond au moins un élément de $H^1(A, C, W)$ par le lemme 85 et même un seul par le lemme 84. A un élément quelconque de $H^1(A, C, W)$ correspond au moins un élément de $\mathrm{Ex}(A, C, W)$ par le lemme 80 et même un seul par le lemme 79. La proposition est ainsi démontrée.

h) Géométrie algébrique. Dans le cas de la géométrie algébrique, la situation se simplifie de manière remarquable.

Définition 87. Considérons un morphisme d'espaces annelés (voir la définition 19), par exemple un *morphisme de schémas*

$$(f, \varphi): (Y, \mathcal{O}_Y) \to (X, \mathcal{O}_X).$$

Il est naturel de considérer les $\mathcal{O}_Y$-Modules

$$D_n(Y/X, W) = H_n(f^*(\mathcal{O}_X), \mathcal{O}_Y, W)$$

et les groupes abéliens

$$D^n(Y/X, W) = H^n(f^*(\mathcal{O}_X), \mathcal{O}_Y, W)$$

pour tout $\mathcal{O}_Y$-Module W.

Définition 88. Avec un module W et un espace topologique X, on peut considérer le *Module simple*

$$W_X = \underline{X}^*(W)$$

où $\underline{X}$ dénote l'unique application de l'espace X sur l'espace à un seul élément.

Remarque 89. Considérons le schéma affine $(X, \mathcal{O}_X)$ d'un anneau A. Alors il existe un homomorphisme naturel d'Anneaux

$$A_X \to \mathcal{O}_X$$

qui est un épimorphisme plat.

Remarque 90. Considérons une application continue f de l'espace Y dans l'espace X. Grâce aux remarques 6 et 17, le foncteur f^* transforme un épimorphisme plat d'Anneaux sur X en un épimorphisme plat d'Anneaux sur Y.

Proposition 91. *Soit une A-algèbre B. Considérons le morphisme correspondant de schémas affines*

$$(f,\varphi):(Y,\mathcal{O}_Y)\to(X,\mathcal{O}_X).$$

Alors il existe des isomorphismes naturels de $\mathcal{O}_Y$-Modules

$$D_n(Y/X,W)\cong H_n(A_Y,B_Y,W)$$

et des isomorphismes naturels de groupes abéliens

$$D^n(Y/X,W)\cong H^n(A_Y,B_Y,W)$$

pour tout $\mathcal{O}_Y$-Module W (l'homomorphisme canonique de B_Y dans $\mathcal{O}_Y$ lui donne aussi une structure de B_Y-Module).

Démonstration. D'après la remarque 89, l'homomorphisme de B_Y dans $\mathcal{O}_Y$ est un épimorphisme plat. Le corollaire 77 établit donc l'égalité suivante pour tout n

$$H_n(B_Y,\mathcal{O}_Y,W)\cong 0.$$

Mais alors la suite de Jacobi-Zariski pour la A_Y-Algèbre B_Y et la B_Y-Algèbre $\mathcal{O}_Y$ se réduit à des isomorphismes

$$H_n(A_Y,B_Y,W)\cong H_n(A_Y,\mathcal{O}_Y,W).$$

D'après les remarques 89 et 90, non seulement l'homomorphisme de A_X dans $\mathcal{O}_X$ est un épimorphisme plat, mais encore l'homomorphisme de A_Y dans $f^*(\mathcal{O}_X)$ est un épimorphisme plat. Le corollaire 77 établit donc l'égalité suivante pour tout n

$$H_n(A_Y,f^*(\mathcal{O}_X),W)\cong 0.$$

Mais alors la suite de Jacobi-Zariski pour la A_Y-Algèbre $f^*(\mathcal{O}_X)$ et la $f^*(\mathcal{O}_X)$-Algèbre $\mathcal{O}_Y$ se réduit à des isomorphismes

$$H_n(A_Y,\mathcal{O}_Y,W)\cong H_n(f^*(\mathcal{O}_X),\mathcal{O}_Y,W).$$

Finalement les isomorphismes composés

$$H_n(A_Y,B_Y,W)\cong H_n(f^*(\mathcal{O}_X),\mathcal{O}_Y,W)$$

démontrent la proposition en homologie. On a une démonstration analogue en cohomologie.

Remarque 92. Considérons le schéma affine $(X,\mathcal{O}_X)$ d'un anneau A. Avec chaque A-module W, on peut considérer le $\mathcal{O}_X$-Module *quasi-cohérent*

$$\tilde{W}=W_X\otimes_{A_X}\mathcal{O}_X.$$

Proposition 93. *Soient une A-algèbre B et un B-module W. Alors le Module*

$$D_n(\operatorname{Spec} B/\operatorname{Spec} A, \tilde{W})$$

est isomorphe au Module quasi-cohérent associé au B-module $H_n(A,B,W)$.

Démonstration. Considérons les deux schémas affines

$$(X, \mathcal{O}_X) = (\operatorname{Spec} A, \tilde{A}) \quad \text{et} \quad (Y, \mathcal{O}_Y) = (\operatorname{Spec} B, \tilde{B}).$$

Alors le $\mathcal{O}_Y$-Module $D_n(Y/X, \tilde{W})$ est isomorphe aux $\mathcal{O}_Y$-Modules suivants

$$\begin{aligned} &H_n(A_Y, B_Y, \tilde{W}) && \text{(proposition 91)}, \\ &H_n(A_Y, B_Y, W_Y \otimes_{B_Y} \mathcal{O}_Y) && \text{(remarque 92)}, \\ &H_n(A_Y, B_Y, W_Y) \otimes_{B_Y} \mathcal{O}_Y && \text{(lemme 75)}, \\ &H_n(A, B, W)_Y \otimes_{B_Y} \mathcal{O}_Y && \text{(corollaire 54)}. \end{aligned}$$

Ce dernier Module est bien le Module quasi-cohérent associé au module $H_n(A,B,W)$.

Rappelons sous deux formes différentes un résultat classique de la théorie cohomologique des faisceaux quasi-cohérents (voir A. Grothendieck (1961) théorème 1.3.1).

Remarque 94. Considérons un schéma affine $(X, \mathcal{O}_X)$. Pour tout $\mathcal{O}_X$-Module quasi-cohérent F, on a les égalités suivantes

$$\mathrm{H}^k(X, F) \cong 0, \qquad k > 0.$$

Remarque 95. Considérons un schéma affine $(X, \mathcal{O}_X)$ et l'unique application $\underline{X}$ de l'espace X sur l'espace à un seul élément. Pour tout $\mathcal{O}_X$-Module quasi-cohérent F, on a les égalités suivantes pour les foncteurs dérivés à droite de $\underline{X}_*$

$$\mathrm{R}^k \underline{X}_*(F) \cong 0, \qquad k > 0.$$

Proposition 96. *Soient une A-algèbre B et un B-module W. Alors il existe des isomorphismes naturels de groupes abéliens*

$$D^n(\operatorname{Spec} B/\operatorname{Spec} A, \tilde{W}) \cong H^n(A, B, W).$$

Démonstration. La proposition 91 et la définition 88 donnent les isomorphismes suivants

$$D^n(\operatorname{Spec} B/\operatorname{Spec} A, \tilde{W}) \cong H^n(A_Y, B_Y, \tilde{W}) \cong H^n(\underline{Y}^*(A), \underline{Y}^*(B), \tilde{W})$$

d'une part et d'autre part la remarque 95 et la proposition 56 donnent les isomorphismes suivants

$$H^n(\underline{Y}^*(A), \underline{Y}^*(B), \tilde{W}) \cong H^n(A, B, \underline{Y}_*(\tilde{W}) \cong H^n(A, B, W)$$

ce qui démontre la proposition.

Dans le cas de schémas quelconques, l'étude des Modules d'homologie peut se faire de manière locale, comme le montre la remarque suivante, qui est un cas particulier du corollaire 54.

Remarque 97. Considérons un morphisme de schémas $f: Y \to X$ appliquant l'ouvert V de Y dans l'ouvert U de X. Alors les Modules suivants sont isomorphes pour tout Module W

$$D_n(Y/X, W) | V \cong D_n(V/U, W | V).$$

Proposition 98. *Soit un morphisme de schémas* $f: Y \to X$. *Alors le* $\mathcal{O}_Y$*-Module* $D_n(Y/X, W)$ *est quasi-cohérent pour tout entier* n *et pour tout* $\mathcal{O}_Y$*-Module quasi-cohérent* W.

Démonstration. D'après la remarque 97 le problème est local et se ramène au cas affine, cas déjà résolu par la proposition 93.

Supplément. Algèbres analytiques

Sauf en degré nul, l'homologie des algèbres analytiques a les mêmes propriétés que l'homologie des algèbres de type fini définies sur des anneaux noethériens. Démonstration de ce résultat grâce au théorème de préparation de Weierstrass. Quelques conséquences pour les modules des différentielles de Kaehler. Complexes cotangents acycliques.

a) Homologie des algèbres analytiques. La notion suivante va permettre la démonstration par induction du théorème fondamental sur l'homologie des algèbres analytiques (voir aussi le théorème 30).

Définition 1. Deux A-algèbres intègres B et C forment une *paire de Weierstrass* si la condition suivante est satisfaite. Pour tout élément $\gamma \neq 0$ de C, il existe une B-algèbre libre C', un élément $\gamma' \neq 0$ de C et un homomorphisme de A-algèbres

$$\eta: C' \to C$$

donnant lieu à deux isomorphismes

$$\underline{\eta}: C'/C'\gamma' \to C/C\gamma \quad \text{et} \quad \overline{\eta}: C'\gamma'/C'\gamma'^2 \to C\gamma/C\gamma^2 .$$

Le second isomorphisme est une conséquence du premier isomorphisme s'il existe une égalité

$$\eta(\gamma') = c\gamma$$

où l'élément c de l'anneau C est inversible.

Lemme 2. *Soient deux A-algèbres B et C formant une paire de Weierstrass et un C-module W dont l'annulateur n'est pas nul. Alors il existe un isomorphisme pour tout entier m non nul*

$$H_m(A, B, V) \cong H_m(A, C, W)$$

avec un B-module V bien choisi.

Démonstration. Soit γ un élément non nul de l'annulateur du C-module W. Utilisons l'homomorphisme η de la définition ci-dessus. Le

B-module V est égal à W muni de la structure de B-module due à η. L'isomorphisme $\underline{\eta}$ de A-algèbres donne les isomorphismes suivants

$$H_m(A, C'/C'\gamma', W) \cong H_m(A, C/C\gamma, W)\,.$$

L'isomorphisme $\overline{\eta}$ et la proposition 6.1 donne l'isomorphisme

$$H_1(C', C'/C'\gamma', W) \cong H_1(C, C/C\gamma, W)\,.$$

Les éléments γ' et γ ne divisent pas zéro et la remarque 6.20 donne les isomorphismes nuls suivants pour $m \neq 1$

$$H_m(C', C'/C'\gamma', W) \cong H_m(C, C/C\gamma, W)\,.$$

Le diagramme commutatif suivant

$$\begin{array}{ccccc} A & \longrightarrow & C' & \longrightarrow & C'/C'\gamma' \\ \downarrow & & \downarrow & & \downarrow \\ A & \longrightarrow & C & \longrightarrow & C/C\gamma \end{array}$$

et les deux suites exactes de Jacobi-Zariski qui en découlent donnent par conséquent les isomorphismes suivantes

$$H_m(A, C', W) \cong H_m(A, C, W), \quad m \geqslant 0\,.$$

On conclut à l'aide des isomorphismes canoniques

$$H_m(A, B, W) \cong H_m(A, C', W), \quad m > 0$$

dus à la nullité des modules $H_m(B, C', W)$ pour $m \neq 0$. Le lemme est ainsi démontré.

Théorème 3. *Soit une famille dénombrable d'algèbres intègres K_n avec $n \geqslant 0$, définies sur un corps K et jouissant des propriétés suivantes*

1) *les algèbres K et K_0 sont isomorphes,*

2) *pour tout n, le corps des fractions de K_n est une extension séparable du corps de base K,*

3) *pour tout n, les algèbres K_n et K_{n+1} forment une paire de Weierstrass. Alors les modules d'homologie $H_m(K, K_n, W)$ sont nuls pour tout $m > 0$, pour tout $n \geqslant 0$ et pour tout K_n-module W.*

Démonstration. On procède par induction sur l'entier n, le cas où n est égal à 0 étant trivial. Il s'agit d'établir l'égalité

$$H_m(K, K_n, W) \cong 0 \quad \text{avec } m \neq 0$$

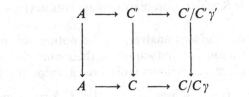

en sachant que le foncteur $H_m(K, K_{n-1}, \cdot)$ est nul. D'après le lemme 3.24 on peut supposer de type fini le K_n-module W. D'après le lemme 3.22, on peut supposer monogène le K_n-module W

$$W \cong K_n/I .$$

Si l'idéal I n'est pas nul, l'annulateur de W n'est pas nul et le lemme 2 permet de conclure. Il reste à démontrer l'égalité (pour l'idéal I nul)

$$H_m(K, K_n, K_n) \cong 0 \quad \text{avec } m \neq 0 .$$

Soit S l'ensemble des éléments non nuls de K_n. D'après le lemme 3.22, un élément s de S donne une suite exacte

$$H_{m+1}(K, K_n, K_n/sK_n) \to H_m(K, K_n, K_n)$$
$$\xrightarrow{s} H_m(K, K_n, K_n) \longrightarrow H_m(K, K_n, K_n/sK_n) .$$

D'après le lemme 2 et l'hypothèse d'induction, les premier et dernier modules sont nuls. Par conséquent, l'élément s donne un isomorphisme du module $H_m(K, K_n, K_n)$. On a donc un isomorphisme

$$H_m(K, K_n, K_n) \cong S^{-1} H_m(K, K_n, K_n) .$$

Les corollaires 4.59 et 5.27 donnent un autre isomorphisme

$$S^{-1} H_m(K, K_n, K_n) \cong H_m(K, S^{-1} K_n, S^{-1} K_n)$$

Mais le corps $S^{-1} K_n$ est une extension séparable du corps de base K. La proposition 7.4 pour $m \geqslant 2$ et la définition 7.11 pour $m = 1$ donnent un dernier isomorphisme pour $m \neq 0$

$$H_m(K, S^{-1} K_n, S^{-1} K_n) \cong 0$$

qui achève la démonstration par induction.

Voici les quatre exemples classiques d'application du théorème précédent. Le premier exemple est évidemment complètement trivial.

Exemple 4. *(Cas affine)*. Le corps K est quelconque et on considère

$$K_n = K[X_1, \dots, X_n]$$

l'algèbre des polynômes en n variables.

Exemple 5. *(Cas formel)*. Le corps K est quelconque et on considère

$$K_n = K[[X_1, \dots, X_n]]$$

l'algèbre des séries formelles en n variables.

Exemple 6. *(Cas valué).* Le corps K est complet pour une valuation non-triviale et on considère

$$K_n = K\langle X_1, \ldots, X_n\rangle$$

l'algèbre des séries convergentes en n variables.

Exemple 7. *(Cas non-archimédien).* Le corps K est complet pour une valuation non-archimédienne et on considère

$$K_n = K\langle\langle X_1, \ldots, X_n\rangle\rangle$$

l'algèbre des séries strictement convergentes en n variables.

Dans le cas formel, la deuxième condition se démontre à l'aide du critère de séparabilité de MacLane. Il en découle la deuxième condition pour les autres exemples. La troisième condition est chaque fois la conséquence du théorème de préparation de Weierstrass. L'élément γ' de la définition 1 est le polynôme de Weierstrass de l'élément γ, une fois effectué un changement de variables bien choisi.

Remarque 8. Le foncteur $H_1(K, K_n, \cdot)$ étant nul, il est clair que le module des différentielles de Kaehler $H_0(K, K_n, K_n)$ est un K_n-module plat. Dans l'exemple affine ci-dessus, il s'agit même d'un K_n-module libre et les modules de cohomologie $H^m(K, K_n, W)$ sont eux aussi nuls pour tout $m>0$. Par contre dans les autres exemples, il n'est pas vrai en général que le module $H_0(K, K_n, K_n)$ est projectif. Voici un résultat à ce sujet.

Proposition 9. *Soit un corps de base K de caractéristique $p>0$ donnant une extension finie $K^p \subset K$. Alors les modules de cohomologie $H^m(K, K_n, W)$ sont nuls pour tout $m>0$, pour tout $n \geqslant 0$ et pour tout K_n-module W dans chacun des exemples ci-dessus.*

Démonstration. Non seulement le K^p-module K est de type fini, mais encore le K_n^p-module K_n est de type fini. Par suite le K_n-module $H_0(K, K_n, K_n)$ est de type fini et même de présentation finie, puisque K_n est un anneau noethérien. Ce module plat est donc projectif. Les autres modules $H_m(K, K_n, K_n)$ étant nuls, il est aisé de conclure grâce au lemme 3.19.

Définition 10. Une K-algèbre B est dite *analytique* s'il est possible de décomposer son homomorphisme canonique de la manière suivante

$$K \to K_n \to A \to B$$

la K-algèbre K_n provenant d'un des quatre exemples ci-dessus, la K_n-algèbre A étant de type fini et la A-algèbre B s'obtenant par localisation. L'anneau B est noethérien.

Lemme 11. *Une K-algèbre analytique B est le quotient d'une K-algèbre analytique $\bar{B}$ avec la propriété*

$$H_m(K, \bar{B}, W) \cong 0 \quad si \quad m \neq 0 .$$

En particulier les points de Spec $\bar{B}$ *sont tous réguliers.*

Démonstration. La K_n-algèbre de type fini A est le quotient d'une K_n-algèbre libre de type fini $\bar{A}$. On obtient $\bar{B}$ en localisant $\bar{A}$ de manière convenable. Il reste à démontrer que les modules $H_m(K, B, W)$ sont nuls si la K_n-algèbre A est libre. Le théorème 3 et les corollaires 3.36 et 5.27 donnent alors les isomorphismes

$$0 \cong H_m(K, K_n, W) \cong H_m(K, A, W) \cong H_m(K, B, W)$$

qui achèvent la démonstration.

Proposition 12. *Soient une K-algèbre analytique B, une B-algèbre noethérienne C et un C-module de type fini W. Alors les C-modules $H_m(K, B, W)$ sont de type fini pour $m \neq 0$.*

Démonstration. Le lemme précédent donne des suites exactes

$$0 \cong H_m(K, \bar{B}, W) \to H_m(K, B, W) \to H_m(\bar{B}, B, W)$$

qui permettent de conclure. En effet les C-modules $H_m(\bar{B}, B, W)$ sont de type fini d'après la proposition 4.55.

Remarque 13. Avec un corps de base K de caractéristique $p > 0$ donnant une extension finie $K^p \subset K$, on a un résultat analogue pour les modules $H^m(K, B, W)$. Il suffit de remplacer le théorème 3 par la proposition 9 dans la démonstration du lemme 11.

Remarque 14. Pour les algèbres analytiques, il est usuel de modifier les modules des différentielles de manière à obtenir des modules de type fini. Pour préserver l'existence de suites exactes de Jacobi-Zariski, on est amené à modifier non seulement les modules d'homologie de degré 0, mais encore les modules d'homologie de degré 1. En utilisant les résultats ci-dessus, on démontre qu'il n'est pas nécessaire de modifier les modules d'homologie de degrés supérieurs. On consultera la thèse de *H. Schmitt* pour plus de détails sur cette homologie modifiée.

Proposition 15. *Soit B une algèbre analytique locale et soit $\hat{B}$ sa séparée complétée. Alors les modules d'homologie $H_m(B, \hat{B}, W)$ sont nuls pour tout $m \neq 0$ et pour tout $\hat{B}$-module W.*

Démonstration. Soit K le corps de base, autrement dit B est une K-algèbre analytique d'un type ou l'autre. Soit L le corps résiduel des anneaux locaux B et $\hat{B}$. D'après le théorème de Cohen, l'anneau $\hat{B}$ a une structure de L-algèbre analytique (cas formel exemple 5). Enfin soit π le corps premier des corps K et L. Pour tout $m \geqslant 2$ et pour tout $\hat{B}$-module de type fini W, considérons les trois suites exactes suivantes

$$\begin{array}{ccccc}
H_m(\pi, L, W) & & & & H_{m-1}(\pi, K, W) \\
\downarrow & & & & \downarrow \\
H_m(\pi, \hat{B}, W) & \longrightarrow & H_m(B, \hat{B}, W) & \longrightarrow & H_{m-1}(\pi, B, W) \\
\downarrow & & & & \downarrow \\
H_m(L, \hat{B}, W) & & & & H_{m-1}(K, B, W).
\end{array}$$

La proposition 7.4 et la définition 7.11 démontrent que les deux modules de la ligne supérieure sont nuls. La proposition 12 démontre que les deux modules de la ligne inférieure sont de type fini. Par conséquent le module central est de type fini. Pour tout $m \geqslant 2$ et pour tout $\hat{B}$-module de type fini W, le $\hat{B}$-module $H_m(B, \hat{B}, W)$ est de type fini. Par ailleurs, d'après la remarque 10.22, le module $H_m(B, \hat{B}, L)$ est nul. Appliquons la proposition 2.54. Le foncteur $H_m(B, \hat{B}, \cdot)$ est nul pour $m \geqslant 2$.

Il reste à démontrer le cas $m=1$. Il s'agit d'établir l'égalité

$$H_1(B, \hat{B}, W) \cong 0$$

en sachant que le foncteur $H_2(B, \hat{B}, \cdot)$ est nul. D'après le lemme 3.24, on peut supposer de type fini le $\hat{B}$-module W. D'après le lemme 3.22, on peut supposer monogène le $\hat{B}$-module W

$$W \cong \hat{B}/I .$$

Puisque l'anneau $\hat{B}$ est noethérien, on peut même supposer premier l'idéal I. Soit Ω le corps des fractions de l'anneau intègre $\hat{B}/I$. On a alors un monomorphisme

$$H_1(B, \hat{B}, W) \to H_1(B, \hat{B}, \Omega) .$$

Il suffit donc de savoir nul le module $H_1(B, \hat{B}, \Omega)$ lorsque Ω est un corps. On peut tout aussi bien considérer le module $H^1(B, \hat{B}, \Omega)$. Ce module est nul, car d'après *A. Grothendieck* et *R. Kiehl*, l'algèbre analytique B est un anneau excellent.

Corollaire 16. *Soit B une algèbre analytique locale et soit $\hat{B}$ sa séparée complétée. Alors le $\hat{B}$-module des différentielles de Kaehler $H_0(B, \hat{B}, \hat{B})$ est plat.*

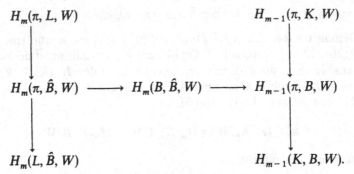

Démonstration. Le foncteur $H_0(B, \hat{B}, \cdot)$ est exact, puisque le foncteur $H_1(B, \hat{B}, \cdot)$ est nul.

Remarque 17. La proposition 15 démontre même plus. On peut généraliser le théorème 14.22 (voir le théorème 20.31 en supposant simplement que le module I/I^2 est plat (au lieu d'être projectif)). Par ailleurs, on a les isomorphismes suivants (voir la proposition 14.23)

$$H_m(\hat{B}\otimes_B \hat{B}, \hat{B}, W) \cong H_{m-1}(\hat{B}, \hat{B}\otimes_B \hat{B}, W) \cong H_{m-1}(B, \hat{B}, W).$$

Par suite les modules $H_m(\hat{B}\otimes_B \hat{B}, \hat{B}, W)$ sont nuls pour $m \neq 1$. Cela suffit pour affirmer que la $\hat{B}$-algèbre anticommutative

$$\sum_{n\geqslant 0} \mathrm{Tor}_n^{\hat{B}\otimes_B \hat{B}}(\hat{B}, \hat{B})$$

est canoniquement isomorphe à l'algèbre extérieure du $\hat{B}$-module plat du corollaire 16. Ce résultat peut se généraliser aux anneaux excellents (corollaire 31).

b) Anneaux réguliers et intersections complètes. Pour la suite, il est nécessaire de savoir remplacer le corps de base par l'un ou l'autre de ses sous-corps.

Lemme 18. *Soient une extension de corps $A \subset K$, une K-algèbre analytique B, une B-algèbre noethérienne C et un entier $m \neq 0$. Alors le module $H_m(A,B,W)$ est nul pour tout C-module W si et seulement si le module $H_m(A, B, C/I)$ est nul pour tout idéal maximal I de l'anneau C.*

Démonstration. Considérons la suite exacte de Jacobi-Zariski

$$H_{m+1}(K, B, C/I) \to H_m(A, K, C/I) \to H_m(A, B, C/I).$$

Le premier C-module est de type fini par la proposition 12 et le troisième C-module est nul par l'hypothèse. Le C-module

$$H_m(A, K, C/I) \cong H_m(A, K, K)\otimes_K C/I$$

est donc de type fini. Par conséquent le rang de l'espace vectoriel $H_m(A, K, K)$ est fini. Considérons maintenant un C-module W de type fini. Le C-module

$$H_m(A, K, W) \cong H_m(A, K, K)\otimes_K W$$

est alors de type fini. Considérons la suite exacte de Jacobi-Zariski

$$H_m(A, K, W) \to H_m(A, B, W) \to H_m(K, B, W).$$

Le premier C-module est donc de type fini et le troisième C-module est de type fini par la proposition 12. Le C-module $H_m(A, B, W)$ est donc de type fini, si le C-module W est de type fini. De plus le C-module $H_m(A, B, C/I)$ est nul pour chaque idéal maximal I. On peut appliquer la proposition 2.54 et le module $H_m(A, B, W)$ est nul pour chaque C-module W.

Remarque 19. Considérons une extension de corps $A \subset K$, une K-algèbre analytique B et une B-algèbre C. Alors la K-algèbre analytique $\bar{B}$ du lemme 11 jouit de la propriété suivante. Le C-module $H_0(A, \bar{B}, C)$ est plat. Pour le voir, considérons la suite exacte de Jacobi-Zariski

$$H_1(K, \bar{B}, C) \to H_0(A, K, C) \to H_0(A, \bar{B}, C) \to H_0(K, \bar{B}, C) \to 0 .$$

Par le lemme 11, le premier C-module est nul. Puisque K est un corps, le deuxième C-module est libre. Par le lemme 11, le quatrième C-module est plat (voir le lemme 3.19). Par conséquent le C-module $H_0(A, \bar{B}, C)$ est plat. Il est même libre si le C-module $H_0(K, \bar{B}, C)$ est libre, ce qui se produit dans le cas affine.

Lemme 20. *Soit une A-algèbre locale B, d'idéal maximal I et de corps résiduel L, quotient d'une A-algèbre locale régulière C, l'anneau A étant un corps. Alors le noyau de l'homomorphisme de $H_0(A, C, L)$ dans $H_0(A, B, L)$ a un rang fini sur L, borné par la différence* $\dim C - \dim B$. *De plus, si la A-algèbre B est I-lisse, ce rang est égal à cette différence. Enfin, si ce rang est égal à cette différence, l'anneau B est régulier.*

Démonstration. Par les propositions 6.1 et 6.3, on a une suite exacte de Jacobi-Zariski formée d'espaces vectoriels de rangs finis

$$H_1(C, B, L) \xrightarrow{\alpha} H_1(C, L, L) \longrightarrow H_1(B, L, L) \longrightarrow 0 .$$

Cette suite exacte et la suite exacte suivante de Jacobi-Zariski

$$H_1(C, B, L) \xrightarrow{\beta} H_0(A, C, L) \xrightarrow{\gamma} H_0(A, B, L) \longrightarrow 0$$

donnent une égalité comme suit

$$\begin{aligned} &\dim C - \dim B - \operatorname{rg} \operatorname{Ker} \gamma \\ &= (\operatorname{rg} \operatorname{Ker} \beta - \operatorname{rg} \operatorname{Ker} \alpha) + (\operatorname{rg} H_1(B, L, L) - \dim B) - (\operatorname{rg} H_1(C, L, L) - \dim C) . \end{aligned}$$

Le lemme découle des quelques remarques suivantes. Le triangle commutatif

$$\begin{array}{ccc} & & H_1(C, L, L) \\ & \overset{\alpha}{\nearrow} & \downarrow \\ H_1(C, B, L) & & \\ & \underset{\beta}{\searrow} & \\ & & H_0(A, C, L) \end{array}$$

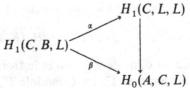

démontre que la première parenthèse est positive ou nulle. La suite exacte

$$H_1(A, B, L) \to H_1(C, B, L) \to H_0(A, C, L)$$

démontre que la première parenthèse est nulle si la A-algèbre B est I-lisse. La deuxième parenthèse est positive ou nulle, d'après la proposition 6.1. Elle est nulle si et seulement si l'anneau B est régulier, ce qui a lieu si la A-algèbre B est I-lisse. La troisième parenthèse est nulle, car l'anneau est régulier.

Proposition 21. *Soient une extension de corps $A \subset K$, une K-algèbre analytique locale B et un idéal premier P de l'anneau B. Alors les deux conditions suivantes sont équivalentes*

1) *la A-algèbre B est lisse pour son idéal maximal,*

2) *la A-algèbre B_P est lisse pour son idéal maximal et le B-module $H_0(A, B, B)$ est plat.*

Démonstration. Dénotons par L le corps résiduel de B et par M le corps résiduel de B_P. Si la première condition est satisfaite, le module $H_1(A, B, L)$ est nul. D'après le lemme 18, le foncteur $H_1(A, B, \cdot)$ est nul. Mais alors le module $H_1(A, B_P, M)$, isomorphe au module $H_1(A, B, M)$, est nul, autrement dit la A-algèbre B_P est lisse pour l'idéal maximal, et de plus le foncteur $H_0(A, B, \cdot)$ est exact, autrement dit le B-module $H_0(A, B, B)$ est plat.

Maintenant supposons satisfaite la seconde condition. Utilisons la K-algèbre analytique $\bar{B}$, locale et régulière, du lemme 11. Dénotons par $\bar{P}$ l'idéal premier de $\bar{B}$ au-dessus de l'idéal premier P de B. Considérons la suite exacte définissant T

$$0 \to T \to H_0(A, \bar{B}, B) \to H_0(A, B, B) \to 0 .$$

Le troisième module est plat par hypothèse et le deuxième module est plat par la remarque 19. Le B-module T est donc plat. Comme quotient de $H_1(\bar{B}, B, B)$, il est aussi de type fini. Il s'agit donc d'un B-module libre de rang fini t. Vu la platitude de $H_0(A, B, B)$, on a une suite exacte

$$0 \to T \otimes_B M \to H_0(A, \bar{B}_{\bar{P}}, M) \to H_0(A, B_P, M) \to 0 .$$

L'anneau $\bar{B}_{\bar{P}}$ est régulier et la A-algèbre B_P est lisse pour l'idéal maximal. Le lemme 20 donne une égalité

$$t = \dim \bar{B}_{\bar{P}} - \dim B_P$$

ou encore puisque l'anneau $\bar{B}$ est caténaire et intégre

$$t \geqslant \dim \bar{B} - \dim B .$$

Vu la platitude de $H_0(A, B, B)$, on a une suite exacte

$$0 \to T \otimes_B L \to H_0(A, \bar{B}, L) \to H_0(A, B, L) \to 0 .$$

Le lemme 20 et l'inégalité précédente démontrent alors que l'anneau B est régulier. Par conséquent le module $H_3(B, L, L)$ est nul d'après la proposition 6.26. D'autre part le module $H_2(A, L, L)$ est nul d'après la proposition 7.4. Par suite le module $H_2(A, B, L)$ est nul. Le lemme 18 démontre alors que le foncteur $H_2(A, B, \cdot)$ est nul. Le foncteur $H_1(A, B, \cdot)$ est donc exact à gauche. Par hypothèse, le B-module $H_0(A, B, B)$ est plat. Le foncteur $H_1(A, B, \cdot)$ est donc exact à droite. Par suite on a un monomorphisme et un épimorphisme

$$H_1(A, B, M) \leftarrow H_1(A, B, B/P) \to H_1(A, B, L) .$$

La A-algèbre B_P est lisse pour son idéal maximal, autrement dit le premier module est nul. Par conséquent le dernier module est nul, autrement dit la A-algèbre B est lisse pour son idéal maximal. La proposition est enfin démontrée.

Remarque 22. La seconde condition de la proposition se réduit à la platitude du B-module $H_0(A, B, B)$, si l'anneau B est réduit et si l'extension de corps $A \subset B_P$ est séparable pour au moins un idéal premier minimal P. En caractéristique nulle, il est inutile de supposer réduit l'anneau B, comme le démontre la proposition 7.31. Le résultat de la proposition 21 est proche de certains résultats de *N. Radu* et *S. Suzuki*. En fait ces deux auteurs prennent soin de compléter et l'anneau étudié et le module des différentielles avant d'en étudier la platitude.

Dans le cas affine, la proposition prend la forme suivante due à *E. Kunz* et *Y. Nakai*.

Corollaire 23. *Soient une extension de corps $A \subset K$, une K-algèbre affine locale B et un idéal premier P de l'anneau B. Alors les deux conditions suivantes sont équivalentes*

1) *la A-algèbre B est lisse pour son idéal maximal,*

2) *la A-algébre B_P est lisse pour son idéal maximal et le B-module $H_0(A, B, B)$ est libre.*

Démonstration. Dans le cas affine, le B-module $H_0(A, \bar{B}, B)$ est libre et la suite exacte

$$H_1(\bar{B}, B, B) \to H_0(A, \bar{B}, B) \to H_0(A, B, B) \to 0$$

permet de démontrer que $H_0(A, B, B)$ est la somme directe d'un module libre et d'un module de type fini. Ce B-module $H_0(A, B, B)$ est donc plat si et seulement s'il est libre.

Pour étudier les intersections complètes, nous aurons besoin du résultat suivant dû à *D. Ferrand* et *W. Vasconcelos.* Par ailleurs ce résultat donne une autre démonstration du théorème 17.12.

Lemme 24. *Soient un anneau C, local et noethérien, un idéal I, de dimension homologique finie, un module T, libre de rang fini t sur C/I et un épimorphisme γ de I/I^2 sur T. Alors, ou bien γ est un isomorphisme et I est engendré par une suite régulière à t termes, ou bien γ n'est pas un isomorphisme et I contient une suite régulière à $t+1$ termes.*

Démonstration. On procède par induction sur l'entier t. Le cas $t=0$ se réduit au théorème d'Auslander-Buchsbaum (voir I. Kaplansky (1970) théorème 196).

Dénotons par M l'idéal maximal de C et par $P_1, \ldots, P_k$ les idéaux premiers associés de C. Considérons le noyau J de l'épimorphisme composé

$$I \to I/I^2 \to T \to T/MT\,.$$

Si t n'est pas nul, cet homomorphisme n'est pas nul et J ne contient pas I. D'après le théorème d'Auslander-Buchsbaum, aucun P_j ne contient I. Par suite

$$I \not\subset J \cup P_1 \cup \cdots \cup P_k$$

il existe un élément x de I, qui n'appartient pas à J et qui ne divise pas zéro dans C. Cela étant, on peut considérer l'anneau, l'idéal et le module

$$\bar{C} = C/xC, \quad \bar{I} = I/xC, \quad \bar{T} = T/\gamma(x)C$$

ainsi que l'épimorphisme déduit de γ

$$\bar{\gamma}\colon I/I^2 + xC \cong \bar{I}/\bar{I}^2 \to T/\gamma(x)C \cong \bar{T}\,.$$

En outre, on peut construire un système minimal de générateurs $(x_1, \ldots, x_n)$ de l'idéal I avec les propriétés suivantes: les éléments x et x_1 sont égaux, les éléments $\gamma(x_1), \ldots, \gamma(x_t)$ forment une base du C/I-module libre T, les éléments $\gamma(x_{t+1}), \ldots, \gamma(x_n)$ sont tous nuls. On dénote par Q l'idéal engendré par les éléments $x_2, \ldots, x_n$. On a alors une inclusion

$$Q \cap xC \subset xI$$

qui permet de démontrer que le $\bar{C}$-module I/xC est un facteur direct du $\bar{C}$-module I/xI

$$I/xC \cong Q/Q \cap xC \to I/xI \to I/xC\,.$$

Puisque x ne divise pas zéro dans I et dans C, non seulement le C-module I a une dimension homologique finie, mais encore le C/xC-module I/xI a une dimension homologique finie. Il est clair maintenant que le $\bar{C}$-module $\bar{I}$ a une dimension homologique finie. Il est élémentaire de vérifier que le module $\bar{T}$ est libre de rang fini $\bar{t} = t-1$ sur $\bar{C}/\bar{I}$. Enfin remarquons que les épimorphismes γ et $\bar{\gamma}$ ont des noyaux isomorphes. Maintenant il est facile de terminer la démonstration en utilisant l'hypothèse d'induction.

Proposition 25. *Soient une extension de corps $A \subset K$ et une K-algèbre analytique locale B avec la propriété suivante: l'anneau B est réduit et l'extension de corps $A \subset B_P$ est séparable pour tout idéal premier minimal P. Alors les deux conditions suivantes sont équivalentes*

1) *l'anneau local B est une intersection complète,*

2) *le B-module $H_0(A, B, B)$ est le quotient d'un B-module plat par un sous-module plat.*

Démonstration. Supposons avoir une intersection complète. En sommant sur l'ensemble des idéaux premiers minimaux, on obtient une suite exacte de B-modules

$$0 \to B \to \sum B_P \to W \to 0$$

qui donne une suite exacte

$$H_2(A, B, W) \to H_1(A, B, B) \to H_1(A, B, \sum B_P).$$

L'anneau B est une intersection complète. Par conséquent le module $H_3(B, L, L)$ est nul, d'après la proposition 6.27, si L désigne le corps résiduel. D'autre part le module $H_2(A, L, L)$ est nul d'après la proposition 7.4. Par suite le module $H_2(A, B, L)$ est nul. Le lemme 18 démontre alors que le module $H_2(A, B, W)$ est nul. Vu l'hypothèse de séparabilité, le module

$$H_1(A, B, \sum B_P) \cong \sum H_1(A, B, B_P) \cong \sum H_1(A, B_P, B_P)$$

est nul. Par conséquent le module $H_1(A, B, B)$ est nul. Utilisons la K-algèbre analytique $\bar{B}$ du lemme 11. On a alors une suite exacte de Jacobi-Zariski

$$0 \to H_1(\bar{B}, B, B) \to H_0(A, \bar{B}, B) \to H_0(A, B, B) \to 0.$$

D'après la remarque 19, le B-module $H_0(A, \bar{B}, B)$ est plat. L'anneau $\bar{B}$ est régulier et l'anneau B est une intersection complète. Par la proposition 6.1, il est alors clair que le B-module $H_1(\bar{B}, B, B)$ est libre de type fini. Par conséquent le B-module $H_0(A, B, B)$ est le quotient d'un module plat par un sous-module libre de type fini.

Maintenant supposons satisfaite la seconde condition. Autrement dit si le B-module $H_0(A, B, B)$ est le quotient d'un B-module plat quelconque par un de ses sous-modules, ce sous-module est forcément plat. Dénotons par $\bar{P}$ l'idéal premier de $\bar{B}$ au-dessus de l'idéal premier minimal quelconque P de B. Considérons la suite exacte définissant T

$$0 \to T \to H_0(A, \bar{B}, B) \to H_0(A, B, B) \to 0.$$

Le deuxième module est plat par la remarque 19. Vu l'hypothèse, le B-module T est donc plat. Comme quotient de $H_1(\bar{B}, B, B)$, il est aussi de type fini. Il s'agit donc d'un B-module libre de rang fini t. Par ailleurs, vu l'hypothèse de séparabilité, on sait que le module $H_1(A, B, B_P)$ est nul. On a donc une suite exacte

$$0 \to H_1(\bar{B}, B, B_P) \to H_0(A, \bar{B}, B_P) \to H_0(A, B, B_P) \to 0$$

et par conséquent des isomorphismes

$$T \otimes_B B_P \cong H_1(\bar{B}, B, B_P) \cong H_1(\bar{B}_{\bar{P}}, B_P, B_P) .$$

L'anneau $\bar{B}_{\bar{P}}$ est régulier et l'anneau B_P est son corps résiduel. Pour l'idéal premier minimal quelconque P, on a donc les égalités suivantes

$$t = \dim \bar{B}_{\bar{P}} = \dim \bar{B} - \dim \bar{B}/\bar{P} = \dim \bar{B} - \dim B/P \geqslant \dim \bar{B} - \dim B .$$

Appliquons maintenant le lemme 24 avec les anneaux

$$C \cong \bar{B} \quad \text{et} \quad C/I \cong B$$

et avec l'épimorphisme γ suivant

$$I/I^2 \cong H_1(\bar{B}, B, B) \to T \subset H_0(A, \bar{B}, B) .$$

L'anneau $\bar{B}$ étant régulier, le module I a une dimension homologique finie (théorème 17.12). Alors, ou bien l'idéal I est engendré par une suite régulière et l'anneau B est une intersection complète, ou bien l'idéal I contient une suite régulière à $t+1$ termes et on a une contradiction

$$\dim B \leqslant \dim \bar{B} - (t+1) \leqslant \dim B - 1 .$$

La proposition est donc démontrée.

Dans le cas affine, la proposition prend la forme suivante due à *D. Ferrand* et *W. Vasconcelos*.

Corollaire 26. *Soient une extension de corps $A \subset K$ et une K-algèbre affine locale B avec la propriété suivante: l'anneau B est réduit et l'extension de corps $A \subset B_P$ est séparable pour tout idéal premier minimal P. Alors les deux conditions suivantes sont équivalentes*

1) *l'anneau local B est une intersection complète,*

2) *le B-module $H_0(A, B, B)$ est le quotient d'un B-module libre par un sous-module libre de type fini.*

Démonstration. Dans la suite exacte de la démonstration de la proposition dans le cas affine

$$0 \to H_1(\bar{B}, B, B) \to H_0(A, \bar{B}, B) \to H_0(A, B, B) \to 0$$

le premier module est libre de type fini et le deuxième module est libre.

c) Complexes cotangents acycliques. Dans une certaine mesure, les résultats précédents peuvent se généraliser, en se plaçant dans un contexte où les algèbres à homologie nulle (sauf en degré 0) sont suffisamment nombreuses. Dans le cas des algèbres noethériennes, ces algèbres à homologie nulle sont données par les morphismes réguliers (de présentation finie ou non) comme nous allons le voir.

Lemme 27. *Soit un idéal premier Q d'une A-algèbre noethérienne B satisfaisant aux deux conditions suivantes pour un entier n fixé*

1) *pour le corps résiduel L de l'anneau local B_Q le module $H_n(A, B, L)$ est nul,*

2) *pour tout idéal premier P contenant strictement Q le module $H_{n+1}(A, B, B/P)$ est nul.*

Alors le module $H_n(A, B, B/Q)$ est nul.

Démonstration. Soit f un élément de $B-Q$. Considérons le module $W=B/Q+fB$. L'anneau B étant noethérien, il existe une suite de décomposition

$$0=W_0\subset W_1\subset\cdots\subset W_{k-1}\subset W_k=W$$

donnant lieu à des isomorphismes

$$W_i/W_{i-1}\cong B/P_i$$

P_i étant un idéal premier contenant strictement Q. D'après le lemme 3.22 et la seconde condition de l'hypothèse, on a un module nul

$$H_{n+1}(A, B, B/Q+fB)\cong 0$$

autrement dit un monomorphisme

$$f: H_n(A, B, B/Q) \to H_n(A, B, B/Q)$$

dû au lemme 3.22 et à la suite exacte

$$0 \longrightarrow B/Q \xrightarrow{f} B/Q \longrightarrow B/Q+fB \longrightarrow 0\,.$$

Comme cela a lieu pour chaque f de $B-Q$, on obtient un monomorphisme

$$H_n(A, B, B/Q) \to H_n(A, B, B/Q)_Q\,.$$

D'après le corollaire 4.59 et la première condition de l'hypothèse, on a un module nul

$$H_n(A, B, B/Q)_Q\cong H_n(A, B, (B/Q)_Q)\cong H_n(A, B, L)\,.$$

Par conséquent, le module $H_n(A, B, B/Q)$ est nul.

Lemme 28. *Soit une A-algèbre locale et noethérienne B satisfaisant à la condition suivante pour un entier n fixé: pour tout idéal premier Q*

de l'anneau B, le corps résiduel L de l'anneau local B_Q donne les modules nuls suivants

$$H_m(A, B, L) \cong 0, \quad n \leqslant m \leqslant n + \dim B .$$

Alors le module $H_n(A, B, W)$ est nul pour tout B-module W.

Démonstration. L'anneau B est supposé local simplement pour qu'il ait une dimension finie. Soit Q un idéal premier de cohauteur s. Par induction sur s, le lemme précédent démontre le résultat suivant

$$H_m(A, B, B/Q) \cong 0, \quad n \leqslant m \leqslant n - s + \dim B .$$

En particulier le module $H_n(A, B, B/Q)$ est nul pour tout idéal premier Q. Mais alors d'après le lemme 3.22, le module $H_n(A, B, W)$ est nul pour W de type fini et même pour W quelconque, d'après le lemme 3.24.

Proposition 29. *Soit une A-algèbre noethérienne B satisfaisant à la condition suivante pour un entier n fixé: pour tout idéal premier Q de l'anneau B, le corps résiduel L de l'anneau local B_Q donne les modules nuls suivants*

$$H_m(A, B, L) \cong 0, \quad n \leqslant m .$$

Alors le module $H_k(A, B, W)$ est nul pour tout B-module W et pour tout entier $k \geqslant n$.

Démonstration. Compte tenu des isomorphismes (corollaires 4.59 et 5.27) qui ont lieu pour tout idéal maximal J de B

$$H_k(A, B, W)_J \cong H_k(A, B_J, W_J)$$

on peut supposer que l'anneau B est local. La proposition est alors un corollaire du lemme 28.

Théorème 30. *Soit une A-algèbre noethérienne B. En outre supposons l'anneau A noethérien ou le A-module B plat. Alors les trois conditions suivantes sont équivalentes*

1) *le module $H_n(A, B, W)$ est nul pour tout B-module W et pour tout entier $n \geqslant 1$,*

2) *le module $H_1(A, B, L)$ est nul pour le corps résiduel L de l'anneau local B_Q de tout idéal premier Q de B,*

3) *pour tout idéal premier Q de B, la A-algèbre B_Q est lisse pour son idéal maximal.*

Démonstration. D'après la définition 16.14 et la proposition 16.17, la A-algèbre noethérienne B_Q est lisse pour son idéal maximal si et seulement si le module suivant est nul

$$H^1(A, B, L) \cong H^1(A, B_Q, L)$$

autrement dit si et seulement si le module suivant est nul

$$H_1(A, B, L) \cong H_1(A, B_Q, L).$$

En outre d'après le corollaire 15.20, le A-module B est plat si l'anneau A est noethérien et si la deuxième condition est satisfaite. Par conséquent il reste à démontrer que la deuxième condition implique la première condition, lorsque le A-module B est plat. Considérons un idéal premier Q de l'anneau B au-dessus d'un idéal premier P de l'anneau A. Soient K et L les corps résiduels des anneaux locaux A_P et B_Q. Utilisons les isomorphismes de la proposition 4.54 et du corollaire 5.27

$$H_n(A, B, L) \cong H_n(A/P, B/PB, L) \cong H_n(K, B_Q/PB_Q, L).$$

La proposition 7.23 appliquée à la K-algèbre B_Q/PB_Q démontre que les modules suivants sont nuls

$$H_n(A, B, L) \cong 0, \quad n \geqslant 1$$

si la deuxième condition est satisfaite. Alors d'après la proposition 29, la première condition est aussi satisfaite.

Corollaire 31. *Soit un anneau local A, supposé universellement caténaire. Considérons son séparé complété $\hat{A}$. Alors tous les modules $H_n(A, \hat{A}, W)$ sont nuls pour $n \geqslant 1$ si et seulement si l'anneau A est excellent.*

Démonstration. Par définition même, l'anneau local et universellement caténaire A est excellent si et seulement si chaque A-algèbre $(\hat{A})_Q$ est lisse pour son idéal maximal (formellement lisse pour la topologie préadique, dans la terminologie de Grothendieck).

Proposition 32. *Soit une A-algèbre B. Alors le module $H_n(A, B, W)$ est nul pour tout B-module W et pour tout entier $n \geqslant 2$, si les anneaux A et B sont réguliers.*

Démonstration. Considérons un idéal premier Q de l'anneau B au-dessus d'un idéal premier P de l'anneau A. Soient K et L les corps résiduels des anneaux locaux A_P et B_Q. D'après la proposition 29, il s'agit de démontrer que les modules suivants sont nuls pour $n \geqslant 2$

$$\mathrm{H}_n(A, B, L) \cong H_n(A_P, B_Q, L).$$

D'après le théorème 17.12, les anneaux locaux A_P et B_Q sont réguliers. Par conséquent, d'après la proposition 6.26, les modules suivants sont nuls pour $n \geqslant 2$

$$H_n(A_P, K, L) \quad \text{et} \quad H_n(B_Q, L, L).$$

Puisque le module $H_n(K, L, L)$ est nul pour $n \geqslant 2$ d'après la proposition 7.4, les suites exactes de Jacobi-Zariski

$$H_n(A_P, K, L) \to H_n(A_P, L, L) \to H_n(K, L, L),$$

$$H_{n+1}(B_Q, L, L) \to H_n(A_P, B_Q, L) \to H_n(A_P, L, L)$$

permettent de conclure.

Corollaire 33. *Soit un anneau local A, quotient d'un anneau régulier. Considérons son séparé complété $\hat{A}$. Alors tous les modules $H_n(A, \hat{A}, W)$ sont nuls pour $n \geqslant 2$.*

Démonstration. Soit R l'anneau régulier en question. Considérons son séparé complété $\hat{R}$, qui est aussi un anneau régulier (corollaire 10.19). En outre le R-module $\hat{R}$ est plat et les anneaux $\hat{R} \otimes_R \hat{A}$ et A sont isomorphes. La proposition 4.54 donne donc des isomorphismes

$$H_n(A, \hat{A}, W) \cong H_n(R, \hat{R}, W)$$

et la proposition précédente permet de conclure.

Bibliographie

André, M.: Méthode simpliciale en algèbre homologique et algèbre commutative. Lecture Notes in Mathematics 32. Heidelberg: Springer 1967.

André, M.: Cohomologie des algèbres commutatives topologiques. Comment. Math. Helv. **43**, 235—255 (1968).

André, M.: On the vanishing of the second cohomology group of a commutative algebra. Lecture Notes in Mathematics 61. Heidelberg: Springer 1968.

André, M.: Une remarque en homologie simpliciale. Application. C.R. Acad. Sci. Paris **268**, 1527—1530 (1969).

André, M.: Démonstration homologique d'un théorème sur les algèbres lisses. Arch. Math. (Basel) **21**, 45—49 (1970).

André, M.: Homology of simplicial objects. Proc. Symp. Pure Math. **17**, 15—36 (1970).

André, M.: Homologie des algèbres commutatives. Congrès international des mathématiciens de Nice (1970). Paris: Gauthier-Villars 1971.

André, M.: L'algèbre de Lie d'un anneau local. Symp. Math. **4**, 337—375 (1970).

André, M.: Hopf algebras with divided powers. J. Algebra **18**, 19—50 (1971).

André, M.: Algèbres Tor et anneaux non-noethériens. Journées d'algèbre. Université de Montpellier: Miméographié 1971.

André, M.: Non-noetherian complete intersections. Bull. Amer. Math. Soc. **78**, 724—729 (1972).

André, M.: Algèbres graduées associées et algèbres symétriques plates. A paraître.

Assmus, E.: On the homology of local rings. Illinois J. Math. **3**, 187—199 (1959).

Atiyah, M., MacDonald, I.: Introduction to commutative algebra. London: Addison-Wesley 1967.

Barr, M.: A cohomology theory for commutative algebras, I. Proc. Amer. Math. Soc. **16**, 1379—1384 (1965).

Barr, M.: A cohomology theory for commutative algebras, II. Proc. Amer. Math. Soc. **16**, 1385—1391 (1965).

Barr, M.: A note on commutative algebra cohomology. Bull. Amer. Math. Soc. **74**, 310—313 (1968).

Barr, M.: Harrison homology, Hochschild homology and triples. J. Algebra **8**, 314—323 (1968).

Barr, M.: Cohomology and obstructions. Commutative algebras. Lecture Notes in Mathematics 80. Heidelberg: Springer 1969.

Barr, M., Beck, J.: Homology and standard constructions. Lecture Notes in Mathematics 80. Heidelberg: Springer 1969.

Berger, R., Kiehl, R., Kunz, E., Nastold, H.: Differentialrechnung in der analytischen Geometrie. Lecture Notes in Mathematics 38. Heidelberg: Springer 1967.

Brezuleanu, A.: On a criterion of smoothness. Acad. Naz. Lincei Rend. **47**, 227—232 (1969).

Brezuleanu, A.: Sur un critère de lissité formelle. C.R. Acad. Sci. Paris **269**, 944—945 (1969).
Brezuleanu, A.: Sur un critère de lissité formelle. Sur la descente de la lissité formelle. C.R. Acad. Sci. Paris **271**, 341—344 (1970).
Brezuleanu, A.: Smoothness and regularity. Compositio Math. **24**, 1—10 (1972).
Brezuleanu, A.: Anwendungen des kotangentialen Komplexes eines Morphismus. Rev. Roumaine Math. Pures Appl. **16**, 1031—1045 (1971).
Cartan, H., Eilenberg, S.: Homological algebra. Princeton: University Press 1956.
Cartier, P.: Dérivations dans les corps. Séminaire H. Cartan-C. Chevalley, 8ème année. Secrétariat mathématique, Paris: Miméographié 1956.
Chiu, S.: On the homology of local rings. Betti series and algebra resolution. Northwestern University: Miméographié 1970.
Curtis, E.: Simplicial homotopy theory. Advances in Math. **6**, 107—209 (1971).
Davis, E.: Regular sequences and minimal bases. Pacific J. Math. **36**, 323—326 (1971).
Dieudonné, J.: Topics in local algebra. Notre-Dame: University Press 1967.
Dieudonné, J., Grothendieck, A.: Critères différentiels de régularité pour les localisés des algèbres analytiques. J. Algebra **5**, 305—324 (1967).
Dold, A., Puppe, D.: Homologie nicht-additiver Funktoren. Anwendungen. Ann. Inst. Fourier **11**, 201—312 (1961).
Efroymson, G.: A study of $H^3_{sym}(A, M)$. J. Algebra **14**, 24—34 (1970).
Eilenberg, S., MacLane, S.: On the groups $H(\pi, n)$. Ann. of Math. **58**, 55—106 (1953).
Ferrand, D.: Suite régulière et intersection complète. C.R. Acad. Sci. Paris **264**, 427—428 (1967).
Fleury, P.: Splittings of Hochschild's complex for commutative algebras. Proc. Amer. Math. Soc. **30**, 405—412 (1971).
Gerstenhaber, M.: On the deformation of rings and algebras, I. Ann. of Math. **79**, 59—103 (1964).
Gerstenhaber, M.: On the deformation of rings and algebras, II. Ann. of Math. **84**, 1—19 (1966).
Gerstenhaber, M.: On the deformation of rings and algebras, III. Ann. of Math. **88**, 1—34 (1968).
Gerstenhaber, M.: The third cohomology group of a ring and the commutative cohomology theory. Bull. Amer. Math. Soc. **73**, 950—954 (1967).
Golod, E.: On the homology of some local rings. Soviet Math. Dokl. **3**, 745—748 (1962).
Greco, S., Salmon, P.: Topics in m-adic topologies. Heidelberg: Springer 1971.
Grothendieck, A.: Eléments de géométrie algébrique, I. Publications Mathématiques I.H.E.S. Paris: Presses Universitaires 1960.
Grothendieck, A.: Eléments de géométrie algébrique, III. Première partie. Publications Mathématiques I.H.E.S. Paris: Presses Universitaires 1961.
Grothendieck, A.: Eléments de géométrie algébrique, IV. Première partie. Publications Mathématiques I.H.E.S. Paris: Presses Universitaires 1964.
Grothendieck, A.: Catégories cofibrées additives et complexe cotangent relatif. Lecture Notes in Mathematics 79. Heidelberg: Springer 1968.
Gugenheim, V.: Semi-simplicial homotopy theory. Studies in modern topology. Englewood Cliffs: Prentice Hall 1968.
Gulliksen, T.: A note on the homology of local rings. Math. Scand. **21**, 296—300 (1967).
Gulliksen, T.: Proof of the existence of minimal algebra resolutions. Acta Math. **120**, 53—58 (1968).

Gulliksen, T.: A note on the Poincaré series of a local ring. J. Algebra **13**, 242—245 (1969).
Gulliksen, T.: Homological invariants of local rings. Queen's University: Miméographié 1969.
Gulliksen, T.: A homological characterization of local complete intersections. Compositio Math. **23**, 251—256 (1971).
Gulliksen, T., Levin, G.: Homology of local rings. Queen's University: Miméographié 1969.
Harrison, D.: Commutative algebras and cohomology. Trans. Amer. Math. Soc. **104**, 191—204 (1962).
Hartshorne, R.: A property of A-sequences. Bull. Soc. Math. France **94**, 61—66 (1966).
Hochschild, G., Konstant, G., Rosenberg, A.: Differential forms on regular affine algebras. Trans. Amer. Math. Soc. **102**, 383—408 (1962).
Hu, S.: Introduction to homological algebra. San Francisco: Holden-Day 1968.
Illusie, L.: Algèbre homotopique relative. C.R. Acad. Sci. Paris **268**, 11—14 (1969).
Illusie, L.: Algèbre homotopique relative. C.R. Acad. Sci. Paris **268**, 206—209 (1969).
Illusie, L.: Complexe cotangent relatif d'un faisceau d'algèbres. C.R. Acad. Sci. Paris **268**, 278—281 (1969).
Illusie, L.: Complexe cotangent relatif d'un faisceau d'algèbres. C.R. Acad. Sci. Paris **268**, 323—326 (1969).
Illusie, L.: Complexe cotangent et déformations, I. Lecture Notes in Mathematics 239. Heidelberg: Springer 1971.
Illusie, L.: Complexe cotangent et déformations, II. Lecture Notes in Mathematics 283. Heidelberg: Springer 1972.
Iversen, B.: Generic local structure in commutative algebra. Lecture Notes in Mathematics 310. Heidelberg: Springer 1973.
Iwai, A.: Simplicial cohomology and n-term extensions of algebras. J. Math. Kyoto Univ. **9**, 449—470 (1969).
Johnson, J.: Kähler differentials and differential algebra. Ann. of Math. **89**, 92—98 (1969).
Jozefiak, T.: Tate resolutions for commutative graded algebras. Bull. Acad. Polon. Sci. **17**, 617—621 (1969).
Jozefiak, T.: Another proof of the vanishing theorem in the André-Quillen homology theory. Polish Academy of Sciences: Miméographié 1971.
Jozefiak, T.: Tate resolutions for commutative graded algebras over a local ring. Fund. Math. **74**, 209—231 (1972).
Jozefiak, T.: A homological characterization of graded complete intersections. Queen's University: Miméographié 1973.
Kan, D.: A combinatorial definition of homotopy groups. Ann. of Math. **67**, 282—312 (1958).
Kaplansky, I.: Projective modules. Ann. of Math. **68**, 373—377 (1958).
Kaplansky, I.: Commutative rings. Boston: Allyn and Bacon 1970.
Kiehl, R.: Ausgezeichnete Ringe in der nichtarchimedischen analytischen Geometrie. J. Reine Angew. Math. **234**, 89—98 (1969).
Kiehl, R., Kunz, E.: Vollständige Durchschnitte und p-Basen. Arch. Math. (Basel) **16**, 348—362 (1965).
Kimura, H.: Existence of non-trivial deformations of inseparable extension fields, I. Nagoya Math. J. **31**, 37—40 (1968).
Kimura, H.: Existence of non-trivial deformations of inseparable extension fields, II. Nagoya Math. J. **32**, 337—345 (1968).

Kimura, H.: Existence of non-trivial deformations of inseparable extension fields, III. Nagoya Math. J. **33**, 129—132 (1968).
Knudson, D.: On the deformation of commutative algebras. Trans. Amer. Math. Soc. **140**, 55—70 (1969).
Knudson, D.: A characterization of a class of rigid algebras. Illinois J. Math. **14**, 113—120 (1970).
Kunz, E.: Differentialformen inseparabler algebraischer Funktionenkörper. Math. Z. **76**, 56—74 (1961).
Kunz, E.: Characterizations of regular local rings of characteristic p. Amer. J. Math. **91**, 772—784 (1969).
Lamotke, K.: Semi-simpliziale algebraische Topologie. Heidelberg: Springer 1968.
Levin, G.: Homology of local rings. University of Chicago: Miméographié 1965.
Lichtenbaum, S., Schlessinger, M.: The cotangent complex of a morphism. Trans. Amer. Math. Soc. **128**, 41—70 (1967).
Lipman, J.: Free derivation modules on algebraic varieties. Amer. J. Math. **87**, 874—898 (1965).
MacLane, S.: Categorical algebra. Bull. Amer. Math. Soc. **71**, 40—106 (1965).
MacLane, S.: Homology. Heidelberg: Springer 1967.
Malliavin-Brameret, M.-P.: Une caractérisation des algèbres géométriquement régulières. C.R. Acad. Sci. Paris **266**, 43—46 (1968).
Matsumura, H.: Commutative algebra. New York: Benjamin 1970.
Matsuoka, T.: Note on Betti numbers of the module of differentials. Proc. Japan Acad. **47**, 135—139 (1971).
May, P.: Simplicial objects in algebraic topology. Princeton: Van Nostrand 1967.
Milnor, J., Moore, J.: On the structure of Hopf algebras. Ann. of Math. **81**, 211—264 (1965).
Nagata, M.: A Jacobian criterion for simple points. Illinois J. Math. **1**, 427—432 (1957).
Nagata, M.: Local rings. New York: Interscience 1962.
Nagata, M.: On flat extensions of a ring. Montréal: Presses de l'Université 1971.
Nakai, Y.: On the theory of differentials in commutative rings. J. Math. Soc. Japan **13**, 63—84 (1961).
Nakai, Y.: Notes on differential theoretic characterization of regular local rings. J. Math. Soc. Japan **20**, 268—274 (1968).
Nijenhuis, A., Richardson, R.: Commutative algebra cohomology and deformations of Lie and associative algebras. J. Algebra **9**, 42—53 (1968).
Northcott, D.: An introduction to homological algebra. Cambridge: University Press 1966.
Northcott, D.: Lessons on rings, modules and multiplicities. Cambridge: University Press 1968.
Page, S.: A characterization of rigid algebras. J. London Math. Soc. **2**, 237—240 (1970).
Piper, W.: Algebraic deformation theory. J. Differential Geometry **1**, 133—168 (1967).
Quillen, D.: Homotopical algebra. Lecture Notes in Mathematics 43. Heidelberg: Springer 1967.
Quillen, D.: On the homology of commutative rings. Massachusetts Institute of Technology: Miméographié 1967.
Quillen, D.: On the homology of commutative rings. Proc. Symp. Pure Math. **17**, 65—87 (1970).
Radu, N.: Une caractérisation des algèbres noethériennes régulières sur un corps de caractéristique zéro. C.R. Acad. Sci. Paris **270**, 851—853 (1970).

Radu, N.: Un critère différentiel de lissité formelle pour une algèbre locale noethérienne sur un corps. C.R. Acad. Sci. Paris **271**, 485—487 (1970).
Radu, N.: Un critère différentiel de lissité formelle. C.R. Acad. Sci. Paris **272**, 1166—1168 (1971).
Raynaud, M.: Anneaux locaux henséliens. Lecture Notes in Mathematics 169. Heidelberg: Springer 1970.
Sakuma, M., Okuyama, H.: On the Betti series of local rings. J. Math. Tokushima Univ. **1**, 1—32 (1967).
Sakuma, M., Okuyama, H.: Correction. J. Math. Tokushima Univ. **2**, 31—32 (1968).
Samuel, P., Zariski, O.: Commutative algebra. Princeton: Van Nostrand 1967.
Scheja, G.: Über die Bettizahlen lokaler Ringe. Math. Ann. **155**, 155—172 (1964).
Schmitt, H.: Homologie für analytische Algebren. Universität Regensburg: Miméographié 1972.
Schoeller, C.: Γ-H-algèbres sur un corps. C.R. Acad. Sci. Paris **265**, 655—658 (1967).
Schoeller, C.: Homologie des anneaux locaux noethériens. C.R. Acad. Sci. Paris **265**, 768—771 (1967).
Schoeller, C.: Etude de quelques invariants des anneaux locaux noethériens. C.R. Acad. Sci. Paris **265**, 820—821 (1967).
Serre, J. P.: Algèbre locale. Multiplicités. Lecture Notes in Mathematics 11. Heidelberg: Springer 1965.
Shamash, J.: The Poincaré series of a local ring, I. J. Algebra **12**, 453—470 (1969).
Shamash, J.: The Poincaré series of a local ring, II. J. Algebra **17**, 1—18 (1971).
Shamash, J.: The Poincaré series of a local ring, III. J. Algebra **17**, 153—170 (1971).
Shamash, J.: The Poincaré series of a local ring, IV. J. Algebra **19**, 116—124 (1971).
Shimada, N., Uehara, H., Brenneman, F., Iwai, A.: Triple cohomology of algebras and two-term extensions. Publ. Res. Inst. Math. Sci. **5**, 267—285 (1969).
Suzuki, S.: On torsion in the module of differentials of a locality which is a complete intersection. J. Math. Kyoto Univ. **4**, 471—475 (1965).
Suzuki, S.: Note on formally projective modules. J. Math. Kyoto Univ. **5**, 193—196 (1966).
Suzuki, S.: On the flatness of complete formally projective modules. Proc. Amer. Math. Soc. **19**, 919—922 (1968).
Suzuki, S.: Differential modules and derivations of complete discrete valuation rings. J. Math. Kyoto Univ. **9**, 425—438 (1969).
Suzuki, S.: Differentials of commutative rings. Queen's University: Miméographié 1971.
Tate, J.: Homology of noetherian rings and local rings. Illinois J. Math. **1**, 14—27 (1957).
Uehara, H.: Homological invariants of local rings. Nagoya Math. J. **22**, 219—227 (1963).
Vasconcelos, W.: Ideals generated by R-sequences. J. Algebra **6**, 309—316 (1967).
Vasconcelos, W.: A note on normality and the module of differentials. Math. Z. **105**, 291—293 (1968).
Vasconcelos, W.: Derivations of commutative noetherian rings. Math. Z. **112**, 229—233 (1969).
Wiebe, H.: Über homologische Invarianten lokaler Ringe. Math. Ann. **179**, 257—274 (1969).
Wolffhardt, K.: Die Bettireihe und die Abweichungen eines lokalen Ringes. Math. Z. **114**, 66—78 (1970).
Wolffhardt, K.: Zur Homologietheorie der assoziativen Algebren. Manuscripta Math. **4**, 149—168 (1971).

Index des termes

(Les termes de l'appendice et du supplément n'y figurent pas)

Index des symboles

(Les symboles de l'appendice et du supplément n'y figurent pas)

Die Grundlehren der mathematischen Wissenschaften in Einzeldarstellungen mit besonderer Berücksichtigung der Anwendungsgebiete

Eine Auswahl

23. Pasch: Vorlesungen über neuere Geometrie
41. Steinitz: Vorlesungen über die Theorie der Polyeder
45. Alexandroff: Topologie. Band 1
46. Nevanlinna: Eindeutige analytische Funktionen
63. Eichler: Quadratische Formen und orthogonale Gruppen
102. Nevanlinna/Nevanlinna: Absolute Analysis
114. Mac Lane: Homology
127. Hermes: Enumerability, Decidability, Computability
131. Hirzebruch: Topological Methods in Algebraic Geometry
135. Handbook for Automatic Computation. Vol. 1/Part a: Rutishauser: Description of ALGOL 60
136. Greub: Multilinear Algebra
137. Handbook for Automatic Computation. Vol. 1/Part b: Grau/Hill/Langmaack: Translation of ALGOL 60
138. Hahn: Stability of Motion
139. Mathematische Hilfsmittel des Ingenieurs. 1. Teil
140. Mathematische Hilfsmittel des Ingenieurs. 2. Teil
141. Mathematische Hilfsmittel des Ingenieurs. 3. Teil
142. Mathematische Hilfsmittel des Ingenieurs. 4. Teil
143. Schur/Grunsky: Vorlesungen über Invariantentheorie
144. Weil: Basic Number Theory
145. Butzer/Berens: Semi-Groups of Operators and Approximation
146. Treves: Locally Convex Spaces and Linear Partial Differential Equations
147. Lamotke: Semisimpliziale algebraische Topologie
148. Chandrasekharan: Introduction to Analytic Number Theory
149. Sario/Oikawa: Capacity Functions
150. Iosifescu/Theodorescu: Random Processes and Learning
151. Mandl: Analytical Treatment of One-dimensional Markov Processes
152. Hewitt/Ross: Abstract Harmonic Analysis. Vol. 2: Structure and Analysis for Compact Groups. Analysis on Locally Compact Abelian Groups
153. Federer: Geometric Measure Theory
154. Singer: Bases in Banach Spaces I
155. Müller: Foundations of the Mathematical Theory of Electromagnetic Waves
156. van der Waerden: Mathematical Statistics
157. Prohorov/Rozanov: Probability Theory
159. Köthe: Topological Vector Spaces
160. Agrest/Maksimov: Theory of Incomplete Cylindrical Functions and their Applications
161. Bhatia/Shegö: Stability Theory of Dynamical Systems
162. Nevanlinna: Analytic Functions
163. Stoer/Witzgall: Convexity and Optimization in Finite Dimensions
164. Sario/Nakai: Classification Theory of Riemann Surfaces
165. Mitrinović/Vasić: Analytic Inequalities
166. Grothendieck/Dieudonné: Eléments de Géométrie Algébrique I

167. Chandrasekharan: Arithmetical Functions
168. Palamodov: Linear Differential Operators with Constant Coefficients
170. Lions: Optimal Control Systems Governed by Partial Differential Equations
171. Singer: Best Approximation in Normed Linear Spaces by Elements of Linear Subspaces
172. Bühlmann: Mathematical Methods in Risk Theory
173. F. Maeda/S. Maeda: Theory of Symmetric Lattices
174. Stiefel/Scheifele: Linear and Regular Celestial Mechanics. Perturbed Two-body Motion—Numerical Methods—Canonical Theory
175. Larsen: An Introduction of the Theory of Multipliers
176. Grauert/Remmert: Analytische Stellenalgebren
177. Flügge: Practical Quantum Mechanics I
178. Flügge: Practical Quantum Mechanics II
179. Giraud: Cohomologie non abélienne
180. Landkoff: Foundations of Modern Potential Theory
181. Lions/Magenes: Non-Homogeneous Boundary Value Problems and Applications I
182. Lions/Magenes: Non-Homogeneous Boundary Value Problems and Applications II
183. Lions/Magenes: Non-Homogeneous Boundary Value Problems and Applications III
184. Rosenblatt: Markov Processes. Structure and Asymptotic Behavior
185. Rubinowicz: Sommerfeldsche Polynommethode
186. Wilkinson/Reinsch: Handbook for Automatic Computation II. Linear Algebra
187. Siegel/Moser: Lectures on Celestial Mechanics
188. Warner: Harmonic Analysis on Semi-Simple Lie Groups I
189. Warner: Harmonic Analysis on Semi-Simple Lie Groups II
190. Faith: Algebra: Rings, Modules, and Categories I
192. Mal'cev: Algebraic Systems
193. Pólya/Szegö: Problems and Theorems in Analysis. Vol. 1
194. Igusa: Theta Functions
195. Berberian: Baer *-Rings
196. Athreya/Ney: Branching Processes
197. Benz: Vorlesungen über Geometrie der Algebren
198. Gaal: Linear Analysis and Representation Theory
200. Dold: Lectures on Algebraic Topology
203. Schoeneberg: Elliptic Modular Functions
206. André: Homologie des algèbres commutatives
207. Donoghue: Monotone Matrix Functions and Analytic Continuation
209. Ringel: Map Color Theorem

Printed in the United States
By Bookmasters